建筑起重机械安全技术与管理

上海星宇建设集团有限公司　编
上海市建筑施工行业协会工程质量安全专业委员会

黄忠辉　顾问
徐建标　张家明　主编
严　训　张常庆　陈　兆　主审

U0223867

中国建筑工业出版社

图书在版编目（CIP）数据

建筑起重机械安全技术与管理/上海星宇建设集团有
限公司，上海市建筑施工行业协会工程质量安全专业
委员会编. —北京：中国建筑工业出版社，2012.5
ISBN 978-7-112-14074-9

Ⅰ.①建… Ⅱ.①上…②上… Ⅲ.①建筑机械：起
重机械-安全技术 Ⅳ.①TH210.8

中国版本图书馆 CIP 数据核字（2012）第 030234 号

责任编辑：邓 卫
责任设计：张 虹
责任校对：陈晶晶 刘 钰

建筑起重机械安全技术与管理
上 海 星 宇 建 设 集 团 有 限 公 司
上海市建筑施工行业协会工程质量安全专业委员会　编
黄忠辉 顾问
徐建标 张家明 主编
严 训 张常庆 陈 兆 主审
＊
中国建筑工业出版社出版、发行（北京西郊百万庄）
各地新华书店、建筑书店经销
霸州市顺浩图文科技发展有限公司制版
北京世知印务有限公司印刷
＊
开本：787×1092 毫米 1/16 印张：23¾ 字数：580 千字
2012 年 8 月第一版 2012 年 8 月第一次印刷
定价：**58.00** 元
ISBN 978-7-112-14074-9
（22116）

本书编委会

顾　问：黄忠辉
主　编：徐建标　张家明
编　委（按汉语拼音排序）：

蔡明桥　曹桂娣　陈　兆　程春化　崔一舟
丁水平　黄　毅　贾国瑜　陆荣根　施仁华
施雯钰　孙森木　汤坤林　吴成华　徐建标
严　训　张家明　张伟欣　郑爱伟　周　真

主　审：严　训　张常庆　陈　兆

以下单位及领导在本书创作过程中作出了贡献：

徐建标　上海星宇建设集团有限公司　总经理
蔡明桥　上海市浦东新区建设（集团）有限公司　董事长
程春化　上海金正起重设备安装工程有限公司　总经理
丁水平　浙江德英建设机械制造有限公司　总经理
张伟欣　上海浦东新区三林桥路工程有限公司　总经理
郑爱伟　上海金虞机械有限公司　总经理
周　真　上海康爱住宅施工安装有限公司　总经理

前　言

建筑起重机械是房屋建筑和市政工程施工中用于物料的垂直和水平运输及构件安装的主要施工机械，也是高层建筑施工中用于作业人员上下乘运的重要设施。建筑起重机械属于危险性较大的专用设备，是涉及人身安全的特种设备。

这些年来，随着我国建筑业的持续快速发展，大中型市政建设项目和高层建筑的大量涌现，建筑起重机械的应用范围日益扩大，数量迅猛增多，各种新型产品层出不穷，各级政府及有关部门对建筑起重机械的安全监督管理日趋健全。但仍有一些单位专业人员不足，专业知识不强，技术能力低下，操作人员的安全技术素质不高，致使建筑起重机械的安全状况令人担忧。普及建筑起重机械的安全技术知识，是提高管理人员和操作者安全技术水平的有效措施，是做好建筑起重机械安全监督管理工作的基础。

《建筑起重机械安全技术与管理》是一本以国家和建设行政主管部门的相关安全法律、法规、标准规范为依据，按照建筑行业安全监督管理的要求，结合建筑起重机械的理论知识和实践经验编写的安全技术与管理知识读本。对建筑起重机械的基本知识作了比较全面的介绍，并着重对塔式起重机、施工升降机、物料提升机、高处作业吊篮等几种常用的较大型建筑起重机械的结构、操作技术、安装拆卸、安全使用要求等方面作了比较系统的阐述。

本书内容丰富，通俗易懂，具有较强的指导性和实用性。既可作为建筑安全管理人员和各类机械操作人员的技术指导书，也可作为安全专业技术培训的教材。

本书在编写出版过程中，得到了上海市建设工程安全质量监督总站、上海市建设机械检测中心、上海市建工（集团）总公司、上海市机械施工有限公司、上海建工五建集团有限公司、上海市静安区建设工程质量（安全）监督站、上海市浦东新区建设工程安全质量监督站、上海市松江区建设工程安全质量监督站等单位的大力支持与帮助，谨此向各方面领导与专家表示衷心的感谢！

编者

2012 年 2 月

目 录

0　建筑起重机械概论

起重机械是一种间歇动作的搬运设备。通过吊钩或其他吊具将重物悬挂在承载构件钢丝绳上，能够实现重物的提升、下降、一个或多个水平方向的移动，以重复的工作方式运移重物，这样的机械设备称为起重机械。建筑施工中使用的起重机械称为建筑起重机械。

0.1　建筑起重机械的发展

0.1.1　塔式起重机

塔式起重机主要用于房屋建筑施工中物料的垂直和水平输送及建筑构件的安装。塔式起重机简称塔机，亦称塔吊，起源于西欧。1941 年，有关塔式起重机的德国工业标准 DIN8670 公布。该标准规定以吊载（t）和幅度（m）的乘积（$t \cdot m$）——起重力矩表示塔式起重机的起重能力。

我国的塔式起重机行业于 20 世纪 50 年代开始起步。从 20 世纪 80 年代开始，随着高层建筑的增多，塔式起重机的使用越来越普遍。进入 21 世纪，塔式起重机制造业进入了一个迅速的发展时期，自升式、水平吊臂式等塔式起重机得到了广泛应用。

从塔式起重机的技术发展方面来看，新的产品层出不穷，新产品在生产效能、操作保养便利性和运行可靠性方面均有提高。目前，塔式起重机的研究正向着组合式发展，即以塔身结构为核心，按结构和功能特点，将塔身分解成若干部分，并依据系列化和通用化要求，遵循模数制原理再将各部分划分成若干模块。根据参数要求，选用适当模块分别组成具有不同技术性能特征的塔式起重机，以满足施工的具体需求。推行组合式的塔式起重机有助于加快塔式起重机产品开发进度，节省产品开发费用，并能更好地为客户服务。

0.1.2　施工升降机

施工升降机从 20 世纪 70 年代开始应用于建筑施工中。20 世纪 70 年代中期研制了 76 型施工升降机，该机采用单驱动机构、五档涡流调速、圆柱涡轮减速器、柱销式联轴器和楔块捕捉式限速器，额定提升速度为 36.4m/min，最大额定载荷为 1000kg，最大提升高度为 100m，基本上满足了当时高层建筑施工的需要。20 世纪 80 年代，随着我国建筑业的迅速发展，高层建筑的不断增加，对施工升降机提出了更高的要求，在引进消化进口施工升降机的基础上，研制了 SCD200/200 型施工升降机。该机采用了双驱动形式、专用电机、平面二次包络涡轮减速器和锥形摩擦式双向限速器，最大额定载荷为 2000kg，最大提升高度为 150m，该机具有较高的传动效率和先进的防坠安全器，同时也增大了额定载荷和提升高度，达到了国外同类产品的技术性能，基本满足了施工的需要，已逐步成为国内使用最多的施工升降机基本机型。进入 20 世纪 90 年代，由于超高层建筑的不断出现，施工升降机的运行速度已满足不了施工要求，更高速度的施工升降机应运而生，于是液压施工升降机和变频调速施工升降机先后诞生了。其最大提升速度达到了90m/min，最大提升高度达到了400m。但液压施工升降机综合性能低于变频调速施工升降机，所以应用甚少。同期，为了适应特殊建筑物的施工要求，还出现了倾斜式和曲线式施工升降机。

0.1.3 物料提升机

在我国，20世纪50年代以前，建筑规模不大，生产力比较落后，建筑起重机械较少，建筑施工中多以人拉肩扛为主。为了解决起重问题，有人尝试用木料、竹料为架体，以人工牵拉作为动力搭设简单的起重机械。这是物料提升机的雏形。之后随着我国工业的发展，设备技术的提高，从20世纪60年代开始，建筑工地采用卷扬机作为动力，架体采用钢材拼装，出现了起重量较大的物料提升机。但是，其结构仍然比较简单，电气控制及安全装置也很不完善，普遍使用搬把式倒顺开关及挂钩式、弹闸式防坠落装置，操作时无良好的点动功能，就位不准。20世纪70年代初，随着钢管扣件式脚手架的推行，出现了用钢管扣件搭设架体，使用揽风绳稳固的简易井架。虽然装拆十分方便，但架体刚度和承载能力较低，一般仅用于7层以下的多层建筑。在管理上，井架物料提升机的卷扬机和架体是分别管理的，架体作为周转器材管理，卷扬机作为动力设备管理。随着建筑市场规模的日益扩大，逐步出现了双立柱和三立柱的龙门架物料提升机。为了提高物料提升机的安全程度和起重能力，20世纪80年代逐步淘汰了钢管和扣件搭设的物料提升机，开始采用型钢以刚性方式连接架设。20世纪90年代初，建设部颁布了第一部物料提升机的行业标准《龙门架及井架物料提升机安全技术规范》（JGJ 88—92），从设计制造、安装检验到使用管理，尤其是安全装置方面作出了较全面的规定。用于建筑施工的物料提升机，经过几十年的发展，尤其是《龙门架及井架物料提升机安全技术规范》实施以来，其结构性能有了较大提高，应用范围越来越广，但规模化的生产体系尚未建立。企业自制和小企业非规模化生产的痕迹较重，产品质量参差不齐，安装、使用以及维修保养存在诸多问题。随着建筑业的飞速发展，对物料提升机的可靠性和安全性提出了越来越高的要求。

0.1.4 高处作业吊篮

高处作业吊篮是由吊架演变发展而来的。早在20世纪60年代，我国已在少数重点工程上使用吊架。20世纪70年代初吊架应用面逐渐扩大。20世纪80年代初期，吊架悬吊平台的驱动，由设置在建（构）筑物上部的卷扬机滑轮组完成，悬吊平台由型钢焊接组成，这就是早期的高处作业吊篮。20世纪80年代中期，通过吸收国外高处作业吊篮的有关技术，开发出了高处作业吊篮专用升降机，增加了安全装置，进一步完善和提高了产品质量和安全性能。随着高处作业吊篮使用量的日益增加，为了规范高处作业吊篮的设计、加工、生产、试验和使用，促进行业更好地发展，建设部于1992年至1993年间颁布了《高处作业吊篮》、《高处作业吊篮用安全锁》、《高处作业吊篮用升降机》、《高处作业吊篮性能试验方法》、《高处作业吊篮安全规则》等五部行业标准，2003年上述标准修订升级为国家标准《高处作业吊篮》（GB 19155—2003），对高处作业吊篮作了进一步的规范。

随着我国建筑业的发展，高层建筑的增多，高处作业吊篮使用越来越普遍。进入21

世纪，高处作业吊篮制造业进入了一个高速发展的时期。据不完全统计，高处作业吊篮的专业制造厂家从 1999 年底只有 20 多家，到 2008 年底已经发展到近百家。从高处作业吊篮技术发展方面来看，新的产品层出不穷，新产品在操作便利性、使用可靠性等方面都有了提高，其发展趋势表现在以下几方面：①轻型化，采用铝合金悬吊平台及轻巧的提升机、安全锁、悬挂机构；②安全装置标准化，按照规范要求配置齐全有效的安全装置；③控制系统自动化，如悬吊平台自动调平装置、多点精确限载装置、工作状态自动显示与故障自动报警装置等。

0.1.5 流动式起重机

流动式起重机（mobile crane），国内用户大多翻译为移动式起重机，但国家标准《起重机械名词术语》定义为流动式起重机。流动式起重机主要包括轮式起重机（汽车起重机、轮胎起重机）、履带式起重机、专用流动式起重机等。

中国古代灌溉农田用的桔槔是臂架型起重机的雏形。14 世纪，西欧出现了人力和畜力驱动的转动臂架型起重机，19 世纪前期，出现了桥式起重机。当时起重机的重要磨损件如轴、齿轮和吊具等开始采用金属材料制造，并开始采用水力驱动。19 世纪后期，蒸汽驱动的起重机逐渐取代了水力驱动的起重机。20 世纪 20 年代开始，由于电气工业和内燃机工业迅速发展，以电动机或内燃机为动力装置的各种起重机基本形成。进入工业时代后，可移动的机械式起重机应运而生。经过上百年的发展，流动式起重机已经派生出汽车起重机、履带式起重机、全路面起重机等分支。

汽车式起重机（Truck Crane）在 20 世纪初发源于欧洲，其采用载重卡车底盘，搭载桁架臂或箱形液压伸缩臂，能在普通道路上行驶和作业。全路面起重机（All Terrain Crane）于 20 世纪 60 年代发源于欧洲，其采用专门设计的多轴全轮驱动底盘，油气悬挂，液压减振，可实现全轮转向、全桥驱动，搭载桁架臂或箱形液压伸缩臂。全路面起重机具有更高的场地适应性，起重能力更强，技术含量更高，当然造价也更高。

1945 年"二战"结束后，战后重建工程使汽车起重机和履带式桁架臂起重机，取代了战前的缆索式起重机。此时的起重机，传动装置仍以机械传动为主，部分采用液压助力装置；结构部分已由铆接变为焊接，并开始使用高强度钢材。桁架式臂架开始采用合金钢管、型钢焊接而成。此外制定了钢丝绳的技术标准，实现规格化批量生产，流动式起重机的性能和可靠性有了显著改善。

进入 20 世纪 60 年代，美国在移动式起重机市场已经确立了世界霸主地位。欧洲也不甘落后，1963 年，英国 COLES 公司推出 100t 级汽车起重机，为当时世界之最。1965 年格鲁夫生产了首台箱形伸缩臂起重机并出口德国，1968 年推出全球第一台具备回转结构的全路面起重机，1970 年推出使用箱形伸缩臂的全路面起重机。1971 年，COLES 推出的 Colossus L6000 型汽车起重机，最大起重能力达到 250t。1973 年 COLES 推出使用箱形伸缩臂的 LH1000 型汽车起重机。

流动式起重机的大型化趋势已是不争的事实，不断增大的吊装项目是促使起重设备大型化的催化剂。2006 年，在内蒙古鄂尔多斯草原上，由世界起重运输的巨无霸玛蒙特承担的神华煤液化反应器的吊装顺利完成，这是中国吊装史上的一项纪录，此次吊装的煤液化反应器单台重量达 2103t，采用玛蒙特的双臂平台 3000t 级双环轨起重机，历时 11h 完成吊装就位。2006 年 6 月 28 日，中国石油天然气第一建设公司创造了中国吊装史上的又一个纪录，用利勃海尔 1350t 履带式起重机成功完成总重 1206t 的石化加氢脱硫装置的反应器的安装，创履带式起重机在中国的吊装之最。

虽然我国履带式起重机起步较晚，但是近几年发展得非常快。目前已下线最大吨位的国产履带式起重机是中联重科、三一重工各自生产的 3200t 履带式起重机。

0.2 起重机械分类

起重机械可分为小型起重设备、起重机、升降机三大类，本书主要讲述建筑施工中常用的塔式起重机、门式起重机、流动式起重机和施工升降机、物料提升机。根据《起重机 术语 第一部分"通用术语"》GB/T 6974.1—2008 规定的分类方法，起重机械分类如表 0-1 所示。

起重机械分类表 表 0-1

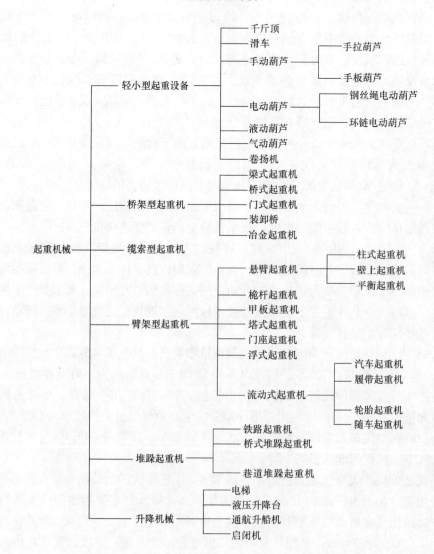

4

起重机包括的品种很多，因此分类的方法也很多，主要有以下几种分类方法：

（1）按起重机的构造分类：桥架型起重机、缆索型起重机、臂架型起重机；

（2）按起重机的取物装置和用途分类：吊钩起重机、抓斗起重机、电磁起重机、冶金起重机、堆垛起重机、集装箱起重机、安装起重机、救援起重机；

（3）按起重机的移动方式分类：固定式起重机、运行式起重机、爬升式起重机、便携式起重机、随车式起重机、辐射式起重机；

（4）按起重机工作机构的驱动方式分类：手动式起重机、电动起重机、液压起重机、内燃起重机、蒸汽起重机；

（5）按起重机的使用场合分类：车间起重机、机器房起重机、仓库起重机、料场起重机、建筑起重机、工程起重机、港口起重机、船厂起重机、坝顶起重机、船用起重机。

还有其他一些分类方法，如按回转能力分类、按支承方式分类等等。

1 基础知识

1.1 力学常识

1.1.1 力的概念

力是一个物体对另一个物体的作用，它包括了两个物体，一个叫受力物体，另一个叫施力物体，其效果是使物体的运动状态发生变化，或使物体变形。

力使物体运动状态发生变化的效应称为力的外效应，使物体产生变形的效应称为力的内效应。力是物体间的相互机械作用，力不能脱离物体而独立存在。

1.1.2 力的三要素

力的大小表明物体间作用力的强弱程度；力的方向表明在该力的作用下，静止的物体开始运动的方向，作用力的方向不同，物体运动的方向也不同；力的作用点是物体上直接受力作用的点。在力学中，把力的大小、方向和作用点称为力的三个要素。

如图 1-1 所示，用手拉伸弹簧，用的力越大，弹簧拉得越长，这表明力产生的效果跟力的大小有关系；用同样大小的力拉弹簧和压弹簧，拉的时候弹簧伸长、压的时候弹簧缩短，说明力的作用效果跟力的作用方向有关。如图 1-2 所示，用扳手拧螺母，手握在扳手手柄的 A 点比 B 点省力，所以力的作用效果与力的方向和力的作用点有关。三要素中任何一个要素改变，都会使力的作用效果改变。

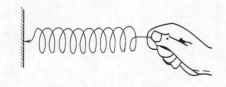
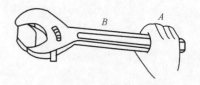

图 1-1　手拉弹簧　　　　　　　　　　　图 1-2　用扳手拧螺母

1.1.3 力的单位

在国际单位制中，力的单位用牛顿或千牛顿表示，简写为牛（N）或千牛（kN）。工程上曾习惯采用公斤力、千克力（kgf）和吨力（tf）来表示。它们之间的换算关系为：

$$1牛(N)=0.102公斤力(kgf)$$

$$1吨力(tf)=1000公斤力(kgf)$$

$$1千克力(kgf)=1公斤力(kgf)=9.807牛(N)\approx10牛(N)$$

1.1.4　力的合成与分解

力是矢量，力的合成与分解都遵从平行四边形法则，如图 1-3 所示。

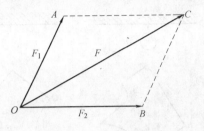

图 1-3　平行四边形法则

平行四边形法则实质上是一种等效替换的方法。一个矢量（合矢量）的作用效果和另外几个矢量（分矢量）共同作用的效果相同，就可以用这一个矢量代替那几个矢量，也可以用那几个矢量代替这一个矢量，而不改变原来的作用效果。

在分析同一个问题时，合矢量和分矢量不能同时使用。也就是说，在分析问题时，考虑了合矢量就不能再考虑分矢量，考虑了分矢量就不能再考虑合矢量。

1.1.5　力的平衡

作用在物体上几个力的合力为零，这种情形叫做力的平衡。

在起重吊装作业中，因力的不平衡可能造成被吊运物体的翻转、失控、倾覆，只有被吊运物体上的力保持平衡，才能保证物体处于静止或匀速运动状态，才能保持被吊物体稳定。

1.2　重心和吊点位置的选择

1.2.1　重心

重心是物体所受重力的合力的作用点，物体的重心位置由物体的几何形状和物体各部分的质量分布情况决定。质量分布均匀、形状规则的物体的重心在其几何中点。物体的重心可能在物体的形体之内，也可能在物体的形体之外。

（1）物体的形状改变，其重心位置可能不变。如一个质量分布均匀的立方体，其重心位于几何中心。当该立方体变为一长方体后，其重心仍然在其几何中心。当一杯水倒入一个弯曲的玻璃管中，其重心就发生了变化。

（2）物体的重心相对物体的位置是一定的，它不会随物体放置的位置改变而改变。

1.2.2　重心的确定

（1）材质均匀、形状规则的物体的重心位置容易确定，如均匀的直棒，它的重心在它的中心点上，均匀球体的重心就是它的球心，直圆柱的重心在它的圆柱轴线的中点上。

（2）对形状复杂的物体，可以用悬挂法求出它们的重心。如图 1-4 所示，方法是在物体上任意找一点 A，用绳子把它悬挂起来，物体的重力和悬索的拉力必定在同一条直线上，也就是重心必定在通过 A 点所作的竖直线 AD 上；再取任一点 B，同样把物体悬挂起来，重心必定在通过 B 点的竖直线 BE 上。这两条直线的交点，就是该物体的重心。

1.2.3　吊点位置的选择

在起重作业中，应当根据被吊物体来选择吊点位置，吊点位置选择不当就会造成绳索

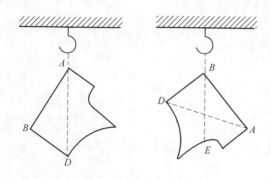

图 1-4 悬挂法求形状不规则物体的重心

受力不均，甚至发生被吊物体转动、倾覆的危险。吊点位置的选择，一般按下列原则进行：

（1）吊运各种设备、构件时要用原设计的吊耳或吊环。

（2）吊运各种设备、构件时，如果没有吊耳或吊环，可在设备的四个端点上捆绑吊索，然后根据设备具体情况选择吊点，使吊点与重心在同一条垂线上。但有些设备未设吊耳或吊环，如各种罐类以及重要设备，往往有吊点标记，应仔细检查。

（3）吊运方形物体时，四根绳应拴在物体的四边对称点上。

（4）吊装细长物体时，如桩、钢筋、钢柱、钢梁杆件，应按计算确定的吊点位置绑扎绳索，吊点位置的确定有以下几种情况：

① 一个吊点：起吊点位置应设在距起吊端 0.3L（L 为物体的长度）处。如钢管长度为 10m，则捆绑位置应设在钢管起吊端距端部 10×0.3＝3m 处，如图 1-5（a）所示。

② 两个吊点：如起吊用两个吊点，则两个吊点应分别距物体两端 0.21L 处。如果物体长度为 10m，则吊点位置为 10×0.21＝2.1m，如图 1-5（b）所示。

③ 三个吊点：如物体较长，为减少起吊时物体所产生的应力，可采用三个吊点。三个吊点位置确定的方法是，首先用 0.13L 确定出两端的两个吊点位置，然后把两吊点间的距离等分，即得第三个吊点的位置，也就是中间吊点的位置。如杆件长 10m，则两端吊点位置为 10×0.13＝1.3m，如图 1-5（c）所示。

④ 四个吊点：选择四个吊点，首先用 0.095L 确定出两端的两个吊点位置，然后再把两吊点间的距离进行三等分，即得中间两吊点位置。如杆件长 10m，则两端吊点位置分别距两端 10×0.095＝0.95m，中间两吊点位置分别距两端 10×0.095＋10×(1−0.095×2)/3＝3.65m，如图 1-5（d）所示。

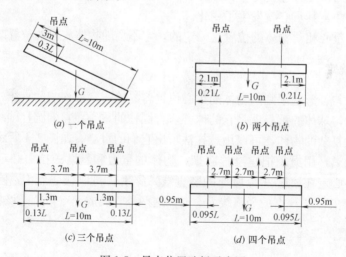

(a) 一个吊点　　　　　　　　　　(b) 两个吊点

(c) 三个吊点　　　　　　　　　　(d) 四个吊点

图 1-5　吊点位置选择示意图

1.3 物体重量的计算

质量表示物体所含物质的多少，是由物体的体积和材料密度所决定的；重量是表示物体所受地球引力的大小，是由物体的体积和材料的容重所决定的。物体的质量与重量的值近似相等，因此，在日常生活中，也用质量的多少代替重量的大小。为了正确的计算物体的重量，必须掌握物体体积的计算方法和各种材料密度等有关知识。

1.3.1 长度的量度

工程上常用的长度基本单位是毫米（mm）、厘米（cm）和米（m）。它们之间的换算关系是 1m＝100cm＝1000mm。

1.3.2 面积的计算

物体体积的大小与它本身截面积的大小成正比。各种平面几何图形的面积计算公式见表 1-1。

平面几何图形的面积计算公式

表 1-1

名称	图形	面积计算公式	名称	图形	面积计算公式
正方形		$S=a^2$	梯形		$S=\dfrac{(a+b)h}{2}$
长方形		$S=ab$	圆形		$S=\dfrac{\pi}{4}d^2$（或 $S=\pi R^2$） d—圆直径； R—圆半径
平行四边形		$S=ah$	圆环形		$S=\dfrac{\pi}{4}(D^2-d^2)$ $=\pi(R^2-r^2)$ d、D—分别为内、外圆环直径； r、R—分别为内、外圆环半径
三角形		$S=\dfrac{1}{2}ah$	扇形		$S=\dfrac{\pi R^2\alpha}{360}$ α—圆心角（度）

9

1.3.3 物体体积的计算

对于简单规则的几何形体的体积，可按表 1-2 中的计算公式计算。对于复杂的物体体积，可将其分解成数个规则的或近似的几何形体，求其体积的总和。

各种几何形体体积计算公式 表 1-2

名称	图形	公式	名称	图形	公式
立方体		$V = a^3$	球体		$V = \dfrac{4}{3}\pi R^3 = \dfrac{1}{6}\pi d^3$ R—底圆半径; d—底圆直径
长方体		$V = abc$	圆锥体		$V = \dfrac{1}{12}\pi d^2 h = \dfrac{\pi}{3}R^2 h$ R—底圆半径; d—底圆直径
圆柱体		$V = \dfrac{\pi}{4}d^2 h$ $= \pi R^2 h$ R—半径	任意三棱体		$V = \dfrac{1}{2}bhl$ b—边长; h—高; l—三棱体长
空心圆柱体		$V = \dfrac{\pi}{4}(D^2 - d^2)h$ $= \pi(R^2 - r^2)h$ r、R—内、外半径	截头方锥体		$V = \dfrac{h}{6}\times[(2a+a_1)b +$ $(2a_1+a)b_1]$ a、a_1—上下边长; b、b_1—上下边宽; h—高
斜截正圆柱体		$V = \dfrac{\pi}{4}d^2 = \dfrac{(h_1+h)}{2}$ $= \pi R^2 \dfrac{(h_1+h)}{2}$ R—半径	正六角棱柱体		$V = \dfrac{3\sqrt{3}}{2}b^2 h$ $V = 2.598b^2 h = 2.6b^2 h$ b—底边长

10

1.3.4　物体重量（质量）的计算

在物理学中，把某种物质单位体积的质量叫做这种物质的密度，其单位是 kg/m^3。各种常用物质的密度见表1-3。

各种常用物质的密度　　　　　　　　　　　表 1-3

物体材料	密度（$10^3 kg/m^3$）	物体材料	密度（$10^3 kg/m^3$）
水	1.0	混凝土	2.4
钢	7.85	碎石	1.6
铸铁	7.2～7.5	水泥	0.9～1.6
铸铜、镍	8.6～8.9	砖	1.4～2.0
铝	2.7	煤	0.6～0.8
铅	11.34	焦炭	0.35～0.53
铁矿	1.5～2.5	石灰石	1.2～1.5
木材	0.5～0.7	造型砂	0.8～1.3

物体的重量可根据下式计算：

物体的重量≈物体的质量＝物体的密度×物体的体积，见式（1-1）：

$$m = \rho V \tag{1-1}$$

式中　m——物体的质量，kg；

　　　ρ——物体的材料密度，kg/m^3；

　　　V——物体的体积，m^3。

[例]　起重机的料斗如图1-6所示，它的上口长为1.2m，宽为1m，下底面长0.8m，宽为0.5m，高为1.5m，试计算满斗混凝土的重量。

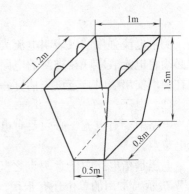

图1-6　起重机的料斗

[解]　查表1-3得知混凝土的密度：

$$\rho = 2.4 \times 10^3 kg/m^3$$

料斗的体积：

$$V = \frac{h}{6} \left[(2a + a_1)b + (2a_1 + a)b_1 \right]$$

$$= \frac{1.5}{6} \left[(2 \times 1.2 + 0.8) \times 1 + (2 \times 0.8 + 1.2) \times 0.5 \right]$$

$$= 1.15 \ (m^3)$$

混凝土的质量（重量）：

$$m = \rho V = 2.4 \times 10^3 \times 1.15 = 2.76 \times 10^3 \ (kg)$$

混凝土的重力：

$$G \approx m = 2.76 \times 10^3 (kg) = 27.6 \times 10^3 (N)$$

$$= 27.6 kN$$

11

1.4　电气常识

1.4.1　基本概念

1.4.1.1　电流、电压和电阻

（1）电流

在电路中电荷有规则的运动称为电流。

电流不但有方向，而且有大小。大小和方向都不随时间变化的电流，称为直流电，用字母"DC"或"—"表示；大小和方向随时间变化的电流，称为交流电，用字母"AC"或"～"表示。

电流的大小称为电流强度，简称电流。电流强度的定义公式见式（1-2）：

$$I = \frac{Q}{t} \tag{1-2}$$

式中　I——电流强度，A；

　　　Q——通过导体某截面的电荷量，C；

　　　t——电荷通过时间，s。

电流（即电流强度）的基本单位是安培，简称安，用字母"A"表示。电流常用的单位还有千安（kA）、毫安（mA）、微安（μA），它们与 A 的换算关系为：

$$1kA = 10^3 A$$

$$1mA = 10^{-3} A$$

$$1\mu A = 10^{-6} A$$

测量电流强度的仪表叫电流表，又称安培表，分直流电流表和交流电流表两类。测量时必须将电流表串联在被测的电路中。每一个安培表都有一定的测量范围（即量程），所以在使用安培表时，应该先估算一下电流的大小，选择量程合适的电流表。

（2）电压

电路中要有电流，必须要有电位差。有了电位差，电流才能从电路中的高电位点流向低电位点。

电压是指电路中任意两点之间的电位差。电压的基本单位是伏特，简称伏，用字母"V"表示。常用的单位还有千伏（kV）、毫伏（mV）等，它们与 V 的换算关系为：

$$1kV = 10^3 V$$

$$1mV = 10^{-3} V$$

测量电压大小的仪表叫电压表，又称伏特表，分直流电压表和交流电压表两类。测量时，必须将电压表并联在被测量电路中。每个伏特表都有一定的测量范围，使用时必须注意所测的电压不得超过伏特表的量程。

电压按等级划分为高压、低压与安全电压。

① 高压：指电气设备对地电压在 250V 以上；

② 低压：指电气设备对地电压在 250V 以下；

③ 安全电压有五个等级：42V、36V、24V、12V、6V。

（3）电阻

导体对电流的阻碍作用称为电阻，导体电阻是导体中客观存在的。温度不变时，导体的电阻跟它的长度成正比，跟它的横截面积成反比。上述关系见式（1-3）：

$$R=\rho\frac{L}{S} \tag{1-3}$$

式中　R——导体的电阻，Ω；

　　　ρ——导体的电阻率，$\Omega\cdot m$；

　　　L——导体的长度，m；

　　　S——导体的横截面积，mm^2。

式（1-3）中，ρ 是由导体的材料决定的。

电阻的常用单位有欧（Ω）、千欧（kΩ）、兆欧（MΩ），他们的换算关系为：

$$1k\Omega=10^3\Omega$$

$$1M\Omega=10^3k\Omega=10^6\Omega$$

1.4.1.2　电路

（1）电路的组成

电路就是电流流通的路径，如日常生活中的照明电路、电动机电路等。电路一般由电源、负载、导线和控制器件四个基本部分组成，如图 1-7 所示。

① 电源：将其他形式的能量转换为电能的装置，在电路中，电源产生电能，并维持电路中的电流；

② 负载：将电能转换为其他形式能量的装置；

③ 导线：连接电源和负载的导体，为电流提供通道并传输电能；

④ 控制器件：在电路中起接通、断开、保护、测量等作用的装置。

（2）电路的类别

按照负载的连接方式，电路可分为串联电路和并联电路。电路中电流依次通过每一个组成元件的电路，称为串联电路；所有负载（电源）的输入端和输出端分别被连接在一起的电路，称为并联电路。

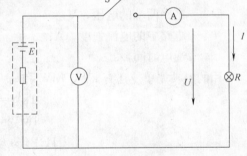

图 1-7　电路示意图

按照电流的性质，电路可分为交流电路和直流电路。电压和电流的大小及方向随时间变化的电路，叫交流电路；电压和电流的大小及方向不随时间变化的电路，叫直流电路。

（3）电路的状态

① 通路：当电路的开关闭合，负载中有电流通过时称为通路，电路正常工作状态为通路。

② 开路：即断路，指电路中开关打开或电路中某处断开时的状态，开路时电路中无电流通过。

③ 短路：电源两端的导线因某种事故未经过负载而直接连通时称为短路。短路时负载中无电流通过，流过导线的电流比正常工作时大几十倍甚至数百倍，短时间内就会使导线产生大量的热量，造成导线熔断或过热而引发火灾。短路是一种事故状态，应避免

发生。

1.4.1.3　电功率和电能

（1）电功率

在导体的两端加上电压，导体内就产生了电流。电场力推动自由电子定向移动所做的功，通常称为电流所做的功或电功（W）。

电流在一段电路所做的功，与这段电路两端的电压 U、电路中的电流强度 I 和通电时间 t 成正比，见式（1-4）：

$$W = UIt \tag{1-4}$$

式中　W——电流在一段电路所做的功，J；

　　　U——电路两端的电压，V；

　　　I——电路中的电流强度，A；

　　　t——通电时间，s。

单位时间内电流所做的功叫电功率，简称功率，用字母"P"表示，其单位为焦耳/秒（J/s），即瓦特，简称瓦（W）。功率的计算见式（1-5）：

$$P = \frac{W}{t} = \frac{UIt}{t} = UI = I^2R = \frac{U^2}{R} \tag{1-5}$$

式中　P——功率，J/s；

　　　W——电流在一段电路所做的功，J；

　　　U——电路两端的电压，V；

　　　I——电路中的电流强度，A；

　　　t——通电时间，s。

常用的电功率单位还有 kW、MW 和马力 HP，它们与 W 的换算关系为：

$$1kW = 10^3 W$$

$$1MW = 10^6 W$$

$$1HP(马力) = 736W$$

（2）电能

电路的主要任务是进行电能的传送、分配和转换。电能是指一段时间内电场所做的功，见式（1-6）：

$$W = Pt \tag{1-6}$$

式中　W——电能，kW·h；

　　　P——功率，J/s；

　　　t——通电的时间，s。

电能的单位是千瓦时（kW·h），俗称度。1 度＝1kW·h。

测量电功的仪表是电能表，又称电度表，它可以计量用电设备或电器在某一段时间内所消耗的电能。测量电功率的仪表是功率表，它可以测量用电设备或电气设备在某一工作瞬间的电功率大小。功率表又可以分为有功功率表（kW）和无功功率表（kvar）。

1.4.1.4　三相交流电

我国工业上普遍采用频率为 50Hz 的正弦交流电，在日常生活中，人们接触较多的是单向交流电，而实际工作中，人们接触更多的是三相交流电。

三个具有相同频率、相同振幅，但在相位上彼此相差120°的正弦交流电，统称为三相交流电。三相交流电习惯上分为A、B、C三相。按国标规定，交流供电系统的电源A、B、C分别用L_1、L_2、L_3表示，其相色分别为黄色、绿色和红色。交流供电系统中电气设备接线端子的A、B、C相依次用U、V、W表示，如三相电动机三相绕组的首端和尾端分别为U_1和U_2、V_1和V_2、W_1和W_2。

1.4.2 三相异步电动机

电动机分为交流电动机和直流电动机两大类，交流电动机又分为异步电动机和同步电动机。异步电动机又可分为单相电动机和三相电动机。电扇、洗衣机、电冰箱、空调、排风扇、木工机械及小型电钻等使用的是单相异步电动机，塔式起重机的行走、变幅、卷扬、回转机构都采用三相异步电动机。

1.4.2.1 三相异步电动机的结构

三相异步电动机也叫三相感应电动机，主要由定子和转子两个基本部分组成。转子又可分为鼠笼式和绕线式两种。

（1）定子

定子主要由定子铁芯、定子绕组、机座和端盖等组成。

① 定子铁芯：异步电动机主磁通磁路的一部分，通常由导磁性能较好的0.35～0.5mm厚的硅钢片叠压而成。对于容量较大（10kW以上）的电动机，在硅钢片两面涂以绝缘漆，作为片间绝缘之用。

② 定子绕组：异步电动机的电路部分，由三相对称绕组按一定的空间角度依次嵌放在定子线槽内，其绕组有单层和双层两种基本形式，如图1-8所示。

③ 机座：主要作用是固定定子铁心并支撑端盖和转子，中小型异步电动机一般都采用铸铁机座。

（2）转子

转子部分由转子铁芯、转子绕组及转轴组成。

① 转子铁芯：电动机主磁通磁路的一部分，一般由0.35～0.5mm厚的硅钢片叠成，并固定在转轴上。转子铁芯外缘侧均匀分布着线槽，用以浇铸或嵌放转子绕组。

② 转子绕组：按其形式分为鼠笼式和绕线式两种。

（A）小容量鼠笼式电动机一般采用在转子铁芯槽内浇铸铝笼条，两端的端环将笼条短接起来，并浇铸成冷却风扇叶状，如图1-9所示。

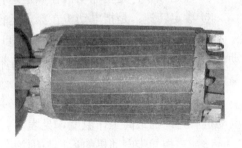

图1-8 三相电动机的定子绕组　　　　图1-9 鼠笼式电动机的转子绕组

（B）绕线式电动机是在转子铁芯线槽内嵌放对称三相绕组，如图 1-10 所示。三相绕组的一端接成星形，另一端接在固定在转轴上的滑环（集电环）上，通过电刷与变阻器连接，如图 1-11 所示。

图 1-10　绕线式电动机的转子绕组

图 1-11　三相绕线式电动机的滑环结构

③ 转轴：主要作用是支撑转子和传递转矩。

1.4.2.2　三相异步电动机的铭牌

电动机出厂时，在机座上都有一块铭牌，上面标有该电动机的型号、规格和有关数据。

（1）铭牌的标识

电动机产品型号举例：Y-132S$_2$-2

Y——表示异步电动机

132——表示机座号，数据为轴心对底座平面的中心高（mm）

S——表示短机座（S：短，M：中，L：长）

$_2$——表示铁芯长度号

2——表示电动机的极数

（2）技术参数

① 额定功率：电动机的额定功率也称额定容量，表示电动机在额定工作状态下运行时，轴上能输出的机械功率，单位为 W 或 kW。

② 额定电压：是指电动机额定运行时，外加于定子绕组上的线电压，单位为 V 或 kV。

③ 额定电流：是指电动机在额定电压和额定输出功率时，定子绕组的线电流，单位为 A。

④ 额定频率：是指电动机在额定运行时电源的频率，单位为 Hz。

⑤ 额定转速：是指电动机在额定运行时的转速，单位为 r/min。

⑥ 接线方法：表示电动机在额定电压下运行时，三相定子绕组的接线方式。目前电动机铭牌上给出的接法有两种，一种是额定电压为 380V/220V，接法为 Y/△；另一种是额定电压 380V，接法为 △。

⑦ 绝缘等级：电动机的绝缘等级，是指绕组所采用的绝缘材料的耐热等级，它表明电动机所允许的最高工作温度，见表 1-4。

（3）三相异步电动机的运行与维护

① 电动机起动前检查

（A）电动机上和附近有无杂物和人员；

绝缘等级及允许最高工作温度　　　　　　　表 1-4

绝缘等级	Y	A	E	B	F	H	C
最高工作温度/℃	90	105	120	130	155	180	>180

（B）电动机所拖动的机械设备是否完好；

（C）大型电动机轴承和起动装置中油位是否正常；

（D）绕线式电动机的电刷与滑环接触是否紧密；

（E）转动电动机转子或其所拖动的机械设备，检查电动机和拖动的设备转动是否正常。

② 电动机运行中的监视与维护

（A）电动机的升温及发热情况；

（B）电动机的运行负荷电流值；

（C）电源电压的变化；

（D）三相电压和三相电流的不平衡度；

（E）电动机的振动情况；

（F）电动机运行的声音和气味；

（G）电动机的周围环境、适用条件；

（H）电刷是否冒火，是否有其他异常现象。

1.4.3　低压电器

低压电器在供配电系统中广泛用于电路、电动机、变压器等电气装置上，起着开关、保护、调节和控制的作用，按其功能分有开关电器、控制电器、保护电器、调节电器、主令电器、成套电器等，现主要介绍起重机械中常用的几种低压电器。

1.4.3.1　主令电器

主令电器是一种能向外发送指令的电器，主要有按钮、行程开关、万能转换开关、接触开关等。利用它们可以实现人对控制电器的操作或实现控制电路的顺序控制。

（1）按钮

按钮是一种靠外力操作接通或断开电路的电气元件，一般不能直接用来控制电气设备，只能发出指令，但可以实现远距离操作。图 1-12 为几种常见按钮的外形与结构。

（2）行程开关

行程开关又称限位开关或终点开关，是一种将机械信号转换为电信号来控制运动部

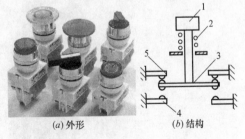

(a) 外形　　　　　　(b) 结构

图 1-12　几种常见按钮的外形与结构
1—按钮；2—弹簧；3—接触片；4、5—接触点

件行程的开关元件。它不用人工操作，而是利用机械设备某些部件的碰撞来完成的，以控制自身的运动方向或行程大小的主令电器，被广泛用于顺序控制器、运动方向、行程、零位、限位、安全、自动停止及自动往复等控制系统中。图 1-13 为几种常见的

图 1-13　几种常见的行程开关

行程开关。

（3）万能转换开关

万能转换开关是一种多对触头、多个档位的转换开关。主要由操作手柄、转轴、动触

头及带号码牌的触头盒等构成。常用的转换开关有 LW2、LW4、LW5-15D、LW15-10、LWX2 等，QT30 型以下塔式起重机一般使用 LW5 型转换开关。图 1-14 为一种万能转换开关。

（4）主令控制器

主令控制器（又称主令开关）主要用于电气传动装置中，按一定顺序分合触头，达到发布命令或其他控制线路联锁转换的目的。其中塔机的联动操作台就属于主令控制

图 1-14　一种万能转换开关

器，用来操作塔式起重机的回转、变幅、升降，如图 1-15 所示。

图 1-15　塔机的联动操作台

1.4.3.2　空气断路器

空气断路器又称自动空气开关或空气开关，属开关电器，是用于当电路中发生过载、

短路和欠压等不正常情况时，能自动分断电路的电器，也可用作不频繁地启动电动机或接通、分断电路，有万能式断路器、塑壳式断路器、微型断路器、漏电保护器等。图 1-16 为几种常见的断路器。

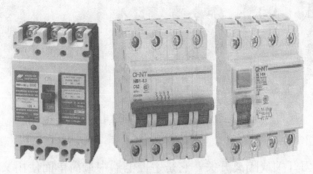

图 1-16　几种常见的断路器

1.4.3.3　漏电保护器

漏电保护器，又称剩余电流动作保护器，主要用于防止人身因漏电发生电击伤亡、防止因电气设备或线路漏电引起电气火灾事故。

安装在负荷端电器电路的漏电保护器，是考虑到漏电电流通过人体的影响，用于防止人为触电的漏电保护器，其动作电流不得大于 30mA，动作时间不得大于 0.1s。用于潮湿场所的电器设备，应选用动作电流不大于 15mA 的漏电保护器。

漏电保护器按结构和功能分为漏电开关、漏电断路器、漏电继电器、漏电保护插头、插座。漏电保护器按极数还可分为单极、二极、三极、四极等多种。

1.4.3.4　接触器

接触器是利用自身线圈流过电流产生磁场，使触头闭合，以达到控制负载的电器。接触器用途广泛，是电力拖动和控制系统中应用最为广泛的一种电器，它可以频繁操作，远距离闭合、断开主电路和大容量控制电路。接触器可分为交流接触器和直流接触器两大类。

接触器主要由电磁系统、触头系统、灭弧装置等几部分组成。交流接触器的交流线圈的额定电压有 380V、220V 等。图 1-17 为几种常见的接触器。

图 1-17　几种常见的接触器

1.4.3.5　继电器

继电器是一种自动控制电器，在一定的输入参数下，它受输入端的影响而使输出参数有跳跃式的变化。常用的继电器有中间继电器、热继电器、时间继电器、温度继电器等。

图 1-18 为几种常见的继电器。

图 1-18　几种常见的继电器

1.4.3.6　刀开关

刀开关又称闸刀开关或隔离开关,它是手控电器中最简单而使用又较广泛的一种低压电器。刀开关在电路中的作用是隔离电源和分断负载。图 1-19 为一种常见的刀开关。

图 1-19　一种常见的刀开关

1.5　液压传动原理

在塔式起重机的顶升机构和液压施工升降机的驱动机构中,广泛使用液压传动系统。

1.5.1　液压传动的基本原理

液压系统利用液压泵将机械能转换为液体的压力能,再通过各种控制阀和管路的传递,借助于液压执行元件(缸或马达)把液体压力能转换为机械能,从而驱动工作机构,实现直线往复运动和回转运动。

塔式起重机液压顶升机构,是一个简单、完整的液压传动系统,其工作原理如图1-20所示。

推动油缸活塞杆伸出时,手动换向阀 6 处于上升位置(图示左位),液压泵 4 由电动机带动旋转后,从油箱 1 中吸油,油液经滤油器 2 进入液压泵 4,由液压泵 4 转换成压力油 P 口→A 口→HP(高压胶管 7)→节流阀 12→液控单向阀 m→油缸无杆腔,推动缸筒上升,同时打开液控单向阀 n,以便回油反向流动。回油:有杆腔→液控单向阀 n→HP(高压胶管 7)→手动换向阀 B 口→T 口→油箱。

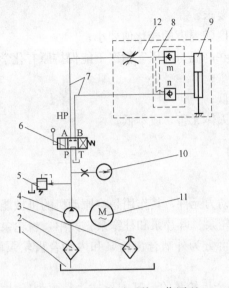

图 1-20　液压传动系统工作原理

1—油箱；2—滤油器；3—空气滤清器；4—液压泵；5—溢流阀；6—手动换向阀；
7—HP（高压胶管）；8—双向液压锁；9—顶升油缸；10—压力表；11—电动机；12—节流阀

推动油缸活塞杆收缩时，手动换向阀 6 处于下降位置（图示右位），压力油 P 口→
B 口→HP（高压胶管 7）→液控单向阀 n→油缸有杆腔，同时压力油也打开液控单向阀 m，
以便回油反向流动。回油：油缸无杆腔→液控单向阀 m→HP（高压胶管 7）→手动换向阀
A 口→T 口→油箱。

卸荷：手动换向阀 6 处于中间位置，电机 11 启动，油泵 4 工作，油液经滤油器 2 进
入油泵 4，再到换向阀 6 中间位置 P→T 回到油箱 1，此时系统处于卸荷状态。

1.5.2　液压传动系统的组成

液压传动系统由动力装置、执行装置、控制装置、辅助装置和工作介质等组成。

（1）动力装置：供给液压系统压力，并将原动机输出的机械能转换为油液的压力能，
从而推动整个液压系统工作。最常见的形式就是液压泵，它给液压系统提供压力。

（2）执行装置：把液压能转换成机械能以驱动工作部件运动的装置（即液压缸）。

（3）控制装置：包括各种阀类，如压力阀、流量阀和方向阀等，用来控制液压系统的
液体压力、流量（流速）和方向，以保证执行元件完成预期的工作运动。

（4）辅助装置：指各种管接头、油管、油箱、过滤器和压力计等，起连接、储油、过
滤和测量油压等辅助作用，以保证液压系统可靠、稳定、持久地工作。

（5）工作介质：指在液压系统中，承受压力并传递压力的油液，一般为矿物油，统称
为液压油。

1.5.3　液压油的特性及选用

液压油是液压系统的工作介质，也是液压元件的润滑剂和冷却剂，液压油的性质对液
压传动性能有明显的影响。因此有必要了解有关液压油的性质、要求和选用方法。选择液

压油时应当遵循以下基本要求：

（1）黏度适当，且黏度随温度的变化值要小；

（2）化学稳定性好，在高温、高压等情况下能保持原有化学成分；

（3）质地纯净，杂质少；

（4）燃点高，凝固点低；

（5）润滑性能好，对人体无害，成本低。

1.5.4 液压系统主要元件

1.5.4.1 液压泵

液压泵是液压系统的动力元件，其作用是将原动机的机械能转换成液体的压力能。液压泵的结构形式一般有齿轮泵、叶片泵和柱塞泵。其中，齿轮泵被广泛用于塔式起重机顶升机构。齿轮泵在结构上可分为外啮合齿轮泵和内啮合齿轮泵两种，常用的是外啮合齿轮泵。

如图 1-21 所示，外啮合齿轮泵的最基本形式，是两个尺寸相同的齿轮在一个紧密配合的壳体内相互啮合旋转，这个壳体的内部类似"8"字形，齿轮的外径及两侧与壳体紧密配合，组成了许多密封工作腔。当齿轮按一定的方向旋转时，一侧吸油腔由于相互啮合的齿轮逐渐脱开，密封工作容积逐渐增大，形成部分真空，因此油箱中的油液在外界大气压的作用下，经吸油管进入吸油腔，将齿间槽充满，并随着齿轮旋转，把油液带到右侧的压油腔内。在压油区的一侧，由于齿轮在这里逐渐进入啮合，密封工作腔容积不断减小，油液便被挤出去，从压油腔输送到压油管路中去。这里的啮合点处的齿面接触线一直起着隔离高、低压腔的作用。

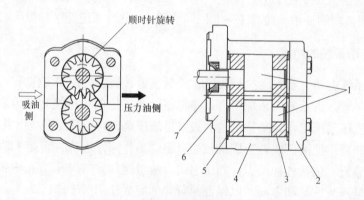

图 1-21 齿轮泵

1—工作齿轮；2—后端盖；3—轴承体；4—铝质泵体；5—密封圈；6—前端盖；7—轴封衬

外啮合齿轮泵的优点是，结构简单，尺寸小，重量轻，制造方便，价格低廉，工作可靠，自吸能力强（容许的吸油真空度大），对油液污染不敏感，维护容易。缺点是，一些元件承受不平衡径向力，磨损严重，内泄大，工作压力的提高受到限制。此外，它的流量脉动大，因而压力脉动和噪声都较大。

1.5.4.2 液压缸

液压缸一般用于实现往复直线运动或摆动，将液压能转换为机械能，是液压系统中的执行元件。

（1）液压缸的形式

液压缸按结构形式可分为活塞缸、柱塞缸和摆动缸等。活塞缸和柱塞缸实现往复直线运动，输出推力或拉力；摆动缸则能实现小于360°的往复摆动，可输出转矩。液压缸按油压作用形式又可分为单作用式液压缸和双作用式液压缸。单作用式液压缸只有一个外接油口输入压力油，液压作用力仅作单向驱动，而反行程只能在其他外力的作用下完成，如图1-22（a）所示；双作用式液压缸是分别由液压缸两端外接油口输入压力油，靠液压油的进出推动液压杆的运动，如图1-22（b）所示。塔式起重机的液压顶升系统多使用单出杆双作用活塞式液压缸，如图1-22（c）所示。

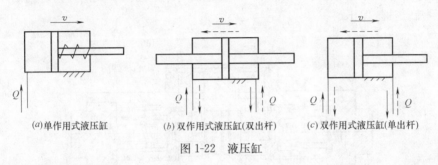

(a)单作用式液压缸　　　(b)双作用式液压缸(双出杆)　　　(c)双作用式液压缸(单出杆)

图1-22　液压缸

（2）液压缸的密封

液压缸的密封主要指活塞与缸体、活塞杆与端盖之间的动密封以及缸体与端盖之间的静密封。密封性能的好坏将直接影响其工作性能和效率。因此，要求液压缸在一定的工作压力下具有良好的密封性能，且密封性能应随工作压力的升高而自动增强。此外还要求密封元件结构简单、寿命长、摩擦力小等。常用的密封方法有间隙密封和密封圈的密封。

（3）液压缸的缓冲

液压缸的缓冲结构是为了防止活塞到达行程终点时，由于惯性力作用与缸盖相撞。液压缸的缓冲是利用油液的节流（即增大终点回油阻力）作用实现的。图1-23为常用的缓冲结构，活塞上的凸台和缸盖上的凹槽在接近时，油液经凸台和凹槽间的缝隙流出，增大回油阻力，产生制动作用，从而实现缓冲。

（4）液压缸的排气

液压缸中如果有残留空气，将引起活塞运动时的爬行和振动，产生噪声和发热，甚至使整个系统不能正常工作，因此应在液压缸上增加排气装置。常用的排气装置为排气塞结构，如图1-24所示。排气装置应安装在液压缸的最高处。工作之前先打开排气塞，让活

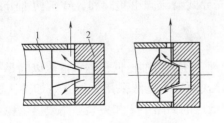

图1-23　常用的缓冲结构
1—活塞；2—缸盖

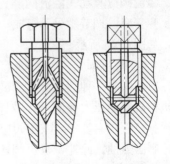

图1-24　液压缸的排气塞

塞空载作往返移动，直至将空气排干净为止，然后拧紧排气塞进行工作。

1.5.4.3 双向液压锁

双向液压锁广泛用于工程机械及各种液压装置的保压油路中，一般情况下多见于油缸的保压。

双向液压锁是一种防止过载和液力冲击的安全溢流阀，安装在液压缸上端部。液压锁主要是为了防止油管破损等原因导致系统压力急速下降。锁定液压缸，可防止事故发生。图 1-25 为双向液压锁，其工作原理如下：当进油口 B 进油时，液压油正向打开单向阀 1 从 D 口进入油缸，推动油缸上升，油缸的回油经双向锁 C 口进入锁内，从 A 口排出（此时滑阀已将左边单向阀 2 打开），当 B 口停止进油时，单向阀 1 关闭，油缸内高压油不能从 D 口倒流，油缸保压。

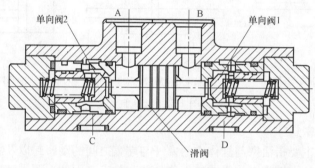

图 1-25 双向液压锁

1.5.4.4 溢流阀

溢流阀是一种液压压力控制阀，通过阀口的溢流，使被控制系统压力维持恒定，实现稳压、调压或限压作用。

（1）定压溢流作用

在液压系统中，定量泵提供的是恒定流量。当系统压力增大时，会使流量需求减小。此时溢流阀开启，使多余流量溢回油箱，保证溢流阀进口压力，即泵出口压力恒定。塔式起重机液压系统中的溢流阀已调定，用户不用再调。

（2）安全保护作用

系统正常工作时，阀门关闭。系统压力超过调定压力时，开启溢流阀，进行过载保护，使系统压力不再增加。

溢流阀分直动式溢流阀和先导式溢流阀两种。直动式溢流阀由阀体、阀芯、调压弹簧、弹簧座、调节螺母等组成，如图 1-26 所示。先导式溢流阀由主阀和先导阀两部分组成，如图 1-27 所示。

1.5.4.5 减压阀

减压阀是一种利用液流流过缝隙产生压降的原理，使出口油压低于进口油压以满足执行机构需要的压力控制阀。减压阀有直动式和先导式两种，一般采用先导式，如图 1-28 所示。在液压系统中，减压阀应用于要求获得稳定低压的回路中，如夹紧油路或提供稳定的控制压力油。此外，减压阀还可用来限制工作机构的作用力，减少压力波动带来的影响，改善系统的控制性能。

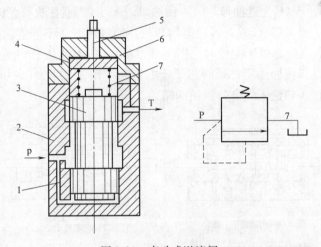

图 1-26 直动式溢流阀

1—阻尼孔；2—阀体；3—阀芯；4—弹簧座；5—调节螺杆；6—阀盖；7—调压弹簧

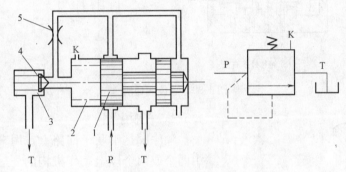

图 1-27 先导式溢流阀

1—主阀；2—主阀弹簧；3—先导阀；4—调压弹簧；5—阻尼孔

1.5.4.6 换向阀

换向阀是借助于阀芯与阀体之间的相对运动来改变油液流动方向的阀。按阀芯相对于阀体的运动方式不同，换向阀可分为滑阀（阀芯移动）和转阀（阀芯转动）；按阀体连通的主要油路数不同，换向阀可分为二通、三通、四通等；按阀芯在阀体内的工作位置数不同，换向阀可分为二位、三位、四位等；按操作方式不同，换向阀可分为手动、机动、电磁动、液动、电液动等；按阀芯的定位方式不同，换向阀可分为钢球定位和弹簧复位两种。

图 1-29 为三位四通阀，阀芯有三个工作位置左、中、右，阀体上有四

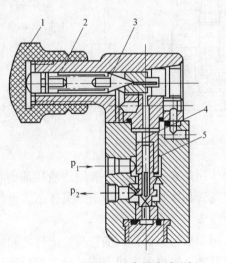

图 1-28 先导式减压阀

1—调节螺母；2—调压弹簧；3—锥阀；
4—主阀弹簧；5—阀芯

个通路 O、A、B、P（P 为进油口，O 为回油口，A、B 为通往执行元件两端的油口）。当阀芯处于中位时［图 1-29（a）］，各通道均堵住，油缸两腔既不能进油，又不能回油，此时活塞锁住不动。当阀芯处于左位时［图 1-29（b）］，压力油从 P 口流入，A 口流出，回油从 B 口流入，O 口流回油箱。当阀芯处于右位时［图 1-29（c）］，压力油从 P 口流入，B 口流出，回油由 A 口流入，O 口流回油箱。

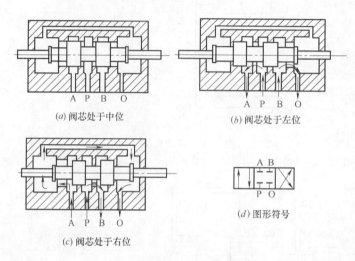

(a) 阀芯处于中位   (b) 阀芯处于左位

(c) 阀芯处于右位   (d) 图形符号

图 1-29　三位四通阀

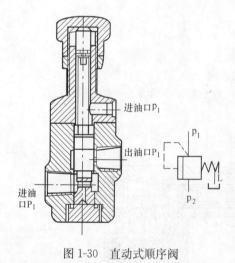

图 1-30　直动式顺序阀

1.5.4.7　顺序阀

顺序阀是串联于回路上，用来控制液压系统中两个或两个以上工作机构的先后顺序，利用系统中的压力变化来控制油路通断的阀。顺序阀可分为直动式和先导式，又可分为内控式和外控式。应用较广的是直动式，如图 1-30 所示。

1.5.4.8　流量控制阀

流量控制阀是通过改变液流的通流截面来控制系统工作流量，以改变执行元件运动速度的阀，简称流量阀。常用的流量阀有节流阀和调速阀等。图 1-31 为普通节流阀。

1.5.4.9　液压辅件

（1）油管

油管的作用是连接液压元件和输送液压油。在液压系统中常用的油管有钢管、铜管、塑料管、尼龙管和橡胶软管，可根据具体用途进行选择。

（2）管接头

管接头用于油管与油管、油管与液压件之间的连接。管接头按通路数可分为直通、直角、三通等形式，按接头连接方式可分为焊接式、卡套式、管端扩口式和扣压式等形式，按连接油管的材质可分为钢管管接头、金属软管管接头和胶管管接头等。我国已有管接头标准，使用时可根据具体情况进行选择。

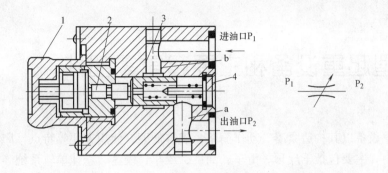

图 1-31 普通节流阀
1—手柄；2—推杆；3—阀芯；4—弹簧

（3）油箱

油箱主要功能是储油、散热及分离油液中的气泡和杂质。油箱的结构如图 1-32 所示，形状根据主机总体布置而定。它通常用钢板焊接而成，吸油侧和回油侧之间有两个隔板 7 和 9，将两区分开，以改善散热并使杂质多沉淀在回油管一侧。吸油管 1 和回油管 4 应尽量远离，但距箱边应大于管径的 3 倍。盖上面装有通气罩 3。为便于放油，油箱底面应有适当的斜度，并设有放油塞 8，油箱侧面设有油标 6，以便观察油面高度。当需要彻底清洗油箱时，可将箱盖 5 卸开。

油箱容积主要根据散热要求来确定，同时还必须考虑机械在停止工作时系统油液在自重作用下能全部返回油箱。

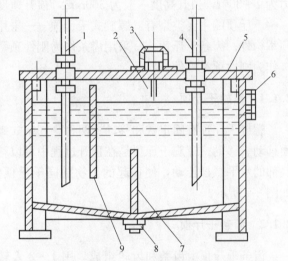

图 1-32 油箱结构示意图
1—吸油管；2—加油孔；3—通气罩；4—回油管；5—油箱；
6—油标；7—隔板；8—放油塞；9—隔板

（4）滤油器

滤油器的作用是分离油中的杂质，使系统中的液压油经常保持清洁，以提高系统工作的可靠性和液压元件的寿命。液压系统中的所有故障 80% 左右是因污染的油液引起的，因此液压系统所用的油液必须经过过滤，并在使用过程中要保持油液清洁。油液的过滤一般都先经过沉淀，然后经滤油器过滤。

滤油器按过滤情况可分为粗滤油器、普通滤油器、精滤油器和特精滤油器，按结构可分为网式、线隙式、烧结式、纸芯式和磁性滤油器等形式。滤油器可以安装在液压泵的吸油口、出油口以及重要元件的前面。通常情况下，泵的吸油口前装粗滤油器，泵的出油口和重要元件前装精滤油器。

2 小型起重设备和主要起重零部件

小型起重设备以其构造紧凑、动作简单、成本低廉、使用方便等特点，广泛应用于各种工程实践中，主要包括千斤顶、滑车、葫芦、绞车、绞盘、悬挂单轨系统等。

2.1 千斤顶

千斤顶采用刚性顶举构件作为工作装置，是通过顶部托座或底部托盘，在小行程内顶升重物的轻小型起重设备。具有结构简单、使用方便、应用比较广泛等特点。它的承载能力为1~300t，顶升高度一般为300mm，顶升速度为10~35mm/min。

千斤顶的主要类型有：螺旋式千斤顶——采用螺杆或由螺杆推动的升降套筒作为刚性顶举构件；齿条千斤顶——采用齿条作为刚性顶举构件；液压千斤顶——采用柱塞或液压缸作为刚性顶举构件。

2.1.1 螺旋千斤顶

螺旋千斤顶有固定式和移动式两种。固定式螺旋千斤顶在作业时，未卸载前不能作平面移动。移动式螺旋千斤顶是在顶升过程中可以移动的一种千斤顶。移动主要是靠千斤顶底部的水平螺杆转动，使顶起的重物随同千斤顶作水平移动，如图2-1所示。

2.1.2 齿条千斤顶

齿条千斤顶由齿条和齿轮组成，用1~2人转动千斤顶上的手柄，以顶起重物。在千斤顶的手柄上备有制动时需要的齿轮。利用齿条的顶端，可顶起高处的重物，同时也可用齿条的下脚，顶起低处的重物，如图2-2所示。

图 2-1　螺旋千斤顶

2.1.3 液压千斤顶

液压千斤顶的工作部分为活塞和顶杆。工作时，用千斤顶的手柄驱动液压泵，将工作液体压入液压缸内，进而推动活塞上升或下降，顶起或下落重物，如图2-3所示。它重量较轻，工作效率较高，使用和搬运也比较方便，因而应用较广泛。

2.1.4 千斤顶的安全技术要求

（1）千斤顶不准超负荷使用。

（2）千斤顶工作时，应放在平整坚实的地面上，并在其下面垫枕木、木板。

（3）几台千斤顶同时作业时，应保证同步顶升和降落。

图 2-2 齿条千斤顶

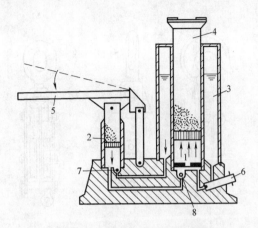

图 2-3 液压千斤顶示意图
1—油室；2—油泵；3—储油腔；4—活塞；5—摇把；
6—回油阀；7—油泵进油门；8—油进油门室

（4）液压千斤顶在高温和低温条件下不得使用。

（5）液压千斤顶不准作永久支承。如必须作长时间支承时，应在重量物下面增加支承部件，以保证液压千斤顶不受损坏。

2.2 滑车和滑车组

滑车和滑车组是起重吊装、搬运作业中较常用的起重工具。滑车一般由吊钩（链环）、滑轮、轴、轴套和夹板等组成。

2.2.1 滑车

2.2.1.1 滑车的种类

滑车按滑轮的多少，可分为单门（一个滑轮）、双门（两个滑轮）和多门等几种；按连接件的结构型式不同，可分为吊钩型、链环型、吊环型、吊梁型四种；按滑车的夹板形式分，有开口滑车和闭口滑车两种，如图 2-4 所示。开口滑车的夹板可以打开，便于装入绳索，一般都是单门，常用在拔杆脚等处作导向用。滑车按使用方式不同，又可分为定滑车和动滑车两种。定滑车在使用中是固定的，可以改变用力的方向，但不能省力；动滑车在使用中是随着重物移动而移动的，能省力，但不能改变力的方向。

2.2.1.2 滑车的允许荷载

滑车的允许荷载，可根据滑轮和轴的直径确定。一般滑车上都标明了，使用时应根据其标定的数值选用，同时滑轮直径还应与钢丝绳直径匹配。

双门滑车的允许荷载为同直径单门滑车允许荷载的两倍，三门滑车为单门滑车的三倍，以此类推。同样，多门滑车的允许荷载就是它的各滑轮允许荷载的总和。因此，如果知道某一个四门滑车的允许荷载为 20000kg，则其中一个滑轮的允许荷载为 5000kg。即对于这四门滑车，若工作中仅用一个滑轮，只能负担 5000kg；用两个，只能负担 10000kg，只有四个滑轮全用时才能负担 20000kg。

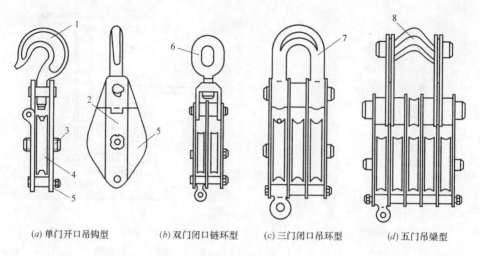

(a) 单门开口吊钩型　　(b) 双门闭口链环型　　(c) 三门闭口吊环型　　(d) 五门吊梁型

图 2-4　滑车

1—吊钩；2—拉杆；3—轴；4—滑轮；5—夹板；6—链环；7—吊环；8—吊梁

2.2.2　滑车组

滑车组是由一定数量的定滑车和动滑车及绕过它们的绳索组成的简单起重工具。它能省力，也能改变力的方向。

2.2.2.1　滑车组的种类

滑车组根据跑头引出的方向不同，可以分为跑头自动滑车引出和跑头自定滑车引出两种。图 2-5 (a) 为跑头自动滑车引出，这时用力的方向与重物移动的方向一致；图 2-5 (b) 为跑头自定滑车引出，这时用力的方向与重物移动的方向相反。在采用多门滑车进行吊装作业时，常采用双联滑车组，如图 2-5 (c) 所示，双联滑车组有两个跑头，可用两台卷扬机同时牵引，其速度快一倍，滑车组受力比较均衡，滑车不易倾斜。

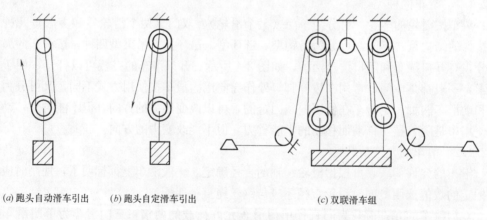

(a) 跑头自动滑车引出　　(b) 跑头自定滑车引出　　　　　　(c) 双联滑车组

图 2-5　滑车组的种类

2.2.2.2　滑车组绳索的穿法

滑车组绳索有普通穿法和花穿法两种，如图 2-6 所示。普通穿法是将绳索自一侧滑轮开始，顺序地穿过中间的滑轮，最后从另一侧的滑轮引出，如图 2-6 (a) 所示。滑车组在工作时，由于两侧钢丝绳的拉力相差较大，跑头 7 的拉力最大，第 6 根为次，顺次至固定头受力最小，所以滑车在工作中不平稳。如图 2-6（b）所示，花穿法的跑头从中间滑轮引出，两侧钢丝绳的拉力相差较小，所以能克服普通穿法的缺点。在用"三三"以上的滑车组时，最好用花穿法。滑车组中动滑车上穿绕绳子的根数，习惯上叫"走几"，如动滑车上穿绕 3 根绳子，叫"走 3"，穿绕 4 根绳子叫"走 4"。

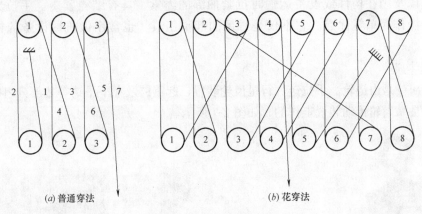

(a) 普通穿法   (b) 花穿法

图 2-6 滑车组绳索的穿法

2.2.3 滑车及滑车组使用注意事项

（1）使用前应查明标识的允许荷载，检查滑车的轮槽、轮轴、夹板、吊钩（链环）等有无裂缝和损伤，滑轮转动是否灵活。

（2）滑车组绳索穿好后，要慢慢地加力，绳索收紧后应检查各部分是否良好，有无卡绳现象。

（3）滑车的吊钩（链环）中心，应与吊物的重心在一条垂线上，以免吊物起吊后不平稳。滑车组上下滑车之间的最小距离应根据具体情况而定，一般为 $700 \sim 1200$mm。

（4）滑车在使用前后都要刷洗干净，轮轴要加油润滑，防止磨损和锈蚀。

（5）为了提高钢丝绳的使用寿命，滑轮直径最小不得小于钢丝绳直径的 16 倍。

（6）滑轮应设有防钢丝绳跳槽的装置。

2.2.4 滑轮的报废

滑轮出现下列情况之一的，应予以报废：

（1）裂纹或轮缘破损；

（2）滑轮绳槽壁厚磨损量达原壁厚的 20%；

（3）滑轮底槽的磨损量超过相应钢丝绳直径的 25%。

2.3 葫芦

葫芦是一种应用非常广泛的小型起重设备。它是安装在公共吊架上的驱动装置、传动装置、制动装置以及挠性件卷放或夹持装置带动取物装置升降的起重设备。主要有：手拉葫芦、手扳葫芦和电动葫芦。

2.3.1 手拉葫芦

手拉葫芦由人力通过拽引链条和链轮驱动，通过传动装置驱动卷筒卷放起重链条，以带动取物装置升降的起重设备，适用于小型设备和物体的短距离吊装，可用来拉紧缆风绳，以及用在构件或设备运输时拉紧捆绑的绳索，具有结构紧凑、手拉力小、携带方便、操作简单等优点。它不仅是常用的起重工具，也常用做机械设备的检修拆装工具。

2.3.1.1 构造

手拉葫芦是由链轮、手拉链、行星齿轮装置、起重链及上下吊钩等几部分组成。它的提升机构是靠齿轮传动装置工作的，如图2-7所示。

图2-7 手拉葫芦

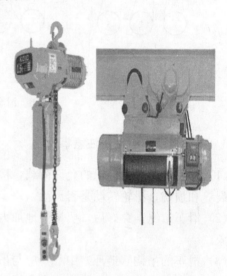

图2-8 电动葫芦

2.3.1.2 手拉葫芦使用注意事项

（1）使用前需检查传动部分是否灵活，链子和吊钩及轮轴是否有裂纹损伤，手拉链是否有跑链或掉链等现象。

（2）挂上重物后，要慢慢拉动链条，当起重链条受力后再检查各部分有无变化，自锁装置是否起作用。经检查确认各部分情况良好后，方可继续工作。链条不得扭转打结，严禁超负荷起吊。

（3）在任何方向使用时，拉链方向应与链轮方向相同，防止手拉链脱槽。拉链时力量要均匀，不能过快过猛。

（4）当手拉链拉不动时，应查明原因，不能增加人数猛拉，以免发生事故。

（5）起吊重物中途停止的时间较长时，要将手拉链栓在起重链上，以防时间过长而自锁失灵。操作过程中，严禁任何人在重物下行走或逗留。

（6）转动部分要经常上油，保证滑润，减少磨损，但切勿将润滑油渗进摩擦片内，以防自锁失灵。

2.3.2 手扳葫芦

手扳葫芦包括钢丝绳手扳葫芦和环链手扳葫芦两种，它是由人力通过扳动手柄驱动钢丝绳夹持器或链轮卷放装置，带动取物装置运动的起重设备。

2.3.3 电动葫芦

电动葫芦由电动机驱动，经过卷筒、星轮、链轮卷放起重钢丝绳或起重链条，以带动取物装置升降的起重设备，如图 2-8 所示。

2.3.4 悬挂式单轨系统

若干台简易的起重小车沿一条悬挂于空中的轨道行走，进行吊运物品的轻小型起重设备叫悬挂式单轨系统。轨道线路可以是环形的单轨系统，也可以是不封闭的简单线路，还可以是从一个主线路分别运移到各分支线路的单轨系统。

手拉葫芦、电动葫芦和悬挂式单轨系统在建筑幕墙工程中应用较为广泛。

2.4 卷扬机和卷筒

2.4.1 卷扬机

卷扬机在建筑施工中使用广泛，它可以单独使用，也可以作为其他起重机械的卷扬机构。

2.4.1.1 卷扬机构造和分类

卷扬机由电动机、齿轮减速机、卷筒、制动器等构成。载荷的提升和下降均为一种速度，由电机的正反转控制。

卷扬机按卷筒数分，有单筒卷扬机、双筒卷扬机和多筒卷扬机；按速度分，有快速卷扬机和慢速卷扬机。常用的有单筒电动和双筒电动卷扬机。图 2-9 为一种单筒电动卷扬机的结构示意图。

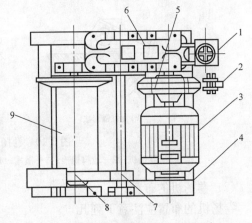

图 2-9 单筒电动卷扬机的结构示意图
1—可逆控制器；2—电磁制动器；3—电动机；4—底盘；
5—联轴器；6—减速器；7—小齿轮；
8—大齿轮；9—卷筒

2.4.1.2 常用卷扬机的基本参数

慢速卷扬机的基本参数见表 2-1。

快速卷扬机的基本参数见表 2-2。

2.4.1.3 卷扬机的固定和布置

（1）卷扬机的固定

卷扬机必须用地锚予以固定，以防工作时产生滑动或倾覆。根据受力大小，固定卷扬机的方法大致有螺栓锚固法、水平锚固法、立桩锚固法和压重锚固法四种，如图 2-10 所示。

慢速卷扬机的基本参数　　　　　　　　　　　　　　表 2-1

基本参数	单筒卷扬机						
钢丝绳额定拉力/t	3	5	8	12	20	32	50
卷筒容绳量/m	150	150	400	600	700	800	800
钢丝绳平均速度/m/min	9～12				8～11		7～10
钢丝绳直径不小于/mm	15	20	26	31	40	52	65
卷筒直径 D	$D \geqslant 18d$						

快速卷扬机的基本参数　　　　　　　　　　　　　　表 2-2

基本参数	单筒						双筒			
钢丝绳额定拉力/t	0.5	1	2	3	5	8	2	3	5	8
卷筒容绳量/m	100	120	150	200	350	500	150	200	350	500
钢丝绳平均速度/m/min	30～40		30～35		28～32		30～35		28～32	
钢丝绳直径不小于/mm	7.7	9.3	13	5	20	26	13	15	20	26
卷筒直径 D	$D > 18d$									

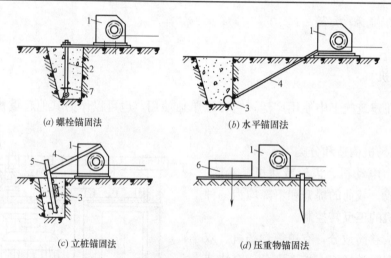

(a) 螺栓锚固法　　　　　　　　　　(b) 水平锚固法

(c) 立桩锚固法　　　　　　　　　　(d) 压重物锚固法

图 2-10　卷扬机的锚固方法

1—卷扬机；2—地脚螺栓；3—横木；4—拉索；5—木桩；6—压重；7—压板

（2）卷扬机的布置

卷扬机的布置应注意下列几点：

① 卷扬机的安装位置周围必须排水畅通并应搭设工作棚。

② 卷扬机的安装位置应能使操作人员看清指挥人员和起吊或拖动的物件，操作者视线仰角应小于 45°。

③ 卷扬机正前方应设置导向滑车，如图 2-11 所示。导向滑车至卷筒轴线的距离，带槽卷筒应不小于卷筒宽度的 15 倍，即倾斜角 α 不大于 2°；无槽卷筒应大于卷筒宽度的 20 倍，以免钢丝绳与导向滑车槽缘产生过度的磨损。

④ 钢丝绳绕入卷筒的方向应与卷筒轴线垂直，其垂直度允许偏差为 6°，这样能使钢丝绳圈排列整齐，不致斜绕和互相错叠挤压。

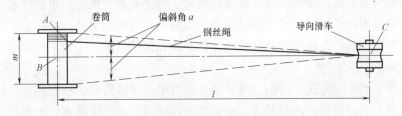

图 2-11　卷扬机正前方应设置导向滑车

2.4.1.4　卷扬机使用注意事项

（1）作业前，应检查卷扬机与地面的固定、安全装置、防护设施、电气线路、接零或接地线、制动装置和钢丝绳等，全部合格后方可使用。

（2）使用皮带或开式齿轮的部分，均应设防护罩，导向滑轮不得用开口拉板式滑轮。

（3）正反转卷扬机卷筒旋转方向应在操纵开关上有明确标识。

（4）卷扬机必须有良好的接地或接零装置，接地电阻不得大于10Ω；在一个供电网路上，接地或接零不得混用。

（5）卷扬机使用前要先作空载正反转试验，检查运转是否平稳，有无不正常响声；传动、制动机构是否灵敏可靠；各紧固件及连接部位有无松动现象；润滑是否良好，有无漏油现象。

（6）钢丝绳的选用应符合原厂说明书规定。卷筒上的钢丝绳全部放出时，应留不少于3圈；钢丝绳的末端应固定牢靠；卷筒边缘外周至最外层钢丝绳的距离，应不小于钢丝绳直径的1.5倍。

（7）钢丝绳应与卷筒及吊笼连接牢固，不得与机架或地面摩擦，通过道路时，应设过路保护装置。

（8）卷筒上的钢丝绳应排列整齐，当重叠或斜绕时，应停机重新排列，严禁在转动中用手拉脚踩钢丝绳。

（9）作业中，任何人不得跨越正在作业的卷扬钢丝绳。物件提升后，操作人员不得离开卷扬机，物件或吊笼下面严禁人员停留或通过。

（10）作业中如发现异响、制动不灵、制动装置或轴承等温度剧烈上升等异常情况时，应立即停机检查，排除故障后方可使用。

（11）作业中停电或休息时，应切断电源，将提升物件或吊笼降至地面，操作人员离开现场应锁好开关箱。

2.4.2　卷筒

卷筒是起升机构或牵引机构中用来卷绕钢丝绳的部件，其作用是传递动力，并把旋转运动变为直线运动。

2.4.2.1　结构形式

（1）卷筒种类

起重机上常用的卷筒多为圆柱形。卷筒两端，多以辐板支承。辐板中央有孔，中间有轴。轴分两种，一种为一根贯通长轴，另一种为卷筒两端各自一根短轴。根据轴是否旋转，可分为转轴式或定轴式两种。

卷筒按照绕绳层数，分单层绕和多层绕两种。桥架类起重机多用单层绕卷筒，卷筒表面通常切出螺旋槽，增加钢丝绳的接触面积，保证钢丝绳排列整齐，并防止相邻钢丝绳互相摩擦，从而提高钢丝绳使用寿命。绳槽分标准槽和深槽两种。一般采用标准槽，有脱槽危险的采用深槽。

卷筒材料一般采用铸铁、铸钢，重要的卷筒可采用球墨铸铁，也有用钢板弯卷焊接而成。卷筒表面有槽面和光面两种形式。槽面卷筒可使钢丝绳排绕整齐，但仅适用于单层卷绕，如图 2-12 所示；光面卷筒的容绳量比槽面卷筒多，可用于多层卷绕，如图 2-13 所示。

图 2-12　槽面卷筒

图 2-13　光面卷筒

图 2-14　曳引机的驱动轮

曳引机的驱动轮是依靠摩擦作用将驱动力提供给牵引（起重）钢丝绳的。驱动轮上开有绳槽，钢丝绳绕过绳槽张紧后，驱动轮的牵引动力才能传递给钢丝绳。由于单根钢丝绳产生的摩擦力有限，一般在驱动轮上都有数个绳槽，可容纳多根钢丝绳，获得较大的牵引能力，如图 2-14 所示。

（2）多层绕卷筒

多层绕卷筒多用于起升高度很大或结构尺寸受限制的地方，如汽车起重机常制成不带螺旋槽的光面卷筒，钢丝绳可以紧密排。但实际作业时，钢丝绳排列零乱，互相交叉挤压，使钢丝绳寿命降低。多层绕卷筒为挡住钢丝绳脱出，两端必须有侧边，其高度应超过最外层钢丝绳，其值应不小于钢丝绳直径的 2 倍。

卷筒容绳量是卷筒容纳钢丝绳长度的数值，它不包括钢丝绳安全圈的长度。如图 2-15所示，对于单层缠绕光面卷筒，卷筒容绳量（L）见式（2-1）：

$$L=\pi(D+d)(Z-Z_0) \tag{2-1}$$

式中　D——光面卷筒直径，mm；

$\quad\quad d$——钢丝绳直径，mm；

$\quad\quad Z$——卷绕钢丝绳的总圈数（B/d）；

$\quad\quad Z_0$——安全圈数。

对于多层绕卷筒，若每层绕的圈数为 Z，则绕到 n 层时，卷筒容绳量计算见式（2-2）：

$$L=\pi nZ(D+nd) \tag{2-2}$$

2.4.2.2 安全检查及报废标准

（1）卷筒上钢丝绳尾端的固定装置，应有防松或自紧的性能。对钢丝绳尾端的固定情况，应每月检查一次。

（2）多层缠绕的卷筒，端部应有凸缘。

（3）卷筒上的钢丝绳工作时放出最多时，卷筒上余留的钢丝绳至少应保留3圈，以避免绳尾耳板或楔套、楔块受力。

（4）卷筒出现裂纹或筒壁磨损达原壁厚的10%时，应报废。

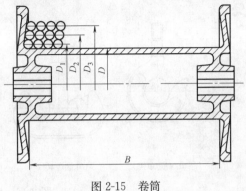

图 2-15　卷筒

2.4.2.3 检查要点与方法

卷筒上钢丝绳尾端的固定装置，通常用压板或楔块固定。检验时，应检查每块压板是否同时压两根绳，不允许只压一根绳；每个绳端至少用两个压板。压板螺栓应有防松装置，可用防松弹簧垫圈或双螺母。采用楔块固定时，楔块与楔套的锥度应一致，使被夹持部分的钢丝绳受力均匀。

检查裂纹时，应先清洗油污，再用肉眼或放大镜检查。

卷筒轴平时检查不便，应在起重机大修时检查。检查时，应将轴从卷筒上拆下，清洗干净后目测检查有无裂纹，必要时进行无损检测。若有裂纹，应报废。

2.5　吊钩

吊钩、吊环、平衡梁与吊耳是起重作业中比较常用的吊物工具。它的优点是取物方便，工作安全可靠。吊钩若使用不当，容易造成损坏和折断而发生重大事故，因此，必须加强对吊钩经常性的安全技术检验。

2.5.1　吊钩分类

吊钩按制造方法可分为锻造吊钩和片式吊钩。锻造吊钩又可分为单钩和双钩，如图2-16（a）、图2-16（b）所示。单钩是一种比较常用的吊钩，它构造简单，使用也较方便，一般用于小起重量，采用《优质碳素结构钢钢号和一般技术条件》中规定的20钢锻制而成。双钩受力均匀对称，多用于较大的起重量，一般大于80t的起重量都采用双钩。锻造吊钩材料采用优质低碳镇静钢或低碳合金钢，如20优质低碳钢、16Mn、20MnSi、36MnSi。片式吊钩由若干片厚度不小于20mm的C3、20或16Mn的钢板铆接起来。

片式吊钩也有单钩和双钩之分，如图2-16（c）和2-16（d）所示。片式吊钩比锻造吊钩安全，因为吊钩板片不可能同时断裂，个别板片损坏还可以更换。吊钩按钩身（弯曲部分）的断面形状可分为：圆形、矩形、梯形和T字形断面吊钩。

2.5.2　吊钩的安全技术要求

（1）在起重吊装作业中使用的吊钩应有出厂合格证明，在低应力区应有额定起重量标记，表面要光滑，不能有剥裂、刻痕、锐角和裂纹等缺陷。

（2）吊钩不得进行超负荷作业，在使用吊钩与重物吊环相连接时，必须保证吊钩的位

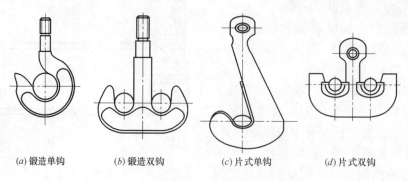

(a)锻造单钩   (b)锻造双钩   (c)片式单钩   (d)片式双钩

图 2-16　吊钩的种类

置和受力符合要求。

（3）吊钩的受力分析：

对吊钩的检验，必须先了解吊钩的危险断面所在，通过对吊钩的受力分析，可以了解吊钩的危险断面有三个。

如图 2-17 所示，假定吊钩上吊挂重物的重量为 Q，由于重物重量通过钢丝绳作用在吊钩的Ⅰ—Ⅰ断面上，有把吊钩切断的趋势，该断面上受切应力；由于重量 Q 的作用，在Ⅲ—Ⅲ断面，有把吊钩拉断的趋势，这个断面就是吊钩钩尾螺纹的退刀槽，受拉应力；由于 Q 对吊钩产生拉、切力之后，还有把吊钩拉直的趋势，也就是对Ⅰ—Ⅰ断面以左的各断面除受拉力以外，还受到力矩的作用。因此，Ⅱ—Ⅱ断面受 Q 的拉力，使整个断面受切应力，同时受力矩的作用。另外，Ⅱ—Ⅱ断面的内侧受拉应力，外侧受压应力。根据计算，内侧拉应力比外侧压应力大一倍多。所以，吊钩做成内侧厚，外侧薄就是这个道理。

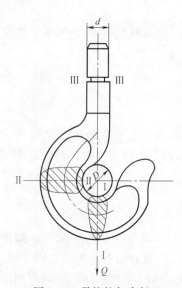

图 2-17　吊钩的危险断面

（4）吊钩的检验：

吊钩的检验一般先用煤油洗净钩身，然后用 20 倍放大镜检查钩身是否有疲劳裂纹，特别对危险断面的检查要认真、仔细。钩柱螺纹部分的退刀槽是应力集中处，要注意检查有无裂缝。对板钩还应检查衬套、销子、小孔、耳环及其他紧固件是否有松动、磨损现象。对一些大型、重型起重机的吊钩还应采用无损探伤法检验其内部是否存在缺陷。

（5）吊钩的保险装置：

吊钩必须装有可靠防脱棘爪（吊钩保险），防止工作时索具脱钩，如图 2-18 所示。

2.5.3　吊钩的报废

吊钩禁止补焊，有下列情况之一的，应予以报废：

（1）用 20 倍放大镜观察表面有裂纹及破口；

（2）钩尾和螺纹部分等危险截面及钩筋有永久性变形；

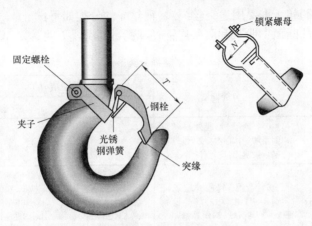

图 2-18 吊钩防脱棘爪

(3) 挂绳处截面磨损量超过原高度的 10%；

(4) 心轴磨损量超过其直径的 5%；

(5) 开口度比原尺寸增加 15%。

2.6 钢丝绳

钢丝绳是起重作业中必备的重要部件，通常由多根钢丝捻成绳股，再由多股绳股围绕绳芯捻制而成。钢丝绳具有强度高、自重轻、弹性大等特点，能承受振动荷载，能卷绕成盘，能在高速下平稳运动且噪声小，广泛用于捆绑物体以及起重机的起升、牵引、缆风等。

有关起重机钢丝绳的保养、维护、安装、检验和报废中的注意事项可按 GB/T 5972—2009/ISO 4309：2004 进行。

2.6.1 钢丝绳的主要术语和定义

(1) 钢丝绳实际直径：在同一截面互相垂直的方向上测量钢丝绳直径，取得的两次测量的平均值，单位为 mm；

(2) 钢丝绳公称直径：钢丝绳直径的标称值，单位为 mm；

(3) 捻距：螺线形钢丝绳外部钢丝和外部绳股围绕绳芯旋转一整圈（或一个螺旋），沿钢丝绳轴向测得的距离；

(4) 交互捻：钢丝绳中绳股的捻向与其外层股中钢丝的捻向相反；

(5) 钢丝绳芯：支撑外部绳股的钢丝绳的中心组件；

(6) 单层股钢丝绳：由单层股绕一个芯螺旋捻制而成的钢丝绳；

(7) 多股钢丝绳：通常由多个围绕一个绳芯或一个中心螺旋捻制一层或多层的钢丝绳；

(8) 阻旋转钢丝绳：承载时能减少扭矩和旋转程度的多股钢丝绳；

(9) 钢丝绳检验记录：钢丝绳检验后的历史记录和现状记录。

2.6.2 钢丝绳的分类和标记

2.6.2.1 分类

钢丝绳的种类较多，施工现场起重作业一般使用圆股钢丝绳。

按 GB 8918—2006《重要用途钢丝绳》，钢丝绳的分类如下：

（1）按绳和股的断面、股数和股外层钢丝绳的数目分类，见表 2-3。

钢丝绳分类

表 2-3

组别	类别		分类原则	典型结构		直径范围/mm
				钢丝绳	股绳	
1	圆股钢丝绳	6×7	6 个圆股，每股外层丝可到 7 根，中心丝（或无）外捻制 1～2 层钢丝，钢丝等捻距	6×7 6×9W	6+1 3/3+3	8～36 14～36
2		6×19(a)	6 个圆股，每股外层丝可到 8～12 根，中心丝外捻制 2～3 层钢丝，钢丝等捻距	6×19S 6×19W 6×25Fi 6×26WS 6×31WS	9+9+1 6/6+6+1 12+6F+6+1 10+5/5+5+1 12+6/6+6+1	12～36 12～40 12～44 20～40 22～46
		6×19(b)	6 个圆股，每股外层丝 12 根，中心丝外捻制 2 层钢丝	6×19	12+6+1	3～46
3		6×37	6 个圆股，每股外层丝 14～18 根，中心丝外捻制 3～4 层钢丝，钢丝等捻距	6×29Fi 6×36WS 6×37S(点线接触) 6×41WS 6×49SWS 6×55SWS	(1+7+7F+14) (1+7+7/7+14) (1+6+15+15) (1+8+8/8+16) (1+8+8+8/8+16) (1+9+9+9/9+18)	14～44 18～60 20～60 32～56 36～60 36～64
4		8×19	8 个圆股，每股外层丝 8～12 根，中心丝外捻制 2～3 层钢丝，钢丝等捻距	8×19S 8×19W 8×25Fi 8×26WS 8×31WS	(1+9+9) (1+6+6/6) (1+6+6F+12) (1+5+5/5+10) (1+6+6/6+12)	20～44 18～48 16～52 24～48 26～56
5		8×37	8 个圆股，每股外层丝 14～18 根，中心丝外捻制 3～4 层钢丝，钢丝等捻距	8×36WS 8×41WS 8×49SWS 8×55SWS	(1+7+7/7+14) (1+8+8/8+16) (1+8+8+8/8+16) (1+9+9+9/9+18)	22～60 40～56 44～64 44～64
6		18×7	钢丝绳中有 17 或 18 个圆股，每股外层丝 4～7 根，在纤维芯或钢芯外捻制 2 层股	17×7 18×7	(1+6) (1+6)	12～60 12～60
7		18×19	钢丝绳中有 17 或 18 个圆股，每股外层丝 8～12 根，钢丝等捻距钢丝等捻距，在纤维芯或钢芯外捻制 2 层股	18×19W 18×19S	(1+6+6/6) (1+9+9)	24～60 28～60
8		34×7	钢丝绳中有 34～36 个圆股，每股外层丝可到 7 根，在纤维芯或钢芯外捻制 3 层股	34×7 36×7	(1+6) (1+6)	16～60 20～60
9		35W×7	钢丝绳中有 24～40 个圆股，每股外层丝 4～8 根，在纤维芯或钢芯(钢丝)外捻制 3 层股	35W×7 24W×7	(1+6)	16～60
10	异形股钢丝绳	6V×7	6 个三角形股，每股外层丝 7～9 根，三角形股芯外捻制 1 层钢丝	6V×18 6V×19	(/3×2+3/+9) (/1×7+3/+9)	20～36 20～36
11		6V×19	6 个三角形股，每股外层丝 10～14 根，三角形股芯或纤维芯外捻制 2 层钢丝	6V×21 6V×24 6V×30 6V×34	(FC+9+12) (FC+12+12) (6+12+12) (/1×7+3/+12+12)	18～36 18～36 20～38 28～44

组别	类别	分类原则	典型结构		直径范围 /mm
			钢丝绳	股绳	
12	6V×37	6 个三角形股，每股外层丝 15～18 根，三角形股芯外捻制 2 层钢丝	6V×37 6V×37S 6V×43	(/1×7+3/+12+15) (/1×7+3/+12+15) (/1×7+3/+15+18)	32～52 32～52 38～58
13	4V×39	4 个扇形股，每股外层丝 15～18 根，纤维股芯外捻制 3 层钢丝	4V×39S 4V×48S	(FC+9+15+15) (FC+12+18+18)	16～36 20～40
14	6Q×19 +6V×21	钢丝绳中有 12～14 个股，在 6 个三角形股外，捻制 6～8 个椭圆股	6Q×19+ 6V×21 6Q×33+ 6V×21	外股(5+14) 内股(FC+9+12) 外股(5+13+15) 内股(FC+9+12)	40～52 40～60

注：1. 13 组及 11 组中异形股钢丝绳中 6V×21、6V×24 结构仅为纤维绳芯，其余组别的钢丝绳，可由需方指定纤维芯或钢芯。

2. 三角形股芯的结构可以相互代替，或改用其他结构的三角形股芯，但应在订货合同中注明。

3. 钢丝绳的主要用途推荐，参见附录 D（资料性附录）。

施工现场常见钢丝绳的断面如图 2-19、图 2-20 所示。

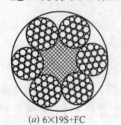 

(a) 6×19S+FC　　　(b) 6×19S+IWR　　　(c) 6×19W+FC　　　(d) 6×19W+IWR

图 2-19　6×19 钢丝绳断面图

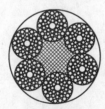 

(a) 6×37S+FC　　　　　(b) 6×37S+IWR

图 2-20　6×37S 钢丝绳断面图

（2）钢丝绳按捻法，分为右交互捻（ZS）、左交互捻（SZ）、右同向捻（ZZ）和左同向捻（SS）四种，如图 2-21 所示。

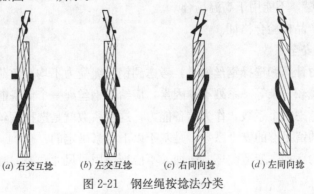

(a) 右交互捻　　　(b) 左交互捻　　　(c) 右同向捻　　　(d) 左同向捻

图 2-21　钢丝绳按捻法分类

（3）钢丝绳按绳芯不同，分为纤维芯和钢芯。纤维芯钢丝绳比较柔软，易弯曲，纤维芯可浸油作润滑、防锈，减少钢丝间的摩擦；金属芯的钢丝绳耐高温，耐重压，硬度大，不易弯曲。

2.6.2.2 标记

根据GB/T 8706—2006《钢丝绳 术语、标记和分类》，钢丝绳的标记格式如图 2-22 所示。

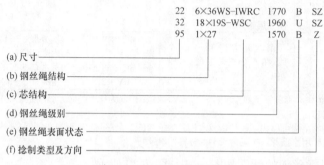

图 2-22 钢丝绳的标记格式

2.6.3 钢丝绳的选用

2.6.3.1 钢丝绳的选用

钢丝绳的工作寿命是随起重机的特性、工作条件和用途而变化的。凡要求钢丝绳寿命长的场合，均应采用较大的安全系数和弯曲比（D/d，卷筒或滑轮直径与钢丝绳直径之比）。建筑起重机的作业条件使钢丝绳极容易受到意外的损伤，因此在初选钢丝绳时就应考虑这一因素。

钢丝绳的选用应遵循下列原则：

（1）能承受所要求的拉力，保证足够的安全系数。

（2）能保证钢丝绳受力不发生扭转。

（3）耐疲劳，能承受反复弯曲和振动作用。

（4）有较好的耐磨性能。

（5）与使用环境相适应：

① 高温或多层缠绕的场合宜选用金属芯；

② 高温、腐蚀严重的场合宜选用石棉芯；

③ 有机芯易燃，不能用于高温场合。

（6）必须有产品检验合格证。

2.6.3.2 钢丝绳安全系数

在钢丝绳受力计算和选择钢丝绳时，考虑到钢丝绳受力不均、负荷不准确、计算方法不精确和使用环境较复杂等一系列不利因素，应给予钢丝绳一个储备能力。因此确定钢丝绳的受力时必须考虑一个系数，作为储备能力，这个系数就是选择钢丝绳的安全系数。起重用钢丝绳必须预留足够的安全系数，是基于以下因素确定的：

（1）钢丝绳的磨损、疲劳破坏、锈蚀、不恰当使用、尺寸误差、制造质量缺陷等不利因素带来的影响；

（2）钢丝绳的固定强度达不到钢丝绳本身的强度；

（3）由于惯性及加速作用（如启动、制动、振动等）而造成的附加载荷的作用；

（4）由于钢丝绳通过滑轮槽时的摩擦阻力作用；

（5）吊重时的超载影响；

（6）吊索及吊具的超重影响；

（7）钢丝绳在绳槽中反复弯曲而造成的危害的影响。

钢丝绳的安全系数是不可缺少的安全储备，绝不允许凭借这种安全储备而擅自提高钢丝绳的最大允许安全载荷，钢丝绳的安全系数见表2-4。

钢丝绳的安全系数   表2-4

用　途	安全系数	用　途	安全系数
作缆风	3.5	作吊索、无弯曲时	6～7
用于手动起重设备	4.5	作捆绑吊索	8～10

2.6.4　钢丝绳的存储、展开和安装

2.6.4.1　钢丝绳的存储

（1）运输过程中，应注意不要损坏钢丝绳表面。为了避免意外事故，钢丝绳应谨慎小心地卸货。卷盘或绳卷既不允许坠落，也不允许用金属吊钩或叉车的货叉插入钢丝绳。

（2）钢丝绳应存储于清洁、干燥和无污染的仓库里，绝不允许存储在易受化学烟雾、蒸汽或其他腐蚀剂侵袭的场所，并应堆放在有木地板或沥青、混凝土的地面上，成卷的钢丝绳应竖立放置（即卷轴与地面平行），不得平放。

（3）如果户外储藏不可避免，则钢丝绳下应垫木方，上面加以覆盖以免湿气导致锈蚀。

（4）储藏的钢丝绳应定期检查，且如有必要，应对钢丝绳包扎。

2.6.4.2　钢丝绳的展开

（1）展开

当钢丝绳从卷盘或绳卷展开时，应采取各种措施避免绳的扭转或降低钢丝绳扭转的程度。因为钢丝绳扭转可能会在绳内产生结环、扭结或弯曲的状况。为避免发生这种状况，对钢丝绳应采取保持张紧呈直线状态的措施，使钢丝绳按顺序缓慢地释放出来，切勿由平放在地面的绳卷或卷盘释放钢丝绳，见图2-23。

① 当由钢丝绳卷直接往起升机构卷筒上缠绕时，应把整卷钢丝绳架在专用的支架上，松卷时的旋转方向应与起升机构卷筒上绕绳的方向一致；卷筒上绳槽的走向应同钢丝绳的

图2-23　钢丝绳展开的正确方法

捻向相适应。

②　在钢丝绳松卷和重新缠绕过程中，应避免钢丝绳与污泥接触，以防止钢丝绳生锈。

③　钢丝绳严禁与电焊线碰触。

（2）钢丝绳的扎结与截断

①　在截断钢丝绳时，宜使用专用刀具或砂轮锯截断，较粗钢丝绳可用乙炔切割。如图 2-24 所示，截断钢丝绳时，要在截分处进行扎结，扎结绕向必须与钢丝绳股的绕向相反，扎结须紧固，以免钢丝绳在断头处松开。

截分处

图 2-24　钢丝绳扎结截断

②　为确保阻旋转钢丝绳的安装无旋紧或旋松现象，应对其给予特别关注，且任何切断是安全可靠和防止松散的。

③　扎结宽度随钢丝绳直径大小而定，直径为 15～24mm，扎结宽度应不小于 25mm；直径为 25～30mm，扎结宽度应不小于40mm；直径为 31～44mm，扎结宽度不得小于50mm；直径为 45～51mm，扎结长度不得小于 75mm。扎结处与截断口之间的距离应不小于 50mm。

2.6.4.3　钢丝绳的安装

（1）安装

①　钢丝绳在安装时不应随意乱放，亦即转动既不应使之绕进也不应使之绕出。在安装的时候，钢丝绳应总是同向弯曲，亦即从卷盘顶端到卷筒顶端，或从卷盘底部到卷筒底部处释放均应同向。

②　如果在安装期间起重机的任何部分对钢丝绳产生摩擦，则接触部位应采取有效的保护措施。

（2）钢丝绳的穿绕

钢丝绳的使用寿命，在很大程度上取决于穿绕方式是否正确，因此，要由训练有素的技工细心地进行穿绕，并应在穿绕时将钢丝绳涂满润滑脂。

穿绕钢丝绳时，必须注意检查钢丝绳的捻向。如俯仰变幅动臂式塔机的臂架拉绳捻向必须与臂架变幅绳的捻向相同。起升钢丝绳的捻向必须与起升卷筒上的钢丝绳绕向相反。

（3）钢丝绳的连接和固定

钢丝绳与其他零构件连接或终端固定，应特别小心确保安全可靠且应符合使用要求，连接或固定部位应达到相应的强度和安全要求。常用的连接和固定方式如图 2-25 所示。

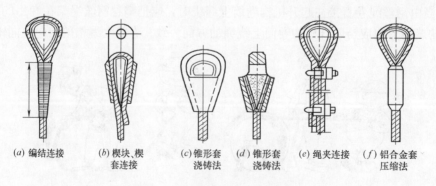

(a) 编结连接　(b) 楔块、楔套连接　(c) 锥形套浇铸法　(d) 锥形套浇铸法　(e) 绳夹连接　(f) 铝合金套压缩法

图 2-25　钢丝绳的连接和固定方式

① 编结连接，如图 2-25（a）所示，编结长度不应小于钢丝绳直径的 15 倍，且不应小于 300mm；连接强度不小于钢丝绳破断拉力的 75%。

② 楔块、楔套连接，如图 2-25（b）所示，钢丝绳一端绕过楔块，利用楔块在套筒内的锁紧作用使钢丝绳固定。固定处的强度约为绳自身强度的 75%～85%。楔套应用钢材制造，连接强度不小于钢丝绳破断拉力的 75%。

③ 锥形套浇铸法，如图 2-25（c）、图 2-25（d）所示，先将钢丝绳拆散，切去绳芯后插入锥套内，再将钢丝绳末端弯成钩状，然后灌入熔融的铅液，最后经过冷却即成。

④ 绳夹连接，如图 2-25（e）所示，绳夹连接简单、可靠，被广泛应用。用绳夹固定时，如图 2-26 所示，应注意绳夹数量、绳夹间距、绳夹的方向和固定处的强度；连接强度不小于钢丝绳破断拉力的 85%；绳夹数量应根据钢丝绳直径满足表 2-5 的要求；绳卡压板应在钢丝绳长头一边，绳卡间距不应小于钢丝绳直径的 6 倍。

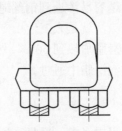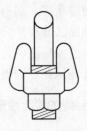

图 2-26　钢丝绳夹

钢丝绳夹数量　　　　　　　　　　　　　　　　　　　　　　　　　表 2-5

绳夹规格（钢丝绳直径/mm）	≤19	19～32	32～38	38～44	44～60
绳夹最少数量（个）	3	4	5	6	7

⑤ 铝合金套压缩法，如图 2-25（f）所示，钢丝绳末端穿过锥形套筒后松散钢丝，将头部钢丝弯成小钩，浇入金属液凝固而成。其连接应满足相应的工艺要求，固定处的强度与钢丝绳自身的强度大致相同。

2.6.5　钢丝绳的维护

（1）钢丝绳在卷筒上应按顺序整齐排列。

（2）载荷由多根钢丝绳支承时，应设有各根钢丝绳受力的均衡装置。

（3）起升机构和变幅机构，不得使用编结接长的钢丝绳。使用其他方法接长钢丝绳时，必须保证接头连接强度不小于钢丝绳破断拉力的 90%。

（4）起升高度较大的起重机，宜采用不旋转、无松散倾向的钢丝绳。采用其他钢丝绳时，应有防止钢丝绳和吊具旋转的装置或措施。

（5）当吊钩处于工作位置最低点时，钢丝绳在卷筒上的缠绕，除固定绳尾的圈数外，必须不少于 3 圈。

（6）吊运溶化或炽热金属的钢丝绳，应采用石棉芯等耐高温的钢丝绳。

（7）对钢丝绳应防止损伤、腐蚀或其他物理、化学因素造成的性能降低。

（8）钢丝绳开卷时，应防止打结或扭曲。

（9）钢丝绳切断时，应有防止绳股散开的措施。

（10）安装钢丝绳时，不应在不洁净的地方拖线，也不应缠绕在其他的物体上，应防止划、磨、碾、压和过度弯曲。

（11）钢丝绳应保持良好的润滑状态。所用润滑剂应符合该绳的要求，并且不影响外观检查。润滑时应特别注意不易看到和润滑剂不易渗透到的部位，如平衡滑轮处的钢丝绳。

（12）领取钢丝绳时，必须检查该钢丝绳的合格证，以保证机械性能、规格符合设计要求。

（13）对日常使用的钢丝绳每天都应进行检查，包括对端部的固定连接、平衡滑轮处的检查，并作出安全性的判断。

（14）对钢丝绳定期进行系统润滑，可保证钢丝绳的性能，延长使用寿命。润滑之前，应将钢丝绳表面上积存的污垢和铁锈清除干净，最好是用镀锌钢丝刷将钢丝绳表面刷净。钢丝绳表面越干净，润滑脂就越容易渗透到钢丝绳内部去，润滑效果就越好。钢丝绳润滑的方法有刷涂法和浸涂法。刷涂法就是人工使用专用的刷子，把加热的润滑脂涂刷在钢丝绳的表面上。浸涂法就是将润滑脂加热到60℃，然后使钢丝绳通过一组导辊装置被张紧，同时使之缓慢地在容器里熔融润滑脂中通过。

2.6.6 钢丝绳的检验检查

由于起重钢丝绳在使用过程中经常、反复受到拉伸、弯曲，当拉伸、弯曲的次数超过一定数值后，会使钢丝绳出现一种叫"金属疲劳"的现象，于是钢丝绳开始很快地损坏。同时当钢丝绳受力伸长时钢丝绳之间的摩擦，绳与滑轮槽底、绳与起吊件之间的摩擦等，使钢丝绳使用一定时间后就会出现磨损、断丝现象。此外，由于使用、存储不当，也可能造成钢丝绳的扭结、退火、变形、锈蚀、表面硬化、松捻等。要想在各种情况下正确操作起重机，安全搬运货物，就需要定期检查钢丝绳，以便在问题发生之前适时更换。目的是使起重机用钢丝绳在未报废前搬运货物时，始终有足够的安全系数，钢丝绳的检查包括外部检查与内部检查两部分。

2.6.6.1 钢丝绳外部检查

（1）直径检查：直径是钢丝绳极其重要的参数。通过对直径测量，可以反映该处直径的变化速度、钢丝绳是否受到过较大的冲击载荷、捻制时股绳张力是否均匀一致、绳芯对股绳是否保持了足够的支撑能力。钢丝绳直径应用带有宽钳口的游标卡尺测量。其钳口的宽度要足以跨越两个相邻的股，如图 2-27 所示。

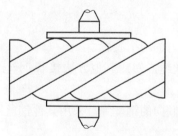

图 2-27　钢丝绳直径测量方法

（2）磨损检查：钢丝绳在使用过程中产生磨损现象不可避免。通过对钢丝绳磨损检查，可以反映出钢丝绳与匹配轮槽的接触状况，在无法随时进行性能试验的情况下，根据钢丝磨损程度的大小推测钢丝绳实际承载能力。钢丝绳的磨损情况检查主要靠目测。

（3）断丝检查：钢丝绳在投入使用后，肯定会出现断丝现象，尤其是到了使用后期，断丝发展速度会迅速上升。由于钢丝绳在使用过程中不可能一旦出现断丝现象即停止继续运行，因此，通过断丝检查，尤其是对一个捻距内断丝情况检查，不仅可以推测钢丝绳继续承载的能力，而且根据出现断丝根数发展速度，间接预测钢丝绳的使用寿命。钢丝绳的断丝情况检查主要靠目测。

（4）润滑检查：通常情况下，新出厂钢丝绳大部分在生产时已经进行了润滑处理，但在使用过程中，润滑脂会流失减少。鉴于润滑不仅能够对钢丝绳在运输和存储期间起到防腐保护作用，而且能够减少钢丝绳使用过程中钢丝之间、股绳之间和钢丝绳与匹配轮槽之间的摩擦，对延长钢丝绳使用寿命十分有益，因此，为把腐蚀、摩擦对钢丝绳的危害降低到最低程度，进行润滑检查十分必要。钢丝绳的润滑情况检查主要靠目测。

2.6.6.2　钢丝绳内部检查

对钢丝绳进行内部检查要比进行外部检查困难得多，但由于内部损坏（主要由锈蚀和疲劳引起的断丝）隐蔽性更大，因此，为保证钢丝绳安全使用，必须在适当的部位进行内部检查。

如图 2-28 所示，检查时将两个尺寸合适的夹钳相隔 100～200mm 夹在钢丝绳上反方向转动，股绳便会脱起。操作时，必须十分仔细，以避免股绳被过度移位造成永久变形（导致钢丝绳结构破坏）。

如图 2-29 所示，小缝隙出现后，用螺钉旋具之类的探针拨动股绳并把妨碍视线的油脂或其他异物拨开，对内部润滑、钢丝锈蚀、钢丝及钢丝间相互运动产生的磨痕等情况进行仔细检查。检查

图 2-28　对一段连续钢丝绳做
内部检验（张力为零）

断丝一定要认真，因为钢丝断头一般不会翘起而不容易被发现。检查完毕后，稍用力转回夹钳，以使股绳完全恢复到原来位置。如果上述过程操作正确，钢丝绳不会变形。对靠近绳端的绳段特别是对固定钢丝绳应加以注意，诸如支持绳或悬挂绳。

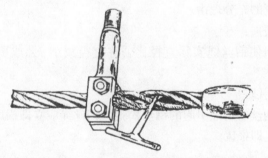

图 2-29　对靠近绳端装置的钢丝绳尾部做内部检验（张力为零）

2.6.6.3　钢丝绳使用条件检查

前面叙述的检查仅是对钢丝绳本身而言的，这只是保证钢丝绳安全使用要求的一个方面。除此之外，必须对钢丝绳使用的外围条件——缠绕钢丝绳的卷筒和滑轮做定期检查，以确保这些部位的正常运转，还应对匹配轮槽的表面磨损情况、轮槽几何尺寸及转动灵活性进行检查，若滑轮槽底半径太大或太小与钢丝绳公称直径不匹配，应重新加工绳槽或更

换滑轮，以保证钢丝绳在运行过程中与其始终处于良好的状态。

2.6.7　钢丝绳的报废

起重机的总体设计不允许钢丝绳有无限长的使用寿命。

起重机用钢丝绳应视为易损件，在各种使用条件下，可直接采用有关断丝、磨损、腐蚀和变形等报废标准。当检验表明其强度已降低到继续使用有危险时，即应予以报废、更换。

2.6.7.1　钢丝绳的安全使用标准

（1）钢丝的性质和数量：

对于 6 股和 8 股的钢丝绳，断丝通常发生在外表面。对于阻旋转钢丝绳，断丝大多发生在内部，应特别注意出现润滑油发干或变质现象的局部区域。

（2）绳端断丝：

绳端或其邻近的断丝，尽管数量很少但表明该处的应力很大，可能是绳端不正确的安装所致，应查明损坏的原因，重新安装或报废。

（3）断丝的局部聚集：

如断丝紧靠在一起形成局部聚集，则钢丝绳应报废。

（4）断丝的增加率：

可定期仔细检验并记录断丝数，以此为据可推定钢丝绳未来报废的日期。

（5）绳股断裂：

如果整支绳股发生断裂，钢丝绳应立即报废。

（6）绳径减小（包括从绳芯损坏所致的情况）：

由于绳芯的损坏引起钢丝绳直径减小，阻旋转钢丝绳实测直径比公称直径减小 3％，或其他类型的钢丝绳减小 10％，即使没有可见的断丝，钢丝绳也应报废。

（7）弹性降低：

钢丝绳弹性降低后，手感会明显僵硬且直径减小，会导致钢丝绳在动载作用下突然断裂，是钢丝绳立即报废的充分理由。

（8）外部和内部磨损：

钢丝绳外部的磨损使钢丝绳实际直径比公称直径减小 7％或更多时，即使无可见断丝，钢丝绳也应报废。

（9）外部和内部锈蚀：

如目测发现外部钢丝的锈蚀引起的钢丝松弛，钢丝绳应立即报废。如经确认有严重的内部腐蚀，钢丝绳应立即报废。

（10）变形：

① 一般情况

钢丝绳失去它的正常形状而产生可见的畸形称为"变形"，这种变形会导致钢丝绳内部应力分布不均匀。

② 波浪形

波浪形变形严重时，可能产生跳动造成钢丝绳传动不规则。长期工作之后，会引起磨损加剧和断丝。

③ 笼状畸变

篮形或笼状畸变也称"灯笼形"，有笼状畸变的钢丝绳应立即报废。

有绳芯或绳股挤出（隆起）或扭曲、有钢丝挤出、绳径局部增大使钢丝绳实际直径增加 5％以上、局部压扁、扭结、弯折应仔细进行检查或立即报废。

（11）由于受热或电弧的作用引起的损坏：

钢丝绳因异常的热影响作用在外表出现可识别的颜色变化时，应立即报废。

（12）永久伸长率。

所有的检验均应考虑上述各项因素，作为公认的特定标准。但钢丝绳的损坏通常是由多种综合因素造成的，应根据其累积效应判断原因并作出钢丝绳是报废还是继续使用的决定。

2.6.7.2 钢丝绳的使用情况记录

检验人员准确记录的资料可用于预测在起重机上的特种钢丝绳的使用性能。这些资料在调整维护程序以及调控钢丝绳更换件的库存量方面都是有用的。如果采用这些预测，则不应因此而放松检验或延长本标准前述条款中规定的使用期限。

2.6.7.3 与钢丝绳有关的设备情况

缠绕钢丝绳的卷筒和滑轮应做定期检查，以确保这些部件的正常运转。

不灵活或被卡住的滑轮或导轮急剧且不均衡的磨损，导致配用钢丝绳的严重磨损。滑轮的无效补偿可能会引起钢丝绳缠绕时受力不均匀。

所有滑轮槽底半径应与钢丝绳公称直径相匹配（详见 GB/T 24811.1—2009）。若槽底半径太大或太小，应重新加工绳槽或更换滑轮。

2.6.7.4 钢丝绳的检验记录

对于每一次定期或专项检验，检验者应提供与检验有关的数据记录本。

2.6.7.5 钢丝绳的鉴别

应根据钢丝绳的检验记录提供明确的鉴别方法。

2.6.8 钢丝绳计算

在施工现场起重作业中，通常会有两种情况，一是已知重物重量选用钢丝绳，二是利用现场钢丝绳起吊一定重量的重物。在允许的拉力范围内使用钢丝绳，是确保钢丝绳使用安全的重要原则。因此，根据现场情况计算钢丝绳的受力，对于选用合适的钢丝绳显得尤为重要。钢丝绳的允许拉力与其最小破断拉力、工作环境下的安全系数相关联。

2.6.8.1 钢丝绳的最小破断拉力

钢丝绳的最小破断拉力与钢丝绳的直径、结构（几股几丝及芯材）及钢丝的强度有关，是钢丝绳最重要的力学性能参数，其计算公式见式（2-3）：

$$F_0 = \frac{K' \cdot D^2 \cdot R_0}{1000} \tag{2-3}$$

式中　F_0——钢丝绳最小破断拉力，kN；

　　　D——钢丝绳公称直径，mm；

　　　R_0——钢丝绳公称抗拉强度，MPa；

　　　K'——指定结构钢丝绳最小破断拉力系数。

可以通过查询钢丝绳质量证明书或力学性能表，得到该钢丝绳的最小破断拉力。建筑施工现场常用的 6×19、6×37 两种系列钢丝绳的力学性能见表 2-6、表 2-7。

6×19 系列钢丝绳力学性能　　　　　　　　　　　　　　　　　　表 2-6

钢丝绳公称直径 D/mm	钢丝绳近似重量 /(kg/100m)			钢丝绳公称抗拉强度/MPa									
				1570		1670		1770		1870		1960	
				钢丝绳最小破断拉力/kN									
	天然纤维芯钢丝绳	合成纤维芯钢丝绳	钢芯钢丝绳	纤维芯钢丝绳	钢芯钢丝绳	纤维芯钢丝绳	钢芯钢丝绳	纤维芯钢丝绳	钢芯钢丝绳	纤维芯钢丝绳	钢芯钢丝绳	纤维芯钢丝绳	钢芯钢丝绳
12	53.10	51.80	58.40	74.60	80.50	79.40	85.60	84.10	90.70	88.90	95.90	93.10	100.00
13	62.30	60.80	68.50	87.50	94.40	93.10	100.00	98.70	106.00	104.00	113.00	109.00	118.00
14	72.20	70.50	79.50	101.00	109.00	108.00	117.00	114.00	124.00	121.00	130.00	127.00	137.00
16	94.40	92.10	104.00	133.00	143.00	141.00	152.00	149.00	161.00	157.00	170.00	166.00	179.00
18	119.00	117.00	131.00	167.00	181.00	178.00	192.00	189.00	204.00	199.00	215.00	210.00	226.00
20	147.00	144.00	162.00	207.00	223.00	220.00	237.00	233.00	252.00	246.00	266.00	259.00	279.00
22	178.00	174.00	196.00	250.00	270.00	266.00	287.00	282.00	304.00	298.00	322.00	313.00	338.00
24	212.00	207.00	234.00	298.00	321.00	317.00	342.00	336.00	362.00	355.00	383.00	373.00	402.00
26	249.00	243.00	274.00	350.00	377.00	372.00	401.00	394.00	425.00	417.00	450.00	437.00	472.00
28	289.00	282.00	318.00	406.00	438.00	432.00	466.00	457.00	494.00	483.00	521.00	507.00	547.00
30	332.00	324.00	365.00	466.00	503.00	495.00	535.00	525.00	567.00	555.00	599.00	582.00	628.00
32	377.00	369.00	415.00	530.00	572.00	564.00	608.00	598.00	645.00	631.00	681.00	662.00	715.00
34	426.00	416.00	469.00	598.00	646.00	637.00	687.00	675.00	728.00	713.00	769.00	748.00	807.00
36	478.00	466.00	525.00	671.00	724.00	714.00	770.00	756.00	816.00	799.00	862.00	838.00	904.00
38	532.00	520.00	585.00	748.00	807.00	795.00	858.00	843.00	909.00	891.00	961.00	934.00	1010.00
40	590.00	576.00	649.00	828.00	894.00	881.00	951.00	934.00	1000.00	987.00	1060.00	1030.00	1120.00

注：钢丝绳公称直径允许偏差 0～5%。

6×37 系列钢丝绳力学性能　　　　　　　　　　　　　　　　　　表 2-7

钢丝绳公称直径 D/mm	钢丝绳近似重量 /(kg/100m)			钢丝绳公称抗拉强度/MPa									
				1570		1670		1770		1870		1960	
				钢丝绳最小破断拉力/kN									
	天然纤维芯钢丝绳	合成纤维芯钢丝绳	钢芯钢丝绳	纤维芯钢丝绳	钢芯钢丝绳	纤维芯钢丝绳	钢芯钢丝绳	纤维芯钢丝绳	钢芯钢丝绳	纤维芯钢丝绳	钢芯钢丝绳	纤维芯钢丝绳	钢芯钢丝绳
12	54.70	53.40	60.20	74.60	80.50	79.40	85.60	84.10	90.70	88.90	95.90	93.10	100.00
13	64.20	62.70	70.60	87.50	94.40	93.10	100.00	98.70	106.00	104.00	113.00	109.00	118.00
14	74.50	72.70	81.90	101.00	109.00	108.00	117.00	114.00	124.00	121.00	130.00	127.00	137.00
16	97.30	95.00	107.00	133.00	143.00	141.00	152.00	149.00	161.00	157.00	170.00	166.00	179.00
18	123.00	120.00	135.00	167.00	181.00	178.00	192.00	189.00	204.00	199.00	215.00	210.00	226.00
20	152.00	148.00	167.00	207.00	223.00	220.00	237.00	233.00	252.00	246.00	266.00	259.00	279.00

钢丝绳公称直径	钢丝绳近似重量/(kg/100m)			钢丝绳公称抗拉强度/MPa									
				1570		1670		1770		1870		1960	
				钢丝绳最小破断拉力/kN									
D/mm	天然纤维芯钢丝绳	合成纤维芯钢丝绳	钢芯钢丝绳	纤维芯钢丝绳	钢芯钢丝绳	纤维芯钢丝绳	钢芯钢丝绳	纤维芯钢丝绳	钢芯钢丝绳	纤维芯钢丝绳	钢芯钢丝绳	纤维芯钢丝绳	钢芯钢丝绳
22	184.00	180.00	202.00	250.00	270.00	266.00	287.00	282.00	304.00	298.00	322.00	313.00	338.00
24	219.00	214.00	241.00	298.00	321.00	317.00	342.00	336.00	362.00	355.00	383.00	373.00	402.00
26	257.00	251.00	283.00	350.00	377.00	372.00	401.00	394.00	425.00	417.00	450.00	437.00	472.00
28	298.00	291.00	328.00	406.00	438.00	432.00	466.00	457.00	494.00	483.00	521.00	507.00	547.00
30	342.00	334.00	376.00	466.00	503.00	495.00	535.00	525.00	567.00	555.00	599.00	582.00	628.00
32	389.00	380.00	428.00	530.00	572.00	564.00	608.00	598.00	645.00	631.00	681.00	662.00	715.00
34	439.00	429.00	483.00	598.00	646.00	637.00	687.00	675.00	728.00	713.00	769.00	748.00	807.00
36	492.00	481.00	542.00	671.00	724.00	714.00	770.00	756.00	816.00	799.00	862.00	838.00	904.00
38	549.00	536.00	604.00	748.00	807.00	795.00	858.00	843.00	909.00	891.00	961.00	934.00	1010.00
40	608.00	594.00	669.00	828.00	894.00	881.00	951.00	934.00	1000.00	987.00	1060.00	1030.00	1120.00
42	670.00	654.00	737.00	913.00	985.00	972.00	1040.00	1030.00	1110.00	1080.00	1170.00	1140.00	1230.00
44	736.00	718.00	809.00	1000.00	1080.00	1060.00	1150.00	1130.00	1210.00	1190.00	1280.00	1250.00	1350.00
46	804.00	785.00	884.00	1090.00	1180.00	1160.00	1250.00	1230.00	1330.00	1300.00	1400.00	1370.00	1480.00
48	876.00	855.00	963.00	1190.00	1280.00	1260.00	1360.00	1340.00	1450.00	1420.00	1530.00	1490.00	1610.00
50	950.00	928.00	1040.00	1290.00	1390.00	1370.00	1480.00	1460.00	1570.00	1540.00	1660.00	1620.00	1740.00
52	1030.00	1000.00	1130.00	1400.00	1510.00	1490.00	1600.00	1570.00	1700.00	1660.00	1800.00	1750.00	1890.00
54	1110.00	1080.00	1220.00	1510.00	1620.00	1600.00	1730.00	1700.00	1830.00	1790.00	1940.00	1890.00	2030.00
56	1190.00	1160.00	1310.00	1620.00	1750.00	1720.00	1860.00	1830.00	1970.00	1930.00	2080.00	2030.00	2190.00
58	1280.00	1250.00	1410.00	1740.00	1880.00	1850.00	1990.00	1960.00	2110.00	2070.00	2240.00	2180.00	2350.00
60	1370.00	1340.00	1500.00	1860.00	2010.00	1980.00	2140.00	2100.00	2260.00	2220.00	2400.00	2330.00	2510.00

注：钢丝绳公称直径允许偏差 0～5%。

2.6.8.2 钢丝绳的安全系数

钢丝绳的安全系数可按表 2-4 对照现场实际情况进行选择。

2.6.8.3 钢丝绳的允许拉力

允许拉力是钢丝绳实际工作中所允许的实际载荷，其与钢丝绳的最小破断拉力和安全系数的关系见式（2-4）：

$$[F] = \frac{F_o}{K} \tag{2-4}$$

式中　$[F]$——钢丝绳允许拉力，kN；

　　　F_o——钢丝绳最小破断拉力，kN；

　　　K——钢丝绳的安全系数。

[例]　一规格为 6×19S+FC，公称抗拉强度 1570MPa，直径为 16mm 的钢丝绳，试

确定使用单根钢丝绳所允许吊起的重物的最大重量。

[解] 已知钢丝绳规格为 $6 \times 19S+FC$，$R_0=1570MPa$，$D=16mm$

查表 2-6 知，$F_0=133kN$

根据题意，该钢丝绳属于用作捆绑吊索，查表 1-2 知，$K=8$，根据式（2-4）

$$[F]=\frac{F_0}{K}=\frac{133}{8}=16.625kN$$

该钢丝绳作捆绑吊索所允许吊起的重物的最大重量为 16.625kN。

在起重作业中，钢丝绳所受的应力很复杂，虽然可用数学公式进行计算，但因实际使用场合下计算时间有限，且也没有必要算得十分精确。因此人们常用估算法，见式(2-5)、式（2-6）：

（1）破断拉力

$$Q \approx 50D^2 \tag{2-5}$$

（2）允许使用拉力

$$P \approx \frac{50D^2}{K} \tag{2-6}$$

式中　Q——公称抗拉强度 1570MPa 时的破断拉力，kg；

　　　P——钢丝绳允许使用拉力，kg；

　　　D——钢丝绳直径，mm；

　　　K——钢丝绳的安全系数。

[例] 选用一根直径为 16mm 的钢丝绳，用于吊索，设定安全系数为 8，试问它的破断力和允许使用拉力各为多少？

[解] 已知 $D=16mm$，$K=8$

$$Q \approx 50D^2=50 \times 16^2 \approx 12800kg$$

$$P \approx \frac{50D^2}{K}=\frac{50 \times 16^2}{8}=1600kg$$

该钢丝绳的破断拉力为 12800kg，允许使用拉力为 1600kg。

2.6.8.4　吊索拉力的计算

施工现场常用 2 根、3 根、4 根等多根吊索吊运同一物体，在吊索垂直受力情况下，其安全负荷量原则上是以单根的负荷量分别乘以 2、3 或 4。而实际吊装中，用 2 根以上吊索吊装，其吊绳间是有夹角的，吊同样重的物件，吊绳间夹角不同，单根吊索所受的拉力是不同的。

一般用若干根钢丝绳吊装某一物体，如图 2-30 所示。要计算钢丝绳的承受力，见式（2-7）：

$$P=\frac{Q}{n} \times \frac{1}{\cos\alpha} \tag{2-7}$$

如果以 $K_1=\frac{1}{\cos\alpha}$，公式可以写成：

$$P=K_1 \frac{Q}{n} \tag{2-8}$$

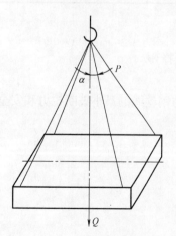

图 2-30　四绳吊装图示

式中　P——钢丝绳的承受力；

Q——吊物重量；

n——钢丝绳的根数；

K_1——随钢丝绳与吊垂线夹角 α 变化的系数，见表 2-8。

随 α 角度变化的 K_1 值　　　　　　　　　　　　表 2-8

α	0°	15°	20°	25°	30°	35°	40°	45°	50°	55°	60°
K_1	1	1.035	1.06	1.10	1.15	1.22	1.31	1.41	1.56	1.75	2

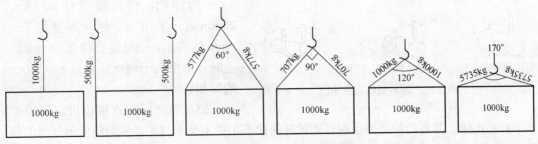

图 2-31　吊索分支拉力计算数据图

由公式（2-8）和图 2-31 可知：若重物 Q 和钢丝绳数目 n 一定时，系数的 K_1 越大（α 角越大），钢丝绳承受力也越大。因此，在起重吊装作业中，捆绑钢丝绳时，必须掌握下面的专业知识：

（1）吊绳间的夹角越大，张力越大，单根吊绳的受力也越大；反之，吊绳间的夹角越小，吊绳的受力也越小。所以吊绳间夹角小于 60° 为最佳，夹角不允许超过 120°。

（2）捆绑方形物体起吊时，吊绳间的夹角有可能达到 170° 左右，此时，钢丝绳受到的拉力会达到所吊物体重量的 5～6 倍，很容易拉断钢丝绳，因此危险性很高。120° 可以看作是起重吊运中的极限角度。另外，夹角过大，容易造成脱钩。

（3）绑扎时吊索的捆绑方式也影响其安全起重量。因此在进行绑扎吊索的强度计算时，其安全系数应取大一些，在估算钢丝绳直径时，应按图 2-32 所示进行折算。如果吊绳间有夹角，在计算吊绳安全载荷的时候，应根据夹角的不同，分别再乘以折减系数。

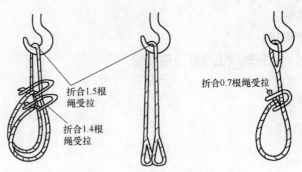

图 2-32　捆绑绳的折算

（4）钢丝绳的起重能力不仅与起吊钢丝绳之间的夹角有关，而且与捆绑时钢丝绳曲率半径有关。一般钢丝绳的曲率半径大于绳径 6 倍以上，起重能力不受影响。当曲率半径为

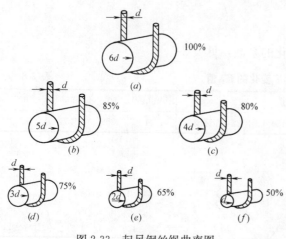

图 2-33 起吊钢丝绳曲率图

绳径的 5 倍时，起重能力降至原起重能力的 85％；当曲率半径为绳径的 4 倍时，降至 80％；3 倍时降至 75％，2 倍时降至 65％，1 倍时降至 50％，如图 2-33 所示。钢丝绳之间的连接应该使用卸扣，钢丝绳直径在 13mm 以下时，一般采用大于钢丝绳直径 3～5mm 的卸扣，钢丝绳直径在 15～26mm 时，采用大于钢丝绳直径 5～6mm 的卸扣，钢丝绳直径在 26mm 以上时，采用大于钢丝绳直径 8～10mm 的卸扣。

钢丝绳之间的连接也可以采用套环来衬垫连接，其目的都是为了保证钢丝绳的曲率半径不至于过小，从而降低钢丝绳的起重能力，甚至产生剪切力。

2.7 螺旋扣

螺旋扣又称"花篮螺丝"，如图 2-34 所示，主要用在张紧和松弛拉索、缆风绳等，故又被称为"伸缩节"。其形式有多种，尺寸大小则随负荷轻重而有所不同。其结构形式如图 2-35 所示。

图 2-34 螺旋扣　　　　　图 2-35 螺旋扣结构形式

螺旋扣的使用应注意以下事项：

（1）使用时应钩口向下；

（2）防止螺纹轧坏；

（3）严禁超负荷使用；

（4）长期不用时，应在螺纹上涂好防锈油脂。

3 塔式起重机

塔式起重机简称塔机，亦称塔吊。塔式起重机主要用于房屋建筑和市政施工中物料的垂直和水平运输及建筑构件的安装。

3.1 塔式起重机的分类及特点

3.1.1 塔式起重机的分类

塔式起重机的机型构造形式较多，按其主体结构与外形特征，基本上可按架设形式、回转形式、起重变幅形式、臂架支撑形式区分。

3.1.1.1 按架设形式分类

按架设形式，塔式起重机可分为固定式、附着式、移动式和内爬式四种，如图 3-1 所示。

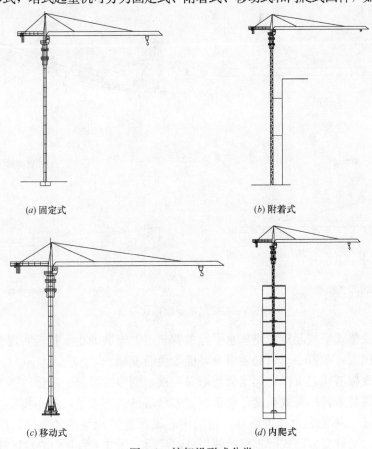

(a) 固定式　　　　　　　　　　(b) 附着式

(c) 移动式　　　　　　　　　　(d) 内爬式

图 3-1　按架设形式分类

四种塔式起重机各有特点，在选择时应根据使用要求来确定。

3.1.1.2 按回转形式分类

按回转方式塔式起重机可分为上回转和下回转两种，如图 3-2 所示。

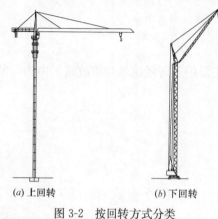

(a) 上回转   *(b)* 下回转

图 3-2　按回转方式分类

上回转式塔式起重机将回转总成、平衡重、工作机构均设置在上端，工作时只有起重臂、塔帽、平衡臂一起回转。其优点是：能够附着，达到较高的工作高度；由于塔身不回转，可简化塔身下部结构，顶升加节方便。

下回转式塔式起重机将回转总成、平衡重、工作机构等均设置在下端。其优点是：塔身所受弯矩较少，重心低，稳定性好，安装维修方便。缺点是：对回转支承要求较高，使用高度受到限制；驾驶室一般设在下回转台上，操作视线不开阔。

3.1.1.3 按起重变幅形式分类

按起重变幅形式塔式起重机可分为小车变幅、动臂变幅、伸缩式小车变幅和折臂变幅四种，如图 3-3 所示。

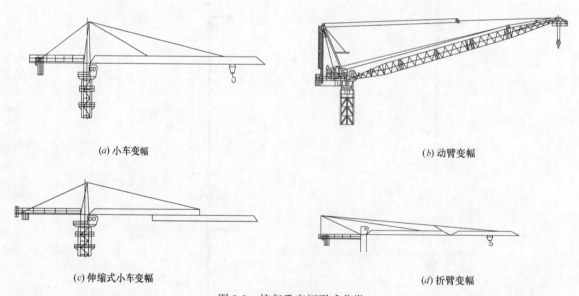

(a) 小车变幅   *(b)* 动臂变幅

(c) 伸缩式小车变幅   *(d)* 折臂变幅

图 3-3　按起重变幅形式分类

（1）小车变幅式塔式起重机是靠水平起重臂轨道上安装的小车行走实现变幅的。其优点是：变幅范围大，载重小车可驶近塔身，能带负荷变幅。

（2）动臂变幅塔式起重机，起重臂与塔身铰接，变幅时可调整起重臂的仰角。其优点是：能充分发挥起重臂的有效高度，便于布置多台塔吊。缺点是：最小幅度被限制在最大幅度的 30％左右，不能完全靠近塔身。目前中心城区施工现场场地狭小，随着建筑施工高度不断提升，动臂变幅塔式起重机的使用日趋广泛。图 3-4 为某中心城区超高层施工现场布置的 4 台特大型动臂式塔式起重机。

图 3-4　4 台特大型动臂式塔式起重机布置

（3）伸缩式小车变幅是通过臂架前部的伸缩可使臂架最大幅度缩减近一半，从而避开运行过程中遇到的障碍物。

（4）折臂变幅塔式起重机的特点是：吊臂有两节组成，可以折曲并进行俯仰变幅。吊臂前节可以平卧成为小车变幅水平臂架，吊臂后节可以直立发挥塔身作用。此类臂架最适合冷却塔、电视塔以及一些超高层建筑施工需要。

3.1.1.4　按臂架支撑形式分

按臂架支撑形式，塔式起重机可分为非平头式和平头式两种，如图 3-5 所示。

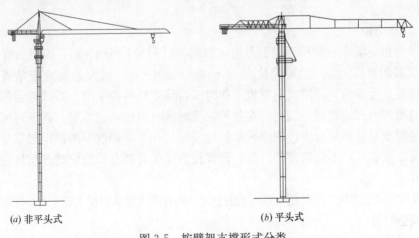

(a) 非平头式　　　　　　　　　(b) 平头式

图 3-5　按臂架支撑形式分类

平头式塔式起重机的最大特点是无塔帽和臂架拉杆，降低了塔顶高度。由于臂架采用无拉杆式，此种设计形式很大程度上方便了空中变臂、拆臂等操作，避免了空中安拆拉杆的复杂性及危险性，特别适合于多台塔机交叉作业等。

3.1.2 塔式起重机的特点

（1）工作高度高，有效起升高度大，特别有利于分层、分段安装作业，能满足建筑物垂直运输的全高度。

塔机有垂直的塔身，并且还能根据施工需要加节或爬升，因而能够很好地适应建筑物高度的要求。一般中小型塔机在独立或行走状态下，其起升高度在 30～50m 左右，大型塔机的起升高度在 60～80m 左右。对于自升式塔机，其起升高度则可大大增加，一般附着式塔机可利用顶升机构，增加塔身标准节的数量，起升高度可达 100m 以上，而用于超高层建筑的内爬式塔吊，也可利用爬升机构随建筑物施工逐步爬升达到数百米的起升高度。

（2）塔式起重机的起重臂较长，其水平覆盖面广，幅度利用率高。

塔机的垂直塔身除了能适应建筑物的高度外，还能很方便地靠近建筑物。在塔身顶部安装的起重臂，使塔机的整体结构呈 T 字或 Γ 形，这样就可以充分地利用幅度。一般情况下，塔机的幅度利用率大于 90%。

（3）塔式起重机具有多种工作速度、多种作业性能，生产效率高。

由于塔机可利用塔身增加起升高度，而其起重臂的长度不断加大，形成一个以塔身为中心线的较大作业空间，通过采用轨道行走方式，可带 100% 额定载荷沿轨道长度范围形成一个连续的作业带，进一步扩大了作业范围，提高了工作效率。

（4）塔式起重机的驾驶室一般设在与起重臂同等高度的位置，司机的视野开阔。

（5）塔式起重机的构造较为简单，维修、保养方便。

3.1.3 塔式起重机的性能参数

塔式起重机的主要技术性能参数包括起重力矩、起重量、幅度、起升高度（独立高度、最大高度）等，其他参数有：工作速度、结构重量、尺寸（平衡臂尾部尺寸及轨距轴距）等。

3.1.3.1 起重力矩

起重量与相应幅度的乘积为起重力矩，以前的计量单位为 t·m，现行的计量单位为 kN·m。二者的换算关系一般可简化为 1t·m＝10kN·m。最大起重力矩是塔式起重机工作能力的最重要参数，是塔式起重机工作时保持稳定性的控制值。塔式起重机的起重量随着幅度的增加而相应递减，因此，在各种幅度时都有额定的起重量，将不同幅度和相应的起重量绘制成起重机的起重性能曲线图，可表述出在不同幅度下的额定起重量。一般塔式起重机可以安装几种不同的臂长，每一种臂长的起重臂都有其特定的起重性能曲线，如图 3-6 所示。

为了防止塔式起重机工作时超力矩而发生事故，所有塔式起重机都安装了力矩限制器。

3.1.3.2 起重量

起重量是吊钩能吊起的重量，其中包括吊索、吊具及容器的重量，起重量因幅度的改

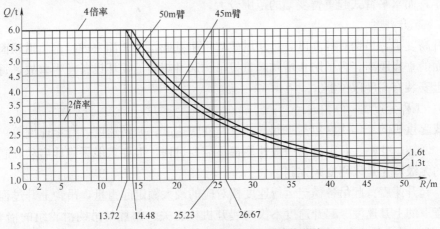

图 3-6　QT63 塔式起重机起重性能曲线

变而改变，因此每台起重机都有自己本身的起重量与起重幅度的对应表，俗称起重特性表（见表 3-1）。

QT63 塔式起重机起重特性表（50m 工作幅度）　　　　表 3-1

幅度/m		2～13.72		14	14.48	15	16	17	18	19
吊重 /kg	2 倍率	3000		3000	3000	3000	3000	3000	3000	3000
	4 倍率	6000		5865	5646	5426	5046	4712	4417	4154
幅度/m		20	21	22	23	24	25	25.23	26	26.67
吊重 /kg	2 倍率	3000	3000	3000	3000	3000	3000	3000	2897	2812
	4 倍率	3918	3706	3514	3339	3180	3032			
幅度/m		27	28	29	30	31	32	33	34	35
吊重 /kg	2 倍率	2772	2656	2549	2449	2355	2268	2186	2108	2036
	4 倍率									
幅度/m		36	37	38	39	40	41	42	43	44
吊重 /kg	2 倍率	1967	1902	1841	1783	1728	1676	1626	1578	1533
	4 倍率									
幅度/m		45	46	47	48	49	50			
吊重 /kg	2 倍率	1490	1449	1409	1371	1335	1300			
	4 倍率									

　　塔式起重机的起升机构钢丝绳穿绳方式一般有 2 倍率、4 倍率甚至 6 倍率，可根据需要进行变换。为了防止塔式起重机起重超过其最大起重量，塔式起重机都安装了起重量限制器，起重量限制器内装有多个限制开关，除了限制塔式起重机最大额定重量外，在高速起吊和中速起吊时，也能进行起重量限制，高速时吊重最轻，中速时吊重中等，低速时吊重最重。

3.1.3.3　幅度

　　幅度是从塔式起重机回转中心线至吊钩中心线的水平距离，通常称为回转半径或工作半径。对于动臂式变幅的起重臂，其俯仰与水平的夹角在说明书中都有规定。动臂式变幅范围较小，而水平臂式起重臂变幅的范围较大。

3.1.3.4 起升高度

起升高度也称吊钩有效高度，是从塔式起重机基础基准表面（或行走轨道顶面）到吊钩支承面的垂直距离。为了防止塔式起重机吊钩起升超高而损坏设备发生事故，每台塔式起重机上安装有高度限位器。

3.1.3.5 工作速度

塔式起重机的工作速度包括：起升速度、变幅速度、回转速度、行走速度等。在起重作业中，回转、变幅、行走等，一般速度都不需要过快，但要求能平稳地启动和制动。比较理想的无级调速是采用变频控制。

（1）起升速度：起吊各稳定运行速度档对应的最大额定起重量，吊钩上升过程中稳定运动状态下的上升速度。起升速度不仅与起升机构有关，而且与吊钩滑轮组的倍率有关。2倍率的比4倍率快1倍。在起重作业中，特别是在高层建筑施工时，提高起升速度就能提高工作效率，但就位时需要慢速。

（2）小车变幅速度：对小车变幅塔式起重机，吊重量为最大幅度时的额定起重量、风速小于3m/s时小车稳定运行的速度。

（3）回转速度：塔机在最大额定起重力矩载荷状态，风速小于3m/s，吊钩位于最大高度时的稳定回转速度。

（4）行走速度：空载，风速小于3m/s，塔机起重臂平行于轨道方向时塔式起重机稳定运行的速度。

3.1.3.6 结构重量

结构重量即塔式起重机的各部件的重量。结构重量、外型轮廓尺寸是运输、安装拆卸塔式起重机时的重要参数，各部件的重量、尺寸以塔式起重机使用说明书标注为准。

3.1.3.7 尾部尺寸

下回转起重机的尾部尺寸是由回转中心至转台尾部（包括压重块）的最大回转半径。上回转起重机的尾部尺寸是由回转中心线至平衡臂转台尾部（包括平衡重）的最大回转半径。

3.1.4 塔式起重机的型号含义

3.1.4.1 国内常用的塔式起重机产品型号编制组成

以 QTZ80C 为例：

QTZ——组、型、特性代号（其中 Q——起重机、T——塔式、Z——自升式）；

80——最大起重力矩（t·m）；

C——更新、变型代号。

更新、变型代号用英文字母表示。主要参数代号用阿拉伯数字表示，它等于塔式起重机额定起重力矩（单位为 kN·m）$\times 10^{-1}$。

3.1.4.2 组、型、特性代号含义

QT——上回转塔式起重机；QTZ——上回转自升塔式起重机；

QTA——下回转塔式起重机；QTK——快装塔式起重机；

QTQ——汽车塔式起重机；QTL——轮胎塔式起重机；

QTU——履带塔式起重机；QTH——组合塔式起重机；

QTP——内爬升式塔式起重机；QTG——固定式塔式起重机。

现在各厂家采用其他方式编号，如用最大臂长和头部的吊重来表示。

3.1.5 常用塔式起重机的主要技术性能

国内塔式起重机的主要技术性能见表 3-2，国外塔式起重机的主要技术性能见表 3-3。

国内塔式起重机的主要技术性能 表 3-2

生产厂商	长沙中联重工科技发展有限公司									
型号	TC5013	TC5610	TC5015	TC6013	TC5613	TC5616	TC6517	TC7035	TC7052	D1100
额定起重力矩/(kN·m)	630	630	800	800	800	800	1600	3150	4000	6300
最大幅度/m	50	56	50	60	56	56	65	70	70	80
最大幅度时起重量/t	1.3	1.0	1.5	1.3	1.3	1.6	1.7	3.5	5.2	9.6
最大起重量/t	6	6	6	6	8	6	10	16	25	63

生产厂商	抚顺永茂建筑机械有限公司							
型号	ST5513	ST7030	ST7027	STL230	STL420	STT293	STT403	STT553
额定起重力矩/(kN·m)	1000	2500	3000	2500	4500	3000	4200	5000
最大幅度/m	55	70	70	55	60	74	80	80
最大幅度时起重量/t	1.3	3.0	2.7	2.0	4.9	2.7	3.0	3.5
最大起重量/t	6.0	12	16	16	24	12	18	24

生产厂商	江麓建筑机械有限公司							
型号	JL5615	JL5515	JL5022	JL5518	JL5520	JL6516	JL6018	JL7034
额定起重力矩/(kN·m)	940	920	1250	1400	1500	1600	1600	3570
最大幅度/m	56	55	50	55	55	65	60	70
最大幅度时起重量/t	1.45	1.5	2.11	1.8	1.99	1.5	1.76	2.86
最大起重量/t	6	8	8	8	10	10	10	16

国外塔式起重机的主要技术性能 表 3-3

生产厂商	德国 LIEBHERR							
型号	88HC	256HC	290HC	132EC-H	TN112	180EC-H	SK560	800HC20
最大幅度/m	45	70	70	55	50	60	60	80.8
最大幅度时起重量/t	1.9	2.7	2.7	1.7	1.4	2.2	2.6	7
最大起重量/t	6	12	10	8	12	10	32	20

生产厂商	法国 POTAIN							
型号	MD208A	MD560A	MR160C	MC48C	MCT58	MDT268J10	F0/23B	H3/36B
最大幅度/m	62.5	80	50	36	42	65	50	65
最大幅度时起重量/t	2	4	2.4	1	1.2	3	2.3	2.8
最大起重量/t	10	40	10	2.5	3	10	10	12

生产厂商	意大利 COMEDIL			意大利 EDILMAC			
型号	CT4618	CT6025	MCA501	E751	E955	E6026	E1801
最大幅度/m	46	60	50	45	50	60	55
最大幅度时起重量/t	1.8	2.5	1.35	1.75	2.45	2.6	1.7
最大起重量/t	8	10	6	6	8	10	10

生产厂商	意大利 SOCEM		意大利 ALFA	丹麦 KRφLL		捷克 BREZNO	西班牙 COMANSA
型号	SG1740	SG1250	A822PA8	K100	K200-DS	MB2043	SH-4518
最大幅度/m	60	55	51	44	40	50	45
最大幅度时起重量/t	3	2.25	1.35	2	6	3	1.8
最大起重量/t	12	8	8	6	16	12	8

生产厂商	澳大利亚 FAVCO			
型号	M440D	M600D	M900D	M1280D
最大幅度/m	55	70	70	80
最大幅度时起重量/t	6.6	3	6.3	13.6
最大起重量/t	32	50	64	100

3.2 塔式起重机的组成及工作原理

塔式起重机由金属结构、工作机构、电气系统和安全装置，以及与外部支撑的附加设施等组成。

（1）金属结构：由起重臂、平衡臂、塔帽、回转装置、顶升套架、塔身、底架和附着装置等组成；

（2）工作机构：包括起升机构、行走机构、变幅机构、回转机构、液压顶升机构等；

（3）电气系统：由驱动、控制等电气装置组成；

（4）安全装置：包括起重量限制器、起重力矩限制器、起升高度限位器、幅度限位器、回转限位器、运行限位器、小车断绳保护装置、小车防坠落装置、抗风防滑装置、钢丝绳防脱装置、报警装置、风速仪、工作空间限制器等。

例如：动臂式塔式起重机的工作机构包括起升机构、行走机构、变幅机构、回转机构、液压顶升或爬升机构等。

起升机构：采用齿轮传动，由电动机或发动机输出功率，通过联轴器与减速器联结，减速器输出轴与卷扬筒联结，使卷扬筒上的钢丝绳卷进或放出，钢丝绳穿绕滑车组使吊钩上的物体上升或下降。物体停止升降是靠联轴器上的制动器来实现的。

行走机构：由驱动电机、减速器、开式齿轮、车轮组成。

变幅机构：是用来改变工作幅度的专用机构，通过起重臂的仰俯来实现变幅。

回转机构：由回转支承装置和回转驱动装置组成。回转支承装置用于支承塔式起重机的回转部分，后者用来驱动回转部分。最常用的是转盘式。

液压顶升或爬升机构：塔吊爬升或加节是依靠液压顶升油缸完成的。自升式塔式起重机大多采用液压顶升方式接高塔身。内爬式塔式起重机的顶升油缸多设在塔身中央，同时有爬升梁和爬升梯等装置。外附式塔式起重机如采用内套架的，顶升油缸设在塔身中央；如采用外套架的，顶升油缸设在塔身的外侧。塔身标准节一般高度为2.4～4m。顶升油缸一般采用单油缸，只有当被顶升的重量比较大时，才会采用双油缸。无论顶升油缸处于什么位置，在顶升前都要使上部重量作用在油缸轴线上，以减少顶升过程的附加摩擦阻力。

上回转小车变幅式塔式起重机的组成如图3-7，内爬式塔式起重机的组成如图3-8。

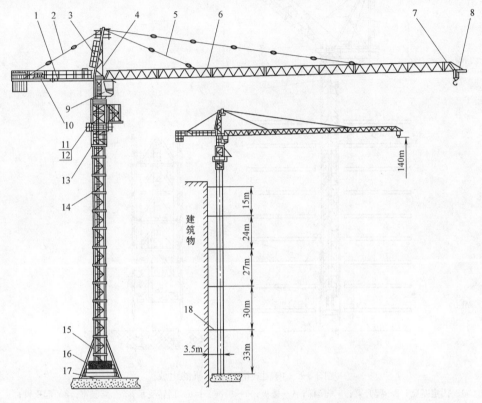

图3-7 上回转小车变幅式塔式起重机的组成

1—平衡臂；2—平衡臂拉杆；3—塔顶；4—力矩限制器；5—起重臂拉杆；6—起重臂；

7—变幅小车；8—吊钩；9—驾驶室；10—起升机构；11—上支座；12—下支座；

13—套架；14—标准节；15—加强节；16—中心压重；17—十字底梁；18—附着装置

3.2.1 金属结构

塔式起重机的金属结构包括塔身、起重臂、平衡臂、塔帽与驾驶室、回转装置、顶升套架、底架、附着装置等组成。

3.2.1.1 塔身

塔身是塔式起重机结构的主体，支撑着塔式起重机上部重物及本身的重量，通过底架和行走台车或直接传到塔式起重机基础上，其本身还要承受弯矩和垂直压力。塔身结构大多用角钢焊成，也有的采用圆形、矩形钢管焊接而成，目前塔式起重机均采用方形断面。它的腹杆形式有K字形、三角形、交叉形等，如图3-9所示。塔身标准节普遍采用螺栓连

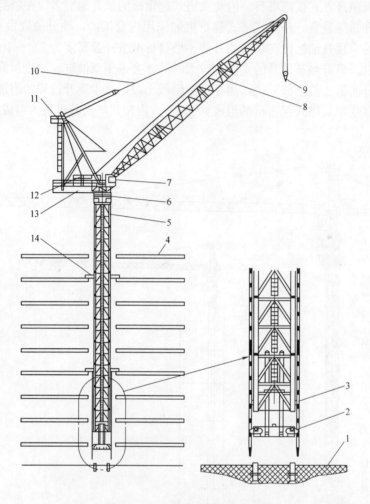

图 3-8　内爬式塔式起重机的组成

1—固定基础；2—爬升梁；3—爬梯；4—楼板；5—标准节；6—回转支承；7—驾驶室；8—起重臂；
9—吊钩；10—拉杆；11—桅杆平台；12—起升机构；13—平衡臂；14—爬升框

接、销轴连接两种方式。标准节有整体式和片装式两种，后者加工精度高，安装难度大，但是堆放占地小。塔身节内必须设置爬梯，以便工作人员上下。

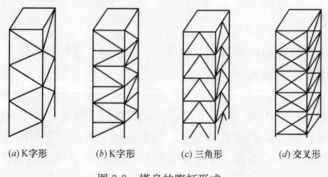

(a) K字形　　　(b) K字形　　　(c) 三角形　　　(d) 交叉形

图 3-9　塔身的腹杆形式

3.2.1.2 起重臂

起重臂的形式有两种：动臂式臂架、水平臂式臂架，如图 3-10 所示。

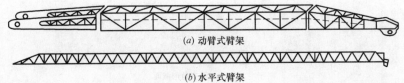

(a) 动臂式臂架

(b) 水平式臂架

图 3-10 臂架示意图

（1）动臂式臂架

动臂式臂架如图 3-10 (a) 所示。臂架在变幅平面受力相当于简支梁的受力情况，臂架在回转平面相当于一根悬臂梁的受力情况。通常臂架制成顶部尺寸小、根部尺寸大的形式，臂架中间部分采用等截面平行弦杆，两端为梯形结构。为了便于运输、安装和拆卸，臂架中间部分可以制成若干段标准节，用螺栓连接。

（2）水平臂式臂架

水平臂式臂架如图 3-10 (b) 所示，又称小车变幅式臂架，臂架根部通过销轴与塔身连接，在起重臂上设有吊点耳环通过拉杆（或钢丝绳）与塔帽顶部连接。吊点可设在臂架下弦，如图 3-11 (a) 所示，亦可设在上弦，小车沿臂架下弦运行，如图 3-11 (b)、图 3-11 (c)。

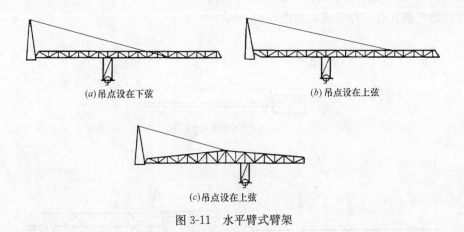

(a) 吊点设在下弦

(b) 吊点设在上弦

(c) 吊点设在上弦

图 3-11 水平臂式臂架

起重臂一般分成若干节，以便于运输和拼装。节和节之间采用螺栓或销轴连接。一般臂架截面采用三角形截面，图 3-12 (a)、图 3-12 (b) 为正三角形截面，图 3-12 (c) 为倒三角形截面。

3.2.1.3 平衡臂

上回转塔式起重机均需设平衡臂，其功能是平衡一部分起重力矩。除平衡重外，还常在其尾部装设起升机构。起升机构放在平衡臂尾端，一是可发挥部分配重作用，二是可以增大钢丝绳卷筒与塔帽导轮间的距离，以利钢丝绳的排绕，避免发生乱绳现象。

（1）平衡臂的形式

① 平面桁架式平衡臂，由两根槽钢纵梁或槽钢焊成的箱形断面组合梁和杆系构成，

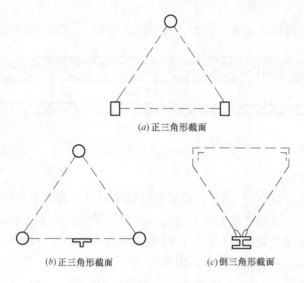

(a) 正三角形截面

(b) 正三角形截面　　　(c) 倒三角形截面

图 3-12　起重臂臂架截面

在桁架的上平面铺有走道板，走道板两旁设有防护栏杆。这种臂架的结构特点是结构简单。

②　倒三角形断面桁架式平衡臂，其构造与平面框架式起重臂结构相似，但较为轻巧，适用于长度较大的平衡臂。

③　矩形断面桁架结构平衡臂，承载能力较大。

常用的平衡臂有三种形式，如图 3-13 所示。

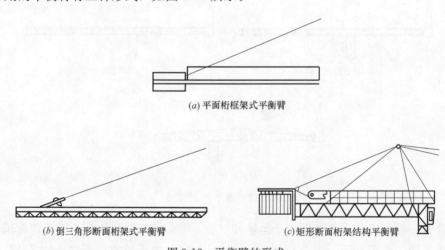

(a) 平面桁框架式平衡臂

(b) 倒三角形断面桁架式平衡臂　　　(c) 矩形断面桁架结构平衡臂

图 3-13　平衡臂的形式

（2）平衡重

平衡重一般用钢筋混凝土或铸铁制成。平衡重的用量与平衡臂的长度成反比，与起重臂的长度成正比。平衡重的数量和规格应与不同长度的起重臂匹配使用，具体应符合塔式起重机产品说明书要求。

3.2.1.4　塔帽与驾驶室

（1）塔帽

塔帽的功能是承受起重臂与平衡臂拉杆传来的载荷，并通过回转支承等结构部件将载荷传递给塔身。也有的在塔帽上设置主卷扬钢丝绳固定滑轮、风速仪及障碍指示灯。塔式起重机的塔帽结构形式有多种，较常用的有空间桁架式、人字架式及斜撑架式等形式。桁架式又分为直立式、前倾式或后倾式，如图 3-14 所示。

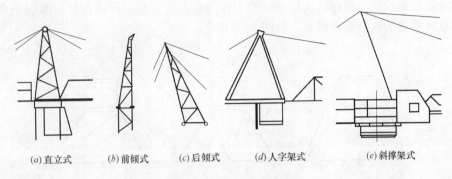

(a)直立式　　(b)前倾式　　(c)后倾式　　(d)人字架式　　(e)斜撑架式

图 3-14　塔帽的结构形式

（2）驾驶室

驾驶室一般设在塔帽一侧平台上，内部安置有操纵台和电子控制仪器盘。驾驶室内一侧附有起重特性表，以方便驾驶员操作。

3.2.1.5　回转装置

回转装置由回转支承、上下支座、大齿圈等组成，回转支承介于上下支座之间，上支座与塔帽联结，下支座与塔身联结。

上回转塔式起重机的回转装置位于塔身顶部，用以承受转台以上全部结构的自重和工作载荷，并将上部载荷下传给塔身结构。转台装有一套或多套回转机构，如图 3-15 所示。下回转塔式起重机的回转装置位于塔式起重机塔身的下部。

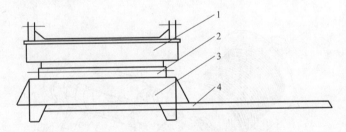

图 3-15　上回转塔式起重机回转装置
1—转台；2—回转支承；3—支座；4—引进轨道

3.2.1.6　顶升套架

顶升套架由角钢、方形钢管或圆钢管制成。根据构造特点，顶升套架又分为整体式和拼装式。根据套架的安装位置也可分为外套架和内套架。塔式起重机在完成顶升后要与下支座连接牢固。有的塔机在完成顶升过程以后，利用自身的液压顶升系统，将顶升套架落到塔身根部，优点是可减轻风荷载对塔机的不利影响，增加塔机的稳定性。

3.2.1.7　底架

塔式起重机的底架是塔身的支座。塔式起重机的全部自重和载荷力矩都要通过它传递到底架下的混凝土基础或行走台车上。固定式塔式起重机一般采用预埋脚柱（支腿）、预埋节式或底架十字梁式（预埋地脚螺栓）。

3.2.1.8 附着装置

当塔式起重机的工作高度超过其独立工作高度时，需要设置附着装置来增加其稳定性，附着装置的设置应根据塔式起重机的工作高度及时安装，严格按照厂家说明书设置。塔式起重机附着装置有多种形式，如图 3-16 所示。

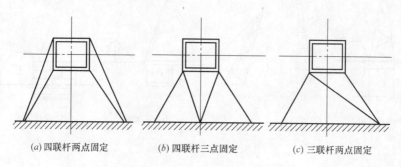

(a) 四联杆两点固定　　　(b) 四联杆三点固定　　　(c) 三联杆两点固定

图 3-16　塔式起重机附着装置形式

3.2.2　工作机构

塔式起重机的工作机构有起升机构、变幅机构、回转机构、行走机构、液压顶升机构等组成。

3.2.2.1　起升机构

（1）起升机构组成

起升机构通常由起升卷扬机、钢丝绳、滑轮组、吊钩等组成。起升卷扬机由电动机、制动器、变速箱、联轴器、卷筒等组成，如图 3-17、图 3-18 所示。

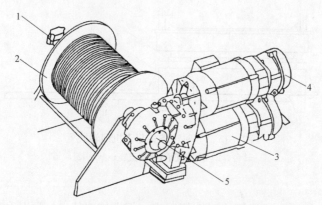

图 3-17　起升卷扬机示意图 1

1—限位器；2—卷筒；3—绕线异步电动机；4—制动器；5—减速器

电机通电后通过联轴器、变速箱带动卷筒转动，电机正转时，卷筒放出钢丝绳，电机反转时，卷筒收回钢丝绳，通过滑轮组及吊钩把重物提升或下降。起升机构钢丝绳穿绕如图 3-19 所示。

（2）起升机构滑轮组倍率

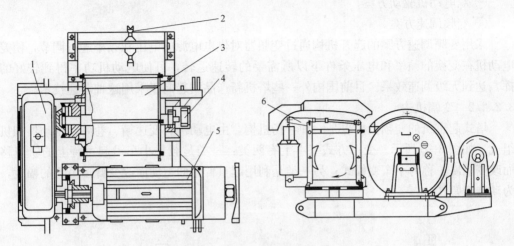

图 3-18　起升卷扬机示意图 2

1—减速机；2—排绳装置；3—卷筒；4—高度限位器；5—电动机；6—制动器

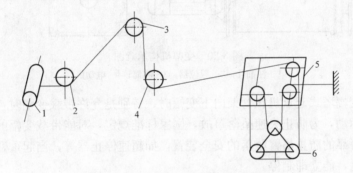

图 3-19　起升机构钢丝绳穿绕示意图

1—起升卷扬；2—排绳滑轮；3—塔帽导向轮；

4—回转塔身导向滑轮；5—变幅小车滑轮组；6—吊钩滑轮组

起升机构中常采用滑轮组，通过倍率的转换来改变起升速度和起重量。塔式起重机滑轮组倍率大多采用 2、4 或 6。当使用大倍率时，可获得较大的起重量，但降低了起升速度，当使用小倍率时，可获得较快的起升速度，但降低了起重量。

（3）起升机构的调速

为了提高塔式起重机工作效率，起升机构应有多种速度。在轻载和空钩下降以及起升高度较大时，均要求有较高的工作速度，以提高塔式起重机的工作效率。在重载和运送大件物品以及重物高速下降至接近安装就位时，为了安全可靠和准确就位，要求较低工作速度。各种不同的速度档位对应于不同的起重量，以符合重载低速、轻载高速度的要求。为了防止起升机构发生超载事故，有级变速的起升机构对重物升降过程中的换档有明确的规定，并应设有相应的重物限制安全装置，如起重量限制器、制动器、高度限位器等安全装置。起升机构的调速装置通常采用：

① 三速笼形电动机驱动方案；

② 带涡流制动器的绕线电机配以 2～3 档电磁换挡减速器调速方案；

③ 双电动机驱动方案；

④ 变频调速方案。

采用变频调速方案的起升机构通过变频器对供电电源的电压和频率进行调节，使笼形电动机在变换的频率和电压条件下以所需的转速运转，可使电动机功率得到较好的发挥，达到无级调速效果。目前国内外一些塔机新产品均趋向于采用这种调速技术。

3.2.2.2 变幅机构

塔式起重机的变幅机构也是一种卷扬机构，由电动机、变速箱、卷筒、制动器和机架组成，如图 3-20 所示。变幅方式基本上有两类：一类是载重小车沿起重臂上的轨道移动而改变幅度，称为小车变幅式；另一类是利用起重臂俯仰运动而改变臂端吊钩的幅度，称为动臂变幅式。

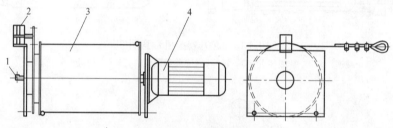

图 3-20 变幅机构示意图

1—注油孔；2—限位器；3—卷筒；4—电动机

（1）动臂变幅塔式起重机在臂架向下变幅时，特别是允许带载变幅时，整个起重臂与吊重一起向下运动，为防止失速坠落事故，国家标准规定，对能带载变幅的塔式起重机变幅机构应设有可靠的防止吊臂坠落的安全装置，如超速停止器等，当起重臂下降速度超过正常工作速度时，能立即制停。

（2）对于小车变幅塔式起重机，变幅机构又称小车牵引机构，它由电动机经联轴节和安装在卷筒内部的少齿差行星齿轮减速器驱动卷筒，经过钢丝绳牵引小车沿水平吊臂上的轨道行走。同时对采用涡杆传动的小车牵引机构也必须安装制动器，不允许仅仅依靠涡杆的自锁性能来制停。另外对于最大运行速度超过 40m/min 的小车变幅机构，为了防止载重小车和吊重在停止时产生冲击，应设有慢速档，在小车向外运行至起重力矩达到额定值的 80% 时，变幅机构应自动转换为慢速运行。小车变幅钢丝绳穿绕如图 3-21 所示。

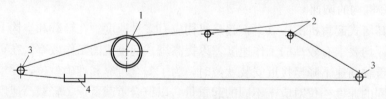

图 3-21 小车变幅钢丝绳穿绕示意图

1—卷筒；2—导向轮；3—臂端导向轮；4—小车

3.2.2.3 回转机构

回转机构在以塔身中心为中心点全幅的工作范围内旋转。回转机构由支承装置（带齿轮的轴承）与回转驱动机构两大部分组成。前者用来支持塔式起重机回转部分，后者用来驱动塔式起重机的旋转。回转支承装置主要有三大类：定柱式、转柱式和转盘式。常用的是转盘式。

（1）回转机构组成

塔式起重机回转机构由电动机、变速箱和回转小齿轮三部分组成，变速箱运动输出轴带动小齿轮围绕大齿圈（外齿圈）转动，使塔式起重机的转台及以上部分围绕其回转中心转动，如图3-22所示。它的传动方式有以下几种：涡轮涡杆变速箱、少齿差行星齿轮减速器、差动行星齿轮减速器。

（2）回转机构特点

塔式起重机回转机构具有调速和制动功能，调速系统主要有涡流制动绕线电机调速、多档速度绕线电机调速、变频调速和电磁联轴节调速等，后两种可以实现无级调速，性能较好。现代塔式起重机的起重臂较长，其侧向迎风面积较大，塔身所承受的风载会产生很大的扭矩。标准规定，在非工作状态下，回转机构应保证臂架自由转动。根据这一要求，塔式起重机的回转机构一般均采用常开式制动器，即在非工作状态下，制动器松闸，使起重臂可以随风向自由转动，臂端始终指向顺风的方向。回转机构如图3-23所示。

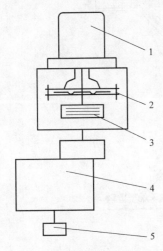

图3-22 回转机构示意图

1—电动机；2—液力耦合器；3—盘式制动器；

4—减速机；5—小齿轮

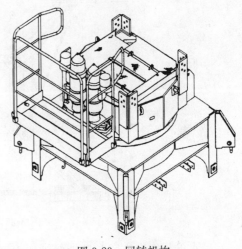

图3-23 回转机构

3.2.2.4 行走机构（行走式塔式起重机）

塔式起重机行走机构作用是驱动塔式起重机沿轨道行驶，配合其他机构完成垂直运输工作。行走机构由驱动装置和支承装置组成。其中，包括电动机、减速箱、制动器、行走轮或者台车等。行走机构如图3-24所示。

塔式起重机的行走支腿与底架平台主要承受塔式起重机载荷，并能保证塔式起重机在所铺设的轨道上行走。行走台车分有动力装置（主动）和无动力装置（从动），它把起重机的自重和载荷力矩通过行走轮传递给轨道。部分行走台车为了促使两个车轮同时着地行走，一般均设计均衡机构。行走台车架端部装有夹轨器，其作用是在非工作状况或安装阶段钳住轨道，以保证塔式起重机的自身稳定。行走台车架如图3-25所示。

底架与支腿之间的结构形式有三种：

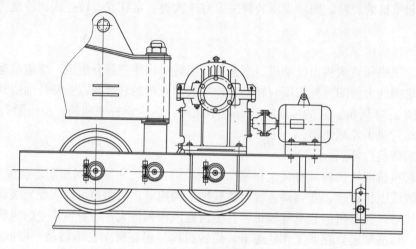

图 3-24 行走机构

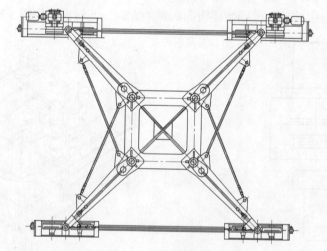

图 3-25 行走台车架

（1）水母式行走支腿与底架销轴作水平方向转动。它可在曲线轨道上行走，但在平时需用水平支撑相互固定。

（2）架式支腿与底架连成一体成井字形。制造简便，底架上空间高度大，安放压铁较容易，但安装麻烦。底架平台上的平衡压重有两种：一种是钢筋混凝土预制，成本低；另一种是铸铁，比重大，体积小。

（3）十字架式支腿与底架连成十字形。结构轻巧，用钢量省，占用高度空间小。缺点是用于行走时，塔式起重机不能做弯轨运行。

3.2.2.5 液压顶升机构

（1）液压顶升机构组成

自升式塔式起重机的加节和降节通过液压顶升机构来实现。液压顶升系统一般由液压泵、液压缸、操纵阀、液压锁、油箱、滤油器、高低压管道等元件组成，如图 3-26 所示。

（2）液压顶升机构工作原理

利用液压泵将原动机的机械能转换为液体的压力能，通过液体压力能的变化来传递能量，经过各种控制阀和管路的传递，借助于液压缸把液体压力能转换为机械能，从而驱动活塞杆伸缩，实现直线往复运动。顶升加节示意图如图 3-27 所示。

当需要接高塔身时，由塔式起重机吊起一节塔身标准节，开动油泵电动机，使顶升液压油缸工作，顶起顶升套架及上部结构，当顶升到超过一个塔身标准节高度时，将套架固定销就位锁紧，形成引入标准节的空间。当吊起的标准节引入后，安装连接螺栓将其紧固在原塔身上，将顶升套架落下，紧固过渡节和刚接高的标准节相连的螺栓，完成顶升接高工作。若按相反顺序即可完成降节工作。

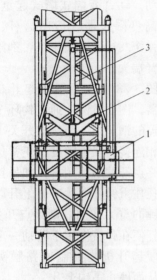

图 3-26　顶升机构示意图
1—液压装置；2—顶升横梁；
3—顶升油缸

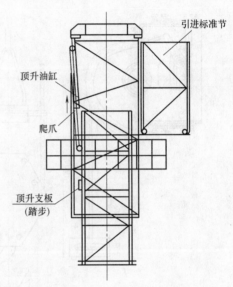

图 3-27　顶升加节示意图

3.3　塔式起重机的安全装置和稳定性

安全装置是塔式起重机的重要组成部分，其作用是保证塔式起重机在允许载荷和工作空间中安全运行，防止误操作而导致严重后果，保证设备和人身的安全。

保证塔式起重机安装、拆卸和使用的稳定性是塔式起重机安全使用的基础。

3.3.1　安全装置的类型

塔式起重机的安全装置主要有限位开关、超载保护装置、止挡保护装置、电气防护与安全防护设施等几大类型。

3.3.2　限位开关

限位开关又称为限位器，根据其作用范围可分为：起升高度限位器、幅度限位器、回转限位器、运行（行走）限位器等。

3.3.2.1　起升高度限位器

起升高度限位器的作用是防止可能出现的操纵失误。起升时防止吊钩行程超越极限，以免碰坏起重机臂架结构；降落时防止卷筒上的钢丝绳完全松脱甚至反方向缠绕在卷筒上，出现钢丝绳乱绳现象。对于所有形式的塔式起重机，当钢丝绳下降松弛可能造成卷筒乱绳或反卷时应设置下限位器，在吊钩不能再下降或卷筒上钢丝绳只剩 3 圈时应能立即停止下降运动。

（1）动臂变幅式塔机起升高度限位器

对动臂变幅式塔式起重机，当吊钩装置顶部升至起重臂下端的最小距离为 800mm 处时，应能立即停止起升运动，还应同时切断向外变幅控制回路电源，但应有下降和向内变幅运动。动臂变幅式塔式起重机，起升高度限位器一般由碰杆、杠杆、弹簧及行程开关组成，都固定于吊臂端头。

图 3-28 为一重锤式起升高度限位器。图中重锤 4 通过钩环 3 和限位器的钢丝绳 2 与终点开关 1 的杠杆相连接。在重锤处于正常位置时，终点开关触头闭合。如吊钩上升，托住重锤并继续略微上升以解脱重锤的重力作用，则终点开关 1 的杠杆便在弹簧作用下转动一个角度，使起升机构控制回路触头断开，从而停止吊钩上升。

（2）小车变幅式塔机起升高度限位器

对小车变幅式塔式起重机，吊钩装置顶部升至小车架下端的最小距离为 800 mm 处时，应能立即停止起升运动，但应有下降运动。对于小车变幅水平臂架的自升式塔式起重机，起升高度限位器一般安装在起升机构的卷筒轴端，如图 3-29 所示。

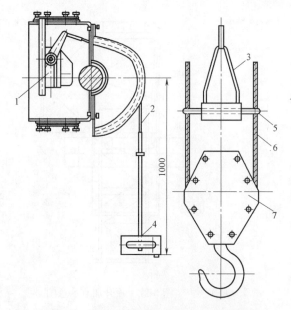

图 3-28　重锤式起升高度限位器构造简图
1—终点开关；2—限位器钢丝绳；3—钩环；4—重锤；
5—导向夹圈；6—起重钢丝绳；7—吊钩滑轮

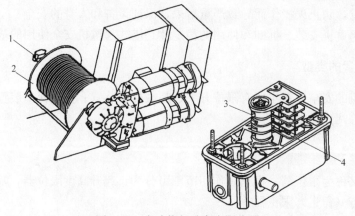

图 3-29　多功能起升高度限位器
1—限位器；2—卷筒；3—凸轮块；4—断电器

74

多功能限位器由传动系统（减速装置）和行程开关组成，限位器装在卷筒一端直接由卷筒带动，也可由固定于卷筒上的齿圈与小齿轮啮合来驱动。减速装置驱动若干个凸轮块3，这些凸块作用于断电器4来切断相应的运动。

3.3.2.2 幅度限位器

（1）动臂变幅式塔机幅度限位器

幅度限位器的作用是阻止臂架向极限位置变幅，防止臂架倾翻。对于动臂变幅式塔式起重机，不仅应设置臂架低位和臂架高位的幅度限位开关，还应安装幅度指示器，以便司机能及时掌握幅度变化情况并防止臂架仰翻造成重大破坏事故。

图 3-30 为动臂变幅式塔式起重机的一种幅度指示器，具有指明俯仰变幅动臂工作幅度及防止臂架向前后翻仰两种功能，装设于塔顶右前侧臂根铰点处。图示中的幅度指示及限位装置由一半圆形活动转盘、刷托、座板、拨杆、限位开关等组成，拨杆随臂架俯仰而转动，电刷根据不同角度分别接通指示灯触点，将起重臂的不同仰角通过灯光亮熄信号传递到上下驾驶室的幅度指示盘上。当起重臂与水平夹角小于极限角度时，电刷接通蜂鸣器而发出警告信号，说明此时并非正常工作幅度，不得进行吊装作业。当臂架仰角达到极限角度时，上限位开关动作，变幅电路被切断电源，从而起到保护作用。从幅度指示盘的灯光信号的指示，塔式起重机司机可知起重臂架的仰角以及此时的工作幅度和允许的最大起重量。

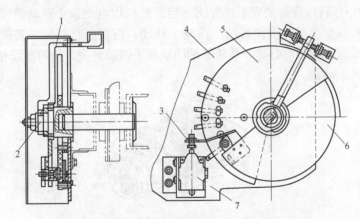

图 3-30　动臂变幅式塔式起重机幅度限制指示器

1—拨杆；2—心轴；3—弯铁；4—座板；5—刷托；6—半圆形活动转盘；7—限位开关

图 3-31 为机械式动臂变幅式塔式起重机幅度限制器。当吊臂接近最大仰角和最小仰角时，夹板2中的挡块3便推动安装于臂根铰点处的限位开关4的杠杆传动，从而切断变幅机构的电源，停止吊臂的变幅动作。可通过改变挡块3的长度来调节限制器的作用过程。

（2）小车变幅式塔机幅度限位器

对于水平臂架小车变幅式塔式起重机，幅度限位器的作用是使变幅小车行驶到最小幅度或最大幅度时，断开变幅机构的单向工作电源，以保证小车的安全运行。一般安装在小车变幅机构的卷筒一侧，利用卷筒轴伸出端带动凸轮块压下限位开关动作。

图 3-32 为水平变幅式塔式起重机幅度限位器的安装位置。幅度限位器包括凸轮组 1、

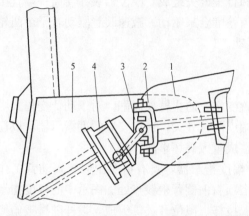

图 3-31　机械式动臂变幅式塔式起重机幅度限制器

1—起重臂；2—夹板；3—挡块；

4—终点开关；5—臂根支座

断电器 2 和减速装置。当变幅机构工作时，根据记录的卷筒旋转圈数即可知道放出的绳长，卷筒驱动减速装置，减速装置带动若干个凸轮组转动，这些凸轮作用于微动开关，从而切断变幅相应的控制回路，此时变幅小车只能向反方向运行。

3.3.2.3　回转限位器

回转限位器的作用是限制塔式起重机的回转角度，以免扭断或损坏电缆。凡是不装设中央集电环的塔式起重机，均应配置正反两个方向回转限位开关，开关动作时臂架旋转角度应不大于 ±540°，塔式起重机回转部分在非工作状态下应能自由旋转。

最常用的回转限位器是由带有减速装置的限位开关和小齿轮组成，限位器固定在塔式起重机回转上支座结构上，小齿轮与回转支承的大齿圈啮合。

图 3-33 为一回转限位器的安装位置图。当回转机构电动机 2 驱动塔式起重机上部转动时，通过大齿圈带动回转限位器的小齿轮 7 转动，塔式起重机的回转圈数即被记录下来，限位器的减速装置带动凸轮，凸轮上的凸块压下微动开关，从而断开相应的回转控制回路，停止回转运动。

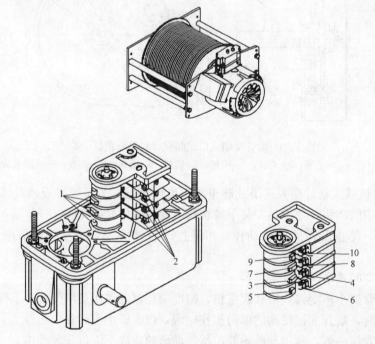

图 3-32　小车变幅式塔式起重机幅度限位器的安装位置

1—凸轮组；2—断电器；3、5、7、9—凸轮；4、6、8、10—断电触头

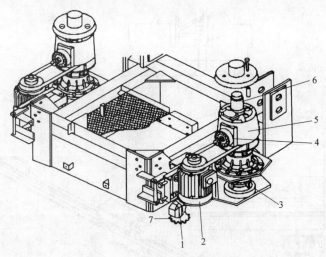

图 3-33　塔式起重机回转限位器的安装位置
1—传动限位开关；2—电动机；3—行星减速器及小齿轮；
4—制动器；5—电磁离合器；6—减速电动机；7—限位开关小齿

3.3.2.4　运行（行走）限位器

行走式塔式起重机的运行（行走）限位器的作用是限制大车行走范围，防止出轨。对于轨道运行的塔式起重机，每个运行方向应设置限位装置，限位装置由限位开关、缓冲器和终端止挡器组成。缓冲器是用来保证轨道式塔机能比较平稳的停车而不致于产生猛烈的撞击。应保证开关动作后塔式起重机停车时其端部距缓冲器最小距离为 1m，缓冲器距终端止挡最小距离为 1m。

图 3-34 为一行走式塔式起重机大车运行限位器，通常装设于行走台车的端部，前后台车各设一套，可使塔式起重机在运行到轨道基础端部缓冲止挡装置之前完全停车。限位器由限位开关、摇臂、滚轮和碰杆等组成，限位器的摇臂居中位时呈通电状态，滚轮有左右两个极限工作位置。铺设在轨道基础两端的位于钢轨近侧的坡道碰杆起着推动滚轮的作用，根据坡道斜度方向，滚轮分别向左或向右运动到极限位置，切断大车行走机构的电源。

3.3.3　超载保护装置

3.3.3.1　起重量限制器

（1）起重量限制器的作用

起重量限制器是用于防止塔式起重机作业时起升载荷超载的一种安全装置。当起升载荷超过额定载荷时，起重量限制器能输出电信号，切断起升控制回路，并能发出警报，达到防止起重机超载的目的。塔式起重机如设有起重量显示装置，则其数值误差不应大于实际值的 $\pm 5\%$。当起重量大于相应档位的额定起重量并小于 110% 时，应切断上升方向电源，但机构可作下降方向的运动。

（2）构造和工作原理

目前最常用的起重量限制器的结构形式为测力环式，它由测力环、导向滑轮及限位开

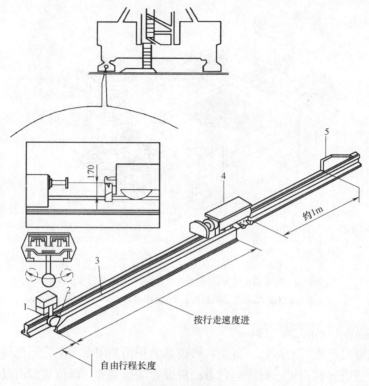

170

5

4

约1m

3

2

1

按行走速度进

自由行程长度

图 3-34　行走式塔式起重机大车运行限位器
1—限位开关；2—摇臂滚轮；3—坡道；4—缓冲器；5—止挡块

关等部件组成。其特点是体积紧凑，性能良好以及便于调整。FO/23B、QT80 等型号塔式起重机普遍采用这种结构形式。图 3-35 为 FO/23B 型塔式起重机起重量限制器的外形及工作原理图。测力环的一端固定于塔式起重机机构的支座上，另一端则固定在导向滑轮轴上。

工作原理：塔式起重机吊载重物时，滑轮受到钢丝绳合力作用，将此力传给测力环，测力环的变形与载荷成一定的比例。根据起升载荷的大小，滑轮所传来的力大小也不同。测力环外壳随受力产生变形，测力环内的金属板条与测力环壳体固接，并随壳体受力变形而延伸，此时根据载荷情况来调节固定在金属板条上的调整螺栓与限位开关距离，载荷超过额定起重量使限位开关动作，从而切断起升机构的电源，达到对起重量超载进行限制的目的。

3.3.3.2　起重力矩限制器

（1）起重力矩限制器的作用

起重力矩限制器是塔式起重机重要的安全装置之一，塔式起重机的结构计算和稳定性验算均是以最大额定起重力矩为依据的，起重力矩限制器的作用就是控制塔式起重机使用时不得超过最大额定起重力矩，防止塔式起重机因超载而导致整机倾翻事故。当起重力矩大于相应幅度额定值并小于额定值 110％ 时，应切断上升和幅度增大方向的电源，但机构可作下降和减少幅度方向的运动。如设有起重力矩显示装置，则其数值误差不应大于实际值的 ±5％。目前使用的有机械式力矩限制器和电子式力矩限制器。

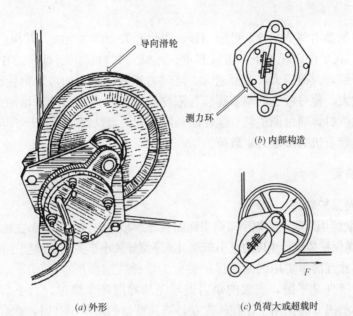

(a) 外形   (c) 负荷大或超载时

图 3-35　FO/23B 型塔式起重机起重量限制器的外形及工作原理图

　　力矩限制器仅对在塔式起重机垂直平面内起重力矩超载时起限制作用，而对由于吊钩侧向斜拉重物、水平面内的风载、轨道的倾斜和塌陷引起的水平面内的倾翻力矩不起作用。因此操作人员必须严格遵守安全操作规程，不能违章作业。

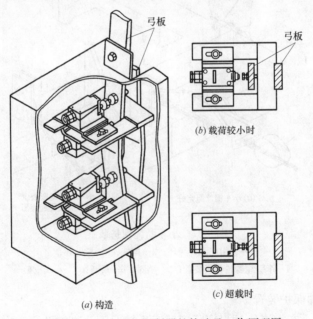

(a) 构造   (c) 超载时

图 3-36　弓板式力矩限制器的构造及工作原理图

（2）构造和工作原理

　　起重力矩限制器分为机械式和电子式，机械式中又有杠杆式和弓板式等多种形式。其中弓板式起重力矩限制器因结构简单目前应用比较广泛。弓板式力矩限制器主要安装在塔帽的主弦杆上。

弓板式力矩限制器由调节螺栓、弓形钢板、限位开关等部件组成，其构造及工作原理图如图 3-36 所示。其工作原理如下：塔式起重机吊载重物时，由于载荷的作用，塔帽的主弦杆产生压缩变形，载荷越大，变形越大。这时力矩限制器上的弓形钢板也随之变形，并将弦杆的变形放大，使弓板上的调节螺栓与限位开关的距离随载荷的增加而逐渐缩小。当载荷达到额定载荷时，通过调整调节螺栓触动限位开关，从而切断起升机构和变幅机构的电源，限制塔式起重机的吊重力矩载荷。

3.3.4 止挡保护装置

3.3.4.1 小车断绳保护装置

小车断绳保护装置用以防止变幅小车牵引绳断裂导致小车失控。对小车变幅塔式起重机，应设置双向小车断绳保护装置，用以防止小车牵引绳断裂导致小车失控而引起的事故。

目前应用较多并且简单实用的断绳保护装置为重锤式偏心挡杆，如图 3-37 所示。塔机小车正常运行时挡杆 2 平卧，张紧的牵引钢丝绳从导向环 3 穿过。当小车牵引绳断裂时，挡杆 2 在偏心重锤 6 的作用下，翻转直立，遇到臂架的水平腹杆时，就会挡住小车的溜行。每个小车均备有两个小车断绳保护装置，分别设置于小车的两头牵引绳端固定处。

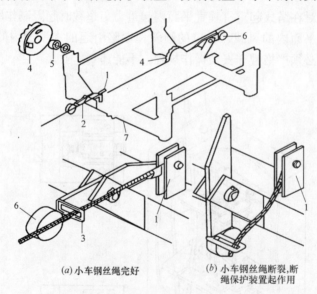

(a) 小车钢丝绳完好　　　　(b) 小车钢丝绳断裂，断绳保护装置起作用

图 3-37　小车断绳保护装置

1—牵引绳固定绳环；2—挡杆；3—导向环；
4—牵引绳棘轮张紧装置；5—挡圈；6—重锤；7—小车支架

3.3.4.2 小车断轴保护装置

为了防止载重小车在滚轮轴出现断裂的意外情况下从高空坠下，在载重小车上应设置小车断轴保护装置。

图 3-38 为小车断轴保护装置结构示意图。在小车架左右两根横梁上各固定两块挡板，当小车滚轮轴断裂时，挡板即落在吊臂的弦杆上，挂住小车，使小车不致脱落，避免造成重大事故。

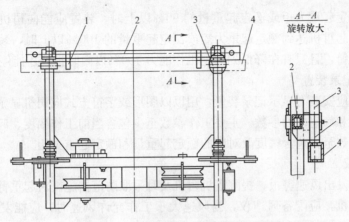

图 3-38　小车断轴保护装置结构示意图

1—挡板；2—小车上横梁；3—滚轮；4—吊臂下弦杆

3.3.4.3　钢丝绳防脱装置

钢丝绳防脱装置用来防止滑轮、起升卷筒及动臂变幅卷筒等钢丝绳脱离滑轮或卷筒。

滑轮、起升卷筒及动臂变幅卷筒均应设置钢丝绳防脱装置，该装置表面与滑轮或卷筒侧板外缘间的间隙不应超过钢丝绳直径的 20%，与钢丝绳接触的表面不应有棱角。

3.3.4.4　顶升防脱装置

用以防止自升式塔式起重机在正常加节、降节作业时，顶升装置从塔身支承中或油缸端头的连接结构中自行脱出。

3.3.4.5　抗风防滑装置（夹轨器）

对轨道运行的塔式起重机，应设置非工作状态抗风防滑装置，用以防止行走式塔式起重机在遭遇大风时自行滑行，造成倾翻。夹轨器夹紧在轨道两侧，防止塔式起重机滑行。

塔式起重机使用的夹轨器一般为手动机械式夹轨钳，如图 3-39 所示。夹轨钳安装在每个行走台车的车架两端，非工作状态时，把夹轨器放下来，转动螺栓 2，使夹钳 1 夹紧在起重机的轨道 3 上；工作状态时，把夹轨器上翻固定。

3.3.4.6　缓冲器、止挡装置

塔式起重机行走和小车变幅的轨道行程末端均需设置止挡装置。缓冲器安装在止挡装置或塔式起重机（变幅小车）上，当塔式起重机（变幅小车）与止挡装置撞击时，缓冲器应使塔式起重机（变幅小车）较平稳地停车而不产生猛烈的冲击。如图 3-34 所示。

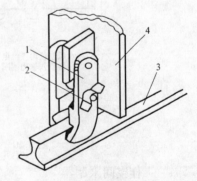

图 3-39　塔式起重机夹轨钳结构简图

1—夹钳；2—螺栓、螺母；
3—钢轨；4—台车架

3.3.5　报警及显示记录装置

3.3.5.1　报警装置

报警装置用以在塔式起重机载荷达到规定值时，向司机自动发出声光报警信息。在塔

式起重机达到额定起重力矩或额定起重量的90%以上时，装置应能向司机发出断续的声光报警。在塔式起重机达到额定起重力矩或额定起重量的100%以上时，装置应能发出连续清晰的声光报警，且只有在降低到额定工作能力100%以内时报警才能停止。

3.3.5.2 显示记录装置

塔式起重机应安装有显示记录装置，用以以图形或字符方式向司机显示塔式起重机当前主要工作参数和额定能力参数。主要工作参数至少包含当前工作幅度、起重量和起重力矩，额定能力参数至少包含幅度及对应的额定起重量和额定起重力矩。

3.3.5.3 风速仪

风速仪用以发出风速警报，提醒塔机司机及时采取防范措施。对起重臂铰点高度超过50m的塔式起重机，应配备风速仪，当风速大于工作允许风速时，应能发出停止作业的警报。

图3-40为YHQ-1型风速仪组成示意图。它是一种塔式起重机常用的风速仪，当风速大于工作极限风速时，仪表能发出停止作业的声光报警信号，并且其内控继电器动作，常闭触点断开。塔式起重机装此风速仪，把该触点串接在电路中，就能控制塔式起重机安全可靠地工作。

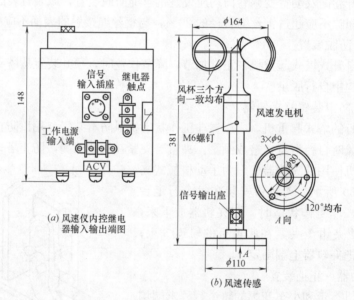

图3-40 YHQ-1型风速仪组成示意图

3.3.5.4 工作空间限制器

用户需要时，塔式起重机可装设工作空间限制器。对单台塔式起重机，工作空间限制器应在正常工作时，根据需要限制塔式起重机进入某些特定的区域或进入该区域后不允许吊载。对群塔作业工况，该限制器还应限制塔式起重机的回转、变幅和整机运行区域以防止塔式起重机之间结构件、工作机构、起升钢丝绳或吊重等发生相互碰撞，避免事故的发生。

3.3.6 电气防护与安全防护设施

3.3.6.1 电气防护

（1）电源

82

塔式起重机一般采用 380V、50Hz 三相五线交流电源供电，应设置专用开关箱。施工工地供电应做到三级配电、两级保护的要求。供电系统在塔式起重机接入处的电压波动应不超过额定值的 ±10%。供电容量应能满足塔式起重机最低供电容量。动力电路和控制电路的对地绝缘电阻应不低于 0.5 MΩ。塔式起重机按规定应设置短路、过流、欠压、过压及失压保护、零位保护、电源错相及断相保护。电控柜（专用开关箱）应设有门锁。门内应有电气原理图或布线图、操作指示等，门外应设有"有电危险"的警示标志。防护等级不低于 IP44。

（2）接地

塔式起重机的金属结构、轨道、所有电器设备的金属外壳、金属线管、安全照明灯变压器低压侧等均应可靠接地，接地电阻≤4Ω，重复接地电阻≤10Ω。接地装置的选择和安装要符合电气安全的有关要求，不得采用铝导体和螺纹钢作接地体或地下接地线。对于行走式塔式起重机，每根钢轨必须接地，两节钢轨之间也应进行电气连接。

（3）紧急停止按钮

塔式起重机操作装置一般采用联动台控制，设置紧急停止按钮，塔式起重机工作前必须把各机构的操作手柄置于零位，避免误操作。遇紧急情况时要迅速按动紧急停止按钮，停止所有动作。

3.3.6.2 安全防护装置与设施

（1）塔式起重机上有伤人危险的传动部分，如联轴器、制动器、皮带轮等，均要安装防护装置。

（2）在离地面 2m 以上的平台及走道应设置防止操作人员跌落的手扶栏杆。手扶栏杆的高度不应低于 1m。

3.3.7 塔式起重机的稳定性

3.3.7.1 塔式起重机基础

塔式起重机安装前，施工单位应根据使用说明书的要求、安装地点的地质情况，对塔式起重机基础的地耐力进行相应的复核，以确保塔式起重机安装及使用的安全。

不同地区地耐力差别很大，因此必须对塔式起重机混凝土基础下地基承载能力进行复核，当地基承载能力达不到说明书规定的强度要求时，应采取增补桩基等相应的技术措施。

（1）整体式钢筋混凝土基础

固定式、附着式及内爬式塔式起重机一般采用整体式钢筋混凝土基础。施工现场最常用的整体式钢筋混凝土基础，大多采用方形基础，如图 3-41 所示。该类型基础的特点是能靠近建筑物，能增大塔式起重机的有效作业业面，混凝土基础本身还起到压重的作用。

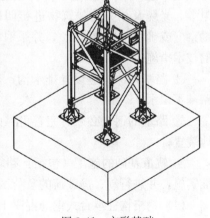

图 3-41　方形基础

1）内爬式塔式起重机的初始安装基础同固定式塔式起重机，一般安装在建筑物内，如：电梯井、核心筒或楼层内。塔式起重机随着建筑物上升而上升。上升时内爬式塔式起重机离开初始安装的基础，通过钢梁及自身的内爬框架（环梁）支承在建筑物内。

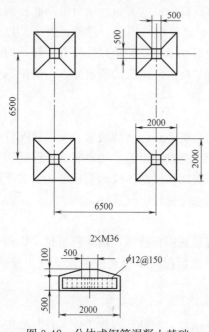

图 3-42　分体式钢筋混凝土基础

2）整体式基础可与建筑物结构融为一体（如与建筑物地下室底板或地基础等），既可以节省混凝土基础的制作成本费用，又能进一步确保塔式起重机基础的整体稳定。

3）混凝土基础的混凝土强度等级应不低于使用说明书规定的级别。混凝土基础如果埋设在地面以下，应设置排水措施并确保排水功能。

（2）分体式钢筋混凝土基础

有十字梁底架的固定式塔式起重机可采用分体式钢筋混凝土基础，如图 3-42 所示。塔式起重机的十字梁底架的四角分别安装在四块钢筋混凝土基础上。混凝土尺寸应按混凝土基础下地基强度来决定。不同型号的塔式起重机应按照塔式起重机使用说明书的要求，确定混凝土基础的边长与高度尺寸。分体式混凝土基础内的钢筋配筋，必须按照使用说明书规定执行，若有特殊要求，应由施工单位进行强度设计，并提供具体的技术文件。

（3）轨道式基础

行走式塔式起重机一般采用以钢轨、混凝土路基、碎石基础或钢板路基箱为基础，如图 3-43 所示。

轨道式基础应按照塔式起重机使用说明书规定的混凝土路基承载等级设置及施工。

① 行走式塔式起重机的轨道基础在施工前，应对所选址地下部分的管道、电缆、光缆及相关的建筑物进行明确的勘察（或确切信息的掌握），并采取相应的技术措施；

② 路基的两侧应设置排水沟，确保路基不积水；

③ 路基的钢轨必须有完善可靠的接地装置；

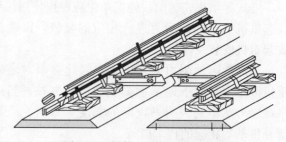

图 3-43　钢轨、混凝土路基基础

④ 轨道基础的施工（包括：路轨、枕木、螺栓、压板、连接板等）应按相关技术标准实施，并进行动、静载荷的负荷试验，验收合格后方能投入运行。

（4）钢格构柱承台式钢筋混凝土基础

在高层建筑施工中，因受施工场地限制，深基坑及多层地下室复杂施工的需要，塔式起重机往往不能按常规安装。为解决这一矛盾，实现塔式起重机起重臂最大有效工作面的覆盖，满足地下室施工的需要，塔式起重机基础可采用钢格构柱承台式钢筋混凝土基础，如图 3-44 所示。该基础充分利用施工现场的空间，提高了塔式起重机的利用率。

钢格构柱承台式基础施工步骤是：

① 在选定的塔式起重机位置上，按地质报告提供的相关土层资料进行设计，一般施工 4 根钻孔灌注桩桩基，将预制的钢格构柱与灌注桩桩基的钢筋笼焊接后，同时浇注钻孔灌注桩桩基的混凝土。

② 钢格构柱上端露出地面，并在上端浇筑钢筋混凝土承台或设置钢梁承台，然后安装塔式起重机，再开挖土方投入施工。

钢格构柱在塔式起重机与基础间起着承上启下的连接作用，也可定性为塔身的延伸。故钢格构柱应参照塔式起重机的技术参数，按照现行《钢结构设计规范》（GB 50017）的要求进行设计与制作。

（5）轨道式塔式起重机改作固定式时的基础处理

在高层建筑施工中，经常要将前期为行走式塔式起重机改为固定式使用，在这种情况下，应对轨道基础作如下处理：

① 对需要固定的位置范围内的路基加实，特别是轨道悬空部位，并对行走轮下的轨道及枕木作填充密实处置。

② 固定前应对钢轨进行找平，固定后将夹轨器夹紧钢轨。必要时，在走轮与钢轨处用锲块紧固。

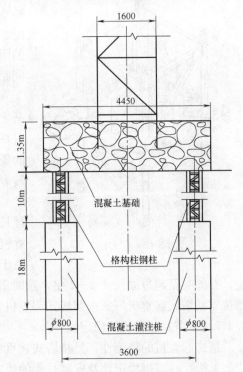

图 3-44　钢格构柱承台式钢筋混凝土基础

3.3.7.2　塔式起重机附着装置的设置

在附着式塔式起重机的实际应用中，当塔式起重机的使用高度超过其规定的独立高度时，应按使用说明书规定设置附着装置。

（1）附着装置的作用

附着装置的主要作用是增加塔式起重机的使用高度，保持塔式起重机的稳定性。附着装置一般由附着框、附着杆及锚固件等组成。

① 附着框（锚固框）是由型钢、钢板拼焊成的箱型钢结构，如图 3-45 所示。附着杆是用角钢、槽钢、工字钢或方钢管及圆钢管等型钢制作的。附着框、附着杆应由塔式起重机生产厂商提供。

② 附着装置受力的大小与塔式起重机的悬臂高度和两道附着装置之间垂直距离有关。附着装置安装完毕后通过附着杆将塔式起重机附着力传递到建筑物上。

③ 对于有多道附着装置的塔式起重机，其最高一道附着装置以上的悬臂塔身根部将承担较大载荷，最高一道附着装置承载的载荷比例也最大。

（2）附着杆的安装

① 附着杆提倡选用可调整型的。附着杆端部有耳环与建筑物附着点和附着框铰接。

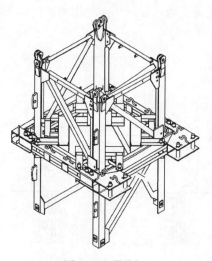

图 3-45　附着框

同步调整附着杆的长度，亦可调整塔式起重机塔身轴线的垂直度。

② 每道附着杆安装应尽量保持水平。两道相临的附着杆垂直间距一定要符合说明书的要求。垂直间距过大或过小都会对塔身受力及附着杆产生影响。

③ 可调整型附着杆在安装时，每根附着杆不可马上紧固，待附着杆全部就位后，逐步调整每根附着杆的调节丝杆，使之符合塔式起重机塔身垂直度的要求。调整中，塔式起重机不得作任何起升、回转等动作。

目前，部分塔式起重机生产厂家能提供按其设计长度的附着杆，仅能满足使用说明书规定塔式起重机中心与建筑物墙面的间距，但在实际施工中，由于受到种种因素的制约，往往尺寸超过说明书规定，有的甚至超过原尺寸 2～3 倍，这时需重新设计、制作附着杆。特殊附着杆应由施工单位委托塔式起重机厂家按照塔式起重机与建筑物的设置距离进行设计、制作。

3.3.7.3　塔式起重机的稳定性

塔式起重机的稳定性，是指塔式起重机在自重和外载荷的作用下抵抗翻倒的能力。塔式起重机存在整机稳定性及安装过程的稳定性问题。

影响塔机稳定性的荷载主要有自重荷载、起升荷载、风荷载和惯性荷载。保持塔式起重机稳定的作用力是塔式起重机的自重和压重，引起塔式起重机倾翻的作用外力是风荷载、吊载和惯性力。

(1) 塔式起重机使用的稳定性

① 大风天气禁止操作塔机

风荷载不仅取决于塔式起重机塔身结构迎风面积的大小，而且与塔身的安装高度有密切关系。虽然在设计时塔机已考虑了风力的作用，但由于六级及以上大风对塔机的稳定性不利，因此在遇有六级及以上大风时，不准操作。

② 严禁违章超载和斜吊作业

塔式起重机操作中严禁超载，一方面是考虑起重机本身结构安全，另一方面是考虑稳定性的需要。因为起重量越大，产生的倾翻力矩也越大，越容易使起重机倾翻。

塔式起重机的正确操作应该是垂直起吊，如果斜吊重物，等于加大了起重力矩，斜度愈大，倾翻力矩愈大，稳定系数就愈小，甚至出现负值，因此禁止斜吊重物。

(2) 塔式起重机安装拆卸过程的稳定性

① 严格按照安装拆卸顺序进行作业

在塔式起重机安装拆卸过程中，一般都由辅助起重设备来安装或拆卸平衡臂、平衡重、起重臂，由于安装拆卸平衡臂、平衡重、起重臂的过程中对塔身均产生不平衡力矩，需控制在设计值范围之内，所以在安装拆卸顺序上一定要按照使用说明书和安装方案实施，安装过程中严禁随意改变规定的安装顺序，否则会引起塔式起重机倾翻事故。

② 保持标准节顶升下降过程的平衡

对于利用液压机构进行升降作业的塔机，在顶升下降油缸作业时，塔机上部构造相对油缸支承点应尽可能处于平衡状态，即塔机上部结构的重量及对支点的力矩是定值，只能通过调整该塔机的变幅小车位置及其吊重所产生的前倾力矩来平衡。如果小车位置和吊重的重量不符合要求，会造成前后倾力矩不平衡，增加顶升作业时的阻力。

在顶升作业时，严禁塔机回转作业。因为塔机回转中心与顶升油缸支承点并非一点，回转后上部结构重量会对顶升油缸支承点产生侧向的倾覆力矩，严重时发生塔式起重机上部倾倒事故。

套架与塔身标准节之间设有两组滚轮，在设计范围内的不平衡力矩均可由套架滚轮以水平力形式平衡。在顶升作业时，应调整滚轮与塔身标准节之间的间隙，使套架两组滚轮与塔身标准节之间的间隙基本一致。

3.4 塔式起重机的安装与拆卸

3.4.1 安装与拆卸管理

3.4.1.1 安装与拆卸的技术条件

（1）塔式起重机生产厂必须持有国家颁发的特种设备制造许可证。

（2）塔式起重机应有监督检验证明、出厂合格证、产品设计文件、安装及使用维修说明书、有关型式试验合格证明等文件。

（3）应有配件目录及必要的专用随机工具。

（4）对于购入的旧塔式起重机应有两年内完整运行记录及维修、改造资料。

（5）对改造、大修的塔式起重机要有出厂检验合格证、监督检验证明。

（6）塔式起重机的各种安全装置、仪器仪表必须齐全和灵敏可靠。

（7）有下列情形之一的塔式起重机，不得出租、安装、使用：

① 属国家明令淘汰或者禁止使用的；

② 超过安全技术标准或者制造厂家规定的使用年限的；

③ 经检验达不到安全技术标准规定的；

④ 没有完整安全技术档案的；

⑤ 没有齐全有效的安全保护装置的。

3.4.1.2 塔式起重机安装拆卸的基本要求

（1）从事塔机安装、拆卸活动的单位应当依法取得建设主管部门颁发的起重设备安装工程专业承包资质和建筑施工企业安全生产许可证，并在其资质许可范围内承揽建筑起重机械安装工程。

（2）从事塔机安装与拆卸的操作人员应当年满18周岁，具备初中以上文化程度，经过专门培训，并经建设主管部门考核合格，取得《建筑施工特种作业人员操作资格证书》。

（3）塔机安装单位和使用单位应当签订安装、拆卸合同，明确双方的安全生产责任；实行施工总承包的，施工总承包单位应当与安装单位签订建筑起重机械安装工程安全协议书。

（4）塔式起重机的安装拆卸必须根据施工现场的环境和条件、塔式起重机的状况以及辅助起重设备的性能条件，制定安装拆卸方案、安全技术措施和应急预案，并由企业技术负责人审批。

（5）安装拆卸作业前必须进行安全技术交底，安装拆卸作业中各工序应定人定岗，定专人统一指挥。

（6）安装拆卸作业应设置警戒区域，并设专人监护，无关人员不得入内。

（7）塔机的安装位置，应当符合以下要求：

① 塔式起重机尾部（平衡臂）与相邻建筑物及其外围设施之间的安全距离不少于0.6m。塔式起重机与输电线之间的安全距离符合表 3-4 要求。

塔式起重机与外输电线路的最小安全距离　　表 3-4

安全距离/m　　　电压（kV）	< 1	1～15	20～40	60～110	220
沿垂直方向	1.5	3.0	4.0	5.0	6.0
沿水平方向	1.0	1.5	2.0	4.0	6.0

② 当与输电线的安全距离达不到表 3-4 中要求的安全距离时应搭设防护架，搭设防护架时应当符合以下要求：

（A）搭设防护架时必须经有关部门批准；

（B）采用线路暂停供电或其他可靠安全技术措施；

（C）有电气工程技术人员和专职安全人员监护；

（D）防护架与输电线的安全距离不应小于表 3-5 所规定的数值；

（E）防护架应具有较好的稳定性，可使用竹竿等绝缘材料，不得使用金属材料。

防护设施与外电线路之间的最小安全距离　　表 3-5

外输电线路电压等级/kV	≤10	35	110	220	330	500
最小安全距离/m	1.7	2.0	2.5	4.0	5.0	6.0

③ 安装两台及以上塔式起重机时，相邻两台塔式起重机的最小架设距离应当保证处于低位塔式起重机的起重臂端部与处于高位塔式起重机的塔身之间至少有 2m 的安全距离；处于高位塔式起重机的最低部位的部分（吊钩升至最高点或平衡重的最低部位）与低位塔式起重机中最高部位的部件之间的垂直距离不应小于2m；塔式起重机之间不能发生干涉，应保证塔式起重机在非工作状态时能自由旋转。

④ 塔机的安装选址除了应当考虑与建筑物、外输电线路和其他塔机有可靠的安全距离外，还应考虑到毗邻的公共场所（包括学校、商场等）、公共交通区域（包括公路、铁路、航运等）等因素。塔式起重机基础应避开任何地下设施，无法避开时，应对地下设施采取保护措施，预防灾害事故发生。

（8）确定辅助起重设备：

① 流动式起重机的选择

塔式起重机的安装拆卸过程中一般采用流动式起重机作为辅助起重设备。流动式起重机主要包括汽车起重机和履带起重机。选择辅助起重设备时要综合考虑其起升高度、幅度和起重量等性能参数，以满足塔式起重机安装拆卸作业时的要求。起重机的吊臂伸出越长，它可吊装的起升高度越大，起重量越小；起重机的臂长不变时，吊臂仰角越小，它可吊装的幅度越大，起重量相应降低。在进行安装拆卸作业前，还应根据塔式起重机安装拆卸场地的情况，选择辅助起重设备有利的工作位置。塔式起重机拆卸时，自升式塔式起重机有条件的应先自行降节，使塔式起重机降至最低位置，然后选用辅助起重设备拆除。

② 其他辅助起重设备的选择

因塔式起重机设置在建筑物内无法自行下降拆卸，需将辅助起重设备设置在建筑物顶部进行拆卸的，可选择人字扒杆、桅杆式起重机等。

（A）辅助起重设备固定在建筑物屋面上的，建筑物屋面的承载能力应满足辅助起重设备的要求；

（B）固定在建筑物的锚固点预埋件应能承受辅助起重设备在工作和非工作状态时的支承力；

（C）辅助起重设备设置的位置应能满足塔式起重机相应零部件的重量、距离及拆卸后堆放位置的要求；

（D）从屋面将塔式起重机起重臂、平衡臂等向下吊运时，应在起重臂、平衡臂臂端配置溜绳。

（9）安装、拆卸、加节或降节作业时，塔机的最大安装高度处的风速不应大于13m/s，当有特殊要求时，按用户和制造厂的协议执行。

（10）遇有大雨、大雪、大雾等影响安全作业的恶劣气候时，应停止作业。

（11）遇有工作电压波动大于±10％时，应停止安装、拆卸作业。

3.4.1.3 塔式起重机安装拆卸管理制度

（1）安装拆卸单位管理制度：

① 现场勘察、编制任务书制度；

② 安装拆卸方案的编制、审核、审批制度；

③ 塔式起重机基础、路基和轨道验收制度；

④ 安装拆卸前的零部件检查制度；

⑤ 安全技术交底制度；

⑥ 安装过程中及安装完毕后的质量验收制度；

⑦ 技术文件档案管理制度；

⑧ 作业人员安全技术培训制度；

⑨ 事故报告和调查处理制度。

（2）安装单位必须建立健全岗位责任制，明确塔式起重机安装、拆卸的主管人员、技术人员、机械管理人员、安全管理人员和塔式起重机安装拆卸工、司机、起重司索信号工、建筑电工等在安装拆卸塔式起重机工作中的岗位职责。

（3）安装单位必须建立和不断完善安全技术操作规程。

3.4.1.4 塔式起重机安装拆卸方案

（1）安装拆卸专项方案的编制

① 编制安装拆卸方案的依据

（A）塔式起重机使用说明书；

（B）国家、行业、地方有关塔式起重机的法规、标准、规范等；

（C）安装拆卸现场的实际情况，包括场地、道路、环境等。

② 安装拆卸方案的内容

（A）安装拆卸现场环境条件的详细说明；

（B）塔机安装位置平面图、立面图和主要安装拆卸难点；

（C）对塔式起重机基础的外形尺寸、技术要求，以及地基承载能力（地耐力）.等要求；

（D）详细的安装及拆卸的程序，包括每一程序的作业要点、安装拆卸方法、安全质量控制措施；

（E）塔机主要零部件的重量及吊点位置，所需辅助起重设备、吊具、索具的规格、数量和性能；

（F）安装过程中应自检的项目以及应达到的技术要求；

（G）安全技术措施；

（H）必要的计算资料；

（I）人员配备及分工；

（J）重大危险源及事故应急预案。

③ 方案编制的要求

塔机安装拆卸方案应由安装单位的专业技术人员负责编制，需要专家论证审查的方案应按照有关规定进行。

（2）方案的审批

塔机安装拆卸方案应当由安装单位技术部门组织本单位施工技术、安全、质量等部门的专业技术人员进行审核。经审核合格的，由安装单位技术负责人签字，并报总承包单位技术负责人签字。

不需专家论证的专项方案，安装单位审核合格后报监理单位，由项目总监理工程师审核签字。

需专家论证的专项方案，安装单位组织应当召开专家论证会。实行施工总承包的，由施工总承包单位组织召开专家论证会。安装单位应当根据论证报告修改完善专项方案，并经安装单位技术负责人、总承包单位技术负责人、项目总监理工程师、建设单位项目负责人签字后，方可组织实施。

（3）技术交底

安装拆卸单位技术人员应根据安装拆卸方案向安装人员进行技术交底。交底内容包括：

① 塔式起重机的性能参数；

② 安装、附着及拆卸的程序和方法；

③ 各部件的联结形式、联结件尺寸及联结要求；

④ 安装拆卸部件的重量、重心和吊点位置；

⑤ 使用的辅助设备、机具、吊索具的性能及操作要求；

⑥ 作业中安全操作措施；

⑦ 其他需要交底的内容。

3.4.1.5 塔式起重机安装拆卸操作规程

（1）在每次拆装作业中，必须了解自己所从事的工程项目、施工部位、内容及要求。

（2）了解所拆装塔式起重机的机械性能，了解每个拆装部件的重量和吊点位置。

（3）严格按照说明书中所规定的安装及拆卸的程序进行作业，严禁对产品说明书中规定的拆装程序做任何改动。

（4）熟知塔式起重机拼装或解体各拆装部件相连接处所采用的联结形式和所使用的联结件的尺寸、规定及要求。对于有润滑要求的部位，必须按说明书的要求进行润滑。

（5）对所使用的机械设备和工具的性能及操作规程有全面了解。作业前，必须对所使用的钢丝绳、链条、卡环、吊钩、板钩、耳钩等各种吊具、索具按有关规定做认真检查。合格后方可使用，并且使用时不得超载。

（6）在进入工作现场时，必须带安全帽，高处作业时还必须穿防滑鞋，系安全带。

（7）在指定的专门指挥人员的指挥下作业，其他人不得发出指挥信号。当视线阻隔和距离过远等至使指挥信号传递困难时，应采用对讲机或多级指挥等有效的措施进行指挥。

（8）起重作业中，不允许把钢丝绳和链条等不同种类的索具混合用于一个重物的捆扎或吊运。

（9）在紧固要求有预紧力的螺栓时，必须使用专门的工具，将螺栓准确地紧固到规定的预紧力值。

（10）塔式起重机各部件之间的连接销轴、螺栓、轴端卡板和开口销等，必须使用塔式起重机生产厂家提供的专用件，不得随意代用，不可以缺失和漏装。

（11）在安装或拆卸塔式起重机时，严禁只拆装一个臂（平衡臂、起重臂）就中断作业。

（12）在高处作业时，摆放小件物品和工具时不可随手乱放，工具应放入工具框中或工具袋内，严禁从高空投掷工具和物件。

（13）吊装作业时，起重臂和重物下方严禁有人停留、工作或通过。吊运重物时，严禁从人上方通过。严禁用起重机吊运人员。严禁带病和酒后作业。

（14）安装起重机的过程中，对各个安装部件的联结件，必须特别注意要按说明书的规定，安装齐全、固定牢靠，并在安装后做详细检查。

3.4.2 塔式起重机的安装

3.4.2.1 安装前的检查

（1）对塔式起重机基础外形尺寸进行复核，检查其是否符合方案和使用说明书的要求。

（2）查阅基础隐蔽工程验收资料是否齐全，包括混凝土试块报告是否符合要求。

（3）检查钢结构有无严重锈蚀、变形和裂纹。对于转场保养不到位或运输过程中发生损坏的钢结构不能安装上机。

（4）对起升机构、回转机构、变幅机构、液压顶升机构、电气系统等进行检查，检查是否做过转场保养，液压油、齿轮油、润滑油是否加注到位，安全装置、配电箱、电线、电缆是否完好。

（5）对钢丝绳、钢丝绳夹、锁套、连接紧固件、滑轮等部件进行检查，对有缺陷或损坏的部件不能安装上机。

（6）辅助设备就位后、实施作业前，应对其机械性能和安全性能进行验收。

检查完毕，全部验收合格，有关人员填写检查验收表并签字后，方可进行塔式起重机的安装。表3-6是塔机安装前检查验收表。

塔式起重机安装前检查验收表　　　　　　　　　　表3-6

工程名称			工程地址	
设备编号			塔机型号	
生产厂家			安装高度	

序号	项目	要求	检查记录
1	基础、路基	基础隐蔽工程验收资料齐全、有效	
2	金属结构	钢结构齐全，无变形、开焊、裂纹现象、结构表面无严重锈蚀，油漆无大面积脱落	
3	传动机构	减速机、卷扬机、制动器、回转机构部件齐全、工作正常	
4	钢丝绳	完好、无断股，断丝不超过规范要求	
5	吊钩	无裂纹、变形、严重磨损，钩身无补焊、钻孔现象	
6	钢丝绳绳夹	绳夹、楔块固结正确	
7	滑轮	外形完好无裂纹、破损，轮槽没有不均匀磨损，磨损量在允许范围内；转动灵活，尺寸符合要求；防脱绳装置符合要求	
8	液压系统	油缸及泵站有无渗漏，油箱油量、油质符合要求，各阀门、油管、接头完好，油路无泄露、阻塞现象	
9	电气系统	配电箱、电缆无破损，控制开关等电器元件无损坏、丢失	
10	安全装置	齐全、可靠、有效、完好	
11	连接紧固件	连接紧固件规格正确、数量齐全，没有锈蚀和损伤	
12	润滑	变速箱润滑油量、油质符合要求；各润滑点油嘴、油杯齐全、完好，润滑到位	

自检结论：

自检人员：　　　　　　　　单位或项目技术负责人：

年　　月　　日

3.4.2.2 塔式起重机安装的一般程序

（1）上回转固定自升式塔式起重机

① 安装底架或基础节；

② 安装标准节（加强节）和顶升套架；

③ 安装回转总成；

④ 安装驾驶室（亦可与回转总成一起）；

⑤ 安装塔帽；

⑥ 安装平衡臂（部分塔式起重机要求先安装一块平衡重）；

⑦ 安装起重臂；

⑧ 安装平衡重；

⑨ 穿绕钢丝绳；

⑩ 接通电气设备；

⑪ 试运转，调试；

⑫ 顶升加节；

⑬ 安装附墙装置。

（2）快装式轨道行走式塔式起重机

① 制作混凝土基础或铺设路基箱及轨道；

② 安装行走台车底架和压重；

③ 塔身和起重臂在地面拼装完毕后与回转平台相连接，塔身和起重臂绑扎在一起并搁置起一定的角度（避免起扳死角）；

④ 利用自身变幅机构起扳塔身和起重臂。

（3）非快装轨道行走式塔式起重机

① 制作混凝土基础或铺设路基箱及轨道；

② 安装行走台车、底架和压重；

③ 安装标准节（加强节）、塔帽、平衡臂、起重臂及顶升加节等，安装程序同上回转固定自升式塔式起重机。

3.4.2.3 不同结构形式塔式起重机的安装区别

塔式起重机的结构不尽相同，因此安装程序也不完全相同。

（1）小车变幅式自升塔式起重机

在安装好塔身和顶升套架后，安装回转支承座和塔帽，再分别安装平衡臂和起重臂。

（2）动臂式自升塔式起重机

动臂式自升塔式起重机尾部回转半径较小，有的把平衡臂与回转支座做成一体，组成回转平台，一起安装。其动臂则用辅助起重设备吊起，将臂根与转台连接，在穿绕变幅钢丝绳滑轮组后可用自身的变幅卷扬机拉起来。

（3）平头式塔式起重机

一种是起重臂、平衡臂均与塔头固接；另一种是把平衡臂与回转支座铰接，再用拉杆连接平衡臂与塔头，如图 3-46 所示。在安装时，一般是平衡臂与起重臂分别分节交替吊装，以减少塔式起重机的前后倾不平衡力矩。

（4）内爬式塔式起重机

内爬式塔式起重机一般是按固定式塔式起重机方式安装在混凝土基础上，待建筑物施工到一定高度后，再利用其本身的爬升机构在楼层内爬升。

① 内爬塔式起重机的塔身一般置于建筑物的电梯井、核心筒和楼层内。其爬升机构，由环梁（内爬框架）、液压顶升机构、支承钢梁等组成，内爬框架为框架式结构，两侧设有爬梯，通过支承梁搁置在建筑物上。

② 内爬支承通常由环梁（内爬框架）和支承钢梁组成。环梁（内爬框架）搁置在支承钢梁上面。整个内爬环梁系统由三套结构尺寸相同的环梁（内爬框架）配套而成。

③ 支承钢梁直接搁置在楼板上或穿在墙体预留的洞里，也可制作支承架（牛腿）悬挑在墙体上，将支承钢梁的载荷传递到建筑物上，一套支承钢梁一般包括两根钢梁。支承架数量根据需要在爬升楼层处预设。底部环梁承载垂直载荷，顶部和中部环梁承载等效水

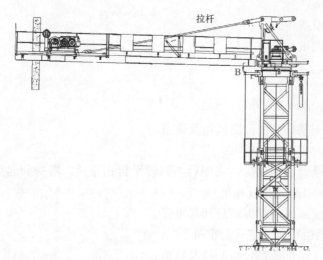

拉杆

B

图 3-46　平衡臂与回转支座铰接的平头式塔式起重机

平载荷，顶部和中部环梁垂直间距通常不小于三个楼层，构成一个稳定的支撑结构体系。底部环梁（内爬框架）和支承钢梁供爬升时交替使用。

④ 爬升时，为使塔式起重机的倾覆力矩调至最小，松开环梁中夹持塔身的装置，用塔身底部的爬升部件和液压装置将塔式起重机升高，当塔身基础节到达中环梁时，中环梁和上环梁将塔身夹持住，然后在适当的时间将下环梁移至上部楼层成为顶部环梁。

3.4.2.4　塔式起重机安装技术要求

（1）底架、基础节的安装

① 塔式起重机的基础应满足塔式起重机说明书提供的承载力要求。固定式塔式起重机在制作基础的同时，须将塔式起重机的基础预埋件按要求置于基础混凝土内。

② 塔式起重机基础预埋件具有不同形式，分别有预埋螺栓、预埋件（支腿）、预埋基础节等，预埋位置尺寸均要符合塔身标准节要求。基础表面的平整度允许偏差不得大于 1/1000。

③ 行走式塔式起重机的轨道地基、轨道铺设和基础承载力应满足说明书要求，钢轨顶面的倾斜度对于上回转塔式起重机不得大于 3/1000，下回转塔式起重机不得大于 5/1000。轨距允许偏差为设计值的 ±1/1000，最大允许偏差为 ±6mm。钢轨接头间隙不大于 4mm，与另一侧钢轨接头的错开距离不小于 1.5m，接头处两轨顶高误差不大于 2mm。在轨道全程中，轨道顶面任意两点的高度差应小于 100mm。行走式塔式起重机将行走台车安装在轨道上。

（2）标准节（加强节）和顶升套架的安装

① 安装标准节（加强节）于预埋件上，同时用经纬仪双向测量塔身垂直度，控制在 4/1000 以内。紧固标准节连接螺栓，高强度螺栓需达到规定的预紧力矩要求。

② 自升式塔式起重机需再安装顶升套架。顶升套架安装时应注意顶升方向与标准节一致。

（3）回转总成的安装

回转总成包括下支座、回转支承、上支座、回转机构共四个部分。回转下支座与塔身连接，上支座与过渡节或塔帽连接。安装回转总成时，应采用满足回转总成重量的吊索具，起吊时吊索具固定在回转总成专用的吊耳或吊点处，把吊起的回转总成装在标准节上，并用高强度螺栓连接。自升式塔式起重机顶升作业的引进梁设置在回转下支座时，需将引进梁就位并固定。

（4）驾驶室的安装

安装时，驾驶室与其支座同时吊起，安装在回转上支座上，用销轴和螺栓紧固。

（5）塔帽的安装

将塔帽的平台、护栏固定就位，并将平衡臂、起重臂拉杆的吊杆锁定在塔帽头部。吊起塔帽总成对准安装位置，用销轴或螺栓固定在回转上支座上。

（6）平衡臂的安装

① 在地面先组装平衡臂上的起升机构、护栏、平衡重定位销、拉杆和辅助吊具及配电箱等，并全部紧固捆绑牢固。

② 接上回转机构临时电源，将回转支承以上部分回转到便于安装平衡臂的方位。

③ 穿好吊索具，在臂架端部栓挂导向绳，以便起升安装导向用；吊起平衡臂，直到能用销轴将平衡臂销定在塔帽根部或回转上支座上，然后继续提升平衡臂，以便将平衡臂拉杆与塔帽上方的拉杆相连接，并用轴销连接好。拉杆连接后，放下平衡臂，拉紧拉杆，拆除导向绳，接通起升机构工作电源。

（7）平衡重的安装（起重臂安装前）

为了避免产生过大的前倾力矩，在起重臂安装前，应根据说明书规定安装一块（或数块）平衡重。平衡重安装位置应严格按安装方案要求进行，不得随意改变安装顺序和数量。

（8）起重臂的安装

① 起重臂的长度应按施工方案规定长度进行配置。

② 起重臂先在地面组装，部件包括拉杆（单根或双根）、小车变幅机构、带有滑轮组的小车、起升钢丝绳的转角滑轮、小车变幅钢丝绳等。

③ 检查小车运行的缓冲器止档装置是否可靠，起重臂连接销轴安装是否正确可靠，起重臂组装经检查符合要求后方可进行吊装。

④ 使用专用吊索具，在确定的节点处拴挂索具。如未标明吊点位置，可在地面试吊，确定合理吊点，并做上记号及记录，以便拆卸时使用。

⑤ 起重臂吊索长度应考虑安装拉杆时拉杆拉直的空间，一般离上弦杆 4m 左右。同时在起重臂两端装上导向索，以便于起重臂从地面至安装位置的导向。

⑥ 起吊起重臂至铰点高度，起重臂根部与塔帽根部销座或回转上支座的连接销座相配合，用销轴连接锁定。

⑦ 起重臂销轴定位后，继续提升起重臂，先将后拉杆与塔帽顶端的起重臂吊杆连接定位，然后利用安装在平衡臂上的起升机构，将起升钢丝绳通过塔帽顶部滑轮，把前拉杆安装至塔帽顶部的连接座，最后用销轴固定好起重臂。

（9）平衡重的安装

起重臂安装后，这时塔式起重机前倾力矩大于后倾力矩，必须将平衡重按安装方案要求安装，将不同重量的平衡重设置在不同的位置，然后将平衡重固定牢固，保证塔式起重机工作时不会造成相互碰撞。

（10）穿绕固定钢丝绳

起升钢丝绳从起升卷筒经排绳（导绳器）滑轮，向上通过塔帽上导向滑轮，向下至起重臂根部滑轮（起重量限制器滑轮），穿入变幅小车的滑轮（此时安装人员站在小车挂篮上），将变幅小车停至起重臂端部，将起升钢丝绳固定在起重臂端部。安装后应检查起升钢丝绳通过所有滑轮的位置是否正确，保证起升钢丝绳在运行时无阻碍。

（11）试运转、调试

接通电源，进行试运转。检查各行程限位器的动作准确性和可靠性，试验各安全装置的精度和灵敏度。试运转各机构运转是否正常，起、制动性能是否良好，各限位安全装置是否正确、灵活、可靠。试运转一切调整正常，全部符合要求后方可进行顶升加节。

（12）顶升加节

① 顶升前，必须对液压系统（泵、顶升油缸、油管、平衡阀、换向阀、压力表、油箱等）、顶升套架、挂靴爬爪、防脱装置、导向装置、电缆等部件进行认真细致的检查。

② 在顶升前，必须将上部结构自重产生的力矩调整平衡，其方法是调节变幅小车在吊臂上的位置或吊载配重物，使顶升或拆卸时上部结构的重心处于油缸支承部位。顶升套架上的导向滚轮与标准节的间隙应保证在 2～5mm 之间。

③ 升降作业过程，必须有专人指挥，专人操作液压系统，专人装拆螺栓，专人负责安全监护，非作业人员不得登上顶升套架的操作平台。

④ 顶升过程中，司机要严禁随意操作，防止臂架回转。

⑤ 顶升作业时，要特别注意锁紧防脱销轴；对新就位的标准节，及时连接牢固。

⑥ 在顶升加节过程中，塔身的垂直度应用经纬仪双向测量，塔身垂直度应始终控制在 4/1000 以内。

（13）附墙装置的安装

当塔式起重机独立高度超过使用说明书规定时，必须安装附墙装置，扶着点的位置应符合说明书规定。

① 安装附墙装置前，应检查附着框、附着杆、预埋件、连接件和塔式起重机状况，附墙装置预埋件基础的强度必须达到要求，并具有隐蔽工程验收单，合格后方可进行安装。

② 用塔式起重机吊起附着框，在塔身上进行拼装，用销轴和螺栓固定好。附着架应设在塔身标准节两端水平腹杆附近。附着架的三个撑杆应在同一平面上。

③ 用塔式起重机吊起附着杆，把附着杆的两端分别与附着框和建筑物预埋件用销轴或螺栓连接固定。

④ 撑杆与框架、框架与塔身连接可靠，各顶块应顶紧，连接螺栓应紧固好，附着杆长度应调整好，并拧紧螺母，塔身的垂直度保证在 2/1000 以内。

⑤ 锚固后检查附着框与塔身、附着杆连接情况，全部合格后方可使用。

3.4.2.5 关键零部件的安装要求

（1）销轴连接

在塔机事故中因塔机销轴脱落造成的事故占有很大的比例，造成销轴脱落的因素主要有结构因素和安装因素。因此，在安装时，应正确安装，认真检查。

① 螺栓固定轴端挡板形式

此种形式固定螺栓容易产生拧折、拧断或螺纹滑牙，使固定螺栓失效，容易造成销轴脱落。因此在销轴固定轴端挡板的安装中应注意，当发现连接螺栓有损或螺栓孔脱扣时，一定要修复后才能继续安装。

② 轴端挡板焊接形式

此种形式在安装过程中锤击销轴时，容易把轴端挡板的焊缝打裂。原因有以下两方面：销轴偏转会使轴端撞击轴端挡板，使焊缝产生裂纹；销轴已安装到位，再继续锤击，使焊缝受损。因此在安装过程中必须细致操作，如图 3-47 所示。

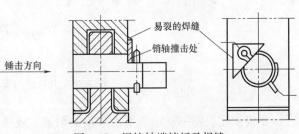

图 3-47　焊接轴端挡板及焊缝

（2）高强度螺栓连接

高强度螺栓是塔式起重机塔身、塔帽等部位连接的重要部件，所以在塔式起重机安装拆卸时必须高度重视，保证高强度螺栓预紧力，安装时要注意以下问题：

① 螺栓孔端面要平整；

② 连接表面应清除灰尘、油漆、油迹和锈蚀；

③ 螺纹及螺母端面等处需涂抹黄油；

④ 安装时应使用扭力扳手或专用扳手；

⑤ 当使用说明书有使用次数要求时，应严格执行。

（3）销轴开口销的固定

开口销的设置不规范主要有以下情形：

① 漏装开口销；

② 开口销未开口或开口度不够，如图 3-48（a）和图 3-48（b）所示；

③ 开口销以小代大；

④ 用铁丝、焊条等替代开口销；

⑤ 开口销锈蚀严重。

由于开口销的强度或替代品的强度达不到要求，开口销在销轴的轴向力作用下，开口销往往会剪断。未开口或开口度不够的开口销在使用过程中容易掉落，没有开口销的销轴在使用中会自行脱离，这样就会引起折臂的重大事故。因此，应高度重视销轴开口销的安装，正确安装开口销，正确的做法见图 3-48（c）、图 3-48（d）。

（4）不同截面标准节的安装

有的塔式起重机的塔身标准节根据杆件的强度不同，分为两种或两种以上的规格，不同规格的标准节外形几乎一样，仅是主弦杆壁厚不同，在外观上不易分清。塔式起重机使用高度确定后，安装和加节时要按使用说明书的要求，确定塔身上标准节的具体型号标志，决不能混淆。

（5）不同臂长平衡重的配置

对于可以变换臂长的塔式起重机，其平衡重的重量是随臂长不同而变化的，安装时应

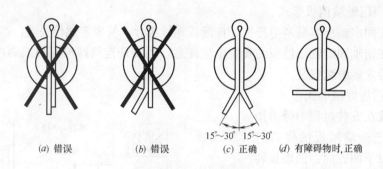

| (a) 错误 | (b) 错误 | (c) 正确 | (d) 有障碍物时,正确 |

图 3-48　开口销的安装

注意,要按使用说明书规定的平衡重块的数量、规格和位置准确安装。平衡重块安装位置不正确,会造成起重臂与平衡臂平衡力矩偏差过大,容易造成整机失稳。

(6) 吊点位置的确定

塔式起重机的大型部件的吊点位置必须符合使用说明书的要求。对使用说明书未标注吊点位置,吊装结构件吊点的确定需满足:

① 被吊装结构件的平衡。对长形结构件,如起重臂、平衡臂,可在地面试吊,确定合理吊点。

② 吊点处的结构强度和吊索连接的牢固。如果吊点强度不够,会破坏结构件,个别严重的情况会造成整个结构件破坏。吊索在吊点处不得有滑移和脱落,一般吊索应连接在被吊装结构的节点上,不得连接在主弦杆中部和腹杆上。吊索与物件棱角之间应加垫块。吊装起重臂时吊点位置设置如图 3-49 所示。

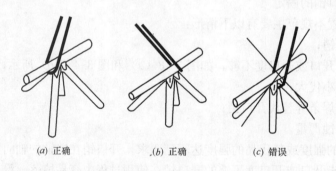

| (a) 正确 | (b) 正确 | (c) 错误 |

图 3-49　吊装起重臂时吊点位置设置

3.4.3　塔式起重机安全装置的调试

塔式起重机结构安装完毕后,应根据制造厂的使用说明书要求,分步骤仔细调试各种安全装置,以确保塔式起重机的安全使用。

3.4.3.1　超载保护装置的调试

(1) 小车变幅式塔机起重量限制器的调试

起重量限制器在塔机出厂前都已经按照机型进行了调试及整定,与实际工况的载荷不符时需要重新调试，调试后要反复试吊重块三次以上确保无误后方可进行作业。QTZ63塔式起重机上使用的拉力环式起重量限制器的调试方法，如图 3-50 所示。

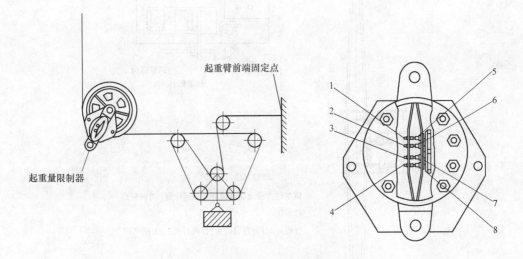

图 3-50　拉力环式起重量限制器调试示意图
1、2、3、4—螺钉调整装置；5、6、7、8—微动开关

① 当起重吊钩为空载时，用小螺丝刀，分别压下微动开关 5、6、7，确认各档微动开关是否灵敏可靠：

（A）微动开关 5 为高速档重量限制开关，压下该开关，高速档上升与下降的工作电源均被切断，且联动台上指示灯闪亮显示；

（B）微动开关 6 为 90％最大额定起重量限制开关，压下该开关，联动台上蜂鸣报警；

（C）微动开关 7 为最大额定起重量限制开关，压下该开关，低速档上升的工作电源被切断，起重吊钩只可以低速下降，且联动台上指示灯闪亮显示。

② 工作幅度小于 13m（即最大额定起重量所允许的幅度范围内），起重量 1500kg（倍率 2）或 3000kg（倍率 4），起吊重物离地 0.5m，调整螺钉 1 至使微动开关 5 瞬时换接，拧紧螺钉 1 上的紧固螺母。

③ 工作幅度小于 13m，起重量 2700kg（倍率 2）或 5400kg（倍率 4），起吊重物离地 0.5m，调整螺钉 2 至使微动开关 6 瞬时换接，拧紧螺钉 2 上的紧固螺母。

④ 工作幅度小于 13m，起重量 3000kg（倍率 2）或 6000kg（倍率 4），起吊重物离地 0.5m，调整螺钉 3 至使微动开关 7 瞬时换接，拧紧螺钉 3 上的紧固螺母。

⑤ 各档重量限制调定后，均应试吊 2～3 次检验或修正，各档允许重量限制偏差为额定起重量的±5％。

（2）小车变幅式塔机起重力矩限制器的调试

QTZ63 塔式起重机上弓板式力矩限制器的调试方法，如图 3-51 所示。

① 当起重吊钩为空载时，用螺丝刀分别压下行程开关 1、2 和 3，确认三个开关是否灵敏可靠：

99

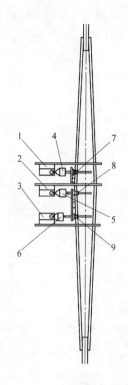
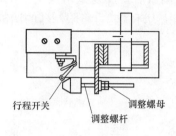

行程开关　　　　　调整螺母

调整螺杆

调整方法：

调整时，旋动调整螺杆至合适位置，用调整螺母锁住。

行程开关1为报警碰头，行程开关2,3为断电碰头。

图 3-51　弓板式力矩限制器调试示意图

1、2、3—行程开关；4、5、6—调整螺杆；7、8、9—调整螺母

（A）行程开关 1 为 80%额定力矩的限制开关，压下该开关，联动台上蜂鸣报警；

（B）行程开关 2、3 为额定力矩的限制开关，压下该开关，起升机构上升和变幅机构向前的工作电源均被切断，起重吊钩只可下降，变幅小车只可向后运行，且联动台上指示灯闪亮、蜂鸣持续报警。

② 调整时吊钩采用 4 倍率和独立高度 40m 以下，起吊重物稍离地面，小车能够运行即可。

③ 工作幅度 50m 臂长时，小车运行至 25m 幅度处，起吊重量为 2290kg，起吊重物离地，塔机平稳后，调整与行程开关 1 相对应的调整螺杆 4 至使行程开关 1 瞬时换接，拧紧相应的调整螺母 7。

④ 按定幅变码调整力矩限制器，调整行程开关 2：

（A）在最大工作幅度 50m 处，起吊重量 1430kg，起吊重物离地，塔机平稳后，调整与行程开关 2 相对应的调整螺杆 5 至使行程开关 2 瞬时换接，并拧紧相应的调整螺母 8。

（B）在 18.8m 工作幅度处，起吊重量 4200kg，平稳后逐渐增加至总重量小于 4620kg 时，应切断小车向外和吊钩上升的电源；若不能断电，则重新在最大幅度处调整行程开关 2，确保在两工作幅度处的相应额定起重量不超过 10%。

⑤ 按定码变幅调整力矩限制器，调整行程开关 3：

（A）在 13.72m 的工作幅度处，起吊 6000kg（最大额定起重量），小车向外变幅至

100

14.4m 的工作幅度时，起吊重物离地塔机平稳后，调整与行程开关 3 相对应的调整螺杆 6 至使行程开关 3 瞬时换接，并拧紧相应的调整螺母 9。

（B）在工作幅度 38.7m 处，起吊 1800kg，小车向外变幅至 42.57m 以内时，应切断小车向外和吊钩上升的电源；若不能断电，则在 14.4m 处起吊 6000kg，重新调整力矩限制器行程开关 3，确保两额定起重量相应的工作幅度不超过 10%。

⑥ 各幅度处的允许力矩限制偏差计算式为：

（A）80% 额定力矩限制允差：1－额定起重量报警时小车所在幅度/0.80×额定起重量×选择幅度≤5%；

（B）额定力矩限制允差：1－额定起重量×电源被切断后小车所在幅度/1.05×额定起重量×选择幅度≤5%。

3.4.3.2 限位装置的调试

QTZ63 塔式起重机上使用的多功能限位器的调试方法，如图 3-52 所示。

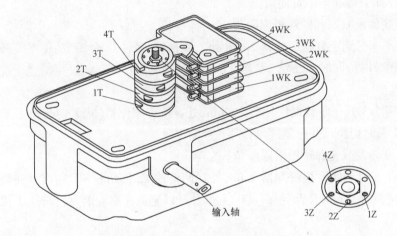

图 3-52　起升高度限位调试

1T、2T、3T、4T—凸轮；1WK、2WK、3WK、4WK—微动开关；1Z、2Z、3Z、4Z—轴

根据需要将被控制机构动作所对应的微动开关瞬时切换。即：调整对应的调整轴 Z 使记忆凸轮 T 压下微动 WK 触点，实现电路切换。其调整轴对应的记忆凸轮及微动开关分别为：1Z—1T—1WK，2Z—2T—2WK，3Z—3T—3WK，4Z—4T—4WK。

（1）起升高（低）度限位器调试

① 在空载下，分别压下微动开关（1WK，2WK），确认该两档起升限位微动开关是否灵敏可靠；当压下与凸轮相对应的微动开关 2WK 时，快速上升工作档电源被切断，起重吊钩只可低速上升；当压下与凸轮相对应的微动开关 1WK 时，上升工作档电源均被切断，起重吊钩只可下降不可上升。

② 将起重吊钩提升，使其顶部至小车底部垂直距离为 1.3m（2 倍率时）或 1m（4 倍率时），调动轴 2Z，使凸轮 2T 动作至使微动开关 2WK 瞬时换接，拧紧螺母。

③ 以低速将起重吊钩提升，使其顶部至小车底部垂直距离为 1m（2 倍率时）或 0.7m（4 倍率时），调动轴 1Z，使凸轮 1T 动作至使微动开关 1WK 瞬时换接，拧紧螺母。

④ 对两档高度限位进行多次空载验证和修正。

⑤ 当起重吊钩滑轮组倍率变换时，高度限位器应重新调整。

（2）变幅限位器的调试

① 调整在空载下进行，分别压下微动开关（1WK，2WK，3WK，4WK），确认该四档变幅限位微动开关是否灵敏可靠。

（A）当压下与凸轮相对应的微动开关 2WK 时，快速向前变幅的工作档电源被切断，变幅小车只可以低速向前变幅；

（B）当压下与凸轮相对应的微动开关 1WK 时，变幅小车向前变幅的工作档电源均被切断，变幅小车只可向后不可向前；

（C）当压下与凸轮相对应的微动开关 3WK 时，快速向后变幅的工作档电源被切断，变幅小车只可以低速向后变幅；

（D）当压下与凸轮相对应的微动开关 4WK 时，变幅小车向后变幅的工作档电源均被切断，变幅小车只可向前不可向后。

② 向前变幅及减速和臂端极限限位。

（A）将小车开到距臂端缓冲器 1.5m 处，调整轴 2Z 使凸轮 2T 动作至使微动关 2WK 瞬时换接（调整时应同时使凸轮 3T 与 2T 重叠，以避免在制动前发生减速干扰），并拧紧螺母；

（B）再将小车开至距臂端缓冲器 200mm 处，按程序调整轴 1Z 使凸轮 1T 动作至使微动开关 1WK 瞬时切换，并拧紧螺母；

③ 向后变幅及减速和臂根极限限位。

（A）将小车开到距臂根缓冲器 1.5m 处，调整轴 4Z 使凸轮 4T 动作至使微动关 4WK 瞬时换接（调整时应同时使凸轮 3T 与 2T 重叠，以避免在制动前发生减速干扰），并拧紧螺母；

（B）再将小车开至距臂根缓冲器 200mm 处，按程序调整轴 3Z 使凸轮 3T 动作至使微动开关 3WK 瞬时切换，并拧紧螺母。

④ 对幅度限位进行多次空载验证和修正。

（3）回转限位器的调试

① 将塔机回转至电源主电缆不扭曲的位置。

② 调整在空载下进行，分别压下微动开关（2WK，3WK），确认控制向左或向右回转的这两个微动开关是否灵敏可靠。这两个微动开关均对应凸轮，分别控制左右两个方向的回转限位。

③ 向右回转 540°即一圈半，调动轴 2Z（或 3Z），使凸轮 2T（或 3T）动作至使微动开关 2WK（或 3WK）瞬时换接，拧紧螺母。

④ 向左回转 1080°即三圈，调动轴 3Z（或 2Z），使凸轮 3T（或 2T）动作至使微动开关 3WK（或 2WK）瞬时换接，拧紧螺母。

⑤ 对回转限位进行多次空载验证和修正。

（4）大车行走限位的调试

① 将限位挡板固定，与限位触点对齐，并使行走限位触发时约距缓冲器 2m；

② 调整限位挡板使塔式起重机行走触发行走限位器后，停车位置距缓冲器距离不小于 1m；

③ 行走限位开关置于轨道止挡装置之前 2m 左右，行走限位挡板应固定可靠，其高度和长度应能触发行走限位提前停车，不至于因惯性行走使大车碰到止挡装置。

3.4.4 塔式起重机的检验

塔式起重机检验分为型式检验、出厂检验和安装检验。

3.4.4.1 型式检验

有下列情况之一时，应进行型式检验：

(1) 新产品投产投放市场前；

(2) 产品结构、材料或工艺有较大变动，可能影响产品性能和质量；

(3) 产品停产 1 年以上，恢复生产；

(4) 国家质量监督机构提出进行型式检验的要求。

3.4.4.2 出厂检验

产品交货，用户验收时应进行出厂检验；出厂检验通常在生产厂内进行，特殊情况可在供需双方协议地点进行；出厂检验应提供检验报告。

3.4.4.3 安装检验

(1) 塔机安装完毕后，安装单位应当按照安全技术标准及安装使用说明书的有关要求对塔机进行检验、调试和试运转。

① 结构、机构和安全装置检验的主要内容与要求见表 3-7。

塔式起重机安装自检记录

表 3-7

安装单位＿＿＿＿＿＿＿＿＿＿＿＿＿＿＿＿＿＿＿＿＿＿＿＿＿＿＿＿＿＿＿

工程名称		工程地址	
设备编号		出厂日期	
塔机型号		生产厂家	
安装高度		安装日期	

序号	检查项目	标 准 要 求	检验结果
1	金属结构	主要结构件无可见裂纹和明显变形	
		主要连接螺栓齐全，规格和预紧力达到说明书要求	
		主要连接销轴符合出厂要求，连接可靠	
		过道、平台、栏杆、踏板应牢靠，无缺损，无严重锈蚀，栏杆高度≥1m	
		梯子踏板牢固，有防滑性能；距地面≥2m 应设护圈，不中断；≤12.5m 设第一个休息平台，后每隔 10m 内设置一个	
		附着装置设置位置和附着距离符合方案规定，结构形式正确，附墙与建筑物连接牢固	
		附着杆无明显变形，焊缝无裂纹	
		平衡状态塔身轴线对支承面垂直度误差≤ 4/1000	
		水平起重臂水平偏斜度≤1/1000	

序号	检查项目	标准要求	检验结果
2	顶升与回转	应设平衡阀或液压锁,且与油缸用硬管联结	
		无中央集电环时应设置回转限位,回转部分在非工作状态下应能自由旋转,不得设置止挡器	
3	吊钩	防脱保险装置应完整可靠	
		钩体无补焊、裂纹,危险截面和钩筋无塑性变形	
4	起升机构	滑轮防钢丝绳跳槽装置应完整、可靠,与滑轮最外缘的间隙不大于钢丝绳直径的5%	
		力矩限制器灵敏可靠,限制值小于额定载荷110%,显示误差≤5%	
		起升高度限位:动臂变幅式≥0.8m;小车变幅上回转2倍率≥1m,4倍率≥0.7m;小车变幅下回转2倍率≥0.8m,4倍率≥0.4m	
		起重量限制器灵敏可靠,限制值小于额定载荷110%,显示误差≤5%	
5	变幅机构	小车断绳保护装置双向均应设置	
		小车变幅检修挂篮连接可靠	
		小车变幅有双向行程限位、终端止挡装置和缓冲装置,行程限位动作后小车距止挡装置≥0.2m	
		动臂变幅有最大和最小幅度限位器,限制范围符合说明书要求;防止臂架反弹后翻的装置牢固可靠	
6	运行机构	运行机构应保证起动制动平稳	
		在未装配塔身及压重时,任意一个车轮与轨道的支承点对其他车轮与轨道的支撑点组成的平面的偏移不得超过轴距公称值的1/1000	
7	钢丝绳和传动系统	卷筒无破损,卷筒两侧凸缘的高度超过外层钢丝绳两部直径,在绳筒上最少余留圈数≥3圈,钢丝绳排列整齐	
		滑轮无破损、裂纹	
		钢丝绳端部固定符合说明书规定	
		钢丝绳实测直径相对于公称直径减小7%或更多时,应报废	
		钢丝绳在规定长度内断丝数达到报废标准的,应报废	
		出现波浪形时,在钢丝绳长度不超过$25d$范围内,若波形幅度值达到$4d/3$或以上,则钢丝绳应报废	
		笼状畸变、绳股挤出或钢丝挤出变形严重的钢丝绳应报废	
		钢丝绳出现严重的扭结、压扁和弯折现象时,应报废	
		绳径局部增大通常与绳芯畸变有关,绳径局部严重增大应报废;绳径局部减小常常与绳芯的断裂有关,绳径局部严重减小也应报废	
		滑轮及卷筒均应安装钢丝绳防脱装置,装置完整、可靠,与滑轮或卷筒最外缘的间隙≤钢丝绳直径的20%	
		钢丝绳穿绕正确,润滑良好,无干涉	
		起升、回转、变幅、行走机构都应配备制动器,工作正常	
		传动装置应固定牢固,运行平稳	
		传动外露部分应设防护罩	
		电气系统对地的绝缘电阻不小于0.5MΩ	

序号	检查项目	标准要求	检验结果
7	钢丝绳和传动系统	接地电阻应不大于 4Ω	
		塔机应单独设置并有警示标志的关箱	
		保护零线不得作为载流回路	
		应具备完好电路短路缺相、过流保护措施	
		电源电缆与电缆无破损、老化。与金属接触处有绝缘材料隔离,移动电缆有电缆卷筒或其他防止磨损措施	
		塔顶高度大于 30m,且高于周围建筑物时应安装红色障碍指示灯,该指示灯的供电不应受停机的影响	
		臂架根部铰点高于 50m 应设风速仪	
8	轨道及基础	行走轨道端部止挡装置与缓冲设置应齐全、有效	
		行走限位制停后距止挡装置≥1m	
		防风夹轨器应有效	
		清轨板与轨道之间的间隙不应大于 5mm	
		支承在道木或路基箱上,钢轨接头位置两侧错开≥1.5m,间隙≤4mm,高差≤2mm	
		轨距误差<1/1000 且最大应<6mm;相邻两根间距≤6m	
		排水沟等设施畅通,路基无积水	
9	司机室	性能标牌齐全、清晰	
		门窗和灭火器、雨刷等附属设施应齐全、有效	
10	平衡重压重	安装准确,牢固可靠	

自检结论:

自检人员:　　　　　　　　　　单位或项目技术负责人:

② 空载试验和额定载荷试验等性能试验的主要内容与要求见表 3-8。

塔式起重机载荷试验记录表　　　　　　　　表 3-8

工程名称		设备编号		
塔机型号		安装高度		
载荷	试验工况	循环次数	检验结果	结论
空载试验	运转情况			
	操纵情况			
额定起重量	最小幅度最大起重量			
	最大幅度额定起重量			
	任一幅度处额定起重量			
超载 10%动载试验	最大幅度处,起吊相应额定重量的 110%,做复合动作			
	最小幅度处,起吊 110%最大起重量,做复合动作			

超载 10% 动载试验	任一幅度处,起吊相应额定起重量的 110%,做复合动作			
超载 25% 静载试验	最大幅度处,起吊相应额定重量的 125%			
	最小幅度处,起吊最大起重量的 125%,起升制动器 10min 内吊重无下滑			
	最大与最小幅度间幅度之最大力矩点处,起吊相应额定起重量的 125%			

试验组长:　　　　　　　　　　　　电　工:

试验技术负责人:　　　　　　　　　操作人员:

试验日期:

（2）安装单位自检合格后，应当经有相应资质的检验检测机构检验检测合格。

（3）检验检测合格后，塔机使用单位应当组织产权（出租）、安装、监理等有关单位进行综合验收，验收合格后方可投入使用，未经验收或者验收不合格的不得使用；实行总承包的，由总承包单位组织产权（出租）、安装、使用、监理等有关单位进行验收。塔式起重机验收记录见表 3-9。

塔式起重机验收表　　　　　　　　　　　　　　　　　表 3-9

使用单位		塔机型号	
设备所属单位		设备编号	
工程名称		安装日期	
安装单位		安装高度	

检验项目	检 查 内 容	检验结果
技术资料	制造许可证、产品合格证、制造监督检验证明、产权备案证明齐全有效	
	安装单位的相应资质、安全生产许可证及特种作业岗位证书齐全有效	
	安装方案、安全交底记录齐全有效	
	隐蔽工程验收记录和混凝土强度报告齐全有效	
	塔机安装前零部件的验收记录齐全有效	
标识与环境	产品铭牌和产权备案标识齐全	
	塔机尾部与建筑物及施工设施之间的距离不小于 0.6m	
	两台塔机水平与垂直方向距离不小于 2m	
	与输电线的距离符合 GB 5144 的规定	
自检情况	自检记录齐全有效	
监督检验情况	监督检验报告有效	

安装单位验收意见:		使用单位验收意见:	
技术负责人签章:　　　　　日期:		项目技术负责人签章:　　　　　日期:	
监理单位验收意见:		总承包单位验收意见:	
项目总监签章:　　　　　日期:		项目技术负责人签章:　　　　　日期:	

3.4.4.4 塔式起重机性能试验的方法

（1）空载试验

接通电源后进行塔机的空载试验，检查各机构运行情况。其内容和要求：

① 操作系统、控制系统、联锁装置动作准确、灵活；

② 起升高度、回转、变幅及行走、限位器的动作可靠、准确；

③ 塔式起重机在空载状态下，操作起升、回转、变幅、行走等动作，检查各机构中无相对运动部位是否有漏油现象，是否有相对运动部位的渗漏情况，各机构动作是否平稳，是否有爬行、振颤、冲击、过热、异常噪声等现象。

（2）额定载荷试验

额定载荷试验主要是检查各机构运转是否正常，测量起升、回转、变幅、行走的额定速度是否符合要求，噪声是否超标，检验力矩限制器、起重量限制器是否灵敏可靠。

塔式起重机在正常工作时的试验内容和方法见表 3-10。每一工况的试验不得少于 3 次，对于各项参数的测量，取其 3 次测量的平均值。

额定载荷试验内容和方法　　　　　　　　　　表 3-10

序号	工　况	试 验 范 围					试验目的
		起升	变　幅		回转	行走	
			动臂变幅	小车变幅			
1	最大幅度相应的额定起重量	在起升全范围内以额定速度进行起升、下降，在每一起升、下降过程中进行不少于三次的正常制动	在最大幅度和最小幅度之间，以额定速度俯仰变幅	在最大幅度和最小幅度之间，小车以额定速度进行两个方向的变幅	吊重以额定速度进行左右回转。对不能全回转的起重机，应超过最大回转角	以额定速度往复行走。臂架垂直轨道，吊重离地500mm，单向行走距离不小于20m	测量各机构的运行速度，机构及驾驶室噪声，力矩限制器、起重量限制器、重量限制器精度
2	最大额定起重量相应的最大幅度		不试	吊重在最小幅度和相应于该吊重的最大幅度之间，以额定速度进行两个方向的变幅			
3	具有多档变速的起升机构，每档速度允许的额定起重量		不试				测量每档工作速度

注：1. 对于设计规定不能带载变幅的动臂式起重机，可以不按本表规定进行带载变幅实验。

　　2. 对于可变速的其他机构，应进行实验并测量各档工作速度。

（3）超载 10% 动载试验

试验载荷取额定起重量的 110%，检查塔式起重机各机构运转的灵活性和制动器的可靠性；卸载后，检查机构及结构件有无松动和破坏等异常现象。一般用于塔机的型式检验和出厂检验。

超载 10% 动载试验内容和方法见表 3-11。根据设计要求进行组合动作试验，每一工况的试验不得少于三次，每一次试验的动作停稳后再进行下一次启动。塔式起重机各动作按使用说明书的要求进行操作，必须使速度和加（减）速度限制在塔机限定范围内。

超载 10％动载试验内容和方法　　　　　　　　　　　　表 3-11

序号	工况	试 验 范 围					试验目的
		起升	动臂变幅	小车变幅	回转	行走	
1	在最大幅度时吊起相应额定起重量的110％	在起升高度范围内，以额定起升速度进行起升、下降	在最大幅度和最小幅度之间，臂架以额定速度俯仰变幅	在最大幅度和最小幅度之间，以额定速度进行两个方向的变幅	以额定速度进行左右回转。对不能全回转的塔式起重机，应超过最大回转角	以额定速度进行往复行走。臂架垂直于轨道。吊重离地500mm，单向行走距离不小于20m	根据设计要求进行组合动作试验，并目测检查各机构运转的灵活性和制动性的可靠性。卸载后检查机构及结构各部件有无松动和破坏等异常现象
2	吊起最大额定起重量的110％，在该吊重相应的最大幅度时		不试	在最小幅度和对应该吊重的最大幅度之间，小车以额定速度进行两个方向的变幅			
3	在上两个幅度的中间幅度处，吊起相应额定起重量的110％						
4	具有多档变速的起升机构，每档速度允许的额定起重量的110％		不　　　试				

注：对设计规定不能带载变幅的动臂式塔式起重机，可以不按本表规定进行带载变幅实验。

（4）超载 25％静载试验

试验载荷取额定起重量的125％，主要是考核塔机的强度及结构承载力，吊钩是否有下滑现象，卸载后塔式起重机是否出现可见裂纹、永久变形、油漆剥落、连接松动及对塔式起重机性能和安全有影响的损坏。一般用于塔机的型式检验和出厂检验。

超载 25％静载试验内容和方法见表 3-12，试验时臂架分别位于与塔身成 0°和 45°的两个方位。

超载 25％静载试验内容和方法　　　　　　　　　　表 3-12

序号	工 况	起 升	试 验 目 的
1	在最大幅度时，起相应额定起重量的125％	吊重离地面 100～200mm 处，并在吊钩上逐次增加重量至1.25倍，停留 10min 后同一位置测量并进行比较	检查制动器可靠性，并在卸载后目测检查塔式起重机是否出现可见裂纹、永久变形、油漆剥落、连接松动及其他可能对塔式起重机性能和安全有影响的隐患
2	吊起最大起重量的125％，在该吊重相应的最大幅度时		
3	在上两个幅度的中间处之，相应额定起重量的125％		

注：1. 试验时不允许对制动器进行调整。
　　2. 试验时允许对力矩限制器、起重量限制器进行调整。试验后应重新将其调整到规定值。

3.4.5　塔式起重机的拆卸

3.4.5.1　塔式起重机拆卸的一般程序

塔式起重机拆卸程序是安装程序的逆程序，一般按照先装后拆、自上而下的步骤进行。

108

（1）按照塔机顶升操作方法依次将标准节卸下；

（2）在起重臂头部系好溜绳，使吊钩落地，收起主钢丝绳，将小车固定在起重臂根部；

（3）拆除起升钢丝绳和各机构电缆；

（4）使用辅助起重设备卸下部分平衡重；

（5）卸下起重臂；

（6）拆除剩余配重和平衡臂；

（7）拆卸塔帽、驾驶室、回转总成；

（8）拆卸顶升套架总成、操作平台；

（9）拆卸剩余标准节、基础节和底架。

3.4.5.2　拆卸作业中特别的注意事项

（1）拆卸标准节

① 塔机处于顶升加节前的高度位置，液压顶升油缸的顶升横梁梁端销轴必须落入下一个顶升支耳内，否则不能顶升拆除标准节；

② 在拆下标准节与下支撑座的连接螺栓时，顶升套架上升，下支撑座脱离标准节，回转制动器制动；

③ 吊钩起吊任何重物时，均应将标准节与下支撑座的连接螺栓紧固好，不能省事。

（2）拆卸附墙杆

① 当塔式起重机高度降低至附着装置附近时，方可拆除附墙装置。

② 附墙杆拆卸时，应先拆附墙杆，再拆附墙框。需要注意的是，由于安装时塔身垂直度由附墙杆调节，造成塔身与附墙杆存在一定内力。当拆除附墙杆与建筑物的连接时，塔身的约束释放会产生回弹，因此作业人员必须注意选择安全的操作位置，避免产生意外。

（3）拆卸起重臂

拆卸起重臂前，先应拆卸平衡重，拆卸数量应符合说明书规定。

① 拆卸起重臂拉杆。先在规定的吊点位置装好相应吊索具，挂在辅助起重设备的吊钩上，然后解除前后拉杆与塔帽的连接，并将拉杆固定在起重臂上弦杆上。

② 拆销轴。先拆除起重臂根部一侧销轴，观察根部位置的变动，调整起吊的高度使起重臂根部与塔身连接座在同一平面内，然后拆另一销轴。

③ 在拆除最后一根销轴时，为防止由于吊点位置不准确等因素的影响，作业人员必须选择好操作位置，系好安全带，避免因起重臂与塔身脱离时产生撞击、晃动而造成的伤害。

3.5　塔式起重机的维护保养和常见故障

3.5.1　塔式起重机的维护保养

3.5.1.1　塔式起重机维护保养的意义

为了使塔式起重机经常处于完好和安全运转状态，避免和减少塔机在工作中可能出现的故障，提高塔式起重机的完好率，塔式起重机安装前、使用中和拆卸后必须按要求进行检查和维护保养。

（1）塔机工作状态中，经常遭受风吹雨打、日晒的侵蚀，灰尘、砂土经常会落到机械各部分，如不及时清除和保养，将会侵蚀机械零部件，使其寿命缩短；

（2）在机械运转过程中，各工作机构润滑部位的润滑油及润滑脂会自然损耗后流失，如不及时补充，将会使零部件的机械磨损加大；

（3）塔机经过一段时间的使用后，各运转零件会自然磨损，配合间隙会发生变化，如果不及时进行保养和调整，磨损就会加快，甚至导致运动机件的完全损坏；

（4）塔机在运转过程中，如果各工作机构的运转情况不正常，又得不到及时的保养和调整，将会导致工作机构完全损坏，大大降低塔机的使用寿命；

（5）经一个使用周期后，塔式起重机的结构、机构和其他零部件将会出现不同程度的锈蚀、磨损甚至出现裂纹等安全隐患。

对塔机经常进行检查、维护和保养，传动部分应有足够的润滑油；对易损件必须经常检查、及时维修或更换；对机构螺栓特别是经常振动的如塔身、附着装置等连接螺栓应经常进行检查，如有松动必须及时紧固或更换。因此，严格执行塔式起重机的维护保养制度，进行全面的检查、调整、修复等维护保养工作是十分必要的，是保证塔式起重机安全使用的必要条件。

3.5.1.2　塔式起重机维护保养的分类

（1）日常维护保养：每班前后进行，由塔机司机负责完成；

（2）月检查保养：一般每月进行一次，由塔机司机和修理工负责完成；

（3）定期检修：一般每年或每次拆卸后安装前进行一次，由修理工负责完成；

（4）大修理：一般运转不超过 1.5 万小时进行一次，由具有相应资质的单位完成。

3.5.1.3　塔式起重机维护保养的内容

（1）日常维护保养

每班开始工作前，应当进行检查和维护保养，包括目测检查和功能测试，检查一般应包括以下内容：

① 机构运转情况，尤其是制动器的动作情况；

② 限制与指示装置的动作情况；

③ 可见的明显缺陷，包括钢丝绳和钢结构。

日常维护保养的内容和要求见表 3-13，有严重情况的应当报告有关人员进行停用、维修或限制性使用等，检查和维护保养情况应当及时记入交接班记录。

日常维护保养的内容和要求 表 3-13

序号	项　　目	要　　求
1	基础轨道	班前清除轨道或基础上的冰渣、积雪或垃圾，及时疏通排水沟，清除基础轨道积水，保证排水通畅
2	接地装置	检查接地连线与钢轨或塔机十字梁的连接，应接触良好，埋入地下的接地装置和导线连接处无折断松动
3	行走限位开关和撞块	行走限位开关应动作灵敏、可靠，轨道两端撞块应完好无移位

序号	项 目	要 求
4	行走电缆及卷筒装置	电缆应无破损,清除拖拉电缆沿途存在的钢筋、铁丝等有损电缆胶皮的障碍物,电缆卷筒收放转动正常,无卡阻现象
5	电动机、变速箱、制动器、联轴器、安全罩的连接紧固螺丝	各机构的地脚螺丝,连接紧固螺丝、轴瓦固定螺丝不得松动,否则应及时紧固,更换添补坏损丢失的螺丝。回转支承工作 100 小时和 500 小时检查其预紧力矩,以后每 1000 小时检查一次
6	齿轮油箱、油质	检查行走、起升、回转、变幅齿轮箱及液压推杆器、液力联轴器的油量,不足要及时添加至规定液面,润滑油变质可提前更换,按润滑部位规定周期更换齿轮油,加注润滑脂
7	制动器	清除制动器闸瓦油污。制动器各连接紧固件无松旷,制动瓦张开间隙适当,带负荷制动有效,否则应紧固调整
8	钢丝绳排列和绳夹	卷筒端盘绳夹紧固牢靠无损伤,滑轮转动灵活,不脱槽、啃绳,卷筒钢丝绳排列整齐,不错乱压绳
9	钢丝绳磨损	检查钢丝绳有无断丝变形,钢丝绳直径相对于公称直径减少 7% 或更多时应报废
10	吊钩及防脱装置	检查吊钩是否有裂纹、磨损,防脱装置是否变形、有效
11	紧固金属结构件的螺栓	检查底架、塔身、起重臂、平衡臂及各标准节的连接螺栓应紧固无松动,更换损坏螺栓,增补缺少的螺栓
12	供电电压情况	观察仪表盘电压指示是否符合规定要求,如电压过低或过高(一般不超过额定电压的±10%),应停机检查,待电压正常后再工作
13	察听传动机构	试运转,注意察听起升、回转、变幅、行走等机械的传动机构,应无异响或过大的噪声或碰撞现象,应无异常的冲击和震动,否则应停机检查,排除故障
14	电器有无缺相	运转中,听听各部位电器有无缺相声音,否则应停机排查
15	安全装置的可靠性	注意检查起重量限制器、力矩限制器、变幅限位器、行走限位器等安全装置应灵敏有效,驾驶室的控制显示是否正常,否则应及时报修排除
16	班后检查	清洁驾驶室及操作台灰尘,所有操作手柄应放在零位,拉下照明及室内外设备的开关,总开关箱要加锁,关好窗,锁好门,清洁电动机、减速器及传动机构外部的灰尘、油污
17	夹轨器	夹轨器爪与钢轨应紧贴无间隙和松动,丝杠、销孔应无弯曲、开裂,否则应报修排除

(2)月检查保养

每月进行一次,检查一般应包括以下内容:润滑,油位、漏油、渗油;液压装置,油位、漏油;吊钩及防脱装置,可见的变形、裂纹、磨损;钢丝绳;结合及连接处,目测检查锈蚀情况;连接螺栓,用专用扳手检查标准节联结螺栓松动时应特别注意接头处是否有裂纹;销轴定位情况,尤其是臂架连接销轴;电气安装、接地电阻;力矩与起重量限制器;制动磨损,制动衬垫减薄、调整装置、噪声;液压软管;基础及附着装置;等等。月检查保养的内容和要求见表3-14,发现严重情况的应当报告,及时维修。检查和维护保养情况应当及时记入塔机档案。

序号	项　目	要　求
1	日常维护保养	按日常检查保养项目进行检查保养
2	接地电阻	接地线应连接可靠,用接地电阻测试仪测量电阻值不得超过 4Ω
3	电动机滑环及碳刷	清除电动机滑环架及铜头灰尘,检查碳刷应接触均匀,弹簧压力松紧适宜(一般为 0.2kg/cm²),如碳刷磨损超过 1/2 时应更换碳刷
4	电器元件配电箱	检查各部位电器元件,触点应无接触不良,线路接线应紧固,检查电阻箱内电阻的连接,应无松动
5	电动机接零和电线、电缆	各电动机接零紧固无松动,照明及各电器设备用电线、电缆应无破损、老化现象,否则应更换
6	轨道轨距平直度及两轨水平面	每根枕木道钉不得松动,枕木与钢轨之间应紧贴无下陷空隙,钢轨接头鱼尾板连接螺丝齐全,紧固螺栓合乎规定要求;轨道轨距允许误差不应大于公称值的 1‰,且不宜超过±6mm;钢轨接头间隙不应大于 4mm;接头处两轨顶高度差不应大于 2mm;塔机安装后,轨道顶面纵、横方向上的倾斜度,对于上回转塔机应不大于 3‰;对于下回转塔机应不大于 5‰;在轨道全程中,轨道顶面任意两点的高度差应不大于 100mm
7	紧固钢丝绳绳夹	起重、变幅、平衡臂、拉索、小车牵引等钢丝绳两端的绳夹无损伤及松动,固定牢靠
8	润滑滑轮与钢丝绳	润滑起重、变幅、回转、小车牵引等钢丝绳穿绕的动滑轮、定滑轮、张紧滑轮、导向滑轮,每两个月润滑、浸涂钢丝绳
9	附着装置	附着装置的结构和联结是否牢固可靠
10	销轴定位	检查销轴定位情况,尤其是臂架连接销轴
11	液压元件及管路	检查液压泵、操作阀、平衡阀及管路,如有渗漏应排除,压力表损坏应更换,清洗液压滤清器

（3）定期检修

塔机每年至少进行一次定期检修,每次安装前、安装后按定期检修要求进行检查。每次安装前,应对结构件和零部件进行检查并维护保养,有缺陷和损毁的,严禁安装上机;安装后的检查对零部件功能测试应按载荷最不利位置进行,检查一般应包括以下内容:

① 应检查月检的全部内容。

② 核实塔机的标志和标牌。

③ 核实使用手册有无丢失。

④ 核实保养记录。

⑤ 核实组件、设备及钢结构。

⑥ 根据设备表象判断老化状况:传动装置或其零部件松动、漏油,重要零件(如电动机、齿轮箱、制动器、卷筒)联结装置磨损或损坏,明显的异常噪声或振动,明显的异常温升,连接螺栓松动、裂纹或破损,制动衬垫磨损或损坏,可疑的锈蚀或污垢,电气安装处(电缆入口、电缆附属物)出现损坏,吊钩和钢丝绳。

⑦ 额定载荷状态下工作机构、限制器与指示装置的功能测试及运转情况。

⑧ 金属结构:焊缝,尤其注意可疑的表面油漆龟裂、锈蚀、残余变形、裂缝。

⑨ 基础与附着。

定期检修的内容和要求见表 3-15,检查和维护保养情况应当及时记入设备档案。

序号	项　　目	要　　求
1	月检查保养	按月检查保养项目进行检查保养
2	核实塔机资料、部件	核实塔机的标志和标牌,检查核实塔机档案资料是否齐全、有效;部件、配件和备用件是否齐全
3	制动器	塔机各制动闸瓦与制动带片的铆钉头埋入深度小于 0.5mm 时接触面积不应小于 70%～80%,制动轮失圆或表面痕深大于 0.5mm 应光圆,制动器磨损,必要时拆检更换制动瓦(片)
4	减速齿轮箱	揭盖清洗各机构减速齿轮箱,检查齿面,如有断齿、啃齿、裂纹及表面剥落等情况,应拆检修复;检查齿轮轴键和轴承径向间隙,如轮键松旷、径向间隙超过 0.2mm 应修复,调整或更换轴承,轮轴弯曲超过 0.2mm 应校正;检查棘轮棘爪装置,排除轴端渗漏,更换齿轮油并加注至规定油面。生产厂有特殊要求的,按厂家说明书要求进行
5	开式齿轮啮合间隙、传动轴弯曲和轴瓦磨损	检查开式齿轮,啮合侧向间隙一般不超过齿轮模数的 0.2～0.3 倍,齿厚磨损不大于节圆理论齿厚的 20%,轮键不得松旷,各轮轴变径倒角处无疲劳裂纹,轴的弯曲不超过 0.2mm,滑动轴承径向间隙一般不超过 0.4mm,如有问题应修理更换
6	滑轮组	滑轮槽壁如有破碎裂纹或槽壁磨损超过原厚度的 20%,绳槽径向磨损超过钢丝绳直径的 25%,滑轮轴颈磨损超过原轴颈的 2%时,应更换滑轮及滑轮轴
7	行走轮	行走轮与轨道接触面如有严重龟裂、起层、表面剥落和凸凹沟槽现象,应修理更换
8	整机金属结构	对钢结构开焊、开裂、变形的部件进行更换,更换损坏、锈蚀的联结紧固螺栓,修换钢丝绳固定端已损伤的套环、绳卡和固定销轴
9	电动机	电动机转子、定子绝缘电阻在不低于 0.5MΩ 时,可在运行中干燥;铜头表面烧伤有毛刺应修磨平整,铜头云母片应低于铜头表面 0.8～1mm;电动机轴弯曲超过 0.2mm 应校正;滚动轴承径向间隙超过 0.15mm 时应更换
10	电器元件和线路	对已损坏、失效的电器开关、仪表、电阻器、接触器以及绝缘不符合要求的导线进行修换
11	零部件及安全设施	配齐已丢失损坏的油嘴、油杯;增补已丢失损坏的弹簧垫、联轴器缓冲垫、开口销、安全罩等零部件;塔机爬梯的护圈、平台、走道、踢脚板和栏杆如有损坏,应修理更换
12	防腐喷漆	对塔机的金属结构,各传动机构进行除锈、防腐、喷漆
13	整机性能试验	检修及组装后,按要求进行静、动载荷试验,并试验各安全装置的可靠性,填写试验报告

（4）大修

塔机经过一段长时间的运转后应进行大修,大修间隔最长不应超过 15000 小时。大修应按以下要求进行:

① 起重机的所有可拆零件应全部拆卸、清洗、修理或更换（生产厂家有特殊要求的除外）;

② 应更换润滑油;

③ 所有电动机应拆卸、解体、维修;

④ 更换老化的电线和损坏的电气元件；

⑤ 除锈、涂漆；

⑥ 对拉臂架的钢丝绳或拉杆进行检查；

⑦ 起重机上所用的仪表应按有关规定维修、校验、更换；

⑧ 大修出厂时，塔机应达到产品出厂时的工作性能，并应有监督检验证明。

（5）停用时的维护

对于长时间不使用的起重机，应当对塔机各部位做好润滑、防腐、防雨处理后停放好，并每年做一次检查。

（6）润滑保养

为保证塔机的正常工作，应经常检查塔机各部位的润滑情况，做好周期润滑工作，按时添加或更换润滑剂。由于不同形式的塔式起重机对于润滑要求不尽相同，不同的使用环境对润滑的要求也不同，因此，塔式起重机的润滑剂和润滑周期应按塔式起重机使用说明书的要求，结合使用环境，进行润滑作业。塔机生产厂家有特殊要求的，按厂家说明书要求。塔机的润滑部位、润滑剂的选用及润滑周期，可参照表3-16。

塔机的润滑部位、润滑剂的选用及润滑周期　　　　表3-16

序号	润 滑 部 位	润 滑 剂	润滑周期/h	润滑方式
1	齿轮减速器、涡轮、涡杆减速器、行星齿轮减速器	齿轮油 冬 HL-20 夏 HL-30	2001000	添加 更换
2	起升、回转、变幅、行走等机构的开式齿轮及排绳机构涡杆传动	石墨润滑剂 ZG-S	50	涂抹
3	钢丝绳		50	涂抹
4	各部连接螺栓、销轴		100	安装前抹
5	回转支承上、下座圈滚道，水平支撑滑轮，行走轮轴承，卷筒链条、中央集电环轴套，行走台车轴套		50	涂抹
6	水母式底架活动支腿、卷筒支座、行走机构小齿轮支座、旋转机构竖轴支座	钙基润滑脂 冬 ZC-2 夏 ZC-4	200	加注
7	卷筒支座		200	加注
8	齿轮传动、涡轮涡杆传动及行星传动等的轴承		200	加注
9	吊钩扁担梁推力轴承，钢丝绳滑轮轴承，小车行走轮轴承		500	加注
10	液压缸球铰支座，拆装式塔身基础节斜撑支座起升机构和小车牵引机构限位开关链传动		1000	加注涂抹
11	制动器铰点、限位开关及接触器的活动铰点、夹轨器	机械油 HJ-20	50	油壶滴入
12	液力联轴节	汽轮机油 HU-22	200 1000	添加 换油
13	液压推杆制动器及液压电磁制动器	冬变压器油 DB-10 夏机械油 HJ-20	200	添加
14	液压油箱	冬20号抗磨液压油 夏40号抗磨液压油	100	顶升或降落塔身前检查添加
			100～500	清洗换油

114

3.5.2 塔式起重机常见故障的判断及处置

塔机在使用过程中发生故障的原因很多，主要有工作环境恶劣，维护保养不及时，操作人员违章作业，零部件的自然磨损等。塔式起重机在安装、调试时有时也会发生异常情况。塔机发生异常时，安装拆卸工、塔机司机等作业人员应立即停止操作，由专职维修人员维修，以便及时处理，消除隐患，恢复正常工作。

3.5.2.1 塔机常见的故障分类

一般分为机械故障和电气故障两大类。

（1）机械故障

由于机械零部件磨损、变形、断裂、卡塞、润滑不良以及相对位置不正确等而造成机械系统不能正常运行，统称为机械故障。机械故障一般比较明显、直观，容易判断。

（2）电气故障

由于电气线路、元器件、电气设备，以及电源系统等发生故障，造成用电系统不能正常运行，统称为电气故障。电气故障相对来说比较多，有的故障比较直观，容易判断，有的故障比较隐蔽，难以判断。

3.5.2.2 机械故障的判断及处置

（1）工作机构

① 起升机构故障的判断和处置方法见表 3-17。

起升机构故障的判断和处置方法　　　　　　　　　　表 3-17

序号	故障现象	故障原因		处置方法
1	卷扬机构声音异常	接触器缺相或损坏		更换接触器
		减速机齿轮磨损、啮合不良、轴承破损		更换齿轮或轴承
		联轴器联结松动或弹性套磨损		紧固螺栓或更换弹性套
		制动器损坏或调整不当		更换或调整刹车
		电动机故障		排除电气故障
2	吊物下滑（溜钩）	制动器刹车片间隙调整不当		调整间隙
		制动器刹车片磨损严重或有油污		更换刹车片，清除油污
		制动器推杆行程不到位		调整行程
		电动机输出转矩不够		检查电源电压
		离合器片破损		更换离合器片
3	制动副脱不开	闸瓦式	制动液压泵电动机损坏	更换电动机
			制动液压泵损坏	更换
			制动器液压推杆锈蚀	修复
			机构间隙调整不当	调整机构的间隙
			制动器液压泵油液变质	更换新油
		盘式	间隙调整不当	调整间隙
			刹车线圈电压不正常	检查线路电压
			离合器片破损	更换离合器片
			刹车线圈损坏或烧毁	更换线圈

② 回转机构故障的判断和处置方法见表3-18。

回转机构故障的判断和处置方法 表 3-18

序号	故障现象	故障原因	处置方法
1	回转电动机有异响,回转无力	液力耦合器漏油或油量不足	检查安全易熔塞是否熔化、橡胶密封件是否老化等,按规定填充油液
		液力耦合器损坏	更换液力耦合器
		减速机齿轮或轴承破损	更换损坏齿轮或轴承
		液力耦合器与电动机连接的胶垫破损	更换胶垫
		电动机故障	查找电气故障
2	回转支承有异响	大齿圈润滑不良	加油润滑
		大齿圈与小齿轮啮合间隙不当	调整间隙
		滚动体或隔离块损坏	更换损坏部件
		滚道面点蚀、剥落	修整滚道
		高强螺栓预紧力不一致,差别较大	调整预紧力
3	臂架和塔身扭摆严重	减速机故障	检修减速机
		液力耦合器充油量过大	按说明书加注
		齿轮啮合或回转支承不良	修整

③ 变幅机构故障的判断和处置方法见表3-19。

变幅机构故障的判断和处置方法 表 3-19

序号	故障现象	故障原因	处置方法
1	变幅有异响	减速机齿轮或轴承破损	更换
		减速机缺油	查明原因,检修加油
		钢丝绳过紧	调整钢丝绳松紧度
		联轴器弹性套磨损	更换
		电动机故障	查找电气故障
		小车滚轮轴承或滑轮破损	更换轴承
2	变幅小车滑行和抖动	钢丝绳未张紧	重新适度张紧
		滚轮轴承润滑不好,运动偏心	修复
		轴承损坏	更换
		制动器损坏	经常加以检查,修复更换
		联轴器联结不良	调整、更换
		电动机故障	查找电气故障

④ 行走机构故障的判断和处置方法见表3-20。

(2) 液压系统故障的判断和处置方法见表3-21。

(3) 金属结构故障的判断和处置方法见表3-22。

行走机构故障的判断和处置方法 表 3-20

序号	故障现象	故 障 原 因	处 置 方 法
1	运行时啃轨严重	轨距铺设不符合要求	按规定误差调整轨距
		钢轨规格不匹配,轨道不平直	按标准选择钢轨,调整轨道
		台车框轴转动不灵活,轴承润滑不好	经常润滑
		台车电动机不同步	选择同型号电动机,保持转速一致
2	驱动困难	啃轨严重,阻力较大,轨道坡度较大	重新校准轨道
		轴套磨损严重,轴承破损	更换
		电动机故障	查找电气故障
3	停止时晃动过大	延时制动失效,制动器调整不当	调整

液压系统故障的判断和处置方法 表 3-21

序号	故障现象	原 因 分 析	排 除 方 法
1	顶升时颤动及噪声大	液压系统中混有空气	排气
		油泵吸空	加油
		机械机构、液压缸零件配合过紧	检修,更换
		系统中内漏或油封损坏	检修或更换油封
		液压油变质	更换液压油
2	带载后液压缸下降	双向液压锁或节流阀不工作	检修,更换
		液压缸泄漏	检修,更换密封圈
		管路或接头漏油	检查,排除,更换
3	带载后液压缸停止升降	双向液压锁或节流阀失灵	检修,更换
		与其他机械机构有挂、卡现象	检查,排除
		手动液控阀或溢流阀损坏	检查,更换
4	顶升缓慢	单向阀流量调整不当或失灵	调整检修或更换
		油箱液位低	加油
		液压泵内漏	检修
		手动换向阀换向不到位或阀泄漏	检修,更换
		液压缸泄漏	检修,更换密封圈或油封
		液压管路泄漏	检修,更换
		油温过高	停止作业,冷却系统
		油液杂质较多,滤油网堵塞,影响吸油	清洗滤网,清洁液压油或更换新油
5	顶升无力或不能顶升	油箱存油过低	加油
		液压泵反转或效率下降	调整,检修
		溢流阀卡死或弹簧断裂	检修,更换
		手动换向阀换向不到位	检修,更换
		油管破损或漏油	检修,更换
		滤油器堵塞	清洗,更换
		溢流阀调整压力过低	调整溢流阀
		液压油进水或变质	更换液压油
		液压系统排气不完全	排气
		其他机构干涉	检查,排除

金属结构故障的判断和处置方法　　　　　　　表 3-22

序号	故障现象	故障原因	处置方法
1	焊缝和母材开裂	超载严重,工作过于频繁产生比较大的疲劳应力,焊接不当或钢材存在缺陷等	严禁超负荷运行,经常检查焊缝,更换损坏的结构件
2	构件变形	密封构件内有积水,严重超载,运输吊装时发生碰撞,安装拆卸方法不当	要经过校正后才能使用,但对受力结构件,禁止校正,必须更换
3	高强度螺栓联结松动	预紧力不够	定期检查,紧固
4	销轴退出脱落	开口销未打开	检查,打开开口销

（4）钢丝绳、滑轮故障的判断和处置方法见表 3-23。

钢丝绳、滑轮故障的判断和处置方法　　　　　表 3-23

序号	故障现象	故障原因	处置方法
1	钢丝绳磨损太快	钢丝绳滑轮磨损严重或者无法转动	检修或更换滑轮
		滑轮绳槽与钢丝绳直径不匹配	调整使之匹配
		钢丝绳穿绕不准确、啃绳	重新穿绕,调整钢丝绳
2	钢丝绳经常脱槽	滑轮偏斜或移位	调整滑轮安装位置
		钢丝绳与滑轮不匹配	更换合适的钢丝绳或滑轮
		防脱装置不起作用	检修钢丝绳防脱装置
3	滑轮不转及松动	滑轮缺少润滑,轴承损坏	经常保持润滑,更换损坏的轴承

3.5.2.3 电气故障的判断及处置

塔机电气系统故障的判断和处置方法见表 3-24。

电气系统故障的判断和处置方法　　　　　　　表 3-24

序号	故障现象	故障原因	处置方法
1	电动机不运转	缺相	查明原因
		过电流继电器动作	查明原因,调整过电流整定值,复位
		空气断路器动作	查明原因,复位
		定子回路断路	检查拆修电动机
2	电动机有异响	相间轻微短路或转子回路缺相	查明原因,正确接线
		电动机轴承破损	更换轴承
		转子回路的串接电阻断开、接地	更换或修复电阻
		转子碳刷接触不良	更换碳刷
3	电动机温升过高	电动机转子回路有轻微短路故障	测量转子回路电流是否平衡,检查和调整电气控制系统
		电源电压低于额定值	暂停工作
		电动机冷却风扇损坏	修复风扇
		电动机通风不良	改善通风条件
		电动机转子缺相运行	查明原因,接好电源
		定子、转子间隙过小	调整定子、转子间隙

序号	故障现象	故障原因	处置方法
4	电动机烧毁	操作不当,低速运行时间较长	缩短低速运行时间
		电动机修理次数过多,造成电动机定子铁芯损坏	予以报废
		绕线式电动机转子串接电阻断路、短路、接地,造成转子烧毁	修复串接电阻
		电压过高或过低	检查供电电压
		转子运转失衡,碰擦定子(扫膛)	更换转子轴承或修复轴承室
		主回路电气元件损坏或线路短路、断路	检查修复
5	电动机输出功率不足	线路电压过低	暂停工作
		电动机缺相	查明原因,正确接线
		制动器没有完全松开	调整制动器
		转子回路断路、短路、接地	检修转子回路
6	按下启动按钮,主接触器不吸合	工作电源未接通	检查塔机电源开关箱,接通
		电压过低	暂停工作
		过电流继电器辅助触头断开	查明原因,复位
		主接触器线圈烧坏	更换主接触器
		操作手柄不在零位	将操作手柄归零
		主起动控制线路断路	排查主起动控制线路
		启动按钮损坏	更换启动按钮
7	启动后,控制线路开关断开	控制回路线路短路、接地	排查控制回路线路
8	接触器噪声大	衔铁芯表面积尘	清除表面污物
		短路环损坏	更换修复
		主触点接触不良	修复或更换
		电源电压较低,吸力不足	测量电压,暂停工作
9	吊钩只下降不上升	起重量、高度、力矩限位误动作	更换、修复或重新调整各限位装置
		起升控制线路断路	排查起升控制线路
		接触器损坏	更换接触器
10	吊钩只上升不下降	下降控制线路断路	排查下降控制线路
		接触器损坏	更换接触器
11	回转只朝同一方向动作	回转限位误动作	重新调整回转限位
		回转线路断路	排查回转线路
		回转接触器损坏	更换接触器
12	变幅只向后不向前	力矩限位、重量限位、变幅限位误动作	更换、修复或重新调整各限位装置
		变幅向前控制线路断路	排查变幅向前控制线路
		变幅接触器损坏	更换接触器

序号	故障现象	故障原因	处置方法
13	变幅只向前不向后	变幅向后控制线路断路	排查变幅向后控制线路
		变幅接触器损坏	更换接触器
14	带涡流制动器的电机低速档速度变快	整流器击穿	更换整流器
		涡流线圈烧坏	更换或修复线圈
		线路故障	检查修复
15	塔机工作时经常跳闸	漏电保护器误动作	检查漏电保护器
		线路短路、接地	排查线路,修复
		工作电源电压过低或压降较大	测量电压,暂停工作

3.6 塔式起重机事故案例分析

3.6.1 某住宅楼工程塔式起重机整体倾覆事故

3.6.1.1 事故概况

1999 年 9 月 12 日，某住宅楼工地一台 QTZ4O 型塔式起重机在安装过程中整机发生倾覆，造成 2 人死亡、1 人重伤的重大事故。

3.6.1.2 事故经过

该塔式起重机独立高度 32m，臂长 42m，已安装到 25m 标高。在调试时与距离本塔机 58.6m 处的另一台同标高的 QTZ5012 型塔机相撞，约 1 小时后，QTZ40 型塔机整体倾覆，塔机上 3 人坠落地面，其中 2 人坠落在地面住宅楼桩基础钢筋上当场死亡，另 1 人重伤，该塔机钢结构严重损坏。这是一起塔机安装质量引发的重大伤亡事故。

3.6.1.3 专家点评

（1）现场调查

①《塔机使用说明书》规定，该塔机基础钢筋混凝土尺寸为 4m×4m×1.4m，经实际测量后发现该塔机基础钢筋混凝土尺寸为 3m×3m×1.4m，其重量仅为原设计重量的 56.25%；

②《塔机使用说明书》规定混凝土基础下方地基的地耐力为 0.2MPa，现场混凝土基础下为淤泥，地耐力仅达 0.06～0.07MPa，且未做任何加固处理；

③ 距塔机混凝土基础边缘东 1m、南 2.5m 处装有 1 个长期流水的自来水龙头，流水长时间渗入塔机基础下，严重降低了地基的承载能力。

（2）事故原因

经综合分析，导致本起事故发生的直接原因是该塔机基础钢筋混凝土尺寸小于《塔机使用说明书》规定的尺寸；间接原因为地基受到水浸泡，使地基的地耐力不能满足塔机抗倾覆整体稳定性的要求，而且塔机安装高度与相邻塔机的安装高度相等，调试回转时两机发生碰撞而引发事故。

（3）事故教训

① 塔机安装应严格按施工方案实施，首先地基基础必须达到《塔机使用说明书》规

定的地耐力，能满足塔机的抗倾翻稳定性要求。塔机安装单位应根据施工单位提供的塔机施工平面布置图与地质资料，审查塔机所在位置下方的地耐力是否达到《塔机使用说明书》规定的要求，并由施工项目部和监理单位签字确认具体数据。能满足要求的则可安装，不满足的则应按《塔式起重机设计规范》及现场地耐力实际状况计算并校核塔机的抗倾翻稳定性。如不能满足，则可通过加大混凝土基础的面积，或增设桩基础等方法，由施工各方商议决定塔机混凝土基础的制作方案。这是安装塔机的关键项，必须严格把关。

② 塔机基础不可浸泡在水中，四周应有排水措施，这是一般常识和基本要求，但此现场塔机旁有一水龙头长期流水，使塔机的混凝土基础长期浸泡在水中，并使地基的地耐力大大降低，同时降低了塔机的抗倾翻能力。

③ 塔机的混凝土基础通常为正方形，但该塔机的混凝土基础做成长方形，且平面尺寸减小，使塔机的抗倾翻能力大大降低。据现场反映双方未签订任何合同等手续，为抢工程项目工期，施工单位随意抢做基础后安装塔吊。目前在激烈的市场经济竞争中，必须以安全生产的大局为重，拆装塔机必须按有关的规范、规程、标准执行，决不能马虎大意。

④《塔式起重机安全规程》有明确条文规定，群塔作业要有防止碰撞措施。此工程的问题是两台塔机处于同一标高上，肯定会造成碰撞，如果有高差就能避免碰撞事故。当然该事故就是不碰，也必然会整体倒塌，因为塔机安装本身就不稳定，倒塔事故是迟早要发生的。在群塔作业或者城市内施工场地窄小，使用塔机空间受限制时，塔机拆装单位和施工单位、监理单位、建设单位要协商制定切实可行的施工方案，采取针对性的塔机安全使用措施。

3.6.2 某广场工程塔式起重机起升卷扬机失控飞车事故

3.6.2.1 事故概况

2001 年 6 月 19 日 18 时左右，某广场工程中使用的 QTZ80F 型塔式起重机从 165m 高度吊运约 3t 重的脚手架钢管到裙楼顶部平台，当吊物下降到 145m 高度时，起升卷扬机突然失控，吊钩与吊物在自重的作用下加速向下滑落到 27m 的裙楼顶部，起升卷扬机超速转动飞车，减速箱破碎解体，零件与碎片四下飞散，击伤一名报贩，击穿民居屋顶，不但造成十余万元的经济损失，也造成了较大的社会影响。

3.6.2.2 事故经过

某广场工程中使用的 QTZ80F 型塔式起重机从 165m 高度吊运约 3t 重的脚手架钢管到 27m 高的裙楼顶部平台。当吊钩吊物下降到 145m 高度时，起升卷扬机控制不住吊钩与吊物，在自重的作用下，吊钩与吊物加速下滑，司机当即将手柄拉至低速档位，发现还不能控制吊物下滑，再采取紧急断电措施，仍不能制止下滑，吊钩与吊物坠落到 27m 的裙楼顶部，砸坏裙楼屋面，且带动卷扬机发生超速飞车转动，减速箱内的齿轮副发生啮合紊乱现象，各轴发生弯曲，带动齿轮击碎减速箱铸铁箱盖，箱内的齿轮、轴、轴承等零件与箱体碎片及液压推杆制动器支架、制动片和制动蹄铁均破碎，从高空四下飞散，塔机卷扬机变速箱的半个箱盖飞落在 49 层楼面上，其中一块碎片击伤工地门前一名女报贩左前臂，一块碎片击穿大楼周围一民居屋顶落至床上，所幸日间主人离家上班，未酿成更大伤亡事故，甚至有一轴承零件飞落到 300m 外的公园门口 110 警车旁，造成较大的社会影响。

3.6.2.3 专家点评

（1）主卷扬机电路的正确工作状态

《塔机使用说明书》明确说明，当该类型起升卷扬机以某速度档位工作时，该档位的湿式多片电磁离合器通电吸合挂挡传动力矩，制动器通电，制动蹄开闸；如该电磁离合器发生线路故障、离合器摩擦片磨损打滑、电刷磨损降低通电量，使离合器传递的力矩低于起升工作力矩，串联在电磁离合器起升回路中的欠电流继电器线圈通过的电流减小，该继电器的触点切断起升卷扬机制动器线路，使制动器断电，在弹簧的作用下，常闭式制动器的制动蹄抱闸制动，卷扬机停止工作，吊物停止在所需位置。在起重机起升卷扬机工作期间，应保持控制电路工作正常，方可保证卷扬机工作安全。

（2）事故原因

① 事故直接原因

事故发生后，调查组对事故现场进行勘察，发现起升卷扬机第 2 档湿式多片电磁离合器电刷磨损过量；又对同一用户的同厂家、同批次、同规格机型的起升卷扬机第 2 档进行了载荷试验。勘察与试验结果表明，事故发生时，该塔式起重机司机正在操纵第 2 档下降工作，此时起重量接近额定起重量上限，虽离合器已通电吸合并挂挡，因起升卷扬机第 2 档湿式多片电磁离合器电刷磨损过量，通过的电流量减小，离合器发生打滑现象，卷扬机在该档位的起升能力下降，此时串联在电磁离合器起升回路中的欠电流继电器的触点本应切断卷扬机制动器线圈的线路，使常闭式制动器制动，卷扬机停止工作，但此时欠电流继电器并未动作，起升电动机已不能控制起吊载荷。在自重作用下，吊物带动吊钩加速下滑。司机发现无法控制吊物，立即将卷扬机控制手柄拉到低速档位，仍不能制止吊物下滑，再采取紧急断电措施，此时吊物已下降数十米，速度较大，制动器的制动蹄片承受不了巨大的惯性力矩而发生破裂，吊物完全失控高速下坠，直至坠落到 27m 标高的裙楼顶，同时带动卷扬机减速箱超速飞车转动，齿轮副发生啮合紊乱，齿轮传动系统中各轴发生弯曲，击碎减速箱盖，各种零件碎片四下飞散，伤及周围人群，酿成机械伤害事故。

本事故的直接原因为当起升卷扬机第 2 档电磁离合器电刷磨损，通电量减弱导致摩擦力矩降低，卷扬机电路中起安全保护作用的欠电流继电器未能切断卷扬机制动器的电路使卷扬机停止吊物，导致吊物失控坠落。

② 事故主要原因

（A）设备未按规定进行定期检查

现场机械设备管理人员未按照该《塔机使用说明书》规定的操作规程定期检查电磁离合器的电刷与摩擦片易损件的使用情况，未及时发现事故隐患。

（B）使用中发现事故隐患未及时处理

根据施工现场对该塔式起重机所作的《设备运转、交接班记录》，该塔式起重机进入本工程使用以来，当吊物重量接近额定起重量时，已发生 7 次吊物下滑现象，但吊物重量小于额定起重量的 60%时，卷扬机工作表现仍正常。在多数起吊次数中，吊物的重量较轻，离合器传递力矩的能力虽已下降，但仍可承受该起重力矩，起吊时表现尚正常；起吊较重物体时如发现下滑，只要卸去部分重量，仍可正常起吊，因而多次发生的下滑现象未引起现场塔机操作工、安全员、设备管理员的足够重视，未对设备进行检修（更换离合器的电刷，检修欠电流继电器的电路与触点），使设备留下了事故隐患。

（C）现场安全管理松懈

施工现场负责人对起重机的安全状态很少过问，对设备存在的问题不重视。

（3）事故教训

① 塔式起重机应按照《塔机使用说明书》规定进行定期检验，对易损件应仔细检查，并做好设备运行记录。对发现的设备故障或零件损伤，应及时检修复原，使设备保持良好状况。

② 起重机切忌带病运行。当操作人员发现起重机在运行期间存在吊物下滑等异常现象时，应停止吊运，及时向安全员、设备管理员汇报。制定解决办法，落实整改时间。

③ 加强工地现场的设备安全管理。项目负责人要落实专人负责设备管理，应经常向起重机操作人员了解设备的运行情况，并及时安排人力与资金对存在的问题进行整改，确保起重机使用安全，保证工程顺利开展。

④ 凡有同类型塔机的有关单位，都要引以为戒，提高有关人员的技术水平，加强关键部位的检查，特别是电刷和欠电流继电器应列入定检项目。

3.6.3 某工地塔吊发生倾斜事故

3.6.3.1 事故概况

2002年3月5日中午，某建筑工地一台正在吊运钢管的QTZ5012型自升式塔式起重机，突然发出了沉闷的响声，人们举目望去，只见往日笔直的塔机歪了，塔吊的吊钩上还吊着一捆钢管，在半空中摇荡。

3.6.3.2 事故现场

该塔吊起重臂长46m，塔身已升至90m高，装有6道附着装置，最高一道附着装置距起重臂杆铰点22m。事故发生在第6道附着装置上，其中一根附着杆的调节丝杆被扭弯，调节丝杆上连接耳板也被扭弯，但这两点都没有断，造成塔身被拉向建筑物，使得这一道附着框梁上方的塔身严重歪斜，塔顶位置偏离垂直线达0.9m之多。当时塔机的作业任务是将建筑物楼顶的脚手架钢管吊运至12层裙房楼面上，起吊点在起重机臂杆12m处，卸料点在起重机臂杆38m处，起吊的钢管重量估算在2.5t。塔机倾斜后，吊钩上还吊着一捆钢管，悬空在12层的裙房楼面上方。

3.6.3.3 事故原因

通过对事故现场勘察取证分析，这起事故主要是因塔吊违章超载所引起的。

（1）经检查，塔吊的小车制动器失效。该塔机的起重特性表上表明，吊2.5t重物时的幅度应控制在26m之内，要吊至38m处是严重超载。若超载，塔吊的起重力矩限位器应该起保护作用，经检查，起重力矩限位器是完好的，在超出限定力矩范围时，能切断吊钩向上、小车变幅向外的电源，小车制动器制动，小车就会停下。

（2）起重臂的方向与塔身不垂直，是塔吊受力最不利的方向。弯矩产生的载荷主要作用在一根附着杆上，超载形成的巨大压力使此附着杆应力急剧增大，超过屈服应力极限；最后，形成最薄弱的危险断面，在附着杆的调节丝杆发生了向上塑变弯曲。塔吊设计载荷力矩为630kN·m，46m处设计载荷力矩为598kN·m；出事时实际载荷力矩达1150kN·m，超载达92.3%。调节丝杆的材料为45号钢，调质处理，屈服强度为360N/mm²。超载引起附着杆的压力增大，经检验丝杆的制作、热处理有缺陷，达不到应有的强度；耳板的制作、焊接质量也有缺陷，所以先发生塑变弯曲再引起丝杆弯曲。

（3）施工企业疏于现场使用管理。未定期对塔吊进行安全检查、维修和保养。事发前，施工现场项目经理、安全员和塔吊指挥都不在岗，塔吊操作工估计能力不足，不能控制起吊重量和幅度，违章超载。事故后经检测发现丝杆的制作、热处理有缺陷；耳板的制作、焊接质量也有缺陷，达不到应有的强度；变幅小车制动器失效，施工现场也无管理记录档案。

3.6.3.4 对策及教训

施工企业要认真执行有关规定，要从事故中吸取教训，谨防类似事故再发生。

（1）施工企业应建立健全塔吊等各类机械设备的采购、使用、检查、维修和保养等规章制度和设备档案。

（2）严格执行塔机安装后的验收制度，检查制度，发现故障及时解决；严格管理，加强宣传教育，提高操作人员的安全意识和责任性。严格按照《塔式起重机安全规程》及《建筑机械使用安全技术规程》的要求规范施工。

（3）塔吊转场应加强检修，保证各运动机构、各部件的完好，禁止机械带病运转。强化施工现场塔吊等机械设备的检测检验。

3.6.4 某工地大型塔式起重机拆除过程中巴杆高空坠落事故

3.6.4.1 事故概况

2004年7月5日晚7：15左右，某工程在拆除 M440D 型塔式起重机主臂时，由于4个吊点设置不合理，吊点设置偏差8m，在600t·m 塔式起重机主臂的根部销轴拆除后瞬间失衡，巴杆头重脚轻，两根钢丝绳吊索单边受力后被拉断，造成巴杆从高空坠落的设备事故，幸未造成人员伤害。

3.6.4.2 事故原因

（1）在吊装工作完成后，项目部未认真组织塔吊拆除工作。在拆除大型塔式起重机主臂时，未按照专项工法的要求施工，4个吊点设置错误，且钢丝绳吊索型号选择比规定的小，项目部对塔吊拆除工作组织不力，违反大型塔式起重机安装、拆除工法施工，是这次巴杆损坏事故的直接原因。

（2）项目部现场施工人员思想松懈，没有充分重视塔吊拆除的各个环节，对工法和管理制度的严肃性认识不够，施工前没有做好充分的安全和技术准备，是导致本次事故发生的重要因素。

（3）项目部管理混乱。现场计划拆除大型塔吊，对相关人员在事前没有进行安全和技术交底，没有组织相关人员学习工法，现场设备管理力量不足。管理上的不到位及力量不够，也是造成此次重大设备损坏事故的重要原因。事故现场见图 3-53。

3.6.5 某工地 QTZ63A 塔式起重机的起升钢丝绳断裂事故

3.6.5.1 事故概况

2004年12月18日上午9时，某工地正在施工的 QTZ63A 塔式起重机的起升钢丝绳突然断裂，其吊具连同吊重从高空坠落，造成一人死亡事故。

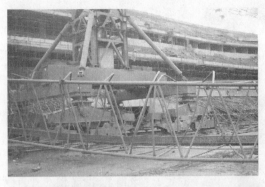

图 3-53　塔式起重机拆除过程中巴杆高空坠落事故现场

3.6.5.2　现场调查情况

（1）发生事故的 QTZ63A 塔式起重机起重臂铰点距离地面 42.35m。该塔机的起升钢丝绳断成两部分，一部分由塔机起重臂端部（端部固定有效）下垂于空中，实测其长度为 13.9m；另一部分由起升机构卷筒至塔帽顶转角滑轮，通过起重臂根部转角滑轮后下垂至正在施工的建筑结构顶上。钢丝绳各股断头均集中于同一断面（图 3-54），距离断头实测 2.38m 位置有一明显弯折及绳芯外露。实测自起重臂根部转角滑轮至断头长度为 62.5m。两部分钢丝绳有明显波浪形现象。

图 3-54　起升钢丝绳各股断头集中于同一断面

（2）当时吊笼内装 8 袋钢管扣件，总吊重量为 398kg。坠落点吊钩滑轮组位于吊笼旁，有局部变形。滑轮组两侧焊有侧封板，其侧封板局部脱焊，侧封板口有明显摩擦痕迹

图 3-55　4 倍率用滑轮装置固定

及变形。坠落点实测回转半径 30m，该位置上方未见起升时遇阻挡造成的痕迹。

（3）起升钢丝绳在使用范围内实测 10 处钢丝绳直径，其最大磨损处靠近断口 3m 范围内，钢丝绳直径平均磨损减小 4.32%。

（4）变幅小车位于回转半径 30m 处位置，其下部有转换 4 倍率用滑轮装置，该滑轮装置用铁丝绑扎在小车架下部（事故后为防止坠落，已加设新铁丝绑扎固定）。该滑轮装置相对小车架有明显的松动偏摆现象，4 倍率用滑轮装置固定见图 3-55。

（5）变幅小车滑轮一侧的轴套外表面有明显摩擦痕迹，滑轮装置顶板两棱角处靠近侧板有钢丝绳摩擦痕迹。变幅小车距离驾驶室远端左侧的一片滑轮轮缘上有一明显的摩擦挤压凹口，见图 3-56、图 3-57。

图 3-56　变幅小车滑轮轮缘上有明显的
摩擦挤压凹口

图 3-57　变幅小车的一片滑轮轮缘上有一
明显的摩擦挤压凹口（清洗后状态）

（6）实测转换倍率用滑轮的防钢丝绳跳槽装置与滑轮最外缘最大间隙 15mm。

（7）变幅钢丝绳松弛，变幅小车前后可来回晃动。起升机构卷筒一侧的钢丝绳排绳不整齐。变幅小车底部未见吊具冲顶撞击痕迹。塔帽顶部滑轮未见异常。

3.6.5.3　事故技术分析

（1）根据对事故现场实测坠落点回转半径 30m 和吊重量 0.398t，比对该塔机使用说明书的起重性能，30m 回转半径时可吊重 2.5t，事故发生时塔机未超载。

（2）根据现场起升钢丝绳长度等实测参数，吊具坠落前位置距离起重臂小车底部尚有 15m 高度，吊具未冲顶。吊重底部已高出正在施工的建筑结构顶约 3m。

（3）起升钢丝绳缠绕系统，见图 3-58。起升钢丝绳公称直径为 12.5mm，实测防钢丝绳跳槽装置与滑轮最外缘间隙最大 15mm，此间隙超过 GB/T9462《塔式起重机技术条件》规定的要求（"防脱槽装置与滑轮最外缘的间隙不得超过钢丝绳直径的 20%"）。由于转换 4 倍率用滑轮装置设置的防钢丝绳跳槽装置间隙超标，当起升钢丝绳在振动、松动及滑轮倾侧状态下容易从滑轮侧面跳槽脱出。

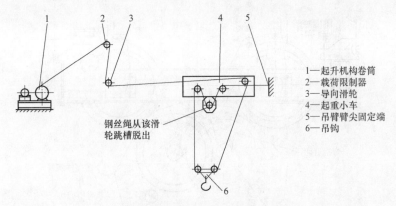

图 3-58　起升钢丝绳缠绕系统示意图

钢丝绳从该滑轮跳槽脱出

1—起升机构卷筒
2—载荷限制器
3—导向滑轮
4—起重小车
5—吊臂臂尖固定端
6—吊钩

（4）吊具两侧的侧封板口有明显摩擦痕迹及变形，这一构造对钢丝绳也存在损伤因素。

（5）该塔机转换4倍率用滑轮装置在变幅小车架下无固定方式，滑轮装置相对小车架容易偏摆，会前后左右倾侧。变幅小车下部转换4倍率用滑轮装置向左倾侧（以驾驶室驾驶员为基准表示方位）见图3-59，变幅小车下部转换4倍率用滑轮装置前后倾侧见图3-60。由于转换4倍率用滑轮装置设置的防钢丝绳跳槽装置间隙超标，起升钢丝绳在滑轮倾侧状态下易从滑轮侧面跳槽脱出，钢丝绳产生冲击，同时磕碰到滑轮座具有棱角的侧板和顶板，棱角对起升钢丝绳产生挤压剪切作用，导致起升钢丝绳磨损、弯折、变形甚至断裂。

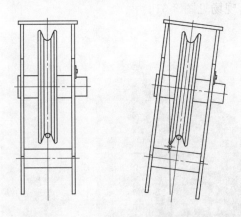

图 3-59　变幅小车下部转换4倍率用滑轮装置向左倾侧

3.6.5.4　技术分析结论

综上分析，造成本次事故的主要技术原因如下：

（1）该塔机从4倍率转换到2倍率时，转换倍率用滑轮装置在变幅小车架下没有固定方式，致使该滑轮装置无法固定在小车架下；

（2）转换4倍率用滑轮防钢丝绳跳槽装置未起到防止钢丝绳跳槽作用，滑轮防钢丝绳跳槽装置与滑轮最外缘的间隙不符合规定。

本次事故的发生是由于塔机在使用中转换倍率用滑轮装置倾侧，起升钢丝绳从变幅小

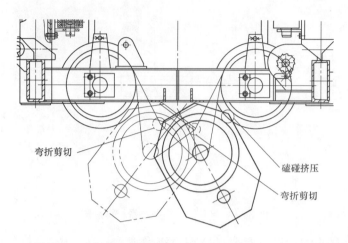

图 3-60 变幅小车下部转换 4 倍率用滑轮装置前后倾侧

车架下转换倍率用滑轮装置跳槽脱出，在滑轮座板口处受冲击挤压剪切造成起升钢丝绳断裂。

3.6.6 某工地 QTZ80 塔式起重机的塔身断裂事故

3.6.6.1 事故概况

2005 年 11 月 3 日下午 3 时，某工地正在配合拆卸施工升降机的 QTZ80 塔式起重机的塔身断裂，其上部的起重臂、塔帽、平衡臂等连同驾驶室从高空坠落地面，造成驾驶室内驾驶员死亡事故，坠落现场见图 3-61。

图 3-61 QTZ80 塔机上部结构件高空坠落

3.6.6.2 现场调查情况

（1）发生事故的 QTZ80 型塔机位于正在建造的 2 号、3 号房之间，附着在 3 号房西侧墙面，共设置有 2 道附着装置，最高附墙距离地面高度约 42m，塔身中心距离墙面 4m，塔机起重臂最大回转半径 50m。事故发生前该塔机正在配合拆卸位于 2 号房南侧的施工升降机西侧梯笼，该梯笼距离塔身中心 45.3m，实测梯笼重量 1.86t（梯笼内有少量附着杆、连接螺栓等零部件约 60kg）。塔机工作立面见图 3-62。

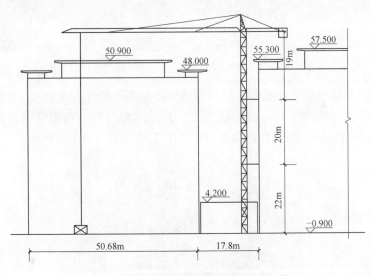

图 3-62　塔机工作立面

（2）经检查，梯笼的导轨上有 0.8m 长的啃擦痕迹，该痕迹与动力板传动小齿轮相对应，啃痕最深处 3mm，见图 3-63。

（3）该塔机的塔身断裂面位于最高附墙上部 2m 位置的塔身标准节螺栓连接面处，见图 3-64。该连接面的全部 8 个连接螺栓均已破坏断裂，断口呈拉弯状态，有明显颈缩，螺栓上有 "SW10.9" 标记，规格为 M30，见图 3-65、图 3-66。留在最高附墙上部的塔身标准节有局部破损，位于西北角的主肢与全部腹杆脱离后向西侧弯折，另有一段主肢连同部分腹杆钩挂在其上方。该标准节上部的其余塔身标准节与塔机回转总成及塔帽等下坠至西侧标高 4.2m 的水泵房顶上及地面，其中心位置距离原位置塔机基础中心 10.7m。

图 3-63　梯笼导轨上有 0.8m 长的啃擦痕迹

图 3-64　塔身断裂面

图 3-65 该连接面的全部 8 个螺栓均已破坏断裂　　　　图 3-66 断口呈拉弯状态，有明显颈缩

（4）该塔机的起重臂已断成两部分，一部分搁置在 2 号房顶棚架上，见图 3-67，其端部悬空伸出位于 2 号房施工升降机的正上方，其后部弯折后下垂于空中，实测其长度为 24.91m；另一部分连同塔机回转总成及塔帽等下坠至水泵房顶上及地面。

图 3-67 起重臂一部分搁置在 2 号房顶棚架上

（5）该塔机的起重臂为双拉杆结构，其外侧长拉杆在自塔帽起第二节段与第三节段的连接处断裂，断口位于单耳板孔拉伸挤压处，呈拉伸挤压破坏形状，断口面无陈旧老伤，见图 3-68，实测断面宽度尺寸为 31.11～33.34mm。

（6）该塔机起重臂的内侧短拉杆连同塔帽、部分起重臂及塔机回转总成等下坠至水泵房顶上。变幅小车距离起重臂端部 4.0m，已损坏变形，见图 3-69。

（7）该塔机的 7 块平衡块已全部脱出平衡臂，其中 6 块脱出后落在 3 号房设备层顶棚架上，距离 3 号房西侧外墙面 13.5m，距离南侧外墙面 6.7m；另有 1 块落在 3 号房设备层西侧楼顶上，距离西侧外墙面 8.2m，距离南侧外墙面 6.7m，见图 3-70。

图 3-68　起重臂外侧长拉杆连接处断裂

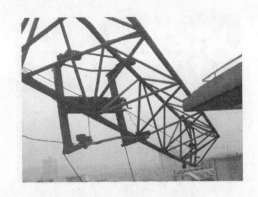

图 3-69　变幅小车距离起重臂端部 4.0m

图 3-70　塔机 7 块平衡块已脱出平衡臂

（8）经检测，该塔机的力矩限制器、重量限制器均已失效，见图 3-71、图 3-72。起升钢丝绳未断裂，吊钩、吊具均完好。3 号房西侧外墙顶部棚架对应塔身位置的外挑结构局部破损，其宽度与塔身宽度符合。

3.6.6.3　模拟试验及技术分析

（1）事故现场实测吊点回转半径 45.3m，被吊梯笼重量 1.86t。根据该类型塔机使用说明书的起重性能，45.3m 回转半径时可吊重 1.735t。事故发生时该塔机吊重比规定荷载超载 0.125t，超载 7.2%，而这样的超载量一般不至于造成塔机严重破坏。

（2）经模拟试验，利用事故时同样的吊点和吊具（两只电动机及制动器已拆除），将该梯笼吊出时发现梯笼与导轨间存在明显卡阻，实测需要 3.5t 的起重力才能将梯笼吊出来，此时塔机超载 101.7%。而事故后检查发现梯笼的动力板传动小齿轮对应的导轨上有

图 3-71　塔机力矩限制器失效

图 3-72　塔机重量限制器失效

约 0.8m 长的啃擦痕迹，梯笼动力板传动小齿轮与导轨啃擦，啃痕最深处 3mm，说明事故发生时吊出梯笼过程中遇到的阻力比模拟试验遇到的阻力更大。

（3）由于该塔机的力矩限制器、重量限制器均已失效，当塔机吊出梯笼超载时起不到安全保护作用。

（4）塔机吊出梯笼遇阻超载后，吊具、吊钩、起升钢丝绳、起重臂、起重臂外侧长拉杆、塔帽、塔身等结构零部件受力相应增加，此时其中任何一部件均有可能破坏。

（5）经分析，此塔机各部件中起重臂外侧长拉杆的单耳板强度相对较为薄弱，经模拟试验，利用事故塔机的同一段拉杆的另一端未破坏的连接结构，经拉伸破坏试验，当拉伸力达 694kN 时耳板孔被破坏，断口形状与现场另一端相符，断面宽度尺寸为 36.84～39.49mm，比事故时破坏的断面宽度大，见图 3-73。事故现场破坏及模拟试验拉杆连接孔测绘比较（拓样）见图 3-74。

图 3-73　经拉伸破坏试验，断口形状与现场实物相符

根据事故现场情况，经计算分析，当该塔机在 45.3m 回转半径处，吊重达到 5.6t 时，起重臂外侧长拉杆将受到 694kN 的拉力。一方面事故发生时吊出梯笼过程中遇到的阻力比模拟试验遇到的阻力更大，另一方面事故时破坏的拉杆耳孔断面宽度小于模拟试验的耳孔断面宽度，所以事故发生时吊出梯笼过程中遇到的阻力导致外侧长拉杆耳孔发生破坏，该薄弱位置处于自塔帽起第二节段与第三节段的连接处。

由此判断，塔机首先在强度较薄弱的起重臂外侧长拉杆的该连接处发生断裂。

132

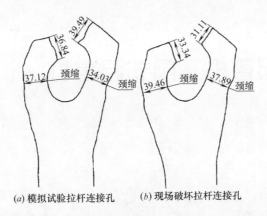

(a) 模拟试验拉杆连接孔　　　　*(b)* 现场破坏拉杆连接孔

图 3-74　事故现场破坏及模拟试验拉杆连接孔测绘比较

（6）整机在长拉杆连接断裂失效后前倾弯矩突然减小，塔身急速反弹后倾，其悬臂段塔身撞击 3 号房西侧顶部棚架，同时平衡臂尾部的平衡块撞击 3 号房设备层顶部，平衡块在后挡杆断裂后脱出平衡臂，6 块掉落在设备层顶部棚架上，1 块落在设备层侧楼顶。整机在平衡块脱出后反弹前倾，起重臂撞击 2 号房屋面后断裂为两部分，前段部分落在 2 号房顶部棚架上。同时，整机反弹前倾时的冲击力使塔身在位于最高附墙位置的塔身悬臂根部连接螺栓破坏，造成塔身折断。

（7）塔身折断位置的连接螺栓上有"SW10.9"标记，规格为 M30。取事故现场该位置连接螺栓经试验，其单个连接螺栓的抗拉力为 419.5kN，不符合 GB/T1231-91《钢结构用高强度大六角头螺栓、大六角头螺母、垫圈技术条件》3.2 条规定的要求（M30、10.9 级抗拉力为 583～696kN），说明该连接螺栓未达到标记的 10.9 级强度。

3.6.6.4　技术分析结论

综上分析，造成本次事故的主要技术原因如下：

（1）该塔机起吊施工电梯梯笼时遇阻造成超载、超力矩；

（2）该塔机的力矩限制器、重量限制器均失效，塔机超载超力矩后无保护作用；

（3）位于塔身断裂面的标准节连接螺栓未达到标记的 10.9 级强度。

塔机起吊过程中严重超载，长拉杆连接断裂失效，使得塔身悬臂根部折断，该断面上部的塔身连同塔机回转总成、驾驶室、塔帽、部分起重臂、平衡臂等下坠至西侧水泵房顶及地面，造成驾驶室内的驾驶员死亡事故。

4 流动式起重机、门式起重机

4.1 概述

4.1.1 流动式起重机的定义

流动式起重机是可以配备立柱或塔架，能在带载或空载情况下，沿无轨路面运行的，且可依靠自重保持稳定的臂架起重机。

流动式起重机是工程起重机中最通用的一种起重机，具有机动性好、转移方便、到达作业现场就可随时投入工作的特点。其广泛应用于建筑施工结构的安装，塔式起重机、施工升降机、物料提升机等起重机械的装拆等。

4.1.2 流动式起重机的型号和分类

4.1.2.1 按照底盘的形式分类

（1）履带式起重机

履带式起重机是以履带为运行底盘的流动式起重机，如图 4-1 所示。

图 4-1 履带式起重机

（2）汽车式起重机

汽车式起重机是以通用汽车底盘或专用汽车底盘为运行底架的流动式起重机，如图 4-2 所示。

图 4-2　全液压汽车式起重机

（3）轮胎式起重机

轮胎式起重机是装有充气轮胎，以特制底盘为运行底架的流动式起重机。

4.1.2.2　按照臂架形式分类

（1）桁架臂式

桁架臂轮胎式起重机自重轻，起重性能好。但臂架需人工接长，甚为不便，其基本臂不宜过长，以便于行驶转移。

（2）箱形伸缩臂式

箱形伸缩臂式起重机转移快，机动性好，应用广泛，吊臂在行驶状态时可缩在基本臂内，无妨于高速行驶，利用率高，能用在室内室外等处，工作范围广，但自重重。

4.1.2.3　按照传动装置的形式分类

（1）机械传动式

传动装置工作可靠，传动效率高，但机构复杂，操作费力，调速性差，现已逐步淘汰。

（2）电力机械传动式

传动装置简单，布置方便，操纵轻巧，调速性好。但现有电动机（能量二次转移装置）体重价贵，不易获得直线伸缩动作，故仅适宜在桁架臂轮胎式起重机中采用，应用范围小。

（3）液压机械传动式（简称液压传动式）

结构紧凑，传动比大，传动平稳，调速性能好，操作省力，元件尺寸小重量轻，易于三化（规范化、标准化和统一化），液压传动能直接获得直线运动。液压伸缩式箱形吊臂起重机是现代起重机的发展方向，支腿也可液压伸缩，但制作加工精度高、维修要求高，如图 4-2 所示。

4.1.2.4　按照用途不同分类

按照用途不同，流动式起重机可分为通用起重机、越野起重机、专用起重机等。

4.2 履带式起重机

4.2.1 特点

履带式起重机在行走的履带底盘上装有起重装置，操纵灵活，本身能 360°回转，在平坦坚实的地面上能带负荷行驶。由于履带的作用，接触地面面积大，通过性好，可在松软、泥泞的场地作业。履带式起重机有一个独立的能源，结构紧凑，外形尺寸相对比较小，机动性小，可满足工程起重机流动性的要求，比较适合建筑施工的需要。履带式起重机更换工作装置后，还可以进行挖土、夯土、打桩等多种作业。

但是履带式起重机稳定性较差，一般的履带式起重机的履带纵向长度比横向宽度要大，在纵向起吊时，要比在横向起吊时的稳定性高。因此履带式起重机在接近满负荷作业时，要避免将起重机的臂杆回转至履带成垂直方向的位置，以防止失稳，造成起重机倾覆事故。履带式起重机行驶速度慢且履带易损坏路面，转移时多用平板拖车装运。

4.2.2 履带式起重机的分类

4.2.2.1 按照传动方式不同分类

按照传动方式不同，履带式起重机可分为机械式、液压式和电动式三种。其中机械式传动又分为以下两种：

（1）内燃机——机械驱动

主要是通过机械传动装置，将内燃机的动力传递到各机构上。

（2）电动机——机械驱动

指外接电源使用电动机转动，再经机械传动装置将动力传递到各工作机构的一种驱动方式。

4.2.2.2 按照驱动方式不同分类

按照驱动方式不同，履带式起重机可分为以下两种：

（1）内燃机——电力驱动

内燃机——电力驱动与外接电源的电力驱动的主要区别是动力源不同，前者是独立的动力源——内燃机，后者是外接电网电源。内燃机——电力驱动通常是由柴油机驱动发电机发电，把内燃机的机械能转化为电能传送到工作机构的电动机上，再变为机械能带动工作机构运转。

（2）内燃机——液压驱动

内燃机——液压驱动在现代工程起重机中得到越来越广泛的应用，原因主要是柴油发动机机械能转化为液压能后，实现液压传动有许多优越性，其次是由于液压技术发展很快，使起重机液压传动技术日趋完善。这种形式减少了齿轮、轴等机械传动件，增加了重量轻、体积小的液压元件和油管，大大减轻了整机重量，能实现很大范围的无级调速，传动平稳，操作简单省力，安全性高，是目前履带式起重机的主要驱动形式。

4.2.3 履带式起重机的结构和基本参数

4.2.3.1 履带式起重机的结构

履带式起重机主要由主臂（动臂）和副臂金属结构、发动机、回转机构、变幅机构、行走机构、行走架和履带装置、起升机构、钢丝绳、滑轮、吊钩、配重、操作系统、安全装置等组成，如图4-3所示。

（1）动臂

动臂为多节组装桁架结构，调整节数后可改变长度，其下端铰装于转台前部，顶端用变幅钢丝绳滑轮组悬挂支承，可改变其倾角。也有的在动臂顶端加装副臂，副臂与动臂成一定夹角。起升机构有主、副两个卷扬系统，主卷扬系统用于动臂吊重，副卷扬系统用于副臂吊重。

（2）转台

转台通过回转支承装在底盘上，可将转台上的全部重量传递给底盘，其上部装有动力装置、传动系统、卷扬机、操纵机构、平衡重和操作室等。动力装置通过回转机构可使转台作360°回转。回转支承由上、下滚盘和其间的滚动件组成，可将转台上的全部重量传递给底盘，并保证转台的自由转动。

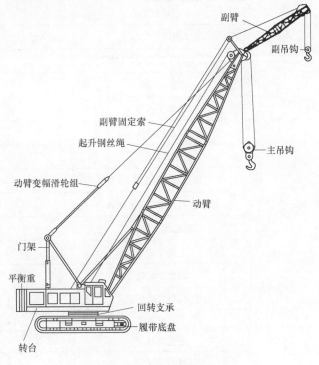

图4-3 履带式起重机构造图

（3）底盘

底盘包括行走机构和动力装置。行走机构由履带、驱动轮、导向轮、支重轮、托链轮和履带轮等组成。动力装置通过垂直轴、水平轴和链条传动使驱动轮旋转，从而带动导向轮和支重轮，实现整机沿履带行走。

4.2.3.2　履带式起重机的基本参数

履带式起重机的主要技术参数包括主臂工况、副臂工况、工作速度数据、发动机参数、结构重量等，见表 4-1。

履带式起重机性能参数　　　　　　　　表 4-1

项　　目	性 能 指 标	单　　位
主臂工况	额定起重量	t
	最大起重力矩	t·m
	主臂长度	m
	主臂变幅角	
主臂带超起工况	额定起重量	t
	最大起重力矩	t·m
	主臂长度	m
	超起桅杆长度	m
	主臂变幅角	
变幅副臂工况	额定起重量	t
	主臂长度	m
	副臂长度	m
	最长主臂＋最长变幅副臂	m
	主臂变幅角	
	副臂变幅角	
变幅副臂带超起工况	额定起重量	t
	主臂长度	m
	副臂长度	m
	最长主臂＋最长变幅副臂	m
	超起桅杆长度	m
	主臂变幅角	
	副臂变幅角	
速度数据	主(副)卷扬绳速	m/min
	主变幅绳速	m/min
	副变幅绳速	m/min
	超起变幅绳速	m/min
	回转速度	m/min
	行走速度	km/h
发动机	输出功率	kW
	额定转速	r/min

项　目	性能指标	单　位
重量	整机重量(基本臂)	t
	后配重＋中央配重＋超起配重	t
	最大单件运输重量	t
	运输尺寸(长×宽×高)	mm
接地比压		MPa

4.2.4　履带式起重机的安全装置

安全装置一般设有起重量限制器、幅度显示器、力矩限制器、超高限位、变幅限位、角度表、臂架防后倾装置、臂架变幅保险和吊钩保险等,主臂长度超过55m的履带式起重机还设置有风速仪和报警器等安全装置。

4.2.5　履带式起重机的安装和拆卸

履带式起重机的安装和拆卸应严格按照说明书要求,根据不同的工况来进行,施工单位要编制安装和拆卸专项施工方案并经过审批后实施。一般对于300t以上的大型履带式起重机应编制专项的安装和拆卸工法来进行。

4.2.5.1　大型履带式起重机的安装工艺流程

大型履带式起重机安装工艺流程见图4-4。

4.2.5.2　履带式起重机的装拆安全措施

(1) 吊装用机索器具必须经检验合格后才能使用;

(2) 每一部件安装完必须经机长及随机工程师检验合格后才能进行下一部件的安装;

(3) 在安装施工中,如遇五级以上大风、大雪、大雾、雷雨天气禁止安装作业;

(4) 夜间禁止安装作业;

(5) 起重臂就位、安装严禁用钢丝绳捆扎;

(6) 安装施工中,垂直下方不准站人,防止螺栓、销子、工具等落下伤人;

(7) 安装作业之前必须进行现场交底,各岗位分工明确,随机工程师到现场监护。

4.2.5.3　履带式起重机的总体检查调试及技术试验

(1) 在起重臂起扳前总体检查各部位轴销和保险装置以及各限位开关和各传感器;

(2) 当确认安装完好后方可进行整机试运转、调试及技术试验;

(3) 申报办理检测合格证;

(4) 取得检测合格证,办理进场验收手续后方可交付使用。

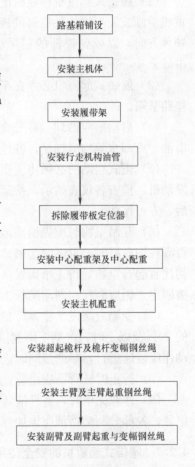

图4-4　大型履带式起重机安装工艺流程

4.2.6 履带式起重机的操作技术

（1）履带式起重机可以吊起重物行走，当起重机带负荷行走时，重物出现的摆动将使起重机的绳索产生斜拉力而形成斜吊，因此在满负荷作业时不得行车。如果需要作短距离移动时，吊车所吊的负荷不得超过允许起重量的70%，同时所吊的重物要在行车的正前方，重物离地面不得大于50cm，并拴好溜绳，控制重物的摆动、缓慢行驶，才能达到安全作业。

（2）履带式起重机作业时的臂杆仰角，一般不超过78°，臂杆的仰角过大，易造成起重机后倾或发生将构件拉斜的现象。起重机作业后要将臂杆降至40°～60°之间，并转至顺风方向，以减少臂杆的迎风面积，防止遇大风将臂杆吹向后仰，发生翻车和折杆的事故。

（3）履带式起重机必须在平坦坚实的硬地面上作业，如地面比较松软，应在夯实后铺垫路基箱。

（4）启动前应做到：各安全装置齐全可靠，钢丝绳及连接部位应符合规定，燃油、润滑油、冷却水等均应加足，各连接件无松动。

（5）正式启动前必须将主离合器松开，将各操纵杆放在空档位置并按照有关规定启动发动机，检查各仪表指示，待运转正常后再连接主离合器，进行空载运转，确认一切正常后，方可作业。

（6）起吊重物时应先稍离地面试吊，当确认重物已挂牢，起重机的稳定性和制动器的可靠性均良好时，再继续起吊。在重物起升过程中，操作人员应把脚放在制动踏板上，密切注意起升重物，防止吊钩冒顶。当起重机停止运转而重物仍悬在空中时，即使制动踏板被固定，仍应脚踩在制动踏板上。

（7）变幅应缓慢平稳，严禁在起重臂未停稳前变换档位；起重机载荷达到额定起重量的90%及以上时，严禁下降起重臂；在起吊载荷达到额定起重量的90%及以上时，升降动作应慢速进行，并严禁同时进行两种以上动作。

（8）行走时转弯不应过急，如转弯半径过小，应分次转弯。下坡时严禁空档滑行。

（9）作业完毕时，臂杆应转到顺风方向，并降至40°～60°之间。吊钩升到接近顶端的位置。各部分制动器都应该加保险固定，操作室和机棚都要关门加锁。

4.2.7 履带式起重机的安全使用

（1）履带式起重机应在平坦坚实的地面上作业、行走和停放。在正常作业时，坡度不得大于3°，并应与沟渠、基坑保持安全距离。

（2）起重机变幅应缓慢平稳，严禁在起重臂未停稳前变换档位，起重机满负荷或接近满负荷时严禁下降臂杆。

（3）起重机如必须带负荷行走，吊重不得超过允许起重量的70%，行走道路应坚实平整，重物应在起重机的正前方，离地面高度不得超过50cm，并用拉绳栓住缓慢行走，严禁长距离带负荷行走。

（4）起重机通过桥梁、水坝、排水沟等构筑物时，必须先查明其允许荷载后再通过，必要时应加固。通过铁路、地面水管、电缆等设施时，应铺设木板保护，在通过时不得在

140

上面转弯。

（5）起重机转移工地，应用平板车运输，特殊情况需自行转移时，应卸去配重、拆除臂杆，行走主动轮应在后面，回转、臂杆、吊钩等都必须处于制动位置，每行走 500～1000m 时应对行走机构进行检查和润滑。

（6）双机抬吊重物时，应选用起重性能相近的起重机进行，抬吊时应统一指挥，动作应配合协调，载重应分配合理，不得超过单机允许起重量的 80％。在吊装过程中，起重机的吊钩滑轮组应保持垂直状态。

（7）多机抬吊（多于三台时），应采用平衡轮、平衡梁等调节措施来调整各起重机的受力分配，单机的起吊载荷不得超过允许载荷的 75％。多台起重机共同作业时，应统一指挥，动作应配合协调。

4.2.8 典型事故案例分析

某轨道交通工程一台 50t 履带式起重机，于 2009 年 1 月 8 日上午 9 时 30 分发生侧翻事故。该事故导致一人（吊车司机）死亡，50t 履带式起重机巴杆、驾驶室损坏。

主要原因分析：施工现场起重指挥视线不畅，吊装基坑内脚手钢管时钩住临时支撑钢管，导致起重机超载，司机操作不当，强行起吊导致 50t 履带式起重机侧向倾覆，司机在跳下逃生时被履带吊驾驶室压住死亡。事故现场见图 4-5。

图 4-5　50t 履带式起重机倾覆事故现场

4.3　汽车式起重机

4.3.1　汽车式起重机的特点

（1）汽车式起重机是装在普通汽车底盘或特制汽车底盘上的一种起重机，其行驶驾驶室与起重操纵室分开设置。这种起重机的优点是机动性好，转移迅速。缺点是抗倾覆稳定性不如履带式起重机，不能带负荷行走。工作时需支腿，也不适合在松软或泥泞的场地上工作。

（2）汽车式起重机的底盘性能等同于同样整车总重的载重汽车，符合公路车辆的技术要求，因而可在各类公路上通行无阻。此种起重机一般备有上、下车两个操纵室，作业时必需伸出支腿保持稳定。起重量的范围很大，可从8～1000t，底盘的车轴数，可从2～10根。汽车式起重机是产量最大，使用最广泛的起重机。图4-6为型号450t、130t、70t 3台汽车式起重机。

图 4-6　450t、130t、70t 3 台汽车式起重机

4.3.2　汽车式起重机的分类

4.3.2.1　按额定起重量分

一般额定起重量15t以下的为小吨位汽车起重机，额定起重量16～25t的为中吨位汽车起重机，额定起重量26t以上的为大吨位汽车起重机。

4.3.2.2　按吊臂结构分

按吊臂结构汽车式起重机可分为定长臂汽车起重机、接长臂汽车起重机和伸缩臂液压汽车起重机三种。

（1）定长臂汽车起重机多为小型机械传动起重机，采用汽车通用底盘，全部动力由汽车发动机供给。

（2）接长臂汽车起重机的吊臂由若干节臂组成，分基本臂、顶臂和插入臂，可以根据需要，在停机时改变吊臂长度。由于桁架臂受力好，迎风面积小，自重轻，是大吨位汽车起重机的主要结构形式。

（3）伸缩臂液压汽车起重机，其结构特点是吊臂由多节箱形断面的臂互相套叠而成，利用装在臂内的液压缸可以同时或逐节伸出或缩回。全部缩回时，可以有最大起重量；全部伸出时，可以有最大起升高度或工作半径。

4.3.2.3　按动力传动分

按动力传动汽车式起重机分为机械传动、液压传动和电力传动三种。施工现场常用的是液压传动汽车起重机。

4.3.3　汽车式起重机的主要结构

（1）汽车式起重机一般由上车驾驶室、下车驾驶室、发动机、吊臂、伸缩油缸及机构、上车回转机构、起升机构、钢丝绳、滑轮组及吊钩、行走底盘、支腿及伸缩油缸、配重、各种控制阀和液压阀、液压马达、安全装置等组成。一般的安全装置配置有：力矩限制器、卷扬三圈保护机构、过卷扬保护报警装置等。汽车式起重机的结构如图4-7所示。

图 4-7　汽车式起重机结构

1—下车驾驶室；2—上车驾驶室；3—顶臂油缸；4—吊钩；5—支腿；
6—回转卷扬机构；7—起重臂；8—钢丝绳；9—下车底盘

（2）绝大多数汽车式起重机采用一台发动机安装在下车来驱动，液压泵安装在下车，液压油通过高压油管泵送到上车来驱动各个液压马达或油缸来完成各个动作。

（3）在起重臂里面有一个转动卷筒，上面绕钢丝绳，钢丝绳通过在下一节臂顶端上的滑轮，将上一节起重臂拉出去，依此类推。缩回时，卷筒倒转回收钢丝绳，起重臂在自重作用下回缩。这个转动卷筒采用液压马达驱动。

（4）发动机的功率是根据行驶功率和起重功率做比较后，取两者的最大值来确定的。

（5）汽车起重机的液压支腿一般有4种形式，包括蛙式支腿、H式支腿、X式支腿、辐射式支腿等。

（6）汽车起重机由于行驶速度快，转移灵活，汽车底盘及其零件供应较方便等优点，特别是伸缩臂式汽车起重机，发展很快。

4.3.4　汽车式起重机的基本参数

汽车起重机的基本参数包括尺寸参数、质量参数、动力参数、行驶参数、主要性能参

143

数及工作速度参数等。

（1）尺寸参数：整机长、宽、高，第一、二轴距，第三、四轴距，一轴轮距，二、三轴轮距；

（2）质量参数：行驶状态整机质量，一轴负荷，二、三轴负荷；

（3）动力参数：发动机型号，发动机额定功率，发动机额定扭矩，发动机额定转速，最高行驶速度；

（4）行驶参数：最小转弯半径，接近角，离去角，制动距离，最大爬坡能力；

（5）性能参数：最大额定起重量，最大额定起重力矩，最大起重力矩，基本臂长，最长主臂长度，副臂长度，支腿跨距，基本臂最大起升高度，基本臂全伸最大起升高度，（主臂＋副臂）最大起升高度；

（6）速度参数：起重臂变幅时间（起、落），起重臂伸缩时间，支腿伸缩时间，主起升速度，副起升速度，回转速度等。

4.3.5 汽车式起重机的使用与管理

（1）汽车式起重机的使用尤其要注意其稳定性。其稳定性的好坏，与汽车式起重机的架设水平度、幅度变化、液压支腿的使用、起吊方向及司机操作等诸多因素有关。轮胎气压应充足。

（2）四个液压支腿是保证汽车式起重机的整机稳定性的关键因素。在正式作业前要利用设备上的水平气泡将支承回转面调平，如地面松软不平时，一定要处理好路基。为了防止发生侧翻事故，应在支腿垫盘下安置道木或钢板，有条件的可设置路基箱来确保安全作业。

（3）汽车式起重机的稳定性随起吊方向的不同而不同，其起重能力也随着变化。在稳定性比较好的正前方向，汽车式起重机能起吊额定起重量，当回转到稳定性较差的侧面时，同样的起重量就会发生超载现象，甚至发生侧翻事故。

（4）当需最长臂工作时，风力不得大于 5 级；起重机吊钩重心在起重作业时不得超过回转中心与前支腿（左右）接地中心线的连线；在起重量指示装置有故障时，应按起重性能表确定起重量，吊具重量应计入总起重量。

（5）汽车式起重机的使用要注意严禁侧拉，防止箱形臂杆的侧向稳定性受到大的影响。所以在用汽车式起重机吊装柱子时，不宜采用滑行法起吊，通常采用在根部用辅助吊机递送的办法来减少柱脚与地面之间的摩擦力。

（6）当起重机的起重臂接近最大仰角吊重时，在卸重前应先将重物放在地上，并保持钢丝绳拉紧状态，把起重臂放底，然后再脱钩，以防止起重机卸载后向后倾翻。

（7）吊重作业时，起重臂下严禁站人，禁止吊起埋在地下的重物或斜拉重物以免承受侧载；禁止使用不合格的钢丝绳和起重链；根据起重作业曲线，确定工作半径和额定起重量，调整臂杆长度和角度。

4.3.6 全液压汽车起重机的安全操作要求

（1）启动前，检查各安全保护装置和指示仪表是否齐全、有效，燃油、润滑油、液压油及冷却水是否添加充足，钢丝绳及连接部位是否符合规定，液压、轮胎气压是否正常，各连接件有无松动。

（2）发动机启动后将油泵与动力输出轴结合，在怠速下进行预热，液压油温达 30℃ 才能进行起重作业。

（3）起重作业前，检查工作地点的地面条件。地面必须具备能将起重机呈水平状态，并能充分承受作用于支腿的压力条件；注意地基是否松软，如较松软，必须给支腿垫好能承载的枕木或钢板；支腿必须全伸，并将起重机调整成水平状态。在支腿伸出放平后，即关闭支腿开关，如地面松软不平，应修整地面，垫放枕木。检查安全可靠后进行起重作业。

（4）吊重物时，不得突然升降起重臂。严禁伸缩起重臂。当起重臂全伸，而使用副臂时，其仰角不得小于 50°。

（5）作业时，不得超过额定起重量的工作半径，亦不得斜拉起吊。并禁止在前面起吊。

（6）一般只允许空钩和吊重在额定起重量 30％ 以内使用自由下落踏板。操作时应缓慢，不要突然踏下或放松。除自由下落外，不要把脚放在自由下落踏板上。

（7）蓄能器应保持规定压力，小于或大于规定压力范围不仅会使系统恶化，而且会引起严重事故。

（8）回转动作要平稳，不准突然停转，当吊重接近额定起重量时不得在吊物离地面 0.5m 以上的空中回转。

（9）在起吊重载时应尽量避免吊重变幅，起重臂仰角很大时不准将吊物骤然放下，以防后倾。

（10）汽车式起重机除上述规定外还应严格按说明书、起重机械的一般安全技术规定执行。

4.3.7　典型事故案例分析

某轨道交通工程 25t 汽车式起重机于 2008 年 9 月 29 日凌晨 1 时 46 分发生侧翻事故。

事故主要原因分析：司机违反操作规程，在汽车式起重机未伸出前支撑脚的情况下，擅自进行起吊作业，而且在吊装回转到侧面前未及时起大臂缩小起重半径；起重指挥工作中未坚持原则，明知有危险还是默许了司机的违章行为；施工场地狭小，各分包单位在场地材料设备堆放上没有统一管理；夜间施工现场的安全监管力度不足。25t 汽车式起重机倾覆事故现场见图 4-8。

图 4-8　25t 汽车式起重机倾覆事故现场

4.4 轮胎式起重机

轮胎式起重机是装有充气轮胎，以特制底盘（根据要求设计）为运行底架的流动式起重机。图 4-9 为轮胎式起重机。

图 4-9　轮胎式起重机

4.4.1　轮胎式起重机的特点

（1）采用专用底盘，车身短，作业移动灵活，转弯半径小，可在 360°范围内工作；

（2）只有一个设在回转平台上的操作室，轴距短，重心高，轮距较宽，稳定性好；

（3）其行驶速度小于 30km/h，发动机设在回转平台上或在底盘上。不做长距离转移，工作地点比较固定；

（4）其行驶时对路面要求较高，行驶速度较汽车式慢，不适于在松软泥泞的地面上工作。

4.4.2　轮胎式起重机的结构

轮胎式起重机一般由吊臂、伸缩油缸及机构、上车回转机构、起升机构、上车机室、回转支承部分、钢丝绳、轮组及吊钩、下车行走底盘及下操作室、支腿及水平伸缩油缸、配重等组成。

4.4.3　轮胎式起重机的安全使用

（1）起重机稳定性的好坏，与起重机的架设水平度、幅度（回转半径）变化、支腿的使用、起吊方向及操作等诸多因素有关，如不注意就会发生倾翻事故。

（2）起重机的四个支腿是保证起重机稳定性的关键，作业时要利用水平仪将回转支承面调平，如地面松软不平或在斜坡上工作时，一定要在支腿垫盘下面垫以木板或铁板，将支腿位置调整好。为了防止液压系统出现故障，发生事故，应在调平的支腿下垫上保险枕木，以确保安全作业。

（3）起重机的稳定性，随起吊方向的不同而不同，起重能力也随之不同；稳定性较好的方向能起吊额定荷载；当转到稳定性差的方向上就会出现超载，有倾翻的可能。起重机的各个不同起吊方向的起重量，有特殊的规定，但在一般的情况下多数起重机在车前方是

146

不允许吊装作业的，因此在使用流动式起重机时，要认真按照产品说明书执行。

4.5 门式起重机

门式起重机是指桥架通过两侧支腿支承在地面轨道或地基上的桥架型起重机，又称龙门起重机。

4.5.1 门式起重机的分类

4.5.1.1 按主梁形式分

按主梁形式，门式起重机可以分为双梁门式起重机、单主梁门式起重机、可移动主梁门式起重机。

（1）双梁门式起重机：有两根主梁的门式起重机；

（2）单主梁门式起重机：有一根主梁的门式起重机；

（3）可移动主梁门式起重机：主梁可沿桥架纵向移动的门式起重机。

4.5.1.2 按悬臂分

按悬臂不同，门式起重机可以分为无悬臂门式起重机、单悬臂门式起重机、双悬臂门式起重机。

（1）无悬臂门式起重机：桥架两侧都没有悬臂的门式起重机。

（2）单悬臂门式起重机：桥架一侧有悬臂的门式起重机。如图 4-10 所示。

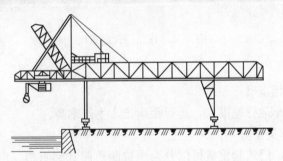

图 4-10 单悬臂门式起重机

（3）双悬臂门式起重机：桥架两侧都有悬臂的门式起重机。

4.5.1.3 按运行装置分

按运行装置不同，门式起重机可以分为轨道门式起重机和轮胎门式起重机。

（1）轨道门式起重机：在轨道上运行的门式起重机。如图 4-11 所示。

（2）轮胎门式起重机：行走部分采用轮胎支承的门式起重机。如图 4-12 所示。

4.5.1.4 按用途划分

按用途不同，门式起重机可以分为通用门式起重机、造船用门式起重机、水电站门式起重机、集装箱门式起重机、装卸桥。

（1）通用门式起重机：一般用途的门式起重机；

（2）造船用门式起重机：专门用于制造船体，设在船台上的门式起重机；

（3）水电站门式起重机：安装在水电站坝顶上，主要用来吊运和启闭闸门、拦污栅的

图 4-11　轨道门式起重机

图 4-12　轮胎门式起重机

门式起重机；

（4）集装箱门式起重机；

（5）装卸桥：小车运行速度大，运行距离长，生产率高。

4.5.1.5　按起重小车类型分

按起重小车类型，门式起重机可以分为手拉葫芦门式起重机、电动葫芦门式起重机、自行小车门式起重机、绳索小车门式起重机、带臂架小车门式起重机、带斗门式起重机等。

4.5.1.6　按支腿形式不同分

按支腿形式，门式起重机可以分为 L 形支腿、C 形支腿、O 形支腿、U 形支腿、柔性支腿、刚性支腿门式起重机。

（1）L 形支腿：从垂直于起重机轨道方向看，形状为 L 形的支腿；

（2）C 形支腿：从垂直于起重机轨道方向看，形状为 C 形的支腿；

（3）O 形支腿：从垂直于起重机轨道方向看，形状为 O 形的支腿；

（4）U 形支腿：从垂直于起重机轨道方向看，形状为 U 形的支腿；

（5）柔性支腿：依靠支腿和桥架的连接或支腿柔性，允许支腿相对桥架产生一定范围的倾斜；

（6）刚性支腿：和桥架刚性连接，刚性较大的支腿。

4.5.2 门式起重机的形式种类

门式起重机的形式种类按其主梁形式、取物装置及小车配置等特征，划分如表4-2所示。

门式起重机的形式种类划分表　　　　　　　　　　　表4-2

序号	主梁形式	名　称	小车特征	代号
1	双梁	吊钩门式起重机	单小车	MG
2			双小车	ME
3		抓斗门式起重机	单小车	MZ
4		电磁门式起重机		MC
5		抓斗吊钩门式起重机		MN
6		抓斗电磁门式起重机		MP
7		三用门式起重机		MS
8	单主梁	吊钩门式起重机	单小车	MDG
9			双小车	MDE
10		抓斗门式起重机	单小车	MDZ
11		电磁门式起重机		MDC
12		抓斗吊钩门式起重机		MDN
13		抓斗电磁门式起重机		MDP
14		三用门式起重机		MDS

4.5.3 门式起重机型号

门式起重机型号表示方法如下：

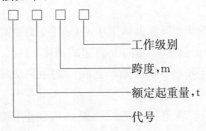

标记示例：

(1) 门式起重机　MDG20/5—22A4　GB/T 14406

表示具有主、副钩的起重量为20/5t，跨度22m，工作级别A4的单主梁吊钩门式起重机。

(2) 门式起重机　ME50/10+50/10—35A4　GB/T 14406

表示起重量为50/10t，跨度35m，工作级别A4的双梁、双小车吊钩门式起重机。

4.5.4 门式起重机的主要结构

4.5.4.1 门式起重机的结构形式

门式起重机在结构上均由门架、大车运行机构、起重小车和电气部分等组成。有的门式起重机只在一侧有支腿，另一侧支承在厂房或栈桥上运行，称作半门式起重机。门式起重机的门架由上部桥架（含主梁和端梁）、支腿以外，形成悬臂。也可以采用带臂架的起重小车，通过臂架的俯仰和旋转扩大起重机作业范围。

4.5.4.2　门式起重机的速度

建筑、市政工地使用的通用门式起重机的起重量为 5～25t，起升速度一般为 4～20m/min，小车运行速度为 4～50m/min。大车运行是非工作性的（起吊物品时不运行，只在调整起重机位置时运行），速度一般为 20～45m/min。专用门式起重机还相应地配备各种专门机构或装置，以适应不同类型的需要。

4.5.4.3　门式起重机的基本构件

(1) 支腿；

(2) 上部框架：上方连接同侧支腿的框架；

(3) 上横梁：连接两根主梁的水平结构件；

(4) 中横梁：在同侧支腿中部的连接构件；

(5) 下横梁：在下方连接同侧支腿的水平结构件；

(6) 拐臂：下横梁和回转台车之间的结构件，一端用垂直心轴与下横梁相连，另一端与回转台车相连；

(7) 滑动支承（滑板）：可在水平面内转动一定角度，支腿和桥架的连接装置；

(8) 垂直反滚轮：阻止角形小车倾翻的垂直轮；

(9) 水平反滚轮：阻止角形小车倾翻的水平轮；

(10) 水平滚轮：对在起重机轨道上运行的车轮起导向作用的水平安装的滚轮；

(11) 角形小车：对一根抗扭的梁作角形包围的起重小车，其载荷从支承以外升降；

(12) 悬挂小车：悬挂在起重机主梁上的起重小车；

(13) 翻身小车：在造船用门式起重机的承载梁下翼缘上运行的小车，用于翻转船体构件；

(14) 悬臂长度 L：悬臂伸出起重机轨道中心线以外的距离；

(15) 卧悬臂端上翘度 h：悬臂端部向上翘起的高度；

(16) 侧门架净空：侧门架一半高度处，支腿门的距离 B 和主梁下缘到下横梁上缘的距离 H；

(17) 门架净空：沿起重机轨道方向的门形架，从起重机轨道顶面到桥架梁下缘的距离 H 和两侧支腿的距离 L。

4.5.5　门式起重机的安装和拆卸

4.5.5.1　施工准备

(1) 铺设吊车轨道：根据施工现场平面图，确定吊车轨道位置，然后挖一定深度的沟，铺设一定厚度的道砟，然后铺设枕木（路基箱）、铁轨（根据载重确定是否用重轨）；

(2) 在埋设好的轨道外侧埋设钢管，然后用扁铁与轨道连接在一起，测量接地电阻不应大于 4Ω；

(3) 行走机构、起升机构等的检修；

(4) 桥架组装。

4.5.5.2 大车行走机构安装

将两组大车行走机构放置在轨道上，两组台车的对角线误差不得大于5mm。

4.5.5.3 安装支腿

按编号将四条支腿放置在大车行走机构上，通过螺栓与大车行走机构连接。然后分别用缆风绳将四个支腿打住，防止其倾倒，通过倒链调整支腿，使其中心线与水平面垂直。

4.5.5.4 吊装主梁

用枕木将主梁垫起一定高度（约1m左右），用合适的汽车式起重机或履带式起重机将主梁吊起，放置在支腿上，通过螺栓与支腿连接。然后安装起升机构等。如图4-13所示。

图4-13 门式起重机主梁吊装

4.5.5.5 导线连接调试

（1）将输电电缆、控制电缆按所做标记连接好；

（2）将各安全限位装置恢复，包括大车行走限位装置、小车行走限位、起升高度限位等。

4.5.5.6 载荷试验

（1）空载试验

① 测量门式起重机的跨度、对角线尺寸和轨道等数据，大车反复行走碾压轨道并复查数据，必要时填实轨道。达到规范要求后，开始载荷试验。

② 使空载葫芦沿轨道来回运行两次，此时起、制动应正常可靠，限位开关动作准确。大车运行机构在大车轨道上运行三次，此时大车无明显蛇行、噪声和打滑，并检查大车行走限位的动作是否准确。

③ 使电动葫芦空钩全程上升、下降各三次，此时起升机构限位开关的动作应准确可靠。

（2）静载试验

起升额定载荷离地100~200mm，然后无冲击加载至125%，悬停10min，然后卸去载荷，检查钢结构是否有永久性变形和裂纹。

（3）动载试验

先让电动葫芦提升110％额定载荷，做反复起升和下降；开动满载小车来回运行 3～5 次，然后把小车开到跨中，让门式起重机以全速来回运行 2～3 次，并做反复制动和启动，检查机构的动作是否可靠、准确。

4.5.6 门式起重机的使用与维修

4.5.6.1 桁架及其主要构件的检查

起重机的桁架及其主要构件至少应每月进行一次全面检查。

（1）检查所有连接螺栓。特别是主梁自身（针对主梁分段而言）的接头螺栓，主梁与支腿、主梁与端梁、支腿与下横梁的连接螺栓，小车及其他件的螺栓连接，不得有任何松动。

（2）检查主要焊缝。如有裂纹则应将裂纹铲除干净，然后用优质焊条焊接，并保证焊缝质量。

（3）检查主梁的拱度、翘度及其他主要件的变形。查主梁的拱度、翘度时应将无负荷的小车停在支腿处，主梁的中部在水平线以下的下沉值（由原始高度向下产生的永久变形值）。

（4）起重机和小车的运行轨道每月应检查两次。检查轨道紧固情况，轨道压板焊缝有无开裂，轨道同承轨梁是否贴紧，并测量误差情况，对超差部分应进行调整。轨道侧面磨损量超过原轨宽的 15％时，应换新轨道。

（5）为保障车轮与轨道的附着力，轨道顶面应防止沾油。

4.5.6.2 大、小车运行机构的检查

（1）车轮啃道

车轮啃道是常见的工种弊病。造成啃道的原因很多，其中主要的应检查以下几点：

① 首先要把正常的导向与啃道区别开来。轮缘挨着轨道侧面走并有轻微的摩擦不应算啃道。啃道指的是严重的轮缘与轨道的抵触，运行起来往往发出响声或震动，甚至出轨。

② 如运行始终向一个方向啃，则车轮水平偏斜超差和两个主动（或被动）车轮偏斜方向未达到相反的可能性最大，应重新调整，达到安装要求。

③ 如在往返行程中啃道方向相反，则两个电动机或制动器不同步的可能性最大，应测定两电动机的转速进行选配。因非同一制造厂，或同一厂制造但非同一时期所出的电动机可能有较大的差异。并调整制动弹簧的压缩量，使两制动器的制动力矩达到一致。检查制动器各铰点转动是否灵活。

④ 如只在某一段行程上啃道，则轨道安装得不正确的可能性最大，应检查轨距和在同一截面中的轨道高低差。

⑤ 如在全行程上始终啃外缘（或内缘），则车轮或轨道的跨度有问题，应检查调整，偏差不应超过规定值。

⑥ 由于主梁的下沉，往往使主梁向内弯曲，造成小车啃道，这时轻者应调整车轮的轨距，重者应修复主梁，不宜轻易更换轨道。

⑦ 调整时应选择某一车轮，可同时解决水平偏斜（注意方向）、垂直偏斜、跨度（或

轨距）和对角线等几个方面的问题，并尽量选择在从动车轮上，因它与传动机构无关。使被调整的车轮悬空，调整水平偏斜，在角形轴承箱的垂直支承面下加垫，调整垂直偏斜，在水平面加垫，调整跨度（或轨距）和对角线差，需将原垫铲后重焊。

（2）主动车轮打滑的维修

① 车轮滚动面未在一个平面上，应在角形轴承箱处加垫调整；

② 轨道上绝对禁止有油腻存在，必要时可在轨面上撒细砂等物以增加摩擦系数；

③ 轨道面和高低方向有波浪或在同一截面上两轨道高低差超差时应重新调整，使之达到要求；

④ 调整制动力矩，不要使之制动过猛，并使两支腿的制动器的制动力矩相等；

⑤ 禁止经常打反车紧急制动。

（3）经常检查连接和固定用的螺栓，不得产生松动现象。

（4）小车在运行中出现强烈的敲击声。对于单梁箱形水平反滚轮式小车运行机构，应重点检查主车轮的水平偏斜（应在规定允许值内，越小越好）及下水平反滚轮的水平倾斜。因它们的安装误差是造成小车跑偏的主要原因，当跑偏积累超过构件的弹性形变限度时的瞬间，车轮被迫恢复至原始位置，高速的摩擦与振动产生敲击声。

4.5.6.3　起升机构的维修

（1）"溜钩"多由以下几点造成：

① 制动轮沾有油污。用煤油清洗制动轮表面与制动垫片，待干燥后即可使用。

② 制动器主弹簧压力不足。应按图纸规定压缩量进行调整或按要求压缩力的大小来压缩弹簧。

③ 制动垫片过度磨损，使铆钉与制动轮直接接触。应更换制动垫片。

④ 制动垫片与制动轮面的间隙过大。应尽可能地减小这个间隙，只要垫片和轮面在制动器打开时不摩擦就行。

（2）安全开关失灵，多是由于开关内部构件卡滞或移位造成的，在调整和使用中应注意以下几点：

① 上升极限安全开关应保证：空钩上升至吊具最上点，在断电的瞬间，距小车的相关构件不小于 4 倍的制动距，且不小于 200mm；

② 每次更换或串动钢丝绳后，均应重新调整安全开关；

③ 每个班次的开始都应试用一次，以检查开关的动作可靠性；

④ 司机不得依靠开关来代替自己的操作。

（3）对于抓斗起重机或装卸桥，在中、大修时应将抓斗开闭机构和提升机构的电动机、减速器互换，以避免开闭机构的电动机、减速器过早损坏。

4.5.6.4　专用零部件的维护

（1）夹轨器是防风防滑的重要安全装置。

① 夹轨器的各传动部分和节点，应灵活动作，不准有卡住现象。闸瓦应严密地夹压在轨道头的两侧。

② 夹轨器的夹钳、连杆、螺杆、闸瓦、弹簧等部件，如发现有裂纹变形、断碎情况要及时更换。

（2）如电气部分工作有异常，应停止工作，将故障排除后方可使用。

4.5.7 典型事故案例分析

2001 年 7 月 17 日,在某船厂的船坞工地,正在组装的 600t 门式起重机倒塌,造成 36 人死亡、2 人重伤、1 人轻伤,经济损失约 1 亿元的特大事故。

事故原因分析:

(1) 龙门吊刚性支腿在调整缆风绳过程中受力失衡是事故的直接原因。现场在未采取任何安全保障措施的情况下,放松了内侧缆风绳,导致刚性支腿向外侧倾倒并依次拉动主梁等发生倒塌。

(2) 龙门吊安装大梁施工作业中,起重指挥擅自改变施工方案,违章指挥是本次事故的主要原因。

(3) 龙门吊吊装方案不够完善,缺乏关键安装工序的安全控制措施是事故发生的重要原因。

(4) 龙门吊安装现场缺乏严格的管理和统一协调,安全措施不全,人员作业交互混杂,缺少危险防范意识是伤亡惨重的重要因素。

5 施工升降机

施工升降机是一种用吊笼载人、载物，可分层输送建筑材料和人员，沿导轨做上下运输的高效率垂直施工机械，适用于高层建筑、桥梁、电视塔、烟囱、电站等工程的施工。该外用电梯具有性能稳定，安全可靠，不用另设机房、井道，拆装方便，搬运灵活，提升高度大，运载能力强等特点，因而是建筑施工中理想的垂直运输机械。

5.1 施工升降机的型号和分类

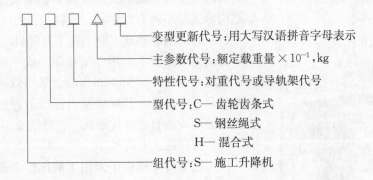

- 变型更新代号：用大写汉语拼音字母表示
- 主参数代号：额定载重量×10⁻¹，kg
- 特性代号：对重代号或导轨架代号
- 型代号：C— 齿轮齿条式
         S— 钢丝绳式
         H— 混合式
- 组代号：S— 施工升降机

5.1.1 施工升降机的型号

施工升降机的型号由组、型、特性、主参数和变型更新等代号组成。

5.1.1.1 主参数代号

单吊笼施工升降机标注一个数值。双吊笼施工升降机标注两个数值，用符号"/"分开，每个数值分别为一个吊笼的额定载重量代号。对于 SH 型施工升降机而言，每个数值分别为钢丝绳提升吊笼的额定载重量代号。

5.1.1.2 特性代号

特性代号是表示施工升降机两个主要特性的符号。

（1）对重代号：有对重时标注 D，无对重时省略。

（2）导轨架代号：

① 对于 SC 型施工升降机：三角形截面标注 T，矩形或片式截面省略，倾斜式或曲线式导轨架则不论何种截面均标注 Q；

② 对于 SS 型施工升降机：导轨架为两柱时标注 E，单柱导轨架内包容时标注 B，不包容时省略。

5.1.1.3 标记示例

（1）齿轮齿条式施工升降机，双吊笼有对重，一个吊笼的额定载重量为 2000kg，另一个吊笼的额定载重量为 2500kg，导轨架横截面为矩形，表示为：施工升降机 SCD 200/

250（GB/T 10054）；

（2）钢丝绳式施工升降机，单柱导轨架横截面为矩形，导轨架内包容一个吊笼，额定载重量为 3200kg，第一次变型更新，表示为：施工升降机 SSB320A（GB/T 10054）。

5.1.2 施工升降机的分类

施工升降机按其传动形式可分为：齿轮齿条式、钢丝绳式和混合式三种。

5.1.2.1 齿轮齿条式人货两用施工升降机

该施工升降机的传动方式为齿轮齿条式，动力驱动装置均通过平面包络环面涡杆减速器带动小齿轮转动，再由传动小齿轮和导轨架上的齿条啮合，通过小齿轮的转动带动吊笼升降，每个吊笼上均装有渐进式防坠安全器，如图 5-1 所示。

图 5-1 齿轮齿条式施工升降机

按驱动传动方式的不同目前有普通双驱动或三驱动形式、液压传动驱动形式、变频调速驱动形式；按导轨架结构形式的不同有直立式、倾斜式、曲线式。

（1）普通双驱动或三驱动施工升降机

普通施工升降机采用专用双驱动或三驱动电机作动力，其起升速度一般为 36m/min。采用双驱动的施工升降机通常带有对重。其导轨架由标准节通过高强度螺栓连接组装而成的直立结构形式。在建筑施工中广泛使用。

（2）液压施工升降机

液压施工升降机由于采用了液压传动驱动，故具有无级调速、起制动平稳和运行高速的特点。驱动机构通过电机带动柱塞泵产生高压油液，再由高压油液驱使油马达运转，并通过涡轮减速器及主动小齿轮实现吊笼的上下运行。但由于噪声大、成本高，目前几乎不使用。

（3）变频调速施工升降机

变频调速施工升降机由于采用了变频调速技术，具有手控有级变速和无级变速，其调速性能更优于液压施工升降机，起制动更平稳，噪声更小。其工作原理是电源通过变频调速器，改变进入电动机的电源频率，以达到电动机变速。变频调速施工升降机的最大提升高度可达 450m 以上，最大起升速度达 96m/min。由于良好的调速性能、较大的提升高度，故在高层、超高层建筑中得到广泛的应用。

（4）倾斜式施工升降机

倾斜式施工升降机是根据特殊形状建筑物的施工需要而产生的，其吊笼在运行过程中应始终保持垂直状态，导轨架按建筑物需要倾斜安装，吊笼两受力立柱与吊笼框制作成倾斜形式，其倾斜度与导轨架一致，如图 5-2 所示。由于吊笼的两立柱、导轨架、齿条与吊笼都有一个倾斜度，故三台驱动装置布置形式呈阶梯状，如图 5-3 所示。

倾斜式施工升降机与直立式施工升降机在设计与制造上的主要区别是导轨架的倾斜度由底座的形式和附墙架的长短来决定。附墙架设有长度调节装置，以便在安装中调节附墙

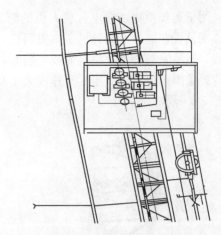

图 5-2　倾斜式施工升降机　　　　　　图 5-3　驱动装置布置形式

架的长短，保证导轨架的倾斜度和直线度。

（5）曲线式施工升降机

曲线式施工升降机无对重，导轨架采用矩形截面或片状方式，通过附墙架或直接与建筑物内外壁面进行直线、斜线和曲线架设。该机型主要应用于以电厂冷却塔为代表的曲线外形的建筑物施工中，如图 5-4 所示。在设计与制作上有以下特点：

① 吊笼采用下固定铰点或中固定铰点，设置有强制式自动调平与手动调平两种制式调平机构，可使吊笼在做多种曲线运行时始终保持垂直；

② 吊笼与驱动装置采用拖式铰接连接，驱动装置采用全浮动机构，使曲线式施工升降机能适应更大的倾角和曲率；

图 5-4　曲线式施工升降机

③ 齿轮齿条传动实现小折线近似多种曲线的特殊结构设计，保证传动机构能够平稳可靠地运行。

5.1.2.2　钢丝绳式施工升降机

钢丝绳式施工升降机是采用钢丝绳提升的施工升降机，可分为人货两用和货用施工升降机两类型。

（1）人货两用施工升降机

人货两用施工升降机是用于运载人员和货物的施工升降机，它是由提升钢丝绳通过导轨架顶上的导向滑轮，用设置在地面上的曳引机（卷扬机）使吊笼沿导轨架做上下运动的一种施工升降机，如图 5-5 所示。

该机型每个吊笼设有防坠、限速双重功能的防坠安全装置，当吊笼超速下行或其悬挂装置断裂时，该装置能将吊笼制停并保持静止状态。

（2）货用施工升降机

用于运载货物，禁止运载人员的施工升降机。提升钢丝绳通过导轨架顶上的导向滑轮，用设置在地面上的卷扬机（曳引机）使吊笼沿导轨架做上下运动。该机设有断绳保护装置，当吊笼提升钢丝绳松绳或断裂时，该装置能制停带有额定载重量的吊笼。且不造成结构严重损害。对于额定提升速度大于 0.85m/s 的升降机安装有非瞬时式防坠安全装置，如图 5-6 所示。

图 5-5　钢丝绳人货两用施工升降机

图 5-6　货用施工升降机

5.1.2.3　混合式施工升降机

该机型为一个吊笼采用齿轮齿条传动，另一个吊笼采用钢丝绳提升的施工升降机。目前建筑施工中很少使用。

5.2　施工升降机的性能参数

5.2.1　施工升降机的主要技术参数

（1）额定载重量：工作工况下吊笼允许的最大载荷；

（2）额定提升速度：吊笼装载额定载重量，在额定功率下稳定上升的设计速度；

（3）吊笼净重尺寸：吊笼内空间大小（长×宽×高）；

（4）最大提升高度：吊笼运行至最高上限位位置时，吊笼底板与基础底架平面间的垂直距离；

（5）额定安装载重量：安装工况下吊笼允许的最大载荷；

（6）标准节尺寸：组成导轨架的可以互换的构件的尺寸大小（长×宽×高）；

（7）对重重量：有对重的施工升降机的对重重量。

5.2.2 主要技术参数示例

（1）SS100（SS100/100）货用施工升降机，其主要技术参数见表 5-1。

SS100 货用施工升降机的主要技术参数   表 5-1

项　　目		单　　位	技 术 参 数
额定载重量		kg	1000
安装吊杆额定起重量		kg	120
吊笼净空尺寸(长×宽)		m	(2.5～3.8)×(1.3～1.5)
提升高度		m	50
额定起升速度		m/min	28～30
电动机	功率	kW	11
	电源		380V,50Hz
标准节尺寸(长×宽×高)		m	0.8×0.8×1.508
标准节重量		kg	110
最大自由端高度		m	6

（2）SCD200/200 人货两用施工升降机的主要技术参数见表 5-2。

SCD200/200 人货两用施工升降机的主要技术参数   表 5-2

项　　目	单　　位	技 术 参 数
额定载重量	kg	2×2000
额定起升速度	m/min	38
最大提升高度	m	150
吊笼净空(长×宽×高)	m	3.0×1.3×2.7
电机功率	kW	11
电机数量	台	2×2
标准节高度	mm	1508
安装吊杆起重量	kg	≤200
对重重量	kg	2×1260
最大自由端高度	m	9

（3）SCD200/200Y 液压施工升降机的主要技术参数见表 5-3。

SCD200/200Y 液压施工升降机的主要技术参数   表 5-3

项　　目	技 术 参 数	项　　目	技 术 参 数
最大提升高度	350m	附墙距离	1.65～4.00m
吊笼内净尺寸	3.2×1.5×2.2	附墙间距	9m
额定载重量	2000kg	电机功率	37kW
吊笼起升速度	0～80m/min	变量泵排量	55mL/r
安装工况起升速度	0～44m/min	油马达排量	75mL/r
对重重量	2200kg	液压工作压力	24MPa
安装吊杆额定起重量	220kg		

（4）变频调速升降机的主要技术参数见表5-4。

变频调速升降机的主要技术参数 表 5-4

生产厂家		上海宝达工程机械有限公司		广州市京龙工程机械有限公司	ALIMAK
型号		SCD200/200V（SCD200V）	SCD200/200VA［SC(Q)200/200VA］	SCD200/200GZ	450CN FC
每只吊笼	额定载重量(kg)	2000	2000	2×2000	1900
	额定安装载重量(kg)	800	800(1000)	2×1000	
最大提升高度(m)		350(非标产品可达400)	250	450	150
额定起升速度(m/min)		0～96	0～60	0～63	54
每只吊笼配电动机	数量(只)	3	2(3)	2	2
	额定功率(S3,25%)(kW)	16×3	14.5×2(16×3,18.5×3)	2×2×15	2×11
防坠安全器	制动载荷(kN)	≥40	≥30(≥40)		
	动作速度(m/min)	117	84		
	限速器型号			SAJ30-1.6	9067360-1012
标准节规格(m)		0.8×0.8×1.508 或 0.65×0.65×1.508			
围栏重量(kg)		1600(1310)	1225	1480	
每块对重重量(kg)		1200～1900	1600～1900	2×2000	
变频器功率(kW)		55	45(55,75)	2×30	
普通型标准节每节重量(kg)（带对重则包括对重导轨重量）		207(157)	174(152)	210	
每只吊笼重量(kg)（包括传动机构）		2300	2000(2300)	2×2050	

（5）倾斜式升降机技术性能见表5-5。

倾斜式升降机技术性能 表 5-5

生产厂家	上海宝达工程机械有限公司	广州市京龙工程机械有限公司
型号	SCQ100/100	SCQ100/100TD
额定载重量(每个吊笼)(kg)	1500/1000	2×1000
安装额定载重量(kg)	1500/1000	2×1000
提升速度(m/min)	40	36
最大附壁间距(m)	9	
标准架设高度(m)(特殊定货最大高度)	150(300)	450
吊笼内空尺寸(长×宽×高)(m)	3.0×1.3×2.7	
标准节尺寸(长×宽×高)(m)	0.65×0.65×1.508；0.8×0.8×1.508	
安装吊杆额定起重量(kg)	200	
连续负载功率(kW)	7.5×2/7.5×3	2×2×11
额定电流(每个吊笼)(A)	45/65	2×63
防坠安全器型号	SAJ30-0.95/SAJ40-0.95	SAJ30-1.2
吊笼重量(kg)	1380/1540	2×2000
标准节重量(kg)	162/174	170
地面围栏重量(kg)	1230	1480

（6）SCQ60 曲线式施工升降机的主要技术参数见表 5-6。

SCQ60 曲线式施工升降机的主要技术参数　　　　　表 5-6

项　　目	单　　位	技 术 参 数
额定载重量	kg	600
最大提升速度	m/min	28
吊笼尺寸	m	2.1×0.88×2.25
调平机构倾角 α		−9°～+21°
导轨架转角 β		1°
最大提升高度	m	150
电机功率	kW	7.5

（7）SSBD100 和 SSBD100A 钢丝绳式人货两用施工升降机的主要技术参数见表 5-7。

钢丝绳式人货两用施工升降机的主要技术参数　　　　　表 5-7

项　　目	单　　位	技 术 参 数	
		SSBD100	SSBD100A
额定载重量	kg	1000(12 人)	1000(12 人)
最高架设高度	m	100	100
最大提升高度	m	94	94
额定提升速度	m/min	38	38
电机型号		Y160M-6	Y160M-6
电机功率	kW	7.5	7.5
电机额定电压/电流		380V/24A,50Hz	380V/24A,50Hz
曳引钢丝绳型号		11. NAT. 6×19S+FC−1670	11. NAT. 6×19S+FC−1670
吊笼载货空间（长×宽×高）	m	2.6×1.9×2.4	3.8×1.5×2.2
架体每节高度	m	1.5	1.5
曳引机重量	kg	590	590
吊笼重量	kg	950	950
对重箱重量	kg	1400	1400
整机重量	t	20(100m)	20(100m)

5.3　施工升降机的组成和工作原理

施工升降机一般由基础、金属结构、传动机构、控制系统和安全装置等五部分组成。

施工升降机的构造原理是将运载梯笼和平衡重用钢丝绳挂在立柱顶端的定滑轮上，立柱与建筑结构进行刚性联结。其立柱制作成一定长度的标准节，上下各节可以互换，根据需要的高度到施工现场进行组装，一般架设高度可达 100m，用于超高层建筑施工时可达 200m。升降机可借助本身安装在顶部的电动吊杆组装，也可利用施工现场的塔吊等起重设备组装。施工升降机为保证使用安全，本身设置了必要的安全装置，这些装置应该经常保持良好的状态，防止意外事故发生。

5.3.1 施工升降机的基础

施工升降机在工作或非工作状态均应具有承受各种规定载荷而不倾翻的稳定性，而施工升降机设置在基础上，因此基础应能承受最不利工作或非工作条件下的全部载荷。基础平台由地脚螺栓、预埋底架和钢筋混凝土基础等组成，其上部承受升降机的全部自重和载荷，并对立柱导轨架起固定和定位作用。

施工升降机的基础设置的两种类别，如图 5-7 所示。基础的构筑应根据使用说明书或工程施工要求进行选择或重新设计。基础一般由钢筋混凝土浇筑而成，厚度为 350mm，内设双层钢筋网。钢筋网由 $\phi10\sim\phi12$ 钢筋间隔 250mm 组成，钢筋等级选用 HRB335；混凝土强度等级不低于 C30。

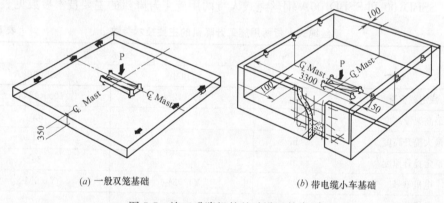

(a) 一般双笼基础　　　　　　　(b) 带电缆小车基础

图 5-7　施工升降机的基础设置的类别

5.3.2 施工升降机的金属结构

施工升降机的金属结构主要由导轨架、附墙架、吊笼、底架、地面防护围栏与层门、对重系统、电缆防护装置等组成，如图 5-8 所示。

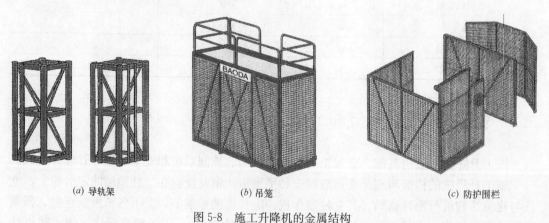

(a) 导轨架　　　　　　(b) 吊笼　　　　　　(c) 防护围栏

图 5-8　施工升降机的金属结构

5.3.2.1 导轨架

（1）导轨架的作用

施工升降机的导轨架是用以支撑和引导吊笼、对重等装置运行的金属构架。它是施工升降机的主体结构之一，主要作用是支承吊笼、荷载以及平衡重，并对吊笼运行进行垂直导向，因此导轨架必须垂直并有足够的强度和刚度。导轨架由标准高度的导轨通过高强度螺栓连接组装而成。标准导轨节（简称标准节）是组成导轨架的可以互换的构件，因此标准节及其连接均需可靠。

（2）标准节的结构与种类

标准节的截面一般有方形、三角形等，常用的是方形，如图5-9所示。

标准节由四根布置在四角作为立管的钢管，和作为水平杆、斜腹杆的角钢、圆钢焊接而成。齿轮齿条式施工升降机的标准节一般为长度1508mm的方形格构柱架，并用内六角螺栓把两根符合要求的齿条垂直安装在立柱的左右两侧，作为施工升降机传递力矩用，有对重的施工升降机在立柱前后焊接或组装有对重的导轨，每节标准节上下两端四角立管内侧配有四个孔，用来连接上下两节标准节或顶部天轮架。吊笼通过齿轮齿条啮合传递力矩，实现上下运行。齿轮齿条的啮合精度直接影响到吊笼运行的平稳性及可靠性。为了确保其安装精度，齿条的安装除用高强度螺栓固定外，还在齿条两端配有定位销孔，标准节立管的两端设有定位孔，以确保导轨的平直度。

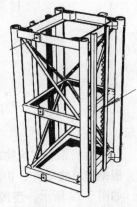

图5-9　标准节

5.3.2.2　附墙架

（1）附墙架的作用

附墙架是按一定间距连接导轨架与建筑物或其他固定结构，从而支撑导轨架的构件。当导轨架高度超过最大独立高度时，施工升降机应架设附着装置。

（2）附墙架的种类

附墙架一般可分为直接附墙架和间接附墙架。用直接附墙架时，附墙架的一端用U形螺栓和标准节的框架连接，另一端和建筑物连接以保持其稳定性，如图5-10所示。

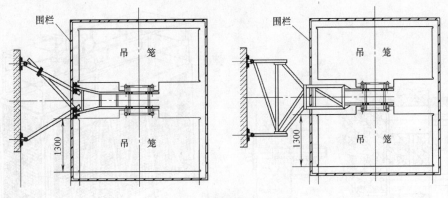

图5-10　直接附墙架示意图

用间接附墙架时，附墙架的一端用U形螺栓和标准节的框架连接，另一端两个扣环扣在两根导柱管上，同时用过桥联杆把四根过道竖杆（立管）连接起来，在过桥联杆和建筑物之间用斜支撑等连接成一体。通过调节附墙架可以调整导轨架的垂直度，如图5-11

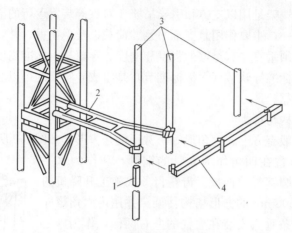

图 5-11　间接附墙架示意图

1—立杆接头；2—短前支撑；3—过道竖杆（立管）；4—过桥联杆

所示。

（3）附墙架与建筑物的连接方法

根据建筑物条件、相对位置，决定附墙架与建筑物的连接方法，连接件与墙的连接方式，如图 5-12 所示。连接螺栓为不低于 8.8 级的高强度螺栓，其紧固件的表面不得有锈斑、碰撞凹坑和裂纹等缺陷；附墙架连接不得使用膨胀螺栓。

5.3.2.3　吊笼

吊笼是施工升降机用来运载人员或货物的笼形部件，以及用来运载物料的带有侧护栏的平台或斗状容器的总称。一般是用型钢、钢板和钢板网等焊接而成的。前后有进出口和门，一侧装有驾驶室（也有无驾驶室的），主要操作开关均设置在驾驶室内。吊笼上安装了导向滚轮沿导轨架运行。

施工升降机的吊笼一般由型钢组成矩形框架，四周封有钢丝网片或金属板，底部铺设木板或钢板，如图 5-13 所示。吊笼外形一般长 3m，宽 1.3m，高 2.6m，一端是一扇配有

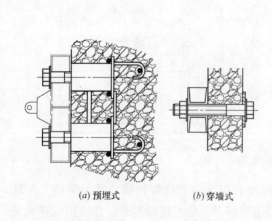

(a) 预埋式　　　(b) 穿墙式

图 5-12　附墙架与建筑物的连接方式

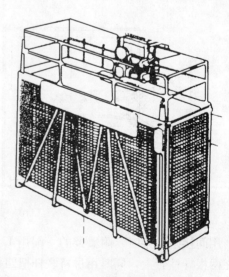

图 5-13　吊笼

164

平衡重块的单行门，并能自己平衡定位；而另一端是一扇卸料用的双行门，载人吊笼门框的净高度至少为 2.0m，净宽度至少为 0.6m。门应能完全遮蔽开口，其开启高度不应低于1.8m。

5.3.2.4　底架、地面防护围栏与层门

（1）底架

底架是安装施工升降机导轨架及围栏等构件的机架。底架应能承受施工升降机作用在其上的所有载荷，并能有效地将载荷传递到其支承件基础表面。

（2）地面防护围栏

施工升降机的地面防护围栏是地面上包围吊笼的防护围栏，其主要目的是防止吊笼离开基础平台后，人或物进入基础平台。地面防护围栏设置高度不应低于 1.8m，并围成一周，围栏登机门的开启高度不应低于 1.8m。

（3）层门

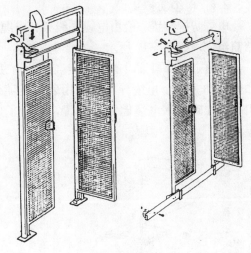

在楼层的卸料平台上应设置层门，层门不应朝升降通道打开。层门应全宽度遮住开口。对卸料通道起安全保护作用，如图 5-14所示。层门应用型钢做框架，封上钢丝网，并设有牢固可靠的锁紧装置，层门的开、关过程应由吊笼内乘员操作，不得受吊笼运动的直接控制。

图 5-14　层门

5.3.2.5　对重系统

（1）天轮架

带对重的施工升降机因连接吊笼与对重的钢丝绳需要经过一个定滑轮而工作，故需要设置天轮架。天轮架一般有固定式和开启式两种。图 5-15 为 SC 型施工升降机天轮架。

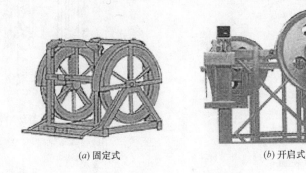

(a) 固定式　　　　　　　(b) 开启式

图 5-15　天轮架

（2）对重

对重是对吊笼起平衡作用的重物。施工升降机的对重一般为长方形铸件或钢材制作成箱形结构，在两端安装有导向滚轮和防脱轨装置，上端有绳耳与钢丝绳连接。通过钢丝绳的牵引，在导轨架的对重导轨内上下运行。

（3）对重钢丝绳

SC 型人货两用施工升降机悬挂对重的钢丝绳不得少于 2 根，且相互独立。每绳的安全系数不应小于 6，直径不应小于 8mm。SC 型货用施工升降机悬挂对重的钢丝绳为单绳时，安全系数不应小于 8。

每个吊笼对重均有 2 根连接钢丝绳。将 2 根钢丝绳分别与对重体上部的自动调整块连接。不得使用可能损害钢丝绳的末端连接装置，如 U 形螺栓钢丝绳夹。钢丝绳末端应采用可靠的方法连接，如图 5-16 所示。

5.3.2.6 电缆防护装置

电缆防护装置一般由电缆进线架、电缆导向架和电缆储筒组成，如图 5-17 所示。

当施工升降机架设超过一定高度时应使用电缆滑车，如图 5-18 所示。电缆导向架是用以防止随行电缆缠挂并引导其准确进入电缆储筒的装置，是为了保护电缆而设置的。

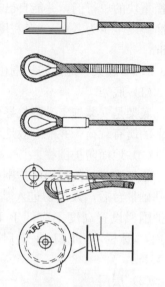

图 5-16 钢丝绳末端连接方法和绳具示例

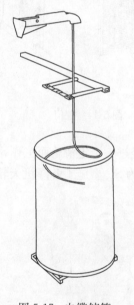

图 5-17 电缆储筒

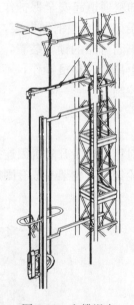

图 5-18 电缆滑车

5.3.3 施工升降机的驱动装置

5.3.3.1 齿轮齿条式施工升降机的驱动装置

（1）构成及工作原理

齿轮齿条式传动示意图如图 5-19 所示，导轨架上固定的齿条和吊笼上的传动齿轮啮合在一起，传动机构通过电动机、减速器和传动齿轮转动使吊笼做上升、下降运动。齿轮齿条式施工升降机的传动机构一般有外挂式和内置式两种，按传动机构的配制数量有二驱动和三驱动之分，如图 5-20 所示。

图 5-19　齿轮齿条式传动示意图

图 5-20　传动机构的配制形式

　　为保证传动方式的安全有效，首先应保证传动齿轮和齿条的啮合。因此在齿条的背面设置两套背轮，通过调节背轮使传动齿轮和齿条的啮合间隙符合要求。另外，在齿条的背面还设置了两个限位挡块，确保在紧急情况下传动齿轮不会脱离齿条。

　　（2）电动机

　　施工升降机传动机构使用的电动机绝大多数使用 YZEJ-A132M-4 起重用盘式制动三相异步电动机。该电动机是在引进消化国外同类产品的基础上研制生产的新颖电动机，尾部有直流制动装置，制动部位的电磁铁随制动片（制动盘）的磨损能自动补偿，无需人为调整制动间隙。尤其制动装置由块式制动片改成整体式盘状制动片后，降低了电动机的噪声和振动，具有起制动平缓、冲击力小的特点。

　　（3）电磁制动器

　　① 构造

　　制动部分是保持制动电磁铁与衔铁间恒定间隙的具有自动跟踪调整功能的直流盘形制动器，如图 5-21 所示。

　　② 工作原理

　　当电动机未接通电源时，由于主弹簧 7 通过衔铁 5 压紧制动盘 8 带动制动垫片（制动块）10 与固定制动盘 17 的作用，电动机处于制动状态。当电动机通电时，磁铁线圈 3 产

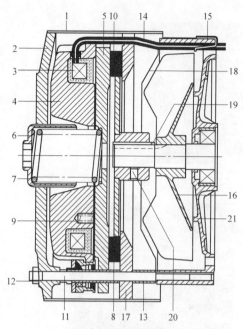

图 5-21 电磁制动器结构示意图.
1—电机防护罩；2—端盖；3—磁铁线圈；4—磁铁架；
5—衔铁；6—调整套；7—制动器弹簧；8—可转制
动盘；9—压缩弹簧；10—制动垫片；11—螺栓；
12—螺母；13—套圈；14—线圈电线；15—电线夹；
16—风扇；17—固定制动盘；18—风扇罩；
19—键；20—紧定螺钉；21—端盖

生磁场，通过磁铁架 4，衔铁 5 逐步吸合，制动盘 8 带动制动块 10 渐渐摆脱制动状态，电动机逐步起动运转。电动机断电时，由于电磁铁磁场释放的制约作用，衔铁通过主辅弹簧的作用逐步增加对制动块的压力，使制动力矩逐步增大，达到电动机平缓制动的效果，减少升降机的冲击振动。

（4）涡轮减速器

① 减速器的组成　减速器主要由涡杆、涡轮、箱壳、输出轴、轴承、密封件等零件组成。涡杆一般由合金钢制成，涡轮一般由铜合金制成，如图 5-22 所示。

② 减速箱的润滑

涡轮副的失效形式主要是胶合，所以在使用中涡轮减速箱内要按规定保持一定量的油液，要防止缺油和发热。新出厂的涡轮减速器应防止减速器漏油，运行一定时间后，按说明书要求更换润滑油。减速器的油液，一般使用 N320 涡轮油，其运动黏度范围 40℃时为 288～352，或按说明书要求使用规定的油液，不得随意使用齿轮油或其他油液。使用中减速器的油液温升不得超过 60℃，否则会造成油液的黏度急剧下降，使减速器产生漏油和涡轮、涡杆啮合时不能很好地形成油膜，造成胶合，长时间会使涡轮副失效。

（5）齿轮与齿条

提升齿轮副是 SC 型施工升降机的主要传动机构。齿轮安装在涡轮减速器的输出端轴上，齿条则安装在导轨架的标准节上。其安装使用要求是：

① 标准节上的齿条应连接牢固，相邻标准节的两齿条在对接处，沿齿高方向的阶差不大于 0.3mm，沿长度方向的齿距偏差不大于 0.6mm。

② 齿轮与齿条啮合时，至少应有 90% 的齿条计算宽度参与啮合。

③ 由于提升齿轮副的安装载体不同，当啮合传动时，啮合力分解出的径向力将使齿轮副分离，将造成吊笼失去悬挂状态。因此在齿条的背面应设置

图 5-22 涡轮减速器

一对背轮，背轮沿齿条背面滚动，当需要调整提升齿轮副的啮合间隙时，仅需将背轮的偏心轴回转某一角度即可。

④ 齿条和所有驱动齿轮、防坠安全器齿轮应正确啮合。齿条节线和与其平行的齿轮

节圆切线重合或距离不超出模数的 1/3。当措施失效时，应进一步采取其他措施，保证其距离不超出模数的 2/3（见图 5-23）。

⑤ 应采取措施防止异物进入驱动齿轮和防坠安全器齿轮的啮合区间。

5.3.3.2 钢丝绳式施工升降机的驱动装置

钢丝绳式施工升降机驱动机构一般采用卷扬机或曳引机。货用施工升降机通常采用卷扬机驱动，人货两用施工升降机通常采用曳引机驱动，其提升速度不大于 0.63m/s，也可采用卷扬机驱动。

（1）卷扬机

卷扬机具有结构简单、成本低廉的优点。但与曳引机相比很难实现多根钢丝绳独立牵引，且容易发生乱绳、脱绳和挤压等现象，其安全可靠性较低，因此多用于货用施工升降机。

（2）曳引机

① 曳引机的构成及工作原理

曳引机主要由电动机、减速机、制动器、联轴器、曳引轮、机架等组成。曳引机可分为无齿轮曳引机和有齿轮曳引机两种。施工升降机一般都采用有齿轮曳引机。为了减少曳引机在运动时的噪声和提高平稳性，一般采用涡杆副作减速传动装置。如图 5-24 所示。

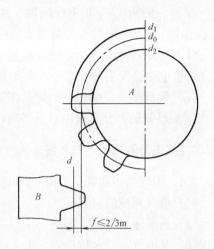

说明：
A——齿轮；
B——齿条；
d_1——齿顶圆直径；
d_0——齿轮节圆直径；
d_2——齿根圆直径；
d——齿条节线；
m——齿轮模数；
f——最大为模数的 2/3。

图 5-23　齿轮齿条的最大啮合间隙
1—背轮；2—齿条；3—齿轮

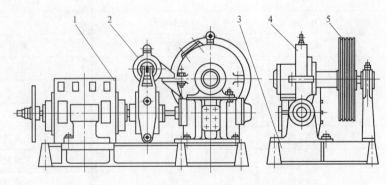

图 5-24　曳引机外形
1—电动机；2—制动器、联轴器；3—机架；4—减速机；5—曳引轮

曳引机驱动施工升降机是利用钢丝绳在曳引轮绳槽中的摩擦力来带动吊笼升降的。曳引机的摩擦力由钢丝绳压紧在曳引轮绳槽中而产生，压力愈大摩擦力愈大，曳引力大小还与钢丝绳在曳引轮上的包角有关系，包角愈大，摩擦力也愈大，因而施工升降机必须设置对重。

② 曳引机的特点

（A）一般为 4～5 根钢丝绳独立并行曳引，因而同时发生钢丝绳断裂造成吊笼坠落的概率很小。但钢丝绳的受力调整比较麻烦，钢丝绳的磨损比卷扬机的大。

（B）对重着地时，钢丝绳将在曳引轮上打滑，即使在上限位安全开关失效的情况下，吊笼一般也不会发生冲顶事故，但吊笼不能提升。

（C）钢丝绳在曳引轮上始终是绷紧的，因此不会脱绳。

（D）吊笼的部分重量由对重平衡，可以选择较小功率的曳引机。

5.3.4 施工升降机的电气系统

5.3.4.1 齿轮齿条式施工升降机的电气系统

（1）电气系统的组成

电气系统主要分为主电路、主控制电路和辅助电路，图 5-25 为双驱施工升降机电气原理图，其电气符号名称见表 5-8。

施工升降机电气符号名称　　　　　　　　　　　　　表 5-8

序　号	符　号	名　称	备　注
1	QF1	空气开关	
2	QS1	三相极限开关	
3	LD	电铃	～220V
4	JXD	相序和断相保护器	
5	QF2	断路器	
6	QF3 QF4	断路器	
7	FR1 FR2	热继电器	
8	M1 M2	电动机	YZEJ132M-4
9	ZD1 ZD2	电磁制动器	
10	QS2	按钮	灯开关
11	V1	整流桥	
12	R1	压敏电阻	
13	SA1	急停按钮	
14	SA3	按钮	上升按钮
15	SA4	按钮	下降按钮
16	SA5	按钮盒	坠落试验
17	SA6	电铃按钮	
18	H1	信号灯	～220V
19	SQ1	安全开关	吊笼门
20	SQ2	安全开关	吊笼门
21	SQ3	安全开关	天窗门
22	SQ4	安全开关	防护围栏门

序　号	符　号	名　称	备　注
23	SQ5	安全开关	上限位
24	SQ6	安全开关	下限位
25	SQ7	安全开关	安全器
26	EL	防潮顶灯	~220V
27	K1 K2 K3 K4	交流接触器	~220V
28	T1	控制变压器	380V/220V
29	T2	控制变压器	380V/220V

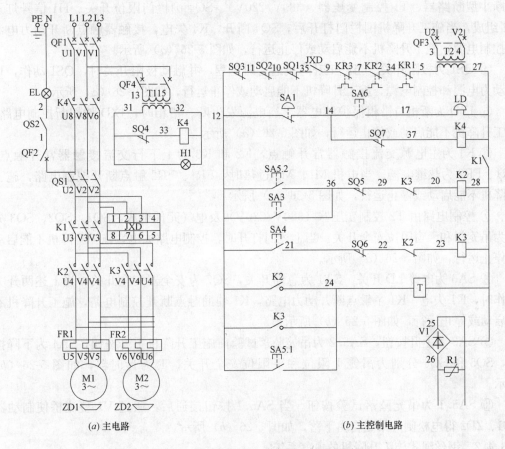

(a) 主电路　　　　　　　　　　　(b) 主控制电路

图 5-25　双驱施工升降机电气原理图

① 主电路主要由电动机、断路器、热继电器、电磁制动器和相序断相保护器等电气元件组成。

② 主控制电路主要由分断路器、按钮、交流接触器、控制变压器、安全开关、急停按钮和照明灯等电气元件组成。

③ 辅助电路一般有加节、坠落试验和吊杆等控制电路。

（A）加节控制电路由插座、按钮和操纵盒等电气元件组成；

171

（B）坠落试验控制电路由插座、按钮和操纵盒等电气元件组成；

（C）吊杆控制电路主要由插座、熔断器、按钮、吊杆操纵盒和盘式电动机等电气元件组成。

（2）电气系统控制元件的功能

① 施工升降机采用380V、50Hz三相交流电源，由工地配备施工升降机专用电箱，接入电源到施工升降机开关箱，L1、L2、L3为三相电源，N为零线，PE为接地线。

② EL为220V防潮吸顶灯，由QF2高分断小型断路器和QS2灯开关控制，如图5-26（a）所示。

③ QF1为电路总开关，K4为总电源交流接触器常开触点，其控制电路通过QF4高分断小型断路器、T1控制变压器（380V/220V）、SQ4围栏门限位开关、H1信号灯及K4组成，当施工升降机围栏门打开后，SQ4断开，K4失电，接触器触点断开动力电源和控制电源，施工升降机不能启动或停止运行，如图5-26（a）所示。

④ QS1为极限开关。当施工升降机运行时越程，并触动极限开关时，QS1动作，切断动力电源和控制电源，施工升降机不能启动或停止运行，如图5-26（a）所示。

⑤ JXD为断相与错相保护继电器。当电源发生断、错相时，JXD就切断控制电路，施工升降机不能启动或停止运行，如图5-26（a）所示。

⑥ K1为主电源交流接触器常开触点，K2和K3为上下行交流接触器常开触点，FR1、FR2为热继电器。当电机M1、M2过热时，FR1、FR2触点断开控制电路，施工升降机不能启动或停止运行，如图5-26（a）所示。

⑦ 控制电路由T2控制变压器（380V/220V）及电气元件组成，SQ1、SQ2、SQ3分别为吊笼门和天窗限位安全开关。当上述门打开时，控制电路失电，施工升降机不能启动或停止运行，如图5-26（b）所示。

⑧ SA6为电铃LD开关。SA1为急停开关，SQ7为安全器安全开关。当上述两开关动作时，K1失电，K1主触点断开动力电路，K1辅助触点断开控制电路，施工升降机不能启动或停止运行，如图5-26（b）所示。

⑨ SA3为上升按钮，SA5.2为吊笼坠落试验前施工升降机上升按钮，SA4为下降按钮，SQ5和SQ6分别为吊笼上限位和下限位安全开关，T为计时器，如图5-26（b）所示。

⑩ SA5.1为吊笼坠落试验按钮。当SA5.1按钮接通后，通过V1整流桥使制动器ZD1、ZD2得电松闸，吊笼自由下落，如图5-26（b）所示。

5.3.4.2　钢丝绳式施工升降机的电气系统

（1）钢丝绳式施工升降机采用380V、50Hz三相交流电源。由工地配备专用电箱，接入电源到施工升降机开关箱，L1、L2、L3为三相电源，N为零线，PE为接地线。

（2）电路总开关采用具有漏电、过载、短路保护功能的漏电断路器。

（3）采用断相与错相保护继电器，当电源发生断、错相时，就切断控制电路，施工升降机不能启动或停止运行。

（4）采用热继电器，当电动机发热超过一定温度时，热继电器就及时分断主电路，电动机失电停止转动。

（5）合上电源断路器，上行控制：按上行按钮，电动机启动升降机上行。

（6）停止时：按下停止按钮，整个控制电路失电，主触头分断，主电动机失电停止转动。

（7）失压保护：电路若中途发生停电失压、恢复来电时不会自动工作，只有当重新按压上升按钮，电机才会工作。

5.3.4.3 变频调速施工升降机的电气系统

（1）变频调速的工作原理

三相交流异步电动机变频调速是通过改变电动机电源的频率来进行调速的。变频调速有恒磁通调速、恒电流调速和恒功率调速三种调速方法。恒磁通调速又称恒转矩调速，是将转速往额定转速以下调节，应用最广。恒电流调速时，过载能力较小，用于负载容量小且变化不大的场合。恒功率调速用于调节转速高于额定转速，而电源电压又不能提高的场合。变频调速具有质量轻、体积小、惯性小、效率高等优点。

（2）变频器的一般安全使用要点

变频器在工作中会产生高温、高压和高频电波，使用中不论升降机制造单位和维修人员，原则上必须按说明书严格做好防护措施。

① 变频器在电控箱中的安装与周围设备必须保持一定距离，以利通风散热，一般上下和背部应留有足够间隙。

② 外接电阻箱会产生高温，一般应当与电控箱分开安装。运行中不要轻易用手去触摸它的外壳，防止烫伤。

③ 变频器在运行中，在电容器放电信号灯未熄灭时，切勿打开变频器外罩和接触接线端子等，防止电击伤人。

④ 变频器接地必须正确可靠，有条件的设置专用接地装置。

⑤ 为防止电磁感应产生冲击干扰，电路中感性线圈载荷（如继电器线圈等）应在发生源两端连接冲击吸收器，如图 5-26 所示。

⑥ 如发生变频器对其他设备信号、控制线干扰时，可根据说明书要求采取措施或对变频器输出电路进行电磁屏蔽，以减少干扰影响，如图 5-27 所示。

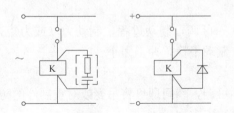

图 5-26　线圈加接冲击吸收器示意图

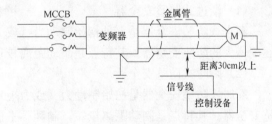

图 5-27　电磁屏蔽抗干扰示意图

5.3.4.4 电气箱

（1）电气控制箱是施工升降机电气系统的心脏部分，内部主要安装有上、下运行交流接触器、热继电器以及相序和断相保护器等。控制箱安装在吊笼内部，如图 5-28 所示。

（2）操纵台是操纵施工升降机运行的部分，主要由电锁、万能转换开关、急停按钮、加节按钮、电铃按钮、指示灯等组成，一般也安装在吊笼内部。

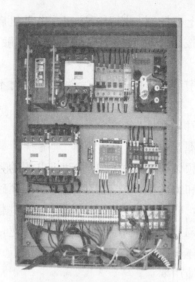

图 5-28　电气控制箱

（3）电源箱是施工升降机的电源供给部分，主要由空气开关、熔断器等组成。

5.4　施工升降机的安全装置

施工升降机的安全装置主要包括防坠安全装置（防坠安全器）、电气安全开关、机械联锁装置、缓冲装置、安全钩、齿条挡块、错相断相保护器和超载保护装置等。

5.4.1　防坠安全器

5.4.1.1　防坠安全器的分类及特点

防坠安全器是非电气、气动和手动控制的防止吊笼或对重坠落的机械式安全保护装置。当吊笼或对重一旦出现失速、坠落情况时，能在设置的距离、速度内使吊笼安全停止。防坠安全器按其制动特点可分为渐进式和瞬时式两种形式。

（1）渐进式防坠安全器

渐进式防坠安全器是一种初始制动力（或力矩）可调，制动过程中制动力（或力矩）逐渐增大的防坠安全器。其特点是制动距离较长，制动平稳，冲击力小。

（2）瞬时式防坠安全器

瞬时式防坠安全器是初始制动力（或力矩）不可调，瞬间即可将吊笼或对重制停的防坠安全器。其特点是制动距离较短，制动不平稳，冲击力大。

5.4.1.2　渐进式防坠安全器

渐进式防坠安全器的全称为齿轮锥鼓形渐进式防坠安全器，简称安全器。

（1）渐进式防坠安全器的使用条件

① SC 型施工升降机

SC 型施工升降机应采用渐进式防坠安全器，当升降机对重质量大于吊笼质量时，还应加设对重防坠安全器。

② SS 型人货两用施工升降机

对于 SS 型人货两用施工升降机，其吊笼额定提升速度大于 0.63m/s 时，应采用渐进式防坠安全器；当升降机对重额定提升速度大于 1m/s 时，应采用渐进式防坠安全器。

③ SS 型货用施工升降机

对于 SS 型货用施工升降机，其吊笼额定提升速度大于 0.85m/s 时，应采用渐进式防坠安全器。

（2）渐进式防坠安全器的构造

渐进式防坠安全器主要由齿轮、离心式限速装置、锥鼓形制动装置等组成。离心式限速装置主要由离心块座、离心块、调速弹簧、螺杆等组成，锥鼓形制动装置主要由壳体、摩擦片、外锥体加力螺母、蝶形弹簧等组成。安全器结构如图 5-29 所示。

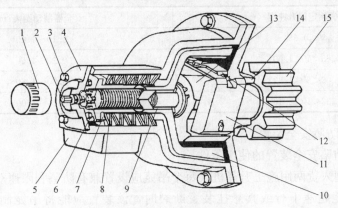

图 5-29　防坠安全器的构造

1—罩盖；2—浮螺钉；3—螺钉；4—后盖；5—开关罩；6—螺母；7—防转开关压臂；8—蝶形弹簧；
9—轴套；10—旋转制动毂；11—离心块；12—调速弹簧；13—离心块座；14—轴套；15—齿轮

（3）渐进式防坠安全器的工作原理

安全器安装在施工升降机吊笼的传动底板上，一端的齿轮啮合在导轨架的齿条上，当吊笼在正常运行时，齿轮轴带动离心块座、离心块、调速弹簧、螺杆等组件一起转动，安全器也就不会动作。当吊笼瞬时超速下降或坠落时，离心块在离心力的作用下压缩调速弹簧并向外甩出，其三角形的头部卡住外锥体的凸台，然后就带动外锥体一起转动。此时外锥体尾部的外螺纹在加力螺母内转动，由于加力螺母被固定住，故外锥体只能向后方移动，这样使外锥体的外锥面紧紧地压向胶合在壳体上的摩擦片，当阻力达到一定量时就使吊笼制停。

（4）渐进式防坠安全器的主要技术参数

① 额定制动载荷

额定制动载荷是指安全器可有效制动停止的最大载荷，目前标准规定为 20、30、40、60kN 四档。SC100/100 和 SCD200/200 施工升降机上，配备的安全器的额定制动载荷一般为 30kN，SC200/200 施工升降机上配备的安全器的额定制动载荷一般为 40kN。

② 标定动作速度

标定动作速度是指按所要限定的防护目标运行速度而调定的安全器开始动作时的速度，见表 5-9。

施工升降机额定提升速度/(m/s)	安全器标定动作速度/(m/s)
$V \leqslant 0.60$	$\leqslant 1.00$
$0.60 < V \leqslant 1.33$	$\leqslant V + 0.40$
$V > 1.33$	$\leqslant 1.3V$

③ 制动距离

制动距离指从安全器开始动作到吊笼被制动停止时，吊笼所移动的距离。制动距离应符合表 5-10 的规定。

安全器制动距离 表 5-10

施工升降机额定提升速度/(m/s)	安全器制动距离/m
$V \leqslant 0.65$	$0.10 \sim 1.40$
$0.65 < V \leqslant 1.00$	$0.20 \sim 1.60$
$1.00 < V \leqslant 1.33$	$0.30 \sim 1.80$
$1.33 < V \leqslant 2.40$	$0.40 \sim 2.00$

5.4.1.3 瞬时式防坠安全装置

（1）瞬时式防坠安全装置的使用条件

① 对于 SS 型人货两用施工升降机，每个吊笼应设置兼有防坠和限速双重功能的防坠安全装置，当吊笼超速下行或其悬挂装置断裂时，该装置应能将吊笼制停并保持静止状态。

② SS 型人货两用施工升降机吊笼额定提升速度小于或等于 0.63m/s 时，可采用瞬时式防坠安全装置；当其对重额定提升速度小于或等于 1m/s 时，可采用瞬时式防坠安全装置。

③ SS 型货用施工升降机可采用断绳保护装置和停层防坠落装置两部分组成的防坠安全装置。当吊笼提升钢丝绳松绳或断绳时，该装置应能制停带有额定载重量的吊笼，且不造成结构严重损坏。对于额定提升速度小于或等于 0.85m/s 的施工升降机，可采用瞬时式防坠安全装置。

（2）SS 型人货两用施工升降机的瞬时式防坠安全装置

SS 型人货两用施工升降机使用的瞬时式防坠安全装置一般由限速装置和断绳保护装置两部分组成。瞬时式防坠安全装置允许借助悬挂装置的断裂或一根安全绳来动作。

① 限速装置

限速装置主要用于钢丝绳式施工升降机上，与断绳保护装置配合使用。其工作原理如图 5-30 所示。在外壳上固定悬臂轴 6，限速钢丝绳通过槽轮装在悬臂轴上。槽轮有两个不同直径的沟槽，大直径的用于正常工作，小直径的用来检查限速器动作是否灵敏。固定在槽轮上的销轴 5 上装有离心块 1，两离心块之间用拉杆 2 铰接，以保证两离心块同步运动。通过调节拉杆 2 的长度可改变销子 8 和 11 之间的距离，在装离心块一侧的槽轮表面上固定有支架 9，在支承端部与拉杆螺母之间装有预紧弹簧 10。由于拉杆连接离心块，弹簧力迫使离心块靠近槽轮旋转中心，固定挡块 4 突出在外壳内圆柱表面上。当槽轮在与吊

176

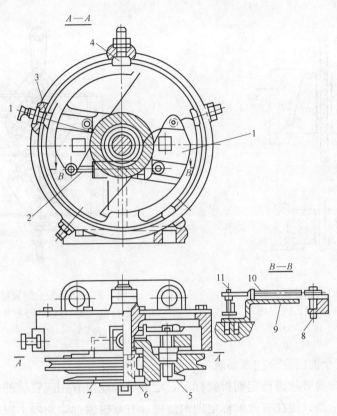

图 5-30　限速器工作原理

1—离心块；2—拉杆；3—挡块；4—固定挡块；5—销轴；

6—悬臂轴；7—槽轮；8—销子；9—支架；10—预紧弹簧；11—销子

笼上的断绳保护装置带动系统杆件连接的限速钢丝绳带动下，以额定速度旋转时，离心产生的离心力还不足以克服弹簧张力，限速器随同正常运行的吊笼而旋转；当提升钢丝绳拉断或松脱，吊笼以超过正常的运行速度坠落时，限速钢丝绳带动限速器槽轮超速旋转，离心块在较大的离心力作用下张开。并抵在固定挡块 4 上，停止槽轮转动。当吊笼继续坠落时，停转的限速器槽轮靠摩擦力拉紧限速钢丝绳，通过带动系统杆件驱动断绳保护装置制停吊笼。瞬时式限速器上还装有限位开关，当限速器动作时，能同时切断施工升降机动力电源。

② 断绳保护装置

瞬时式断绳保护装置也叫楔块式捕捉器，与瞬时式限速器配合使用，如图 5-31 所示。有两对夹持楔块，捕捉器动作时，导轨被夹紧在两个楔块之间，楔块镶嵌在闸块上，闸块由拉杆连接，由压簧激发系统带动工作。

（3）SS 型货用施工升降机的瞬时式防坠安全装置

SS 型货用施工升降机的瞬时式防坠安全装置应具有断绳保护和停层防坠落功能。在吊笼停层后，人员出入吊笼之前，停层防坠落装置应动作，使吊笼的下降操作无效，即使此时发生吊笼提升钢丝绳断绳，吊笼也不会坠落。图 5-32 为具有断绳保护和停层防坠落功能的组合式安全器。

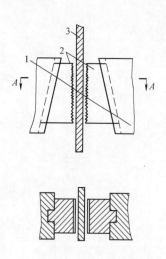

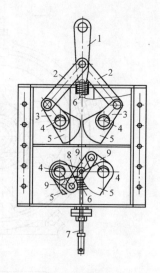

图 5-31　瞬时式断绳保护装置
1—楔块；2—闸块；3—导轨

图 5-32　防坠安全装置结构示意图
1—主动杆；2—从动杆；3—下连杆；4—轮轴；5—偏
心轮；6—弹簧；7—拉杆；8—横连杆；9—连杆

5.4.1.4　防坠安全器的安全技术要求

（1）防坠安全器必须进行定期检验标定，定期检验应由有相应资质的单位进行。

（2）防坠安全器只能在有效的标定期内使用，有效检验标定期限不应超过 1 年。

（3）施工升降机每次安装后，必须进行额定载荷的坠落试验，以后至少每三个月进行一次额定载荷的坠落试验。试验时，吊笼不允许载人。

（4）防坠安全器出厂后，动作速度不得随意调整。

（5）SC 型施工升降机使用的防坠安全器安装时透气孔应向下，紧固螺孔不能出现裂纹，安全开关的控制接线完好。

（6）防坠安全器动作后，需要由专业人员实施复位，使施工升降机恢复到正常工作状态。

（7）防坠安全器在任何时候都应该起作用，包括安装和拆卸工况。

（8）防坠安全器不应由电动、液压或气动操纵的装置触发。

（9）一旦防坠安全器触发，正常控制下的吊笼运行应由电气安全装置自动中止。

5.4.2　电气安全开关

电气安全开关是施工升降机中使用比较多的一种安全防护开关。当施工升降机没有满足运行条件或在运行中出现不安全状况时，电气安全开关动作，施工升降机不能启动或自动停止运行。

5.4.2.1　电气安全开关的种类

施工升降机的电气安全开关大致可分为行程安全控制开关、安全装置联锁控制开关两大类。

（1）行程安全控制开关

行程安全控制开关的作用是当施工升降机的吊笼超越了允许运动的范围时，能自动停止吊笼的运行。主要有上、下行程限位开关、减速开关和极限开关。

① 行程限位开关

上、下限位开关安装在吊笼安全器底板上，当吊笼运行至上、下限位位置时，限位开关与导轨架上的限位挡板碰触，吊笼停止运行，当吊笼反方向运行时，限位开关自动复位。

② 减速开关

变频调速施工升降机必须设置减速开关，当吊笼下降时在触发下限位开关前，应先触发减速开关，使变频器切断加速电路，以避免吊笼下降时冲击底座。

③ 极限开关

施工升降机必须设置极限开关，当吊笼在运行时如果上、下限位开关出现失效，超出限位挡板，并越程后，极限开关须切断总电源使吊笼停止运行。极限开关应为非自动复位型的开关，其动作后必须手动复位才能使吊笼重新启动。在正常工作状态下，下极限开关挡板的安装位置，应保证吊笼碰到缓冲器之前，极限开关应首先动作。

(2) 安全装置联锁控制开关

安全装置联锁控制开关的作用是当施工升降机出现不安全状态，触发安全装置动作后，能及时切断电源或控制电路，使电动机停止运转。该类电气安全开关主要有：防坠安全器安全开关、防松绳开关和门安全控制开关。

① 防坠安全器安全开关

防坠安全器动作时，设在安全器上的安全开关能立即将电动机的电路断开，制动器制动。

② 防松绳开关

(A) 施工升降机的对重钢丝绳绳数为两条时，钢丝绳组与吊笼连接的一端应设置张力均衡装置，并装有由相对伸长量控制的非自动复位型的防松绳开关。当其中一条钢丝绳出现的相对伸长量超过允许值或断绳时，该开关将切断控制电路，同时制动器制动，使吊笼停止运行。

(B) 对重钢丝绳采用单根钢丝绳时，也应设置防松（断）绳开关，当施工升降机出现松绳或断绳时，该开关应立即切断电机控制电路，同时制动器制动，使吊笼停止运行。

③ 门安全控制开关

当施工升降机的各类门没有关闭时，施工升降机就不能启动；而当施工升降机在运行中把门打开时，施工升降机吊笼就会自动停止运行。该类电气安全开关主要有：单行门、双行门、顶盖门、围栏门安全开关等。

5.4.2.2 电气安全开关的安全技术要求

(1) 电气安全开关必须安装牢固，不能松动；

(2) 电气安全开关应完整、完好，紧固螺栓应齐全，不能缺少或松动；

(3) 电气安全开关的臂杆，不能歪曲变形，防止安全开关失效；

(4) 每班都要检查极限开关的有效性，防止极限开关失效；

(5) 严禁用触发上、下限位开关来作为吊笼在最高层站和地面站停站的操作。

5.4.3　机械联锁装置

施工升降机的吊笼门、顶盖门、地面防护围栏门都装有机械联锁装置。各个门未关闭或关闭不严，电气安全开关将不能闭合，吊笼不能启动工作；吊笼运行中，一旦门被打开，吊笼的控制电路也将被切断，吊笼停止运行。

5.4.3.1　围栏门的机械联锁装置

（1）围栏门的机械联锁装置的作用

围栏门应装有机械联锁装置，使吊笼只有位于地面规定的位置时围栏门才能开启，且在门开启后吊笼不能启动。目的是为了防止在吊笼离开基础平台后，人员误入基础平台造成事故。

（2）围栏门的机械联锁装置的结构

机械联锁装置的结构，如图5-33所示。由机械锁钩1、压簧2、销轴3和支座4组成。整个装置由支座4安装在围栏门框上。当吊笼停靠在基础平台上时，吊笼上的开门挡板压着机械锁钩的尾部，机械锁钩就离开围栏门，此时围栏门才能打开，而当围栏门打开时，电气安全开关作用，吊笼就不能启动；当吊笼运行离开基础平台时，机械锁钩1在压簧2的作用下，机械锁钩扣住围栏门，围栏门就不能打开；如强行打开围栏门时，吊笼就会立即停止运行。

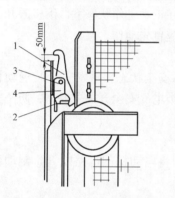

图 5-33　围栏门的机械联锁装置
1—机械锁钩；2—压簧；
3—销轴；4—支座

5.4.3.2　吊笼门的机械联锁装置

吊笼设有进料门和出料门，进料门一般为单门，出料门一般为双门，进出料门均设有机械联锁装置，当吊笼位于地面规定的位置和停层位置时，吊笼门才能开启。进出料门完全关闭后，吊笼才能启动运行。

图 5-34 为吊笼进料门机械联锁装置，由门上的挡块1、门框上的机械锁钩2、压簧3、销轴4和支座5组成。当吊笼下降到地面时，施工升降机围栏上的开门压板压着机械锁钩的尾部，同时机械锁钩就离开门上的挡块，此时门才能开启。当门关闭吊笼离地后，吊笼门框上的机械锁钩在压簧的作用下嵌入门上的挡块缺口内，吊笼门被锁住。

图 5-35 为吊笼出料门的机械联锁装置构造。

5.4.4　其他安全装置

5.4.4.1　缓冲装置

（1）缓冲装置的作用：

缓冲装置安装在施工升降机底架上，用以吸收下降的吊笼或对重的动能，起到缓冲作用。

（2）施工升降机的缓冲装置主要使用弹簧缓冲器，如图5-36所示。

（3）缓冲装置的安全要求：

① 每个吊笼2～3个缓冲器，对重1个缓冲器。同一组缓冲器的顶面相对高度差不应

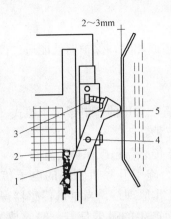

图 5-34　吊笼进料门的机械联锁装置

1—挡块；2—机械锁钩；3—压簧；4—销轴；5—支座

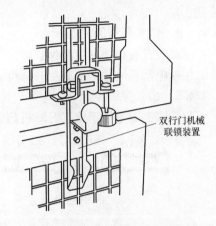

双行门机械
联锁装置

图 5-35　吊笼出料门的机械联锁装置

超过 2mm。

② 缓冲器中心与吊笼底樑或对重相应中心的偏移，不应超过 20mm。

③ 应经常清理基础上的垃圾和杂物，防止堆在缓冲器上，使缓冲器失效。

④ 应定期检查缓冲器的弹簧，发现锈蚀严重超标的要及时更换。

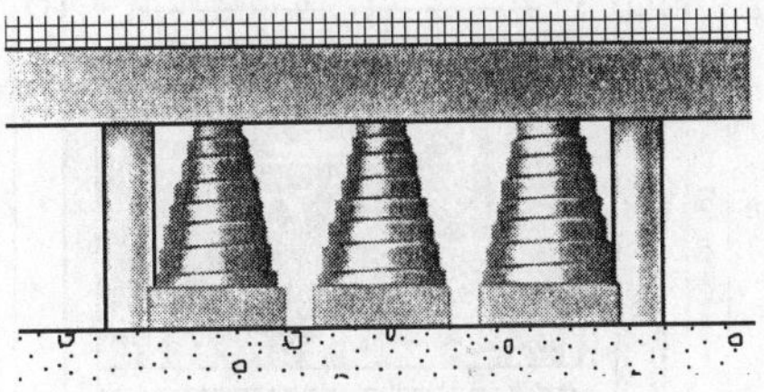

图 5-36　弹簧缓冲器

5.4.4.2　安全钩

（1）安全钩的作用

安全钩是防止吊笼倾翻的挡块，其作用是防止吊笼脱离导轨架或防坠安全器输出端齿轮脱离齿条，如图 5-37 所示。

（2）安全钩的基本构造

安全钩一般有整体浇铸和钢板加工两种。其结构分底板和钩体两部分，底板由螺栓固定在施工升降机吊笼的立柱上。

（3）安全钩的安全要求

① 安全钩必须成对设置，在吊笼立柱上一般安装上下两组安全钩，安装应牢固；

② 上面一组安全钩的安装位置必

图 5-37　安全钩

须低于最下方的驱动齿轮；

③ 安全钩出现焊缝开裂、变形时，应及时更换。

5.4.4.3　齿条挡块

为避免施工升降机在运行或吊笼下坠时，防坠安全器的齿轮与齿条啮合分离，施工升降机应采用齿条背轮和齿条挡块。当齿条背轮失效后，齿条挡块就成为最终的防护装置。

5.4.4.4 错相断相保护器

电路应设有相序和断相保护器。当电路发生错相或断相时，保护器就能通过控制电路及时切断电动机电源，使施工升降机无法启动。

5.4.4.5 超载保护装置

超载限制器是用于施工升降机超载运行的安全装置，常用的有电子传感器式、弹簧式和拉力环式三种。

（1）电子传感器超载保护装置

图 5-38 为施工升降机常用的电子传感式保护装置，其工作原理是：当重量传感器得到吊笼内载荷变化而产生的微弱信号，输入放大器后，经 A/D 转换成数字信号，再将信号送到微处理器进行处理，其结果与所设定的动作点进行比较，如果通过所设定的动作点，则继电器分别工作。当载荷达到额定载荷的 90％时，警示灯闪烁，报警器发出断续声响；当载荷接近或达到额定载荷的 110％时，报警器发出连续声响，此时吊笼不能启动。保护装置由于采用了数字显示方式，既可实时显示吊笼内的载荷值变化情况，还能及时发现超载报警点的偏离情况，及时进行调整。

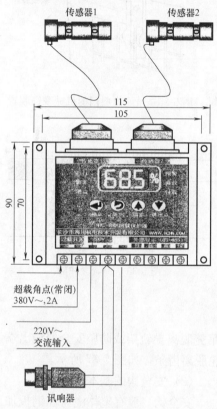

图 5-38 电子传感器超载保护装置

（2）弹簧式超载保护装置

弹簧式超载保护装置安装在地面转向滑轮上。图 5-39 为弹簧式超载保护装置。超载保护装置由钢丝绳 1、地面转向滑轮 2、支架 3、弹簧 4 和行程开关 5 组成。当载荷达到额定载荷的 110％时，行程开关被压动，断开控制电路，使施工升降机停机，起到超载保护作用。其特点是结构简单、成本低，但可靠性较差，易产生误动作。

（3）拉力环式超载保护装置

图 5-40 为拉力环式超载保护装置。该超载限制器由弹簧钢片 1、微动开关 2、4 和触发螺钉 3、5 组成。

使用时将两端串入施工升降机吊笼提升钢丝绳中，当受到吊笼载荷重力时，拉力环立即会变形，两块形变钢片立即会向中间挤压，带动装在上边的微动开关和触发螺钉，当受力达到报警限制值时，其中一个开关动作；当拉力环继续增大时，达到调节的超载限制值时，另一个开关也动作，断开电源，吊笼不能启动。

（4）超载保护装置的安全要求

① 超载保护装置的显示器要防止淋雨受潮；

② 在安装、拆卸、使用和维护过程中应避免对超载保护装置的冲击、振动；

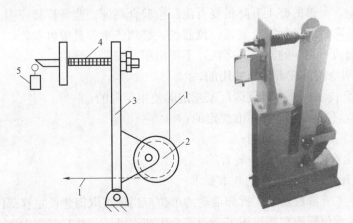

图 5-39 弹簧式超载保护装置

1—钢丝绳；2—地面转向滑轮；3—支架；4—弹簧；5—行程开关

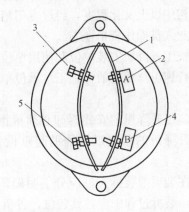

图 5-40 拉力环式超载保护装置

1—弹簧钢片；2、4—微动开关；3、5—触发螺钉

③ 使用前应对超载保护装置进行调整，使用中发现设定的限定值出现偏差时应及时进行调整。

5.5 施工升降机的安装与拆卸

5.5.1 施工升降机安装与拆卸的基本条件

5.5.1.1 施工升降机的技术条件

（1）施工升降机生产厂必须持有国家颁发的特种设备制造许可证。

（2）施工升降机应当有监督检验证明、出厂合格证和产品设计文件、安装及使用维修说明、有关型式试验合格证明等文件，并已在产权单位工商注册所在地县级以上建设主管部门备案登记。

（3）应有配件目录及必要的专用随机工具。

（4）对于购入的旧施工升降机应有两年内完整运行记录及维修、改造资料。

（5）对改造、大修的施工升降机要有出厂检验合格证、监督检验证明。

（6）施工升降机的各种安全装置、仪器仪表必须齐全和灵敏可靠。

（7）有下列情形之一的施工升降机，不得出租、安装、使用：

① 属国家明令淘汰或者禁止使用的；

② 超过安全技术标准或者制造厂家规定的使用年限的；

③ 经检验达不到安全技术标准规定的；

④ 没有完整安全技术档案的；

⑤ 没有齐全有效的安全保护装置的。

5.5.1.2 施工升降机安装拆卸的基本要求

（1）从事施工升降机安装、拆卸活动的单位应当依法取得建设主管部门颁发的起重设备安装工程专业承包资质和建筑施工企业安全生产许可证，并在其资质许可范围内承揽建筑起重机械安装工程。

（2）从事施工升降机安装与拆卸的操作人员、起重指挥、电工等人员应当年满18周岁，具备初中以上文化程度，经过专门培训，并经建设主管部门考核合格，取得《建筑施工特种作业人员操作资格证书》。

（3）施工升降机安装单位和使用单位应当签订安装、拆卸合同，明确双方的安全生产责任；实行施工总承包的，施工总承包单位应当与安装单位签订建筑起重机械安装工程安全协议书。

（4）施工升降机的安装拆卸必须根据施工现场的环境和条件、施工升降机的安装位置、施工升降机的状况以及辅助起重设备的性能条件，制定安装拆卸方案，进行技术交底。

（5）在装拆前装拆人员应分工明确，每个人应熟悉和了解各自的操作工艺和使用的工、器具，装拆过程中应各就各位，各负其责，对主要岗位应在技术交底中明确具体人员的工作范围和职责。

（6）装拆作业总负责人应全面负责和指挥装拆作业。在作业过程中应在现场协调、监督地面与空中装拆人员的作业情况，并严格执行装拆方案。

（7）作业空间的外沿与外电线路的距离应符合规定的最小安全距离。达不到要求的应进行防护。

（8）安装拆卸作业应设置警戒区域，并设专人监护，无关人员不得入内。专职安全生产管理人员应现场监督整个安装拆卸程序。

（9）安装、拆卸、加节或降节作业时，最大安装高度处的风速不应大于13m/s，当有特殊要求时，按用户和制造厂的协议执行。

（10）遇有雨、大雪、大雾等影响安全作业的恶劣气候时，应停止安装、拆卸作业。

（11）遇有工作电压波动大于±5%时，应停止安装、拆卸作业。

5.5.1.3 安装拆卸专项施工方案

（1）方案的编制

① 编制安装拆卸方案的依据

（A）施工升降机使用说明书；

（B）国家、行业、地方有关施工升降机的法规、标准、规范等；

（C）安装拆卸现场的实际情况，包括场地、道路、环境等。

② 安装拆卸方案的内容

（A）安装拆卸现场环境条件的详细说明；

（B）施工升降机安装位置平面图、立面图和主要安装拆卸难点；

（C）对施工升降机基础的外形尺寸、技术要求，以及地基承载能力（地耐力）等要求；

（D）详细的安装及拆卸的程序，包括每一程序的作业要点、安装拆卸方法、安全、质量控制措施；

（E）施工升降机主要零部件的重量、吊点位置及必要的计算资料；

（F）所需辅助设备、吊具、索具的规格、数量和性能；

（G）安装过程中应自检的项目以及应达到的技术要求；

（H）安全技术措施；

（I）人员配备及分工；

（J）重大危险源及事故应急预案。

（2）方案的审批

施工升降机的安装拆卸方案应当由安装单位技术部门组织本单位施工技术、安全、质量等部门的专业技术人员进行审核。经审核合格的，由安装单位技术负责人签字，并报总承包单位技术负责人签字。

不需专家论证的专项方案，安装单位审核合格后报监理单位，由项目总监理工程师审核签字。需专家论证的专项方案，安装单位应当组织召开专家论证会。实行施工总承包的，由施工总承包单位组织召开专家论证会。安装单位应当根据论证报告修改完善专项方案，并经安装单位技术负责人、总承包单位技术负责人、项目总监理工程师、建设单位项目负责人签字后，方可组织实施。

5.5.1.4 技术交底

（1）安装单位技术人员应根据安装拆卸方案向全体安装人员进行技术交底，重点明确每个作业人员所承担的拆装任务和职责以及与其他人员配合的要求，特别强调有关安全注意事项及安全措施，使作业人员了解拆装作业的全过程、进度安排及具体要求，增强安全意识，严格按照安全措施的要求进行工作。交底应包括以下内容：

① 施工升降机的性能参数；

② 安装、附着及拆卸的程序和方法；

③ 各部件的连接形式、连接件尺寸及连接要求；

④ 安装拆卸部件的重量、重心和吊点位置；

⑤ 使用的辅助设备、机具、吊索具的性能及操作要求；

⑥ 作业中安全操作措施；

⑦ 其他需要交底的内容。

（2）由技术人员向全体作业人员进行技术交底，每一个作业人员应进行书面签字认可。

5.5.1.5 安装、拆卸操作要求

（1）必须对所使用的辅助起重设备和工具的性能和安全操作规程有全面的了解，并进行认真的检查，合格后方准使用。

（2）在安装拆卸作业前，应认真阅读使用说明书和安装拆卸方案，熟悉装拆工艺和程序，掌握零部件的重量和吊点位置。作业过程中严禁擅自改动安装拆卸程序。

（3）施工升降机安装、拆卸作业必须在指定的专门指挥人员的指挥下作业，其他人不得发出指挥信号。当视线阻隔和距离过远等致使指挥信号传递困难时，应采用对讲机或多级指挥等有效的措施进行指挥。

（4）在进入工作现场时，必须戴安全帽；高处作业时必须穿防滑鞋，系安全带。

（5）严禁安装作业人员酒后作业。

（6）对各个安装部件的连接件，必须按规定安装齐全，固定牢固，并在安装后做详细检查。螺栓紧固有预紧力要求时，必须使用力矩扳手或专用扳手。

（7）安装作业时严禁以投掷的方法传递工具和器材。

（8）吊笼顶上所有的安装零件和工具，必须放置平稳，禁止露出安全栏外。

（9）安装、拆卸时不要倾靠在吊笼顶安全护栏上，防止施工升降机启动时出现危险。

（10）加节顶升时，必须在吊笼顶部操作，不允许在吊笼内操作。

（11）加节顶升到规定高度后，必须安装附墙架后方可继续加节；在拆卸导轨架过程中，不允许提前拆卸附墙架。

（12）利用吊杆进行拆装作业时，严禁超载；吊杆上有悬挂物时，不准开动吊笼。

（13）当有人在导轨架、附墙架上作业时，严禁吊笼升降。

（14）进行安全器坠落试验时，吊笼内不允许载人。

（15）安装结束后，吊笼上所有零件或工具必须全部清理，清扫传动、啮合部分的杂物、垃圾。

5.5.2 施工升降机的安装

5.5.2.1 安装前的检查

（1）对地基基础进行复核：

施工升降机地基、基础必须满足产品使用说明书要求。对施工升降机基础设置在地下室顶板、楼面或其他下部悬空结构上的，应对其支撑结构进行承载力计算。当支撑结构不能满足承载力要求时，应采取可靠的加固措施，经验收合格后方能安装。

（2）检查附墙架附着点：

附墙架附着点处的建筑结构强度应满足施工升降机产品使用说明书的要求，预埋件应可靠地预埋在建筑物结构上。

（3）核查结构件及零部件：

安装前应检查施工升降机的导轨架、吊笼、围栏、天轮、附着架等结构件是否完好、配套，螺栓、轴销、开口销等零部件的种类和数量是否齐全、完好。对有可见裂纹的，严重锈蚀的，严重磨损的，整体或局部变形的构件应进行修复或更换，直至符合产品标准的有关规定后方可进行安装。

（4）检查安全装置是否齐全、完好。

（5）检查零部件连接部位除锈、润滑情况：

检查导轨架、撑杆、扣件等构件的插口销轴、销轴孔部位的除锈和润滑情况，确保各部件涂油防锈，滚动部件润滑充分、转动灵活。

（6）检查安装作业所需的专用电源的配电箱、辅助起重设备、吊索具和工具，确保满足施工升降机的安装需求。

所有项目检查完毕，全部验收合格后，方可进行施工升降机的安装。

5.5.2.2　安装工艺流程

SC 型施工升降机安装的一般工艺流程是：基础施工→安装基础底架→安装 3～4 节导轨架→安装吊笼→安装吊杆→安装对重→安装围栏→安装电气系统→加高至 5～6 节导轨架并安装第一道附墙装置→试车→安装导轨架、附墙装置和电缆导向装置→天轮和对重钢丝绳的安装→调试、自检、验收。

5.5.2.3　安装的安全质量要求

（1）基础的要求

基础下土壤的承载力一般应大于 0.15MPa。混凝土基础表面的不平度应控制在 ±5mm 之内。混凝土基础在构筑过程中，如果混凝土基础不是采用预留孔二次浇捣的，应在基础内预埋底脚架和预埋螺柱，底脚架预埋时应把底脚架的螺钩绑扎在基础钢筋上，底脚架四个螺柱应在一个平面内，误差应控制在 1mm 之内，安装时按规定力矩拧紧，预埋件之间的中心距误差应控制在 5mm 之内。

基础四周应设置排水设施，基础四周 5m 之内不准开挖深沟，30m 范围内不得进行对基础有较大震动的施工。

（2）导轨架与标准节的要求

① SC 型施工升降机的导轨架在安装和使用时其轴心线对底座水平基准面的垂直度应符合制造商操作使用说明书的规定。

② 标准节拼接时，相邻标准节的立柱结合面对接应平直，相互错位形成的阶差应限制在：吊笼导轨不大于 0.8mm，对重导轨不大于 0.5mm；

③ 标准节上的齿条连接应牢固，相邻两齿条的对接处，沿齿高方向的阶差不应大于 0.3mm，沿长度方向的齿距偏差不应大于 0.6mm；

④ 当立管壁厚减少到出厂厚度的 25％时，标准节应予报废或按立管壁厚规格降级使用；

⑤ 当一台施工升降机使用的标准节有不同的立管壁厚时，标准节应有标识，因此在安装使用前，把相同类型的标准节堆放归类，并严格按使用说明书或安装手册规定依次加节安装；

⑥ SS 型施工升降机导轨架轴心线对底座水平基准面的安装垂直度偏差不应大于导轨架高度的 1.5‰；

⑦ SS 型施工升降机导轨接点截面相互错位形成的阶差不大于 1.5mm；

⑧ 导轨架与标准节及其附件应保持完整完好。

（3）吊笼的安全技术要求

① 吊笼应有足够刚性的导向装置以防止脱落和卡住；

② 吊笼上最高一对安全钩应处于最低驱动齿轮之下；

③ 吊笼上的安全装置和各类保护措施，不仅在正常工作时起作用，在安装、拆卸、维护时也应起作用；

④ 吊笼的驾驶室应有良好的视野和足够的空间；

⑤ 吊笼底板应能防滑、排水，在 0.1m×0.1m 区域内能承受静载 1.5kN 或额定载重量的 25% 而无永久变形；

⑥ 吊笼门应装机械锁钩以保证运行时不会自动打开；

⑦ 应有防止吊笼驶出导轨的措施；

⑧ 吊笼门应设有电气安全开关，当门未完全关闭时，该开关应有效切断控制回路电源，使吊笼停止或无法起动。

（4）附墙架的安装质量要求

① 导轨架的高度超过最大独立高度时，应设置附墙装置。附墙架的附着间隔应符合使用说明书要求。施工升降机运动部件与除登机平台以外的建筑物和固定施工设备之间的距离不应小于 0.2m。

② 附墙架的结构与零部件应完整和完好。

③ 调节附墙架的丝杆或调节孔，使导轨架的垂直度符合标准。

④ 附墙架应保持水平位置，由于受建筑物条件影响，其最大水平倾角应控制在说明书规定范围内。

⑤ 连接螺栓为不低于 8.8 级的高强度螺栓，其紧固件的表面不得有锈斑、碰撞凹坑和裂纹等缺陷。

（5）限位挡板的安装位置要求

① 限位挡板应完好，安装牢固。

② 下限位开关挡板的安装位置应保证吊笼以额定载重量下降时，触板触发该开关使吊笼制停，此时触板离下极限开关还应有一定行程。

③ 在正常工作状态下，上极限开关挡板的安装位置应保证上极限与上限位之间的越程距离符合制造商提供的说明书。

④ 在正常工作状态下，下极限开关挡板的安装位置，应保证吊笼碰到缓冲器之前，下极限开关应首先动作。

（6）对重系统安全技术要求

① 当吊笼底部碰到缓冲弹簧时，对重上端离开天轮架的下端应有 500mm 的安全距离。

② 当吊笼上升到施工升降机上部碰上限位后，吊笼停止运行时，吊笼的顶部与天轮架的下端应有 1.8m 的安全距离。

③ 天轮架滑轮的名义直径与钢丝绳直径之比不应小于 30。

④ 滑轮应有防止钢丝绳脱槽装置，该装置与滑轮外缘的间隙不应大于钢丝绳直径的 20%，且不大于 3mm。

⑤ 钢丝绳绳头应采用可靠的连接方式，绳接头的强度不低于钢丝绳强度的 80%。

⑥ 天轮架的结构和零部件应保持完整和完好。

⑦ 吊笼不能作为对重。

⑧ 对重两端的滑靴、导向滚轮和防脱轨保护装置应保持完整和完好。

⑨ 若对重使用填充物，应采取措施防止其窜动。

⑩ 对重应根据有关规定的要求涂成警告色。

⑪ 对重和钢丝绳的连接应符合规定。

⑫ 当悬挂使用两根或两根以上相互独立的钢丝绳时，应设置自动平衡钢丝绳张力装置。当单根钢丝绳过分拉长或破坏时，电气安全装置应停止吊笼的运行。

⑬ 为防止钢丝绳被腐蚀，应采用镀锌或涂抹适当的保护化合物。

⑭ 钢丝绳应尽量避免反向弯曲的结构布置。需要储存预留钢丝绳时，所用接头或附件不应对以后投入使用的钢丝绳截面产生损伤。

⑮ 多余钢丝绳应卷绕在卷筒上，其弯曲直径不应小于钢丝绳直径的 15 倍。

⑯ 当过多的剩余钢丝绳储存在吊笼顶上时，应有限制吊笼超载的措施。

（7）层门的安装要求

① 层门的净宽度与吊笼进出口宽度之差不得大于 120mm，层门的底部与卸料平台的距离不应大于 50mm，层门不能突出到吊笼的升降通道上。

② 正常工况下，关闭的吊笼门与层门间的水平距离不应大于 150mm。

③ 装载或卸载时，吊笼门与卸料平台边缘的水平距离不应大于 50mm。

④ 全高度层门打开后的净高度不应小于 2.0m。在特殊情况下，净高度不应小于 1.8m。

⑤ 高度降低的层门高度不应小于 1.1m。层门与正常工作的吊笼运动部件的安全距离不应小于 0.5m，如果额定提升速度不大于 0.7m/s，安全距离可为 0.4m。

⑥ 高度降低的层门两侧应设置高度不小于 1.1m 的护栏，护栏的中间应设横杆，踢脚板高度不少于 150mm。吊笼与侧面护栏的间距不应小于 150mm。

⑦ 层门的安全技术要求：

（A）施工升降机的每一个登机处应设置层门；

（B）层门不得向吊笼通道开启，封闭式层门上应设有视窗；

（C）水平或垂直滑动的层门应有导向装置，其运动应有挡块限位；

（D）人货两用施工升降机机械传动层门的开、关过程应由笼内乘员操作，不得受吊笼运动的直接控制；

（E）层门应与吊笼的电气或机械联锁，当吊笼底板离某一卸料平台的垂直距离在 ±0.25m 以内时，该平台的层门方可打开；

（F）层门锁止装置应安装牢固，紧固件应有防松装置，所有锁止元件的嵌入深度不应少于 7mm；

（G）层门的结构和所有零部件都应完整和完好，安装牢固可靠，活动部件灵活。层门的强度应符合相关标准。

（8）电动机与电磁制动器的安装要求

① 安装前制动器应单独通电，先将电压降至 150V，检查吸合和释放是否正常，有无卡住和异常响声，四角吸合和释放是否一致。吸合后用塞尺检查衔铁与制动块间的间隙，一般在 0.5～0.7mm。

② 电动机与减速器安装时，必须保证减速器和联轴器的安装形式、尺寸符合装配要求：

（A）二轴必须在同一轴线上；

（B）减速器联轴器和电动机联轴器相对端面间距为 3～5mm；

（C）联轴器与电动机在安装时，严禁敲击过猛，防止损坏电动机后端盖。

③ 电动机与制动器的安全技术要求：

（A）启用新电动机或长期不用的电动机时，需要用 500 伏兆欧表测量电动机绕组间的绝缘电阻，其绝缘电阻不低于 0.5MΩ，否则应做干燥处理后方可使用。

（B）电动机在额定电压偏差±5％的情况下，直流制动器在直流电压偏差±15％的情况下，仍然能保证电动机和直流制动器正常运转和工作。当电压偏差大于额定电压±10％时，应停止使用。

（C）施工升降机不得在正常运行中突然进行反向运行。

（D）在使用中，当发现振动、过热、焦味、异常响声等反常现象时，应立即切断电源，排除故障后才能继续使用。

（E）当制动器的制动盘摩擦材料单面厚度磨损到接近 1mm 时，必须更换制动盘。

（F）电动机在额定载荷下运行时，制动力矩太大或太小，都应进行调整。

（9）驱动装置的安全技术要求

① 卷扬机和曳引机在正常工作时，其机外噪声不应大于 85dB（A），操作者耳边噪声不应大于 88dB（A）。

② 卷扬机驱动仅允许使用于钢丝绳式无对重的货用施工升降机，吊笼额定提升速度不大于 0.63m/s 的人货两用施工升降机。

③ 人货两用施工升降机驱动吊笼的钢丝绳不应少于 2 根，且相互独立。钢丝绳的安全系数不应小于 12，钢丝绳直径不应小于 9mm。

④ 货用施工升降机驱动吊笼的钢丝绳允许用 1 根，其安全系数不应小于 8。额定载重量不大于 320kg 的施工升降机，钢丝绳直径不应小于 6mm；额定载重量大于 320kg 的施工升降机，钢丝绳直径不应小于 8mm。

⑤ 人货两用施工升降机采用卷筒驱动时钢丝绳只允许绕一层，若使用自动绕绳系统，允许绕二层；货用施工升降机采用卷筒驱动时，允许绕多层，多层缠绕时，应有排绳措施。

⑥ 当吊笼停止在最低位置时，留在卷筒上的钢丝绳不应小于三圈。

⑦ 卷筒两侧边缘大于最外层钢丝绳的高度不应小于钢丝绳直径的两倍。

⑧ 曳引驱动施工升降机，当吊笼或对重停止在被其重量压缩的缓冲器上时，提升钢丝绳不应松弛。当吊笼超载 25％并以额定提升速度上、下运行和制动时，钢丝绳在曳引轮绳槽内不应产生滑动。

⑨ 人货两用施工升降机的驱动卷筒应开槽，卷筒绳槽应符合下列要求：

（A）绳槽轮廓应为大于 120°的弧形，槽底半径 R 与钢丝绳半径 r 的关系应为 $1.05r \leqslant R \leqslant 1.075r$；

（B）绳槽的深度不小于钢丝绳直径的 1/3；

（C）绳槽的节距应大于或等于 1.15 倍钢丝绳直径。

⑩ 人货两用施工升降机的驱动卷筒节径与钢丝绳直径之比不应小于 30。对于 V 形或底部切槽的钢丝绳曳引轮，其节径与钢丝绳直径之比不应小于 31。

⑪ 货用施工升降机的驱动卷筒节径、曳引轮节径、滑轮直径与钢丝绳直径之比不应小于 20。

⑫ 制动器应是常闭式，其额定制动力矩对人货两用施工升降机不低于作业时的额定制动力矩的 1.75 倍，对货用升降机不低于作业时的额定制动力矩的 1.5 倍。不允许使用带式制动器。

⑬ 人货两用施工升降机钢丝绳在驱动卷筒上的绳端应采用楔形装置固定，货用施工升降机钢丝绳在驱动卷筒上的绳端可采用压板固定。

⑭ 卷筒或曳引轮应有钢丝绳防脱装置，该装置与卷筒或曳引轮外缘的间隙不应大于钢丝绳直径的 20%，且不大于 3mm。

（10）电器安全技术要求

① 电气箱的安全技术要求：

（A）施工升降机的各类电路的接线应符合出厂的技术规定；

（B）电气元件的对地绝缘电阻应不小于 0.5MΩ，电气线路的对地绝缘电阻应不小于 1MΩ；

（C）各类电气箱等不带电的金属外壳均应有可靠接地，其接地电阻应不超过 4Ω；

（D）对老化失效的电气元件应及时更换，对破损的电缆和导线予以包扎或更新；

（E）各类电气箱应完整和完好，经常保持清洁和干燥，内部严禁堆放杂物等。

② 电缆防护装置的要求：

（A）要防止电缆防护装置与吊笼、对重碰擦。

（B）应按规定安装电缆导向架，不准增大靠近电缆储筒口的安装距离，或减少甚至取消电缆导向架。电缆入筒见图 5-41，安装过程中电缆不能扭结和打扣。

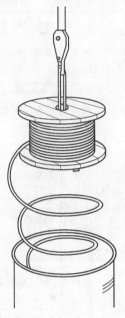

图 5-41　电缆入筒

（C）及时更换绝缘层老化、腐朽或破损的电缆。

③ 楼层呼叫系统的安装：

各楼层应当设置与施工升降机操作人员联络的楼层呼叫装置。其安装程序和方法按照生产厂家的施工升降机楼层呼叫系统使用说明书的要求。楼层呼叫系统安装后，必须调试合格。

5.5.3　施工升降机的安装自检

施工升降机安装完毕，应进行通电试运转、调试和整机性能试验。

5.5.3.1　安装自检的内容和要求

安装自检应当按照安全技术标准及安装使用说明书的有关要求对金属结构件、传动机构、附墙装置、安全装置、对重系统和电气系统等进行检查，自检后应填写安装自检表（见表 5-11）。

5.5.3.2　施工升降机的调试

施工升降机的调试是安装工作的重要组成部分和不可缺少的程序，也是安全使用的保证措施。调试包括调整和试验两方面内容。调整须在反复试验中进行，试验后一般也要进行多次调整，直至符合要求。施工升降机的调试主要有以下几项：

工程名称			工程地址	
安装单位			资质等级	
型号			设备编号	
制造单位			使用单位	
安装高度			安装日期	

名称	序号	自检项目	要　求	检验结果	备注
基础和围护设施	1	地基承载力	符合说明书要求		
	2	基础混凝土强度	基础混凝土强度检测结果和随养试块强度报告符合要求		
	3	基础排水	基础周围有排水措施		
	4	围栏门联锁保护	应安装机电联锁装置,吊笼位于底部规定位置围栏门才能打开,围栏门开启后吊笼不能启动		
	5	防护围栏	基础上吊笼和对重升降通道周围应设置防护围栏,地面防护围栏高≥1.8m		
金属结构件	6	金属结构件外观	无明显变形、脱焊、开裂和严重锈蚀		
	7	螺栓连接	紧固件安装准确、紧固		
	8	销轴连接	销轴连接定位可靠		
	9	导轨架垂直度	按制造厂要求		
吊笼	10	紧急出口活动门	吊笼顶应有紧急出口,装有向外开启活动板门,并配有专用扶梯。活动板门应设有安全开关,当门打开时,吊笼不能启动		
	11	吊笼顶部护栏	笼顶周围应设置护栏,高度≥1.05m		
层门	12	停层层门	各停层点应设置,结构上能由司机开关,层门高度应不低于1.8m,层门的净宽与吊笼净出口宽度之差不得大于120mm;下面间隙不得大于50mm		
传动及导向	13	防护装置	转动零部件的外露部分应有防护罩等防护装置		
	14	制动器	制动性能良好,有手动松闸功能		
	15	导向轮及背轮	连接及润滑应良好,导向灵活,无明显倾侧现象		
附着装置	16	附着装置	应采用配套标准产品		
	17	附着间距	应符合使用说明书要求		
	18	悬臂高度	应符合使用说明书要求		
	19	与构筑物连接	应可靠		
安全装置	20	防坠安全器	只能在有效标定期限内使用(应提供检测合格证)		
	21	防松绳开关	对重应设置防松绳开关		
	22	安全钩	安装位置及结构应能防止吊笼脱离导轨架或安全器输出齿轮脱离齿条		

名称	序号	自检项目	要　　求	检验结果	备注
安全装置	23	上限位	安装位置:提升速度小于 0.8m/s 时留有上部安全距离应≥1.8m,大于或等于 0.8m/s 时应满足≥$1.8+0.1v^2$		
	24	上极限开关	极限开关应为非自动复位型,动作时能切断总电源,动作后须手动复位才能使吊笼启动		
	25	下限位	安装位置:应在吊笼制停时,距下极限开关一定距离		
	26	越程距离	上限位和上极限开关之间的越程距离应≥0.15m		
	27	下极限开关	在正常工作状态下,吊笼碰到缓冲器之前,下极限开关应首先动作		
电气系统	28	急停开关	便于操纵处应装置非自行复位的急停开关		
	29	绝缘电阻	电动机及电气元件(电子元器件部分除外)的对地绝缘电阻应≥0.5MΩ,电气线路的对地绝缘电阻应≥1MΩ		
	30	接地保护	升降机结构、电动机和电气设备金属外壳均应接地,接地电阻应≤4Ω		
	31	失压、零位保护	灵敏、正确		
	32	电气线路	排列整齐,接地,零线分开		
	33	相序保护装置	应设置		
	34	通信联络装置	应设置		
	35	电缆与电缆导向	电缆完好无破损,电缆导向架按规定设置		
对重和钢丝绳	36	钢丝绳完好度	应符合 GB 5972 中 2.5 条要求		
	37	对重安装	应按说明书要求设置		
	38	对重导轨	接缝应平整,导向良好		
	39	钢丝绳端部固结	应固结可靠。绳卡固结时规格应与绳径匹配,其数量不得少于 3 个,间距不小于绳径的 6 倍,滑鞍应放在受力一侧		
试验	40	安装试验	吊笼无下滑现象,施工升降机无其他异常现象		
	41	空载试验	吊笼无制动瞬时滑移现象,起动、制动准确,运行平稳,无异常响声		
	42	额定载荷试验	吊笼运行平稳,起动、制动正常,无异常响声,吊笼停止时,不应出现下滑现象,在中途再启动上升时,不允许出现瞬时下滑现象。额定载荷试验后减速器油液的温升符合要求		
	43	超载试验(额定载荷的 125%)	动作准确可靠,无异常现象,金属结构不得出现永久变形、可见裂纹及连接损坏、松动等现象		

自检结论:

自检人员:　　　　　　　　　　　单位或项目技术负责人:

（1）导轨架垂直度的调整

吊笼空载降至最低点，从垂直于吊笼长度方向与平行于吊笼长度方向分别使用经纬仪测量导轨架的安装垂直度，重复三次取平均值。如垂直度偏差超过规定值，可调整附墙架的调节杆，使导轨架的垂直度符合标准要求。

（2）导向滚轮与导轨架的间隙调试

用塞尺检查滚轮与导轨架的间隙，不符合要求的，应予以调整。松开滚轮的固定螺栓，用专用扳手转动偏心轴，调整后滚轮与导轨架立柱管的间隙为 0.5mm，调整完毕务必将螺栓紧固好。

（3）齿轮与齿条啮合间隙调试

用压铅法测量齿轮与齿条的啮合间隙，不符合要求的，应予以调整。松开传动板及安全板上的靠背轮螺母，用专用扳手转动偏心套调整齿轮与齿条的啮合间隙、背轮与齿轮背面的间隙。调整后齿轮与齿条的侧向间隙应为 0.2～0.5mm，靠背轮与齿条背面的间隙为 0.5mm，调整后将螺母拧紧。

（4）上限位挡块、下限位挡块及减速限位挡块调试调整

① 上限位挡块

在笼顶操作，将吊笼向上提升，当上限位触发时，上部安全距离应不小于 1.8m。如位置出现偏差，应调整上限位挡块，并用钩头螺栓固定挡块。

② 减速限位挡块

在吊笼内操作，将吊笼下降到吊笼底与外笼门槛平齐时（满载），减速限位挡块应与减速限位接触并有效。如位置出现偏差，应重新安装减速限位挡块，用螺栓固定减速限位挡块。

③ 下限位挡块

使吊笼继续下降，下限位应与下限位挡块有效接触，使笼制停。如位置出现偏差，应调下限位挡块位置，并用螺栓固定。

④ 上、下极限限位挡块

（A）上极限开关的安装位置应保证上极限开关与上限位开关之间的越程距离为 0.15m；

（B）下极限开关的安装位置应保证吊笼在碰到缓冲器之前下极限开关先动作；

（C）限位调整时，对于双吊笼施工升降机，一吊笼进行调整作业，另一吊笼必须停止运行。

（5）变频调速施工升降机的快速运行调试

在完成上述所有内容及调试项目后，即可进行施工升降机快速运行和整机性能试验。

变频调速施工升降机，必须在生产厂方指导下，调整变频器的参数，直到施工升降机运行速度达到规定值。

5.5.3.3　施工升降机的整机性能试验

施工升降机的性能试验应具备以下条件：环境温度为−20～+40℃，现场风速不大于 13m/s，电源电压值偏差不大于±5%，荷载的质量允许偏差不大于±1%。

（1）空载试验

全行程进行不少于 3 个工作循环的空载试验，每一工作循环的升、降过程中应进行不少于 2 次的制动，其中在半行程应至少进行一次吊笼上升和下降的制动试验，观察有无制动瞬时滑移现象。若滑动距离超过标准，则说明制动器的制动力矩不够，应压紧其电机尾部的制动弹簧。

（2）安装试验

安装试验也就是安装工况不少于 2 个标准节的接高试验。实验时首先将吊笼离地 1m，向吊笼平稳、均匀地加载荷至额定安装载重量的 125%，然后切断动力电源，进行静态试验 10min，吊笼不应下滑，也不应出现其他异常现象。如若滑动距离超过标准，则说明制动器的制动力矩不够，应压紧其电机尾部的制动弹簧。有对重的施工升降机，应当在不安装对重的安装工况下进行试验。

（3）额定载荷试验

在吊笼内装额定载重量，载荷重心位置按吊笼宽度方向均向远离导轨架方向偏六分之一宽度，长度方向均向附墙架方向偏六分之一长度的内偏以及反向偏移六分之一长度的外偏，按所选电动机的工作制，各做全行程连续运行 30min 的试验，每一工作循环的升降过程应进行不少于一次制动。

额定载重量试验后，应测量减速器和液压系统油的温升。吊笼应运行平稳，起动、制动正常，无异常响声，吊笼停止时，不应出现下滑现象，在中途再启动上升时，不允许出现瞬时下滑现象。额定载荷试验后记录减速器油液的温升，涡轮涡杆减速器油液温升不得超过 60K，其他减速器油液温升不得超过 45K。

双吊笼施工升降机应按左、右吊笼分别进行额定载重量试验。

（4）超载试验

在吊笼内均匀布置额定载重量的 125% 的载荷，工作行程为全行程，工作循环不应少于 3 个，每一工作循环的升降过程中应进行不少于一次制动。吊笼应运行平稳，起动、制动正常，无异常响声，吊笼停止时不应出现下滑现象。

（5）坠落试验

首次使用的施工升降机，或转移工地后重新安装的施工升降机，建议在投入使用前进行额定载荷坠落试验。以确保施工升降机的使用安全。坠落试验的一般程序如下：

① 在吊笼中加载额定载重量。

② 切断地面电源箱的总电源。

③ 将坠落试验按钮盒的电缆插头插入吊笼电气控制箱底部的坠落试验专用插座中。

④ 把试验按钮盒的电缆固定在吊笼上电气控制箱附近，将按钮盒设置在地面。坠落试验时，应确保电缆不会被挤压或卡住。

⑤ 撤离吊笼内所有人员，关上全部吊笼门和围栏门。

⑥ 合上地面电源箱中的主电源开关。

⑦ 按下试验按钮盒标有上升符号的按钮（符号↑），驱动吊笼上升至离地面约 3～10m 高度。

⑧ 按下试验按钮盒标有下降符号的按钮（符号↓），并保持按住这个按钮。这时，电机制动器松闸，吊笼下坠。当吊笼下坠速度达到临界速度，防坠安全器将动作，把吊笼刹住。

当防坠安全器未能按规定要求动作而刹住吊笼，必须将吊笼上电气控制箱上的坠落试验插头拔下，操纵吊笼下降至地面后，查明防坠安全器不动作的原因，排除故障后，才能再次进行试验。必要时需送生产厂校验。

⑨ 防坠安全器按要求动作后，驱动吊笼上升至高一层的停靠站。

⑩ 拆除试验电缆。此时，吊笼应无法起动。因当防坠安全器动作时，其内部的电控开关已动作，以防止吊笼在试验电缆被拆除而防坠安全器尚未按规定要求复位的情况下被启动。

（6）防坠安全器动作后的复位

坠落试验后或防坠安全器每发生一次动作，均需对防坠安全器进行复位工作（见图5-42）。在正常操作中发生动作后，须查明发生动作的原因，并采取相应的措施。在检查确认完好后或查清原因，排除故障后，才可对安全器进行复位，防坠安全器未复位前，严禁继续向下操作施工升降机。安全器在复位前应检查电动机、制动器、涡轮减速器、联轴器、吊笼滚轮、对重滚轮、驱动小齿轮、安全器齿轮、齿条、背轮和安全器的安全开关等零部件是否完好，连接是否牢固，安装位置是否符合规定。

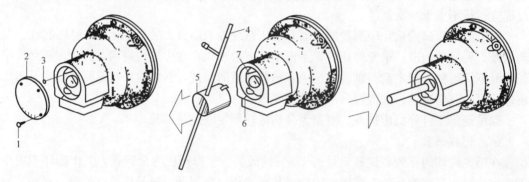

图 5-42　安全器复位操作过程

1—螺钉；2—后盖；3—螺钉；4—专用工具；5—扳手；6—铜螺母；7—弹簧销

5.5.4　施工升降机的验收

施工升降机经安装单位自检合格交付使用前，应当经有相应资质的检验检测机构监督检验合格。监督检验合格后，使用单位应当组织产权（出租）、安装、监理等有关单位进行综合验收，验收合格后方可投入使用，未经验收或者验收不合格的不得使用；实行总承包的，由总承包单位组织产权（出租）、安装、使用、监理等有关单位进行验收。

验收内容主要包括技术资料、标识与环境以及自检情况等，具体内容参见表5-12。

5.5.5　施工升降机的拆卸

5.5.5.1　拆卸前的检查

（1）检查拆卸施工升降机的基础部位及附着装置；

（2）检查各机构的运行情况；

（3）检查拆卸现场周边环境，确保作业场地路面平整、坚实，不得有任何障碍物。

施工升降机综合验收表				表 5-12
设备型号		设备编号		
工程名称		工程地址		
设备生产厂家		设备所属单位		
出厂年月		使用单位		
安装单位		安装高度		
安装负责人		安装日期		
验收项目	内　　容			验 收 结 果
技术资料	制造许可证、产品合格证、制造监督检验证明、产权备案证明齐全、有效			
	安装单位的相应资质、安全生产许可证及特种作业岗位证书齐全、有效			
	安装方案、安全交底记录齐全有效			
	隐蔽工程验收记录和混凝土强度报告齐全有效			
	安装前零部件的验收记录齐全有效			
标识与环境	产品铭牌和产权备案标识齐全			
	与外输电线的安全距离符合规定			
自检情况	自检内容齐全，标准使用正确，记录齐全有效			
安装单位验收意见：		使用单位验收意见：		
技术负责人签章： 日期：		项目技术负责人签章： 日期：		
监理单位验收意见：		总承包单位验收意见：		
项目总监签章： 日期：		项目技术负责人签章： 日期：		

5.5.5.2　拆卸作业程序

施工升降机的拆卸程序是安装程序的逆程序，一般按照先装后拆、自上而下的步骤进行。

（1）将操纵盒置于吊笼顶部，在吊笼顶部安装好吊杆。对有驾驶室的施工升降机，须将加节按钮盒接线插头插至驾驶室操纵箱的相应插座上，并将操纵箱上的控制旋钮旋至"加节"位置，再将加节按钮盒置于吊笼顶部。对无驾驶室的施工升降机，须将吊笼内的操纵盒移至吊笼顶部。

（2）使吊笼提升到导轨架顶部，拆卸上限位开关挡块和上限位开关挡板。

（3）拆除对重的缓冲弹簧，并在对重下垫上足够高度的枕木。使吊笼缓缓上升适当距离，让对重平稳地停在所垫的枕木上，使钢丝绳卸载。

（4）从对重上和偏心绳具上卸下钢丝绳，用吊笼顶的钢丝绳盘收起所有的钢丝绳。

（5）拆卸天轮架、导轨架、附墙架，同时拆卸电缆导向装置。

（6）保留三节导轨架组成的最下部导轨架，然后拆除吊杆，吊笼停至缓冲弹簧上。

（7）切断地面电源箱的总电源，拆卸连接至吊笼的电缆。

（8）将吊笼吊离导轨架，拆卸缓冲弹簧。

（9）将对重吊离导轨架。

（10）拆卸围栏等。

5.5.5.3 拆卸作业注意事项

（1）施工升降机拆卸过程中，应认真检查各就位部件的连接与紧固情况，发现问题及时整改，确保拆卸时施工升降机工作安全可靠。

（2）拆卸导轨架时，要确保吊笼的最高导向滚轮的位置始终处于被拆卸的导轨架接头之下，且吊具和安装吊杆都已到位，然后才能卸去连接螺栓。

（3）拆卸导轨架，先将导轨架连接螺栓拆下，然后用吊杆将导轨架放至吊笼顶部，吊笼落到底层卸下导轨架。注意吊笼顶部的导轨架不得超过 3 节。

（4）拆卸工作完成后，拆卸下的螺栓、轴销、开口销应分类存放，保管妥当；施工场地上作业时所用的索具、工具、辅助用具和各种零配件和杂物等应及时清理。

5.6 施工升降机的维护保养与常见故障排除

5.6.1 施工升降机的维护保养

5.6.1.1 维护保养的意义

为了使施工升降机经常处于完好状态、安全运转状态，避免和消除在运转工作中可能出现的故障，提高施工升降机的使用寿命，必须及时正确地做好维护保养工作。

（1）施工升降机工作状态中，经常遭受风吹雨打、日晒的侵蚀，灰尘、砂土的侵入和沉积，如不及时清除和保养，将会加快机械的锈蚀、磨损，使其寿命缩短；

（2）在机械运转过程中，各工作机构润滑部位的润滑油及润滑脂会自然损耗，如不及时补充，将会加重机械的磨损；

（3）机械经过一段时间的使用后，各运转机件会自然磨损，零部件间的配合间隙会发生变化，如果不及时进行保养和调整，磨损就会加快，甚至导致完全损坏；

（4）机械在运转过程中，如果各工作机构的运转情况不正常，又得不到及时的保养和调整，将会导致工作机构完全损坏，大大降低施工升降机的使用寿命。

5.6.1.2 维护保养的分类和方法

（1）日常维护保养

日常维护保养，又称为例行保养，是指在设备运行的前、后和运行过程中的保养作业。日常维护保养由设备操作人员进行。

（2）定期维护保养

定期维护保养是指月度、季度及年度的维护保养，以专业维修人员为主，设备操作人员配合进行。

（3）特殊维护保养

施工机械除日常维护保养和定期维护保养外，在转场、闲置等特殊情况下还需进行维护保养。

① 转场保养。在施工升降机转移到新工程，安装使用前，需进行一次全面的维护保养，保证施工升降机状况完好，确保安装、使用安全。

② 闲置保养。施工升降机在停放或封存期内，至少每月进行一次保养，重点是清洁和防腐，由专业维修人员进行。

（4）维护保养方法

维护保养一般采用"清洁、紧固、调整、润滑、防腐"等方法，通常简称为"十字作业"法。

5.6.1.3 维护保养的安全注意事项

在进行施工升降机的维护保养和维修时，应注意以下事项：

（1）应切断施工升降机的电源，拉下吊笼内的极限开关，防止吊笼被意外启动或发生触电事故。

（2）在维护保养和维修过程中，不得承载无关人员或装载物料，同时悬挂检修停用警示牌，禁止无关人员进入检修区域内。

（3）所用的照明行灯必须采用 36V 以下的安全电压，并检查行灯导线、防护罩，确保照明灯具使用安全。

（4）应设置监护人员，随时注意维修现场的工作状况，防止生产安全事故发生。

（5）检查基础或吊笼底部时，应首先检查制动器是否可靠，同时切断电动机电源。将吊笼用木方支起，防止吊笼或对重突然下降伤害维修人员。

（6）维护保养和维修人员必须佩戴安全帽；高处作业时，应穿防滑鞋，佩带安全带。

（7）维护保养后的施工升降机，应进行试运转，确认一切正常后方可投入使用。

5.6.1.4 施工升降机维护保养的内容

（1）日常维护保养的内容和要求

每班开始工作前，应当进行检查和维护保养，包括目测检查和功能测试，有严重情况的应当报告有关人员进行维修，检查和维护保养情况应当及时记入交接班记录。检查一般应包括以下内容：

① 电气系统与安全装置

检查线路电压是否符合额定值及其偏差范围，机件有无漏电，限位装置及机械电气联锁装置是否工作正常、灵敏可靠。

② 制动器

检查制动器性能是否良好、能否可靠制动。

③ 标牌

检查设备上所有标牌是否清晰、完整。

④ 金属结构

检查施工升降机金属结构的焊接点有无脱焊及开裂；附墙架固定是否牢靠，停层过道是否平整，防护栏杆是否齐全；各部件连接螺栓有无松动。

⑤ 导向滚轮装置

检查侧滚轮、背轮、上下滚轮部件的定位螺钉和紧固螺栓有无松动；滚轮是否能转动灵活，与导轨的间隙是否符合规定值。

⑥ 对重及其悬挂钢丝绳

检查对重运行范围内有无障碍物，对重导轨及其防护装置是否正常完好；钢丝绳有无损坏，其连接点是否牢固可靠。

⑦ 地面防护围栏和吊笼

检查围栏门和吊笼门是否启闭自如；吊笼紧急出口门是否正常；通道区有无其他杂物

堆放；吊笼运行区间有无障碍物，笼内是否保持清洁。

⑧ 电缆和电缆引导器

检查电缆是否完好无破损，电缆引导器是否可靠有效。

⑨ 传动、变速机构

检查各传动、变速机构有无异响；涡轮箱油位是否正常，有无渗漏现象。

⑩ 润滑系统

检查润滑系统有无泄漏。

（2）月度维护保养的内容和要求

月度维护保养除按日常维护保养的内容和要求进行外，还要按照以下内容和要求进行。

① 导向滚轮装置

检查滚轮轴支撑架紧固螺栓是否可靠紧固。

② 对重及其悬挂钢丝绳

检查对重导向滚轮的紧固情况是否良好；天轮装置工作是否正常可靠；钢丝绳有无严重磨损和断丝。

③ 电缆和电缆导向装置

检查电缆支承臂和电缆导向装置之间的相对位置是否正确，导向装置弹簧功能是否正常，电缆有无扭曲、破坏。

④ 传动、减速机构

检查机械传动装置安装紧固螺栓有无松动，特别是提升齿轮副的紧固螺钉有无松动；电动机散热片是否清洁，散热功能是否良好；减速器箱内油位有无降低。

⑤ 制动器

检查试验制动器的制动力矩是否符合要求。

⑥ 电气系统与安全装置

检查吊笼门与围栏门的电气机械联锁装置，上、下限位装置，吊笼单行门、双行门联锁等装置性能是否良好；导轨架上的限位挡铁位置是否正确。

⑦ 金属结构

重点查看导轨架标准节之间的连接螺栓是否牢固；附墙结构是否稳固，螺栓有无松动；表面防护是否良好，有无脱漆和锈蚀，构架有无变形。

（3）季度维护保养的内容和要求

季度维护保养除按月度维护保养的内容和要求进行外，还要按照以下内容和要求进行。

① 导向滚轮装置

检查导向滚轮的磨损情况，确认滚珠轴承是否良好，是否有严重磨损，调整与导轨之间的间隙。

② 检查齿条及齿轮的磨损情况

检查提升齿轮副的磨损情况，检测其磨损量是否大于规定的最大允许值；用塞尺检查涡轮减速器的涡轮磨损情况，检测其磨损量是否大于规定的最大允许值。

③ 电气系统与安全装置

在额定负载下进行坠落试验，检测防坠安全器的性能是否可靠。

（4）年度维护保养的内容和要求

年度维护保养应全面检查各零部件，除按季度维护保养的内容和要求进行外，还要按照以下内容和要求进行。

① 传动、减速机构

检查驱动电机和涡轮减速器、联轴器结合是否良好，传动是否安全可靠。

② 对重及其悬挂钢丝绳

检查悬挂对重的天轮装置是否牢固可靠，天轮轴承磨损程度，必要时应予调换轴承。

③ 电气系统与安全装置

复核防坠安全器的出厂日期，对超过标定年限的，应通过具有相应资质检测机构进行重新标定，合格后方可使用。此外，在进入新的施工现场使用前应按规定进行坠落试验。

5.6.1.5 施工升降机的润滑

施工升降机在新机安装后，应当按照产品说明书要求进行润滑，说明书没有明确规定的使用满40小时应清洗并更换涡轮减速箱内的润滑油，以后每隔半年更换一次。涡轮减速箱的润滑油应按照铭牌上的标注进行润滑。

5.6.2 施工升降机常见故障及排除方法

施工升降机在使用过程中发生故障的原因很多，主要是因为工作环境恶劣，维护保养不及时，操作人员违章作业，零部件的自然磨损等多方面原因。施工升降机发生异常时，操作人员应立即停止作业，及时向有关部门报告，以便及时处理，消除隐患，恢复正常工作。

施工升降机常见的故障一般分为电气故障和机械故障两大类。

5.6.2.1 电气故障的查找和排除

由于电气线路、元器件、电气设备以及电源系统等发生故障，造成用电系统不能正常运行，统称为电气故障。电气故障相对来说比较多，有的故障比较直观，容易判断，有的故障比较隐蔽，难以判断。

（1）查找电气故障的基本程序和方法：

① 在诊断电气系统故障前，维修人员应当认真熟悉电气原理图，了解电气元件的结构与功能。

② 确认吊笼处于停机状态，但控制电路未被断开；确认防坠安全器微动开关、吊笼门开关、围栏门开关等安全装置的触头处于闭合状态；确认紧急停机按钮及停机开关和加节转换开关未被按下；确认上、下限位开关完好，动作无误。

③ 确认地面电源箱内主开关闭合，箱内主接触器已经接通。

④ 检查输出电缆并确认已通电，确认从配电箱至施工升降机电气控制箱电缆完好。

⑤ 确认吊笼内电气控制箱电源被接通。

⑥ 将电压表连接在零位端子和电气原理图上所标明的端子之间，检查须通电的部位应确认已有电，分端子逐步测试，以排除法找到故障位置。

⑦ 检查操纵按钮和控制装置发出的"上"、"下"指令（电压），确认已被正确地送到电气控制箱。

⑧ 试运行吊笼，确保上、下运行主接触器的电磁线圈通电启动，确认制动接触器被启动，制动器动作。

（2）SC 型施工升降机常见电气故障现象、原因及排除方法见表 5-13。

SC 型施工升降机常见电气故障现象、原因及排除方法　　　　表 5-13

序号	故障现象	故障原因	故障诊断与排除
1	总电源开关合闸即跳	电路内部损伤、短路或相线对地短接	找出电路短路或接地的位置，修复或更换
2	断路器跳闸	电缆、限位开关损坏；电路短路或对地短接	更换损坏电缆、限位开关
3	施工升降机突然停机或不能启动	停机电路及限位开关被启动；断路器启动	释放"紧急按钮"；恢复热继电器功能；恢复其他安全装置
4	启动后吊笼不运行	联锁电路开路(参见电气原理图)	关闭门或释放"紧急按钮"；查 200V 联锁控制电路
5	电源正常，主接触器不吸合	有个别限位开关没复位；相序接错；元件损坏或线路开路断路	复位限位开关；相序重新连接；更换元件或修复线路
6	电机启动困难，并有异常响声	电机制动器未打开或无直流电压(整流元件损坏)；严重超载；供电电压远低于 380V	恢复制动器功能(调整工作间隙)或恢复直流电压(更换整流元件)；减少吊笼载荷；待供电电压恢复至 380V 再工作
7	运行时，上、下限位开关失灵	上、下限位开关损坏；上、下限位碰块移位	更换上、下限位开关；恢复上、下限位碰块位置
8	操作时，动作不稳定	线路接触不好或端子接线松动；接触器粘连或复位受阻	恢复线路接触性能，紧固端子接线；修复或更换接触器
9	吊笼停机后，可重新启动，但随后再次停机	控制装置(按钮、手柄)接触不良；门限位开关与挡板错位	修复或更换控制装置(按钮、手柄)；恢复门限位开关与挡板位置
10	吊笼上、下运行时有自停现象	上、下限位开关接触不良或损坏；严重超载；控制装置(按钮、手柄)接触不良或损坏	修复或更换上、下限位开关；减少吊笼载荷；修复或更换控制装置(按钮、手柄)
11	接触器易烧毁	供电电源压降太大，启动电流过大	缩短供电电源与施工升降机的距离；加大供电电缆截面
12	电机过热	制动器工作不同步；长时间超载运行；启、制动过于频繁；供电电压过低	调整或更换制动器；减少吊笼载荷；调整供电电压

5.6.2.2　常见机械故障及排除方法

由于机械零部件磨损、变形、断裂、卡塞、润滑不良以及相对位置不正确等而造成机械系统不能正常运行，统称为机械故障。机械故障一般比较明显、直观，容易判断。SC

型施工升降机常见机械故障现象、原因及排除方法见表5-14。

SC型施工升降机常见机械故障现象、原因及排除方法　　　　表5-14

序号	故障现象	原因所在	故障诊断解决
1	吊笼运行时振动过大	导向滚轮联结螺栓松动； 齿轮、齿条啮合间隙过大或缺少润滑； 导向滚轮与背轮间隙过大	紧固导向滚轮螺栓； 调整齿轮、齿条啮合间隙或添注润滑； 调整导向滚轮与背轮的间隙
2	吊笼启动或停止运行时有跳动	电机制动力矩过大； 电机与减速箱联轴节内橡胶块损坏	重新调整电机制动力矩； 更换联轴节内橡胶块
3	吊笼运行时有电机跳动现象	电机固定装置松动； 电机橡胶垫损坏或失落； 减速箱与传动板联结螺栓松动	紧固电机固定装置； 更换电机橡胶垫； 紧固减速箱与传动板联结螺栓
4	吊笼运行时有跳动现象	导轨架对接阶差过大； 齿条螺栓松动，对接阶差过大； 齿轮严重磨损	调整导轨架对接； 紧固齿条螺栓，调整对接阶差； 更换齿轮
5	吊笼运行时有摆动现象	导向滚轮联结螺栓松动； 支撑板螺栓松动	紧固导向滚轮联结螺栓； 紧固支撑板螺栓
6	吊笼启、制动时振动过大	电机制动力矩过大； 齿轮、齿条啮合间隙不当	调整电机制动力矩； 调整齿轮、齿条啮合间隙
7	制动块磨损过快	制动器止退轴承内润滑不良，不能同步工作	润滑或更换轴承
8	制动器噪声过大	制动器止退轴承损坏； 制动器转动盘摆动	更换制动器止退轴承； 调整或更换制动器转动盘摆动
9	减速箱涡轮磨损过快	润滑油品型号不正确或未按时更换涡轮、涡杆中心距偏移	更换润滑油品型号； 调整涡轮、涡杆中心距

5.7　施工升降机事故案例

5.7.1　施工升降机驾驶室底框开焊坠落事故

2001年某月某日，某建筑工地发生一起施工升降机吊笼坠落事故，造成施工升降机司机1人当场死亡。

5.7.1.1　事故经过

2001年某月某日，某建筑工地施工接近尾声，项目部准备第二天拆除施工升降机，安装单位接到通知后，当天就派遣两名安装拆卸人员去现场进行检查施工升降机，当检查到吊笼底部时，发现驾驶室底框及焊缝被混凝土包裹，为看清焊缝情况，二人向工地借了一柄铁锤敲击驾驶室底框，结果发现其中一个吊笼的底架与驾驶室底框间的焊缝开裂，当即进行电焊修补；然后又对第二个吊笼的底架与驾驶室底框进行敲击检查，未发现问题。但施工升降机使用到下午4时左右，第二个吊笼上升到20层时，驾驶室突然发生坠落，造成施工升降机司机当场死亡。经查驾驶室底框与吊笼底架之间的焊缝开裂很长，并有新老两种焊缝开裂痕迹。

5.7.1.2　原因分析

（1）经现场调查、分析，该事故系吊笼的底架与驾驶室底框间的焊缝开裂所致。据勘察焊缝开裂已经很严重，且时间较长，由于混凝土附着物覆盖未能发现。用大锤敲击后，混凝土附着物不仅没有脱落，反而加大了焊缝的开裂程度，致使吊笼在运行振动后，发生驾驶室坠落事故。

（2）拆卸前的检查是一项正常的工作，但使用了不规范的检查方法和手段。

（3）检查人员的安全意识淡薄，业务知识不足。

5.7.1.3　教训与警示

（1）拆卸前的检查是一项重要的工作，安装单位应制定企业的检查标准，明确检查的方法和手段；

（2）检查人员在不断提高业务水平的同时，也应不断提高自己的安全意识，避免在工作中留下事故隐患。

5.7.2　某大酒店工程施工升降机吊笼坠落事故

5.7.2.1　事故概况

某大酒店工程地下 1 层、地上 20 层，为现浇框筒结构，建筑面积 3.6 万 m²，事故发生时已完成 9 层结构施工。2003 年 11 月 20 日 6 时 05 分，该工程发生 1 起施工升降机吊笼坠落事故，死亡 3 人。

5.7.2.2　事故经过

因施工需要，该大酒店工程项目部向某建筑总公司建筑机械租赁公司租赁了 1 台 SCD200/200A 型双笼施工升降机，由具有安装资质的租赁公司（下称安装单位）自行安装。2003 年 9 月 20 日，租赁公司、设备生产厂家派出技术人员、安装工人到场安装。至 11 月 15 日，该施工升降机导轨架安装到 28.8m（19 节标准节）高度，并在建筑结构二层、五层楼板面分别设置两道附着装置，但上行程开关曲臂未固定，上极限限位撞块、天轮架、天轮、对重均未安装，安装单位未对施工升降机进行全面检查，亦未办理验收手续，即于 11 月 16 日向工程项目部出具了工作联系单，申明"安装验收完毕，交付贵项目使用，并于即日起开始收取租赁费"。11 月 20 日 6 时，由无证上岗操作的女司机开动该施工升降机的一个吊笼载 2 名工人驶向六楼，吊笼运行超出导轨架顶后从高空倾翻坠落，吊笼内 3 人当场死亡。

5.7.2.3　专家点评

（1）设备安装单位应严格按照标准、规范安装机械设备，才能保证设备的安全使用。施工升降机是用于高层建筑施工的垂直运输设备，可运载施工材料与施工人员。该设备高度高、机械结构及电气装置较复杂，装备有防坠落安全锁、上下极限开关、上极限限位撞块、重量限制器、进出料门安全联锁装置、底座缓冲装置等多项安全保护装置。安装单位应按规范要求安装施工升降机，并检查导轨架的垂直度是否符合要求。使用前安装单位应对设备进行试运行、调试，并检验上述各种安全保护装置是否灵敏、可靠。确认安装、调试合格后，由具有合法专项资质的起重机械检测机构进行检测，检测合格后，再由安装单位、使用单位组织有关技术人员验收并办理验收手续后，方可交付使用。应严格按照程序办事，才可以避免事故的发生。

（2）事故原因

① 事故直接原因

使用时施工升降机上极限开关曲臂未固定，使高度电气限位功能失效，上极限限位撞块、天轮架未安装，使高度机械限位功能失效；无证上岗司机违章操作，将吊笼开出导轨架，此时无任何安全保护装置对吊笼起限位保护作用，导致吊笼冒顶倾翻坠落，笼内人员当场死亡。

② 事故主要原因

（A）管理混乱：安装单位未制定施工升降机安装的技术监管措施和组织措施，未落实严格的安装验收手续，施工升降机尚未安装结束就交付使用；安排无证人员安装设备、无证人员担任司机。

（B）设备使用单位未履行施工升降机交接验收手续，就安排工人搭乘施工升降机，默许无证人员操作施工升降机。

（C）施工升降机生产厂家未按订货合同完全履行相应的安装技术指导、设备调试职责，技术人员在施工升降机未安装结束的情况下就撤离现场。

（D）监理单位对尚未安装结束的施工升降机投入使用的情况失察。

③ 事故教训

（A）设备安装、使用单位内部管理混乱，企业领导安全意识淡薄，不遵守有关安全的法律法规，导致事故发生。

（a）安装单位未制定详细的施工升降机安装方案、安全技术监管措施和验收方案，也未进行安全技术交底，安排无证人员安装起重机械，导致上行程开关、上极限限位撞块、天轮架、天轮、对重均未安装；设备安装后，也未进行必要的试验、检查、验收，就将设备交付给使用单位，并出具书面通知自称已安装验收完毕。

（b）设备使用单位未组织有关单位（总承包单位、分包单位、出租单位和安装单位）共同进行验收即启用设备。

（c）设备使用单位安排无证（《特种作业人员证书》）人员操作施工升降机，并默许工人搭乘吊笼登高，违反了《特种设备安全监察条例》规定。

（B）施工总承包单位和监理单位未履行安全监督管理责任

施工总承包单位和监理单位不但在设备安装时未到场监督设备安装过程，设备投入使用前也未过问设备的安全技术状况，对施工现场的安全施工疏于管理。

（C）设备生产厂家未能全面履行合同

本次事故的施工升降机是使用单位租赁的新设备。按合同规定，该设备第一次安装时，厂家技术人员有义务到现场进行技术指导，直至全面检查、调试、验收合格后方可离开现场。但该厂技术人员在设备尚未安装结束，设备未进行试运转、验收合格后就匆匆离开现场，生产厂家存在失职行为。

5.7.3　施工升降机制动失灵吊笼坠落事故

2007年某月某日，某居民住宅小区工地发生一起施工升降机吊笼坠落事故，一台SCD200/200型施工升降机西侧吊笼突然从十一层楼坠落，吊笼内17名作业人员随吊笼坠落至地面，造成11人死亡、6人受伤。

图 5-43 吊笼坠地

5.7.3.1 事故经过

该工程为一幢 34 层高层住宅楼，施工升降机西侧吊笼从地面送料上行至三十三层卸料后，下行逐层搭乘了若干名下班工人与 1 辆手推车，到二十六层时又进入 4 人，此时吊笼内共载 17 人（含司机），关门后在未启动电动机的情况下，吊笼即开始下滑并失速下降，司机当即按下紧急按钮，但未能制动住吊笼，吊笼加速坠落至地，造成当场死亡 4 人，后经抢救无效陆续死亡 7 人，共造成 11 人死亡 6 人受伤。如图 5-43 所示。

5.7.3.2 事故调查情况

（1）经现场勘察和事故调查，该施工升降机由某建筑机械厂生产，出厂合格证签发时间为 1996 年，吊笼内传动板标牌标注时间为 1999 年 8 月。升降机传动板上安装两套驱动装置，一台防坠安全器及上、下两个背轮，其中防坠安全器出厂时间为 2005 年 8 月，已通过检测。

（2）施工升降机司机持有效操作证上岗，设备无台班日检纪录、无设备维修纪录。

（3）事故发生时该吊笼内乘载 17 人、1 辆手推车，其重量为一个吊笼额定载重量 2000kg 的 66.75%，未超载使用。

（4）对重块钢丝绳未断裂，对重块坠落在施工升降机护栏外；天轮被对重块撞出顶部支座并坠于三十四层平台上，轮缘明显有被平衡块冲顶撞击痕迹。

（5）吊笼操作室内主令开关位于"0"位，紧急制动按钮位于"按下"状态。

（6）坠地吊笼传动板的下背轮轴断裂，下背轮脱落，驱动装置齿轮径向脱离齿条，防坠安全器齿轮失去水平约束。动力板上未设置齿轮防脱轨挡块，如图 5-44 所示。

（7）经相关机构对该吊笼的防坠安全器、电磁制动器、驱动齿轮进行检测，防坠安全器的安全开关动作可靠，均符合 JG 121—2000《施工升降机齿轮锥鼓形渐进式防坠安全器》的规定；两个电磁制动器摩擦片严重磨损，制动力矩小于《SC 系列施工升降机使用说明书》（下称《使用说明书》）标明的 120N·m 额定力矩。当两制动器同时有效制动时，该吊笼所能承受的最大载重量仅为 1058kg（静载）；下背轮轴所采用的内六角螺栓为 4.8 级，低于 GB/T 10054—2005《施工升降机》标准规定的 8.8 级。

5.7.3.3 事故原因

（1）电磁制动器的制动力矩不足。吊笼电磁制动器的制动片磨损后，制动片与制动盘的间隙增大，压紧弹簧对制动盘的推力减小，所产生的实际制动力矩远远低于额定制动力矩，并小于吊笼内载荷在制动器上产生的自重力矩，导致吊笼失速下坠。

图 5-44 下背轮已脱落、无挡块

（2）更换了规格不当的螺栓轴。按使用说明书规定，下背轮轴原为 M20—8.8 级高强度内六角螺栓，实际选用的为 4.8 级的内六角螺栓。

（3）产品设计制造不符合规范标准要求，传动板上未设置齿轮防脱轨挡块。吊笼的传动板上未设置防脱轨挡块，在吊笼坠落时，背轮轴被安全器齿轮传来的水平冲击力剪断，背轮作用失效，防坠落输出端齿轮失去水平约束而脱轨。

（4）维护保养不到位。两个电磁制动器摩擦片严重磨损，未及时更换。

6 物料提升机

6.1 物料提升机概述

物料提升机是施工现场用来进行物料垂直运输的一种简易设备，是以地面卷扬机为动力、沿导轨做垂直运行的起重机械设备。按现行的国家行业标准，物料提升机的额定起重量不宜超过 1600kg。按架体结构外形一般分为龙门架式、井架式和立柱式。

龙门架的架体结构是由两个立柱，一根横梁（天梁）组成，横梁架设在立柱的顶部，与立柱组成形如"门框"的架体，习惯称之为"龙门架"。

井架的架体结构是由四个立杆、多个水平及倾斜杆件组成的。水平及倾斜杆件（缀杆）将立杆联系在一起，从水平截面上看似一个"井"字，因此得名为井架，也称井字架。

立柱式的架体是由多节标准节组装而成的，形同一个高的钢结构立柱。

龙门架、井架和立柱架物料提升机是在上述架体中，加设载物起重的承载部件，如吊笼、吊篮、吊斗等；设置起重动力装置，如卷扬机、曳引机等；配置传动部件，如钢丝绳、滑轮、导轨等，以及必要的辅助装置（设施）等组成一套完整的起重设备。

6.2 物料提升机的类型

6.2.1 按架体结构分类

根据架体的结构形式，可分为龙门架物料提升机和井架物料提升机两大类。

6.2.1.1 龙门架物料提升机

龙门架可配用较大的吊笼，适用于较大载重量的场合，额定载重量不宜超过 1600kg；但因其刚度和稳定性较差，提升高度一般在 30m 以下。

6.2.1.2 井架物料提升机

井架较龙门架而言安装拆卸更为方便，配以附墙装置，可在 150m 以下的高度使用；但受到结构强度及吊笼空间的限制，仅适用于较小载重量的场合，额定载重量不宜超过 1000kg。

6.2.2 按吊笼分类

6.2.2.1 单笼物料提升机和双笼物料提升机

按吊笼数量，物料提升机有单笼和双笼之分。

（1）单笼物料提升机（如图 6-1 所示）

① 单笼龙门架物料提升机由两根立柱和一根天梁组成，吊笼在两立柱间上下运行；

② 单笼井架物料提升机，吊笼位于井架架体的内部或一侧。

（2）双笼物料提升机（如图6-2所示）

① 双笼龙门架物料提升机由三根立柱和两根横梁组成一体，两个吊笼分别在立柱的两个空间中作上下运行；

② 双笼井架物料提升机，两个吊笼分别位于井架架体的两侧。

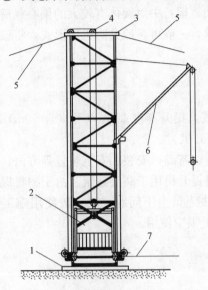

(a) 单笼井架物料提升机

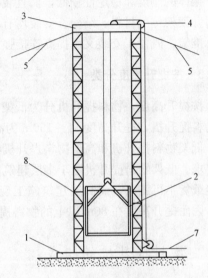

(b) 单笼龙门架物料提升机

图 6-1　单笼物料提升机

1—基础；2—吊笼；3—天梁；4—滑轮；5—缆风绳；6—摇臂拔杆；7—卷扬钢丝绳；8—立柱

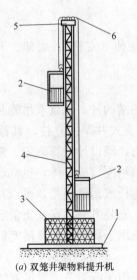

(a) 双笼井架物料提升机

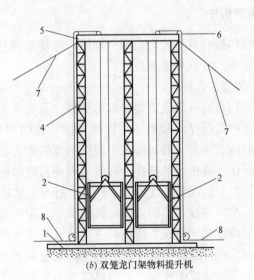

(b) 双笼龙门架物料提升机

图 6-2　双笼物料提升机

1—基础；2—吊笼；3—防护围栏；4—立柱；5—天梁；6—滑轮；

7—缆风绳；8—卷扬钢丝绳

6.2.2.2 内置式物料提升机和外置式物料提升机

根据吊笼不同位置，可分为内置式物料提升机和外置式物料提升机。

（1）内置式井架的架体因为有较大的截面供吊笼升降，并且吊笼位于内部，架体受力均衡，因此具有较好的刚度和稳定性。由于进出料处要受缀杆的阻挡，常常需要拆除一些缀杆和腹杆，此时各层面在与通道连接的开口处都须进行局部加固。

（2）外置式井架的进出料较为方便，且能发挥更高的使用效率，但与内置式井架相比，架体的刚度和稳定性较低，而且装拆也较复杂，运行中对架体有较大的偏心载荷，因此对井架架体的材料、结构、安装均有较高的要求，一般可参照升降机的形式，将架体制成标准节，既便于安装又可提高连接强度。

6.2.3 按提升高度分类

按提升高度，物料提升机分为低架式和高架式。提升高度 30m 以下（含 30m）为低架物料提升机，提升高度 31～150m 为高架物料提升机。

低架物料提升机和高架物料提升机在设计制造、基础、安装和安全装置等方面具有不同要求。低架物料提升机用于多层建筑，高架物料提升机用于高层建筑。由于物料提升机只能载货不可载人，而高层建筑施工现场，需解决人员上下问题，故一般使用施工升降机，因而提升高度在 80m 以上的物料提升机实际上很少使用。

6.3 物料提升机的组成

物料提升机一般由钢结构件、动力和传动机构、电气系统、安全装置、基础与辅助部件等五大部分，通过一定的方式组合而成。

6.3.1 钢结构件

目前物料提升机一般均为钢材制成，主要部件包括架体（立柱）、底架、天梁、吊笼（吊篮）、导靴、导轨和摇臂拔杆等。

6.3.1.1 架体（立柱）

架体是物料提升机最重要的钢结构件，是支承天梁的结构件，承载着吊笼和载物的垂直荷载，兼有运行导向和整体稳固的功能。龙门架和外置式井架的立柱，其截面可呈矩形、正方形或三角形，截面的大小根据吊笼的布置和受力，经设计计算确定。常采用角钢或钢管，制作成可拼装的杆件，在施工现场再以螺栓或销轴连接成一体，也常焊接成格构式标准节，每个标准节长度为 1.5～4m，标准节之间用螺栓或销轴连接，可以互相调换。

采用标准节连接方式的架体，其断面小、用钢量少、安装方便，安装质量容易得到保证，但加工难度和运输成本略高，适合较大批量生产，适用于高架及外置吊笼的机型。使用角钢或钢管杆件拼装连接方式的架体，其安装较为复杂，安装的质量控制难度也较高，但加工难度和运输成本较低，适合单机或小批量生产，适用于低架及内置吊笼的机型。

6.3.1.2 底架

架体的底部设有底架（底座），用于架体（立柱）与基础的连接。通常为型钢杆件用紧固件拼接而成，也有焊接成整体的形式。

6.3.1.3 天梁

天梁是安装在架体顶部的横梁，支承顶端滑轮的结构件。天梁是主要受力构件，承受吊笼自重及物料重量，常用型钢制作，其构件形状和断面大小须经计算确定。天梁上一般装有滑轮和固定钢丝绳尾端的销轴。

6.3.1.4 吊笼（吊篮）

用于盛放运输物件，可上下运行的笼状或篮状结构件，统称为吊笼。吊笼是供装载物料作上下运行的部件，也是物料提升机中唯一以移动状态工作的钢结构件。吊笼由横梁、侧柱、底板、两侧挡板（围网）、斜拉杆、进出料安全门等组成。常用型钢和钢板焊接成框架，再铺 50mm 厚木板或焊有防滑钢板作载物底板。安全门及两侧围挡一般用钢网片或钢栅栏制成，高度应不小于 1m，以防物料或装货小车滑落。对提升高度超过 30m 的高架提升机，吊笼顶部还应设防护顶板，形成吊笼状。吊笼横梁上常装有提升滑轮组，笼体侧面装有导靴。

6.3.1.5 导靴

导靴是安装在吊笼上沿导轨运行的装置，可防止吊笼运行中偏斜和摆动，其形式有滚轮导靴和滑动导靴。采用摩擦式卷扬机或架体的立柱兼作导轨以及高架提升机，必须采用滚轮导靴。

6.3.1.6 导轨

导轨是为吊笼上下运行提供导向的部件。

导轨按滑道的数量和位置，可分为单滑道、双滑道及四角滑道。单滑道即左右各有一根滑道，对称设置于架体两侧；双滑道一般用于龙门架上，左右各设置两根滑道，并间隔相当于立柱单肢间距的宽度，可减少吊笼运行中的晃动；四角滑道用于内置式井架，设置在架体内的四角，可使吊笼较平稳地运行。导轨常采用槽钢、角钢或钢管。

标准节连接式的架体，其架体的垂直主弦杆常兼作导轨。

6.3.2 动力和传动机构

动力和传动机构主要包括卷扬机、钢丝绳、滑轮等。

6.3.2.1 卷扬机

卷扬机一般由电动机、制动器、减速机和钢丝绳卷筒组成，配以联轴器、轴承座等，固定在钢机架上，图 6-3 为可逆式卷扬机。

按现行国家标准，建筑卷扬机有慢速（M）、中速（Z）、快速（K）三个系列，建筑施工用物料提升机配套的卷扬机多为快速系列，卷扬机的卷绳线速度或曳引机的节径线速度一般为 30～40m/min，钢丝绳端的牵引力一般在 1600kg 以下。

（1）电动机

建筑施工用的物料提升机绝大多数都

图 6-3 可逆式卷扬机

211

采用三相交流电动机，功率一般在 2~15kW 之间，额定转速 730~1460r/min。当牵引绳速需要变化时，常采用绕线式转子的可变速电动机，否则均使用鼠笼式转子定速电动机。

（2）制动器

物料提升机的卷扬机均采用常闭式制动器，即在电动机停止时，必须同时使工作机构卷筒也立即停止转动，也就是在失电时制动器须处于制动状态，只有通电时才能松闸，让电动机转动。

图 6-4 为常闭式闸瓦制动器，又称为抱鼓制动器或抱闸制动器。不通电时，磁铁无吸力，在主弹簧 4 张力作用下，通过推杆 5 拉紧制动臂 1，推动制动块 2（闸瓦）紧压制动轮 9，处于制动状态；通电时在电磁铁 7 作用下，衔铁 8 顶动推杆 5，克服主弹簧 4 的张力，使制动臂拉动制动块 2 松开制动轮 9，处于松闸运行状态。

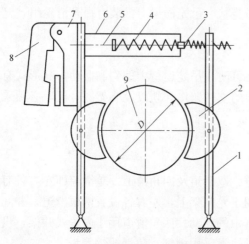

图 6-4　电磁抱闸制动器

1—制动臂；2—制动瓦块；3—副弹簧；4—主弹簧；
5—推杆；6—拉板；7—电磁铁；8—衔铁；9—制动轮

此类制动器，推杆行程、制动块与制动轮间隙均可调整，要注意两种调整应配合进行，以取得较好效果。制动块与制动轮间隙视制动器型号而异，一般在 0.8~1.5mm 为宜，太小易引起不均匀磨损；太大则影响制动效果甚至引起滑移或失灵。随着使用时间的延续，制动块的摩擦衬垫会磨耗减薄，应经常检查和调整，当制动块摩擦衬垫磨损达原厚度 50%，或制动轮表面磨损达 1.5~2mm 时，应及时更换。

为了减小结构尺寸和取得较好的制动效果，一般制动器应装设在快速轴（输入端）处，因为此端的扭矩最小，制动器可以较小尺寸取得较好的制动效果。

（3）联轴器

在卷扬机上普遍采用了带制动轮弹性套柱销联轴器，由两个半联轴节、橡胶弹性套及带螺帽的锥形柱销组成。由于其中的一个半联轴节即为制动轮，故结构紧凑，并具有一定的位移补偿及缓冲性能；当超载或位移过大时，弹性套和柱销会破坏，同时避免了传动轴及半联轴节的破坏，起到了一定的安全保护作用，对中小功率的电动机和减速机连接，有良好效果，如图 6-5 所示。该联轴器的弹性套，在补偿位移（调心）过程中极易磨损，必须经常检查和更换。

（4）减速机

减速机的作用是将电动机的旋转速度降低到所需要的转速，同时提高输出扭矩。

最常用的减速机是渐开线斜齿轮减速机，转动效率高，输入轴和输出轴不在同一个轴线上，体积较大。此外还有行星齿轮、摆线齿轮或涡轮涡杆减速机，这类减速机

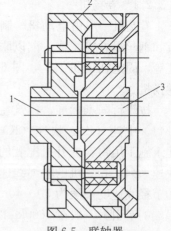

图 6-5　联轴器

1—减速机轴；2—制动轮；
3—电机轴

212

可以在体积较小的空间获得较大的传动比。卷扬机的减速机还需要根据输出功率、转速、减速比和输入输出轴的方向位置来确定其型式和规格。物料提升机的减速机通常是齿轮传动，多级减速，如图 6-6 所示。

（5）钢丝绳卷筒

卷扬机的钢丝绳卷筒（驱动轮）是供缠绕钢丝绳的部件，它的作用是卷绕缠放钢丝绳，传递动力，把旋转运动变为直线运动，也就是将电动机产生的动力传递到钢丝绳产生牵引力的受力结构件上。

图 6-6　齿轮减速机

6.3.2.2　钢丝绳

钢丝绳是物料提升机的重要传动部件，物料提升机使用的钢丝绳一般是圆股互捻钢丝绳，即先由一定数量的钢丝按一定螺旋方向（右或左螺旋）绕成股，再由多股围绕着绳芯拧成绳。常用的钢丝绳为 6×19 或 6×37 钢丝绳。自升平台钢丝绳直径不应小于 8mm，安全系数不应小于 12；提升吊笼钢丝绳直径不应小于 12mm，安全系数不应小于 8；缆风绳直径不应小于 9.3mm，安全系数不应小于 3.5。

6.3.2.3　滑轮

通常在物料提升机的底部和天梁上装有导向定滑轮，吊笼顶部装有动滑轮。

物料提升机采用的滑轮通常是铸铁或铸钢制造的。铸铁滑轮的绳槽硬度低，对钢丝绳的磨损小，但脆性大且强度较低，不宜在强烈冲击振动的情况下使用。铸钢滑轮的强度和冲击韧性都较高。滑轮通常支承在固定的心轴上，转速慢的滑轮可用滑动轴承，大多数起重机的滑轮都采用滚动轴承，滚动轴承的效率较高，装配维修也方便。

滑轮除了结构、材料应符合要求外，滑轮和轮槽的直径必须与钢丝绳相匹配，直径过小的滑轮将导致钢丝绳早期磨损、断丝、变形等。混轮直径与钢丝绳直径的比值不应小于30。拽引绳直径与钢丝绳直径的比值不应小于40。包角不应小于150°。

滑轮的钢丝绳导入导出处应设置防钢丝绳跳槽装置。物料提升机不得使用开口拉板式滑轮。选用滑轮时应注意卷扬机的额定牵引力、钢丝绳运动速度、吊笼额定载重量和提升速度，正确选择滑轮和钢丝绳的规格。

6.3.3　电气系统

物料提升机的电气系统包括电气控制箱、电气元件、电缆电线及保护系统四个部分，前三部分组成了电气控制系统。

6.3.3.1　电气控制箱

由于物料提升机的动力机构大多采用电动卷扬机，对运行状态的控制要求较低，控制线路比较简单，电气元件也较少，许多操纵工作台与控制箱做成一个整体。常见的电气控制箱外壳是用薄钢板经冲压、折卷、封边等工艺做成的，也有使用玻璃钢等材料塑造成形的。箱体上有可开启的检修门，箱体内装有各种电气元件，整体式控制箱的面板上设有控制按钮。使用便携操纵盒的，其连接电缆从控制箱引出。有的控制箱还装有摄像监视装置的显示器台架，方便操作人员的观察和控制。如因双笼载物或摇臂拔杆吊物的需要配置多台卷扬机的，则应分立设置控制电路，实施"一机一闸一漏一箱"，即每台卷扬机必须单独设置电闸开关和漏电保护开关。电气控制箱应满足以下要求：

（1）电气控制箱壳体必须完好无损，符合防雨、防晒、防砸、防尘等密封要求；

（2）电气控制箱的高度、位置、方向应方便司机的操作；

（3）固定式电气控制箱必须安装牢靠，电气元件的安装基板必须采用绝缘材料；

（4）电气控制箱必须装有安全锁，避免闲杂人员触摸开启。

6.3.3.2 电气元件

物料提升机的电气元件可分为功能元件、控制操作元件、保护元件三类。

（1）功能元件

功能元件是将电源送递执行动作的器件。如声光信号器件、制动电磁铁等。

（2）控制操作元件

控制操作元件是提供适当送电方式，指令其动作的器件。如继电器（交流接触器）、操纵按钮、紧急断电开关、各类行程开关（上下极限、超载限制器）等。携带式控制装置应密封、绝缘，控制回路电压不应大于36V，其引线长度不得超过5m。

（3）保护元件

保护元件是保障各元件在电器系统有异常时不受损或停止工作的器件。如短路保护器（熔断器、断路器）、失压保护器、过电流保护器、漏电保护器等。漏电保护器的额定漏电动作电流应不大于30mA，动作时间应小于0.1s。

6.3.3.3 电缆、电线

（1）接入电源应使用电缆线，宜使用五芯电缆线。架空导线离地面的直接距离、离建筑物或脚手架的安全距离均应大于4m。架空导线不得直接固定在金属支架上，也不得使用金属裸线绑扎。

（2）电控箱内的接线柱应固定牢靠，连线应排列整齐，保持适当间隔；各电气元件、导线与箱壳间以及对地绝缘电阻值，应不小于0.5MΩ。

（3）采用携带式操纵装置的，应使用有橡胶护套绝缘的多股铜芯电缆线，操纵装置的壳体应完好无损，有一定的强度，能耐受跌落等不利的使用条件，电缆引线的长度不得大于5m。

（4）电缆、电线不得有破损、老化，否则应及时更换。

6.3.4 安全装置

物料提升机的安全装置包括：起重量限制器、防坠安全器、安全停靠装置、限位装置（上限位开关和下限位开关）、紧急断电开关、缓冲器和信号通信装置。提升机安装高度不宜超过30m。当超过30m时，除具有上述装置外，还应注意：（1）具有吊笼自动停层功能；（2）防坠安全器为渐进式；（3）具有自升降安拆功能；（4）具有语音及影像信号。

6.3.4.1 起重量限制器

起重量限制器是高架物料提升机重要的安全装置。当起升载荷超过额定载荷时，该装置能输出电信号，切断起升控制回路，并能发出警报，达到防止物料提升机起重量超载的目的。常用的起重量限制器有机械式和电控式两种。机械式起重量限制器的主要传感元件为触板和弹簧，触板随载荷增大而变形，达到一定程度时克服弹簧的弹力，触动行程开关切断起升电源，吊笼不能上升，只有卸载到额定载重量后才能通电启动；电控式起重量限制器通过限载传感器和传输电缆，将载重量变换成电信号，超载时切断起升控制回路电源，在卸载到额定值时才恢复通电，方能启动。起重量限制器在荷载达到额定荷载的90%时，即发出警示信号，以引起司机和运料人员的注意，当荷载达到额定起重量的110%时，起重量限制器应切断上升主电路电源。

6.3.4.2 防坠安全器

防坠安全器又称断绳保护装置。当钢丝绳突然断裂或钢丝绳尾部的固定松脱，该装置能立刻动作，使吊笼可靠停住并固定在架体上，阻止吊笼坠落。防坠安全装置的形式较多，从简易到复杂有一个逐步完善的发展过程。20世纪80年代以前，多采用弹闸、杠杆挂钩等简易瞬时式防坠装置，冲击力较大，易对架体缀杆和吊笼造成损伤。为改变这种弊病，逐步出现了夹钳式、楔块抱闸式和旋撑制动式等较复杂渐进式防坠装置，吊笼在坠落过程中依靠偏心轮、斜楔或旋撑杆的作用，逐渐接近架体上的导轨，直至摩擦构件压紧导轨并锁住，使吊笼牢靠地固定在导轨即架体上。因锁紧作用的发生有一个延时的过程，冲击力衰减，对架体和吊笼损伤较小。采用此类防坠装置必须保证摩擦锁紧效果，注意保持导轨和偏心轮、斜楔或旋撑杆的清洁，尤其是锁紧面不得沾有油污。

任何形式的防坠安全装置，当断绳或固定松脱时，吊笼锁住前的最大滑行距离，在满载情况下，不得超过1m。

（1）弹闸式防坠装置

图6-7为弹闸式防坠装置，其工作原理是：当起升钢丝绳4断裂，弹闸拉索5失去张力，弹簧3推动弹闸销轴2向外移动，使销轴2卡在架体横缀杆6上，瞬间阻止吊笼坠落。该装置在作用时对架体缀杆和吊笼产生较大的冲击力，易造成架体缀杆和吊笼损伤。

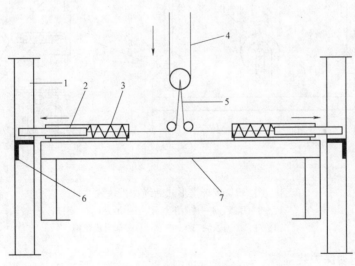

图6-7　弹闸式防坠装置

1—架体；2—弹闸销轴；3—弹簧；4—起升钢丝绳；5—弹闸拉索；6—架体横缀杆；7—吊笼横梁

（2）夹钳式断绳保护装置

夹钳式断绳保护装置的防坠制动工作原理是：当起升钢丝绳突然发生断裂，吊笼处于坠落状态时，吊笼顶部带有滑轮的平衡梁在吊笼两端长孔耳板内在自重作用下移时，此时防坠装置的一对制动夹钳在弹簧力的推动下，迅速夹紧在导轨架上，从而避免了吊笼坠落。当吊笼在正常升降时，由于滑轮平衡梁在吊笼两侧长孔耳板内抬升上移并通过拉环使得防坠装置的弹簧受到压缩，制动夹钳脱离导轨，工作原理参见图6-8。

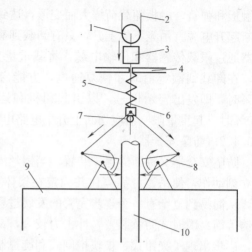

图 6-8　夹钳式断绳保护装置
1—提升滑轮；2—提升钢丝绳；3—平衡梁；4—防坠器架体（固定在吊篮上）；5—弹簧；6—拉索；7—拉环；8—制动夹钳；9—吊篮；10—导轨

(3) 拔杆楔形式断绳保护装置

图 6-9 为拔杆楔形式断绳保护装置，其工作原理是：当吊笼起升钢丝绳发生意外断裂时，滑轮 1 失去钢丝绳的牵引，在自重和拉簧 2 的作用下，沿耳板 3 的竖向槽下落，传力钢丝绳 4 松弛，在拉簧 2 的作用下，摆杆 6 绕转轴 7 转动，带动拔杆 8 偏转，拔杆上挑，通过拔销 9 带动夹钳式断绳保护装置楔块 10 向上，在锥度斜面的作用下抱紧架体导轨，使吊笼迅速有效制动，防止吊笼坠落事故发生。正常工作时则相反，吊笼钢丝绳提起滑轮 1，绷紧传力钢丝绳 4，在传力钢丝绳 4 的拉力下，摆杆 6 绕转轴 7 转动，带动拔杆 8 反向偏转，拔杆下压，通过拔销 9 带动楔块 10 向下，在锥度斜面的作用下，使楔块与架体导轨松开。

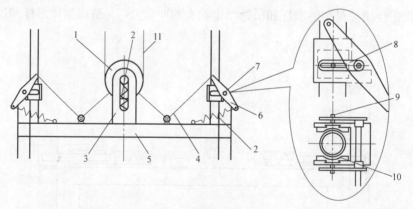

图 6-9　拔杆楔形式断绳保护装置
1—滑轮；2—拉簧；3—耳板；4—传力钢丝绳；5—吊笼；6—摆杆；7—转轴；8—拔杆；9—拔销；10—楔块；11—起升钢丝绳

(4) 旋撑制动保护装置

如图 6-10 所示，旋撑制动保护装置具有一浮动支座，支座的两侧分别由旋转轴固定两套撑杆、摩擦制动块、拨叉、支杆、弹簧、拉索等组成。其工作原理是：该装置在使用时，两摩擦制动块置于提升机导轨的两侧。当提升机钢丝绳 6 断裂时，拉索 4 松弛，弹簧拉动拨叉 2 旋转，提起撑杆 7，带动两摩擦块向上并向导轨方向运动，卡紧在导轨上，使浮动支座停止下滑，进而阻止吊笼向下坠落。

（5）惯性楔块断绳保护装置

该装置主要由悬挂弹簧、导向轮悬挂板、楔形制
动块、制动架、调节螺栓、支座等组成。防坠装置分
别安装在吊篮顶部两侧。该断绳保护装置的制动工作
原理主要是利用惯性原理来使得防坠装置的制动块在
吊笼突然发生钢丝绳断裂下坠时能紧紧夹紧在导轨架
上。当吊篮在正常升降时，导向轮悬挂板悬挂在悬挂
弹簧上，此时弹簧处于压缩状态，同时楔形制动块与
导轨架自动处于脱离状态。当吊篮起升钢丝绳突然断
裂时，由于导向轮悬挂板突然发生失重，原来受压的
弹簧突然释放，导向轮悬挂板在弹簧力的推动作用下
向上运动，带动楔形制动块紧紧夹在导轨架上，从而
避免发生吊篮的坠落，工作原理和外观参见图 6-11。

6.3.4.3 安全停靠装置

安全停靠装置的主要作用是当吊笼运行到位，出
料门打开后，如突然发生钢丝绳断裂，吊笼将可靠地
悬挂在架体上，从而起到避免发生吊笼坠落、保护施
工人员安全的作用。该安全装置能使吊笼可靠定位，
并能承受吊笼自重、额定载荷、装卸物料人员重量及装卸时的工作载荷。此时钢丝绳应不

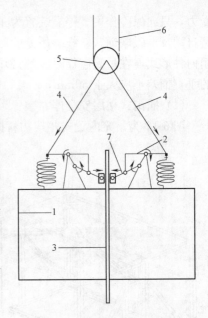

图 6-10　旋撑制动保护装置
1—吊笼；2—拨叉；3—导轨；4—拉索；
5—吊笼提升动滑轮；6—起升钢丝绳；
7—撑杆

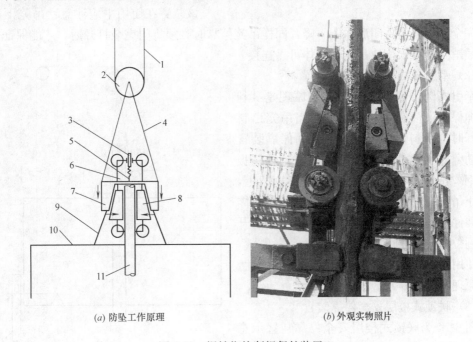

(a) 防坠工作原理　　　(b) 外观实物照片

图 6-11　惯性楔块断绳保护装置
1—提升钢丝绳；2—吊篮提升动滑轮；3—调节螺栓；4—拉索；5—悬挂弹簧；6—导向轮悬挂板；
7—制动架；8—楔形制动块；9—支座；10—吊篮；11—导轨

受力，只起保险作用。停靠装置为非标准部件，因此其形式不一，有手动机械式，也有弹簧自动及电磁联动式；挂靠吊笼的部件可以是挂钩、锁块，也可以是弹闸、销轴。不论采用何种形式，在吊笼停靠时，都必须保证与架体可靠连接。吊笼停层后，底板与停层平台的垂直偏差不应大于50mm。

(1) 插销式楼层安全停靠装置

图6-12为吊笼内置式井架物料提升机插销式楼层停靠装置。其主要由安装在吊笼两侧的吊笼上部对角线上的悬挂插销、连杆、转动臂和吊笼出料门碰撞块以及安装在井架架体两侧的三角形悬挂支架等组成，工作原理是：当吊笼在某一楼层停靠，打开吊笼出料门时，出料门上的碰撞块推动停靠装置的转动臂，并通过连杆使得插销伸出，悬挂在井架架体上的三角形悬挂支撑架上。当出料门关闭时，连杆驱动插销缩回，从三角形悬挂支撑架上脱离，吊笼可正常升降工作。上述停靠装置，也可不与门联动，在靠出料门一侧设置把手，在人上吊笼前，拨动把手，把手推动连杆，使插销伸出，挂在架体上。当人员出来后，恢复把手位置，插销缩进。

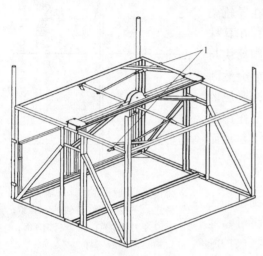

图6-12 插销式楼层安全停靠装置示意图
1—插销

该装置在使用中应注意：吊笼下降时必须完全将出料门关闭后才能下降，同样吊笼停靠时必须将门完全打开后，才能保证停靠装置插销完全伸出，使吊笼与架体可靠连接。

(2) 牵引式楼层安全停靠装置

牵引式楼层停靠装置的工作原理是：利用断绳保护装置作为停靠装置，当吊笼出料门打开时，出料门上的碰撞块推动停靠装置的转动臂并通过断绳保护装置的滚轮悬挂板上的钢丝绳牵引带动楔块夹紧在导轨架上，以防止吊笼坠落。它的特点是不需要在架体上安装停靠支架，缺点是当吊笼的联锁门开启不到位或拉索断裂时，易造成停靠失效，因此使用时，应特别注意停靠制动的有效性，工作原理参见图6-13。

(3) 联锁式楼层安全停靠装置

图6-14为联锁式楼层安全停靠装置示意图，其工作原理是：当吊笼到达指定楼层，工作人员进入吊笼之前，要开启上下推拉的出料门。吊笼出料门向上提升时，吊笼门平

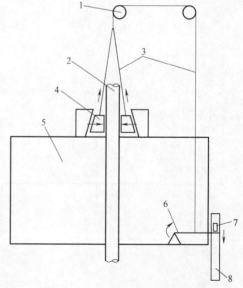

图6-13 牵引式楼层安全停靠装置
1—导向滑轮；2—导轨；3—拉索；4—楔块抱闸；
5—吊篮；6—转动臂；7—碰撞块；8—出料门

218

衡重 1 下降，拐臂杆 2 随之向下摆，带动拐臂 4 绕转轴 3 顺时针旋转，随之放松拉杆 5，插销 6 在压簧 7 的作用下伸出，挂靠在架体的停靠横担 8 上。吊笼升降之前，必须关闭出料门，门向下运动，吊笼门平衡重 1 上升，顶起拐臂杆 2，带动拐臂 4 绕转轴 3 逆时针旋转，随之拉紧拉杆 5，拉线将插销从横担 8 上抽回并压缩压簧 7，吊笼便可自由升降。

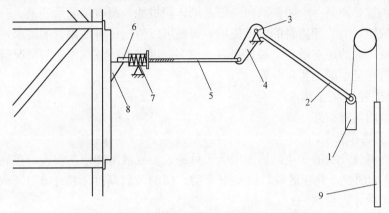

图 6-14　联锁式楼层安全停靠装置示意图
1—吊笼门平衡重；2—拐臂杆；3—转轴；4—拐臂；5—拉杆；6—插销；
7—压簧；8—横担；9—吊笼门

6.3.4.4　限位装置

（1）上限位开关

为防止操作人员误操作或机电故障引起的吊笼上升时的失控，应在吊笼允许提升的最高工作位置设置上限位开关，一般由可自动复位的行程开关和撞铁组成；也可以在可逆式卷扬机的钢丝绳卷筒轴端设置限位开关。当吊笼达到极限位置时即自行切断电源，此时吊笼只能下降，不能上升。该限位位置应在吊笼顶的最高处离天梁最低处距离不小于 3m 的地方，该距离称为吊笼的越程距离。

（2）下限位开关

为防止吊笼下降时超越最低的限位位置，造成意外事故，在吊笼允许达到的最低规定位置处设置下限位开关，一般也由可自动复位的行程开关和撞铁组成，当吊笼达到极限位置时，应在吊笼碰到缓冲器前即动作并自行切断电源，此时吊笼只能上升，不能下降。

6.3.4.5　紧急断电开关

紧急断电开关简称急停开关，应装在司机容易控制的位置，紧急断电开关采用非自动复位型，任何情况下均可切断主电路停止吊笼运行。

6.3.4.6　缓冲器

缓冲器是为缓解吊笼超过最低极限位置或意外下坠时产生的冲击，在架体底部设置的一种弹性装置，可采用螺旋弹簧、钢板锥卷弹簧或弹性实体如橡胶等。该装置应在吊笼以额定载荷和速度作用其上时，承受并吸收所产生的冲击力。

6.3.4.7　信号通信装置

（1）信号装置

信号装置是一种由司机控制的音响或灯光显示装置，能足以使各层装卸物料的人员清晰听到或看到。常见的是在架体或吊笼上装设警铃或蜂鸣器，由司机操作鸣响开关，通知有关人员吊笼的运行状况。

（2）通信装置

因架体较高，吊笼停靠楼层较多时，司机看不清作业及指挥人员信号，应加设电气通信装置，该装置必须是一个闭路双向通信系统，司机能与每楼层通话联系。一般是在楼层上装置呼叫按钮，由装卸物料的人员使用，司机可以清晰了解使用者的需求，并通过音响装置给予回复。有的还在吊笼上设置视频摄像头，可将人员装载作业的情况清晰传递到操作室，供司机在显示屏上实时观察。

6.3.4.8　防护警示设施

（1）安全门与防护棚

① 底层围栏和安全门

为防止物料提升机的作业区周围闲杂人员进入，或散落物坠落伤人，在底层应设置不低于1.8m高的围栏，并在进料口设置安全门。门的开启高度不应小于1.8m。吊笼应在进料口门关闭后才能启动。

② 楼层通道口安全门

为避免施工作业人员进入运料通道时不慎坠落，宜在每层楼通道口设置常闭状态的安全门或栏杆，只有在吊笼运行到位时才能打开。宜采用联锁装置的形式，门或栏杆的强度应能承受1kN（100kg左右）的水平荷载。

③ 进料口防护棚

物料提升机的进料口是运料人员经常出入和停留的地方，吊笼在运行过程中有可能发

生坠物伤人事故，因此在地面进料口搭设防护棚十分必要。进料口防护棚应设在提升机地面进料口上方，其长度不应小于3m。

④ 停层平台及平台门

停层平台外边缘与吊笼门外边缘的水平距离不宜大于100mm，平台门高度不宜小于1.8m，宽度与吊笼宽度差不应大于200mm，平台门应向停层平台内侧开启，并处于常用状态。

图6-15　禁止乘人标志

⑤ 警示标志

物料提升机进料口应悬挂严禁乘人标志（见图6-15）和限载警示标志。

（2）电气防护

物料提升机应当采用TN-S接零保护系统，也就是工作零线（N线）与保护零线（PE线）分开设置的接零保护系统。

① 提升机的金属结构及所有电气设备的金属外壳应接地，其接地电阻不应大于10Ω。

② 若在相邻建筑物、构筑物的防雷装置保护范围以外的物料提升机应安装防雷装置。防雷装置的冲击接地电阻值不得大于30Ω，接闪器（避雷针）可采用长1～2m、φ16镀锌圆钢，提升机的架体可作为防雷装置的引下线，但必须有可靠的电气连接。

③ 做防雷接地物料提升机上的电气设备，所连接的PE线必须同时做重复接地。

④ 同一台物料提升机的重复接地和防雷接地可共用同一接地体，但接地电阻应符合

重复接地电阻值的要求。

⑤ 接地体可分为自然接地体和人工接地体两种。自然接地体是指原已埋入地下并可兼作接地用的金属物体。如原已埋入地中的直接与地接触的钢筋混凝土基础中的钢筋结构、金属井管、非燃气金属管道等，均可作为自然接地体。利用自然接地体，应保证其电气连接和热稳定。人工接地体是指人为埋入地中直接与地接触的金属物体。用作人工接地体的金属材料通常可以采用圆钢、钢管、角钢、扁钢及其焊接件，但不得采用螺纹钢和铝材。物料提升机电气设备的绝缘电阻值不应小于 0.5MΩ，电气线路的绝缘电阻值不应小于 1MΩ。

6.3.5　基础与辅助部件

6.3.5.1　地基与承载力

物料提升机的基础必须能够承受架体的自重、载运物料的重量以及缆风绳、牵引绳等产生的附加重力和水平力。物料提升机生产厂家的产品说明书一般都提供了典型的基础方案，当现场条件相近时宜直接采用。当制造厂未规定地耐力要求时，对于低架提升机，应先清理、夯实、整平基础土层，使其承载力不小于 80kPa。在低洼地点的，应在离基础适当距离外，开挖排水沟槽，排除积水。无自然排水条件的，可在基础边设置集水井，使用抽水设备排水。高架提升机的基础应进行设计，计算时应考虑载物、吊具、架体等重力，还必须注意到附加装置和设施产生的附加力，如安全门、附着杆、钢丝绳、防护设施以及风载荷等产生的影响。当地耐力不足时，应采取措施，使之达到设计要求。

当基础设置在构筑物上，如在地下室顶板上，屋面构筑梁、板上时，应验算承载梁板的强度，保证能可靠承受作用在其上的全部荷载。必要时应采取措施，对梁板进行支撑加固。

6.3.5.2　物料提升机基础

（1）无论是采用厂家典型方案的低架提升机，还是有专门设计方案的高架提升机，基础设置在地面上的，应采用整体混凝土基础。基础内应配置构造钢筋。基础最小尺寸不得小于底架的外廓，厚度不小于 300mm，混凝土强度等级不低于 C20。

（2）放置在地面的驱动卷扬机应有适当的基础，不论在卷扬机前后是否有锚桩或绳索固定，均宜用混凝土或水泥砂浆找平，一般厚度不小于 200mm，混凝土强度等级不低于C20，水泥砂浆的强度等级不低于 M20。

（3）保持物料提升机与基坑（沟、槽）边缘 5m 以上的距离，尽量避免在其近旁进行较大的振动施工作业。如无法避让时，必须有保证架体稳定的措施。

6.3.5.3　预埋件和锚固件

（1）混凝土基础浇捣前，应根据物料提升机型号和底架的尺寸，设置固定底架、导向滑轮座的钢制预埋件或地脚螺栓等锚固件。预埋件应准确定位，最大水平偏差不得大于10mm，地脚螺栓的规格、数量和材质应符合产品说明书的要求。在混凝土基础上还应设置供防护围栏固定的预埋件。

（2）卷扬机基础也应设置预埋件或锚固的地脚螺栓。由于架体、底座的材质多样，可焊性很难确定，因此固定在预埋件或锚固件上时，不宜直接采用电焊固定，宜用压板、螺栓等方法将架体、底座与预埋件、锚固件连接。

6.3.5.4 附墙架

为保证物料提升机架体不倾倒，当导轨架的安装高度超过设计的最大独立高度时，必须安装附墙架。附墙架的支撑主杆件应使用刚性材料，不得使用软索。常用的刚性材料有角钢、钢管等型钢。

当用型钢制作附墙架时，型钢材料的强度不得低于架体。附墙架与架体的连接点，应设置在架体主杆与腹杆的结点处，不得随意向上或向下移位。连接点应使用紧固件将附墙架牢靠固定，不得使用现场焊接等不易控制连接强度和损伤架体的方法。

附墙架应能保证几何结构的稳定性，杆件不得少于三根，形成稳定的三角形状态。各杆件与建筑物连接面处需有适当的分开距离，使之受力良好，杆件与架体中心线夹角一般宜控制在 40°左右。内置式井架物料提升机的连接方法如图 6-16 所示，外置式井架物料提升机的连接方法如图 6-17 所示，龙门架连接方法如图 6-18 所示。

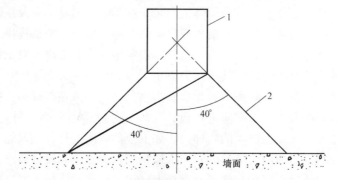

图 6-16　内置式井架物料提升机连接示意图
1—井架的架体；2—附墙杆

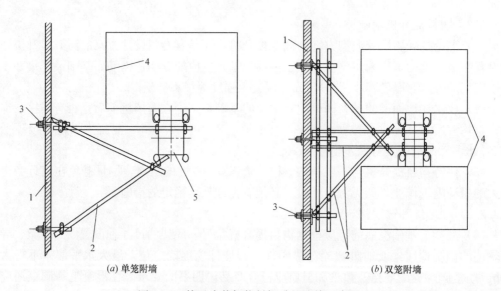

(a) 单笼附墙　　　　　　　　　　　　　　(b) 双笼附墙

图 6-17　外置式井架物料提升机连接示意图
1—建筑物；2—附墙杆；3—穿墙螺栓；4—吊笼；5—架体立柱

附墙架与建筑连接应采用预埋件、穿墙螺栓或穿墙管件等方式。采用紧固件的，应保证有足够的连接强度。不得采用铁丝、铜线绑扎等非刚性连接方式，严禁与建筑脚手架相

222

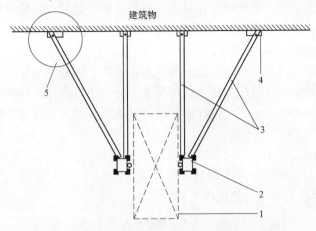

图 6-18 龙门架型钢附墙架与埋件连接示意图

1—吊笼；2—龙门架立柱；3—附墙架；4—预埋铁件；5—节点

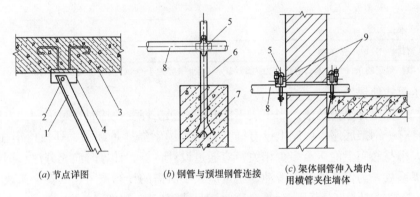

(a) 节点详图   (b) 钢管与预埋钢管连接   (c) 架体钢管伸入墙内用横管夹住墙体

图 6-19 附墙架与建筑连接点的构造

1—附墙架杆件；2—连接螺栓；3—建筑物结构；4—预埋铁件；5—扣件；

6—预埋短管；7—钢筋混凝土梁；8—附墙架杆；9—横管

牵连，附墙架与建筑连接点的构造如图 6-19 所示。

6.3.5.5 缆风绳

当受施工现场的条件限制，低架物料提升机无法设置附墙架时，可采用缆风绳稳固架体。缆风绳的上端与架体连接，下端一般与地锚连接，通过适当张紧缆风绳，保持架体垂直和稳定。

当物料提升机的安装高度大于或等于 30m 时，不得使用缆风绳。

缆风绳应使用钢丝绳，不得使用铁丝、钢筋和麻绳等代替。钢丝绳应能承受足够的拉力，选用时应根据现场实际情况计算确定。缆风钢丝绳的直径不得小于 9.3mm，安全系数不得小于 3.5。

缆风绳与架体的连接应设置在主位杆与腹杆节点等加强处，应采用护套、连接耳板、卸扣等进行连接，防止架体钢材等棱角对缆风绳造成剪切破坏。

6.3.5.6 地锚

地锚是提供给架体缆风绳和卷扬机拽引机的锚索钢丝绳的拴固物件。采用缆风绳稳固架体时，应拴固在地锚上，不得拴固在树木、电杆、脚手架和堆放的材料设备上。地锚的形式通常有水平式、桩式和压重式三种。

（1）水平式地锚

水平式地锚是埋入式地锚。设置在土层地下，依靠土壤的重力和内摩擦力来承受缆风绳或锚索的拉力，地锚的设置应根据土质情况及受力大小经设计计算来确定。地锚一般宜采用水平式地锚。当水平式地锚无设计规定时，其规格和形式可按表6-1选用。

（2）桩式地锚

当土质坚实，地锚受力小于15kN时，也可选用桩式地锚。当采用脚手钢管（ϕ48）或角钢（∟75×6）时，应不少于2根且并排设置，间距在0.5～1.0m之间，打入深度不小于1.7m；桩顶部应有缆风绳防滑措施。

<table>
<tr><td colspan="9" style="text-align:center">水平地锚参数表</td><td>表6-1</td></tr>
<tr><td>作用载荷/N</td><td>24000</td><td>21700</td><td>38600</td><td>29000</td><td>42000</td><td>31400</td><td>51800</td><td>33000</td></tr>
<tr><td>缆风绳水平夹角/°</td><td>45</td><td>60</td><td>45</td><td>60</td><td>45</td><td>60</td><td>45</td><td>60</td></tr>
<tr><td>横置木（中240mm）根数×长度/mm</td><td colspan="2" style="text-align:center">1×2500</td><td colspan="2" style="text-align:center">3×2500</td><td colspan="2" style="text-align:center">3×3200</td><td colspan="2" style="text-align:center">3×3300</td></tr>
<tr><td>埋设深度/m</td><td colspan="2" style="text-align:center">1.7</td><td colspan="2" style="text-align:center">1.7</td><td colspan="2" style="text-align:center">1.8</td><td colspan="2" style="text-align:center">2.2</td></tr>
<tr><td>压板（密排圆木）长×宽/mm</td><td colspan="4"></td><td colspan="2" style="text-align:center">800×3200</td><td colspan="2" style="text-align:center">800×3200</td></tr>
</table>

注：本表数据确定的条件是，木材容许应力为11MPa，填土密度为1600kg/m³，土壤内摩擦角为45°。

（3）压重式地锚

压重式地锚也称重力地锚。当土层不能开挖，无法埋置地锚时，可采用此方法。压重式地锚通常有一钢架底座，底座上设有锚点耳板。缆索绳通过卸扣、耳板栓牢在钢架上。锚固力的大小与底座上的压重多少相关，应通过设计计算。计算时应充分注意钢架底座与地面的摩擦系数，为保证地锚不滑动，压重应大于所需的计算重力，其安全系数k不得小于2。计算简图如图6-20所示，计算应同时满足式（6-1）和式（6-2）。

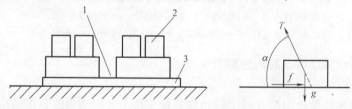

图6-20　地锚示意图
1—缆风绳；2—压重；3—底架

$$g \geqslant \frac{T \times \cos\alpha}{f} \qquad (6-1)$$

$$g \geqslant T \times \sin\alpha \qquad (6-2)$$

式中　g——计算重力；

f——钢架底座与地面的摩擦系数；

T——缆风绳（锚索）拉力；

α——缆风绳与地面的夹角。

实际压重 G 应满足式（6-3）的要求：

$$G \geqslant k \times g \qquad (6\text{-}3)$$

6.4 物料提升机的工作原理

施工现场的物料提升机一般用电力作为动力源，通过电能转换成机械能，实现做功，来完成载物运输的过程。可简单表示为：电源→电动机将电能转换为机械能→减速机改变转速和扭力→卷扬机卷筒（或曳引轮）→牵引钢丝绳→滑轮组改变牵引力的方向和大小→吊笼载物升降（或摇杆吊运物料）。

6.4.1 电气控制工作原理

施工现场配电系统将电源输送到物料提升机的电控箱，电控箱内的电路元器件按照控制要求，将电送达卷扬电动机，指令电动机通电运转，将电能转换成所需要的机械能。图6-21为典型的物料提升机卷扬电气系统控制方框图。

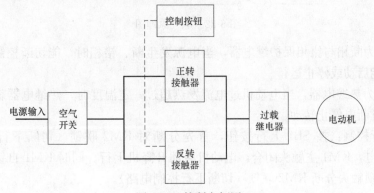

图 6-21 控制方框图

图 6-22 为典型的物料提升机电气原理图，电气原理图中各符号名称见表 6-2。

物料提升机电气符号名称   表 6-2

序号	符号	名　称	序号	符号	名　称
1	SB	紧急断电开关	9	FU	熔断器
2	SB1	上行按钮	10	XB	制动器
3	SB2	下行按钮	11	M	电动机
4	SB3	停止按钮	12	SA1	超载保护装置
5	K3	相序保护器	13	SA2	上限位开关
6	FR	热继电器	14	SA3	下限位开关
7	KM1	上行交流继电器	15	SA4	门限位开关
8	KM2	下行交流继电器	16	QS	电路总开关

其工作原理如下：

（1）物料提升机采用 380V、50Hz 三相交流电源。由工地配备专用开关箱，接入电源到物料提升机的电气控制箱，L_1、L_2、L_3 为三相电源，N 为零线，PE 为接地线。

（2）QS 为电路总开关，采用漏电、过载、短路保护功能的漏电断路器。

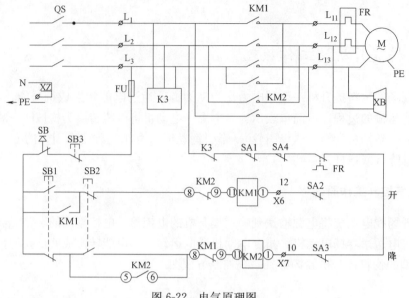

图 6-22　电气原理图

（3）K3 为断相与错相保护继电器，当电源发生断、错相时，能切断控制电路，物料提升机就不能启动或停止运行。

（4）FR 为热继电器，当电动机过电流发热超过一定温度时，热继电器就及时分断主电路，电动机断电停止转动。

（5）上行控制：按 SB1 上行按钮，首先分断对 KM2 联锁（切断下行控制电路）；KM1 线圈通电，KM1 主触头闭合，电动机启动升降机上行。同时 KM1 自锁触头闭合自锁，KM1 联锁触头分断 KM2 联锁（切断下行控制电路）。

（6）下行控制：按 SB2 下行按钮，首先分断对 KM1 联锁（切断上行控制电路）；KM2 线圈通电，KM2 主触头闭合，电动机启动升降机下行。同时 KM2 自锁触头闭合自锁，KM2 联锁触头分断 KM1 联锁（切断上行控制电路）。

（7）停止：按下 SB3 停止按钮，整个控制电路断电，主触头分断，主电动机断电停止转动。

（8）失压保护控制电路：

当按压上行按钮 SB1 时，接触器 KM1 线圈通电，一方面使电机 M 的主电路通电旋转，另一方面与 SB1 并联的 KM1 常开辅助触头吸合，使 KM1 接触器线圈在 SB1 松开时仍然通电吸合，使电机仍然能旋转。

停止电机旋转时可按压停止按钮 SB3，使 KM1 线圈断电，一方面使主电路的 3 个触头断开，电机停止旋转，另一方面 KM1 自锁触头也断开，当将停止按钮松开而恢复接电时，KM1 线圈这时已不能自动通电吸合。这个电路若中途发生停电失压，再来电时不会自动工作，只当重新按压上行按钮，电机才会工作。

（9）双重联锁控制电路：

电路在 KM1 线圈电路中串有一个 KM2 的常闭辅助触头；同样，在 KM2 线圈电路中串有一个 KM1 的触闭辅助触头，这是保证不同时通电的联锁电路。如果 KM1 吸合物料提升机在上升时，串在 KM2 电路中的 KM1 常闭辅助触头断开，这时即使按压下行按钮 SB2，

226

KM2 线圈也不会通电工作。上述电路中，不仅 2 个接触器通过常闭辅助触头实现了不同时通电的联锁，同时也利用 2 个按钮 SB1、SB2 的一对常闭触头实现了不能同时通电的联锁。

6.4.2 牵引系统工作原理

电动机通过联轴器与减速机的输入轴相联，由减速机来完成减慢转速，增大扭矩的变换之后，减速机的输出轴与钢丝绳卷筒啮合，驱动卷筒以慢速大扭矩转动，缠卷牵引钢丝绳输出牵引力。当电动机断电时，常闭式制动器产生制动力，锁住电动机轴或减速机输入轴，与之啮合的卷筒同时停止转动，保持静止状态。变速传递路径如图 6-23 所示。

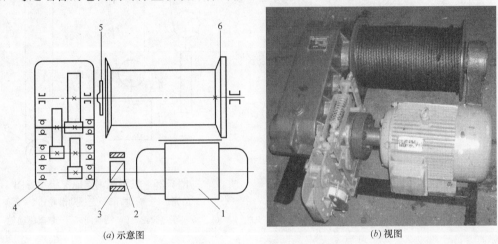

(a) 示意图　　　　　　　　(b) 视图

图 6-23　JK 型卷扬机传动

1—电动机；2—联轴器；3—电磁制动器；4—圆柱齿轮减速机；5—联轴节；6—卷筒

物料提升机的卷扬机一般与架体分别安装在不同位置的基础上，两基础相隔有一定距离，但也有安装在架体底部的。吊笼沿导轨上下升降呈直线运动，把卷扬机产生的旋转扭力改变成直线牵引力，是依靠卷筒缠绕钢丝绳来完成的。

如图 6-24 所示，钢丝绳从卷筒引出到达架体时，首先穿过导向滑轮，将水平牵引力改为垂直向上的力，沿架体达到天梁上的导向滑轮，再改为水平走向到天梁的另一导向定滑轮，转为垂直向下至吊笼牵引提升动滑轮，转向后向上固定在天梁上。卷筒收卷时，钢丝绳即牵引吊笼上升；卷筒放卷时，吊笼依靠重力下降，完成升降运行过程。

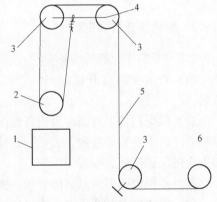

图 6-24　物料提升机牵引示意图

1—吊笼；2—笼顶动滑轮；3—导向滑轮；
4—天梁；5—钢丝绳；6—卷筒

同理，物料提升机的摇臂拔杆也是依靠钢丝绳牵引来完成吊物提升的。一般钢丝绳走向方式见图 6-25。

曳引式卷扬机与可逆式卷扬机不同，它是依靠钢丝绳与驱动轮之间的摩擦力来传递牵引力的。无论吊笼是否载重其牵引钢丝绳必须张紧，才能对驱动轮有压力，产生足够的摩擦牵引力。因此曳引机通常直接设置在架体的底部，除有吊笼外，还需有对重块来保持张力平衡。当吊笼上升时，对重块下降；吊笼下降时，对重块上升。其钢丝绳穿绕方式见图 6-26。

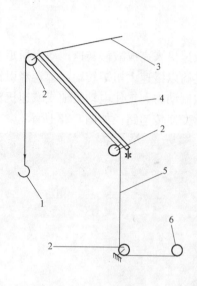

图 6-25　摇臂拔杆钢丝绳走向示意图
1—吊钩；2—导向滑轮；3—拔杆缆索；4—拔杆；
5—起重钢丝绳；6—卷筒

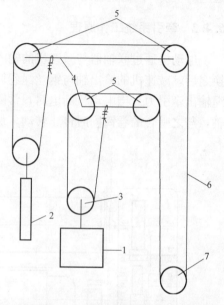

图 6-26　曳引机钢丝绳穿绕示意图
1—吊笼；2—对重；3—笼顶动滑轮；4—天梁；
5—导向滑轮；6—钢丝绳；7—摩擦驱动轮

6.5　物料提升机的安装与拆卸

6.5.1　物料提升机的安装

6.5.1.1　安装作业前的准备

（1）查验物料提升机的出厂产品合格证、检验报告、特种设备制造许可证及随机资料。

（2）根据现场工作条件及设备情况，编制专项施工方案并经过审批。方案内容应包括工程概况、设备性能参数、人员配备情况、现场条件及要求、安装用工具设备、安装质量和安全的保证措施、安装的工期。

（3）根据说明书对基础的要求，进行基础施工技术交底，做好基础混凝土浇筑。

（4）根据方案对全体作业人员进行安全技术交底，明确人员分工，确定指挥、专职安全员、技术负责人。所有特种作业人员均应持证上岗操作。

（5）进入现场须佩带好安全防护用品。

（6）确定安全警戒区，设置安全警示绳、警告牌，指定监护人员。

6.5.1.2　安装作业前的检查

（1）物料提升机的周围环境是否存在影响安装和使用的不安全因素。

（2）基础位置和做法是否符合要求。

（3）地锚的位置、附墙架连接埋件的位置是否正确和埋设牢靠。

（4）现场的电源供应设施是否符合要求。

（5）架体、吊笼、天梁、摇臂拔杆、附墙架等结构件是否成套和完好。

（6）提升机构是否完整良好，其拟安装位置是否符合要求。

（7）电气设备是否齐全可靠。

（8）安全装置是否齐全完好可靠。

（9）物料提升机的架体和缆风绳的位置是否靠近或跨越架空输电线路。无法远离时，应保证最小安全距离，并应采取安全防护措施。物料提升机与架空输电导线的安全距离，见表6-3。

物料提升机与架空输电导线的安全距离 表6-3

线路电压/kV	1以下	1~10	35~110	154~220	330~500
最小安全距离/m	4	6	8	10	15

6.5.1.3 安装作业注意事项

（1）提升机架体的实际安装高度不得超过设计所允许的最大高度。

（2）服从工程总承包单位的管理。

（3）严格按照安装工艺顺序进行作业。

（4）四级风以上及大雪、暴雨等天气应暂停安装；中途停止安装时，要采取可靠的临时稳固措施。

（5）安装作业宜在白天进行，如需夜间作业，应有足够的照明。

6.5.1.4 安装的顺序

一般情况下，物料提升机的安装按如下顺序进行：

（1）地梁（底架）安装于基础上，紧固基础预埋螺栓。

（2）将接地体打入土壤，连接保护接地。

（3）组装架体构件。现场条件许可时，架体构件尽量在地面组装。

（4）安装架体标准节，每安装两个标准节（一般不大于8m），应采取临时支撑或临时缆风绳固定，同时初步校正垂直度；固定处节点不得采用铅丝绑扎等柔性连接，在确定稳定后方可继续作业。

（5）安装龙门架时，两边立柱应交替进行，每安装两节除将单肢立柱固定外，还须将两个立柱横向连成一体。

（6）根据生产厂家产品说明书的要求，安装首道附墙架。

（7）安装到预定高度时，作架体垂直度的最后校正，再次紧固地脚螺栓及附墙连接螺栓或调紧缆风绳后，方可松开吊索具和吊钩。

（8）安装天梁及滑轮、底架导向滑轮。

（9）安装卷扬机。

（10）安装吊笼。

（11）安装各种安全装置。

（12）内置式物料提升机，在各层楼通道接口的架体开口处，须局部加强。

（13）穿钢丝绳，敷设电线电缆，接入电源。

（14）进行空载试验。

（15）对导轨、导靴（导轮）、制动器、安全装置、通讯信号装置等调试。

（16）搭设卷扬机操作棚、上料口防护棚、底层围护、楼层通道安全门。

6.5.1.5 安装的要求

（1）基础

① 基础混凝土强度达到设计强度要求；

② 物料提升机的基础应符合生产厂家规定，水平偏差不应大于 10mm；

③ 基础应有排水措施，在基础边缘 5m 范围内如开挖沟槽或有较大振动的施工时，必须有架体的稳定措施。

（2）架体安装

① 架体安装的垂直度偏差，不应超过架体高度的 3/1000（新制作的提升机架体不应超过 1.5/1000），并不得超过 200mm。安装时首先应将底座找平，可使用水平仪测量底座与架体连接面的高差，控制在 1/1000 以内，当超出时一般可用专用钢垫片调整底座，垫片数量为一到两片，不宜过多，并与底座固定为一体。

② 井架截面内两对角线长度公差，不得超过最大边长名义尺寸的 3/1000，如图 6-27 所示。

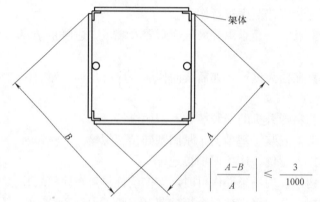

$$\left|\frac{A-B}{A}\right| \leqslant \frac{3}{1000}$$

图 6-27　测量架体对角线偏差示意图

③ 导轨节点截面错位不应大于 1.5mm。

④ 按设备使用说明书要求调整吊笼导靴与导轨的安装间隙，说明书没有明确要求的，可控制在 5～10mm 以内。

⑤ 内置式吊笼的架体，在各层楼通道进出料接口处，开口后应局部加强。

⑥ 架体搭设时，采用螺栓连接的构件，螺栓直径不应小于 12mm，强度等级不宜低于 8.8 级，每一杆件的节点及接头的一边螺栓数量不少于 2 个，不得漏装或以铁丝等代替。

⑦ 架体底座应安装在地脚螺栓上，并用双螺帽固定。

⑧ 架体顶部自由端不得大于 6m。

（3）地锚和缆风绳

① 地锚应按照专项方案确定的形式和要求设置。

② 地锚埋设点，地面要平整无坑洼，不积水，不潮湿；锚点前方不得有地沟、电缆、地下管道等。地锚的位置应满足缆风绳的设置要求。

③ 缆风绳应设在顶部，若中间设置临时缆风绳时，应采取增加导轨架刚度的措施。

④ 缆风绳应在架体四角有横向缀件的同一水面上对称设置，与架体连接处，应采取措施，避免架体钢材对钢丝绳的磨切破坏。

⑤ 缆风绳与地面的夹角应控制在 $45°～60°$ 之内，并应采用与缆风绳等强度的花篮螺栓与地锚连接。

⑥ 地锚处与钢丝绳连接的花篮螺栓，规格应和钢丝绳拉力相适应；调节时应对角进行，不得在相邻两角同时进行。

⑦ 每根缆风绳不宜用短绳接长使用，无法避免时，接头必须按起重作业有关标准连接牢靠。

⑧ 在安装、拆除以及使用提升机的过程中设置的临时缆风绳，其材料也必须使用钢丝绳，严禁使用铁丝、钢筋、麻绳等代替。

⑨ 缆风绳不得穿越高压输电线。

（4）附墙架安装要求

① 附墙架与架体及建筑物之间，应采用刚性连接，并形成稳定结构，但不得直接焊接于架体上；

② 附墙架的设置应符合设计要求，且在建筑物顶层必须设置一组；

③ 最后一组附墙架，应使其上的架体至顶部的自由高度不大于 6m。

（5）提升机构（卷扬机、曳引机）

① 安装位置必须视野良好，施工中的建筑物、脚手架及堆放的材料、构件都不能影响司机操作对升降全过程的监视。应尽量远离危险作业区域，选择较高地势处。因施工条件限制，卷扬机安装位置距施工作业区较近时，其操作棚顶部的材料强度应能承受 10kPa 的均布静荷载。也可采用 50mm 厚木板架设或采用两层竹笆，上下竹笆层间距应不小于 600mm。

② 卷扬机地基须坚固，便于地锚埋设；机座要固结牢靠，前沿应打桩锁住，防止移动倾翻；不得以树木、电杆代替锚桩。

③ 底架导向滑轮的中心应与卷筒宽度中心对正，并与卷筒轴线垂直，否则要设置过渡导向滑轮，垂直度允许偏差（排绳角）为 $2°$。卷筒轴线与到第一导向滑轮的距离，应大于卷筒宽度的 20 倍，当不能满足时应设排绳器。

④ 卷筒在钢丝绳满绕时，凸缘边至最外层距离不得小于钢丝绳直径的 2 倍；放出全部工作钢丝绳后（吊笼处于最低工作位置时），卷筒上余留的钢丝绳应不少于 3 圈。

⑤ 提升用钢丝绳的安全系数 $k≥6$；钢丝绳与卷筒的固结应牢靠有闩紧措施，在卷筒上应排列整齐，有叠绕或斜绕时，应重新排列；与天梁的连接应可靠；钢丝绳不得与机架或地面摩擦，通过道路时应设过路保护装置。

⑥ 卷筒和各滑轮均要设置防钢丝绳跳槽装置，滑轮必须与架体（或吊笼）刚性连接。

⑦ 钢丝绳绳夹应与钢丝绳匹配，不得少于 3 个，间距不小于钢丝绳直径的 6 倍，U 形环部分应卡在绳头一侧，压板放在受力绳的一侧。

⑧ 制动器推杆行程范围内不得有障碍物或卡阻，制动器应设置防护罩。

（6）曳引机的对重

对重各组件安装应牢固可靠，升降通道周围应设置不低于 1.8m 的防护围栏，其运行区域与建筑物及其他设施间应保证有足够的安全距离。

（7）电气

① 禁止使用倒顺开关作为卷扬机的控制开关；

② 金属结构及所有电气设备的外壳应有可靠接地，其接地电阻不应大于10Ω。

（8）安全装置及防护设施

① 安全停靠装置及防坠安全装置必须安装可靠、动作灵敏、试验有效。

② 吊笼应前后安装安全门，开启灵活、关闭可靠。

③ 上限位开关越程不得小于3m，应灵活有效；高架提升机须装下限位开关，并在吊笼碰到缓冲器前即动作。

④ 紧急断电开关应安装在司机方便操作的地方，选用非自动复位的形式。

⑤ 底层设置安全围栏和安全门，围栏应围成一圈，有一定强度和刚度，能承受1kN/m的水平荷载，高度不低于1.8m，对重应设置在围栏内；围栏安全门应与吊笼有机械或电气联锁；进料口应设置限载重量标识。

⑥ 各层楼通道（接料平台），应脱离脚手架单独搭设，上、下防护栏杆高度分别不低于1.2m和0.6m；栏杆内侧应有防坠落密目网和竹笆围挡；安全门高度不低于1.5m，应为常闭状态，吊笼到位才能打开。

⑦ 上（进）料口防护棚必须独立搭设，严禁利用架体做支撑搭设，其宽度应大于物料提升机的最外部尺寸；防护棚长度应大于3m，提升机高度超过30m的防护棚长度应大于5m；顶部可采用50mm厚木板或两层竹笆，上下竹笆层间距应不小于600mm。

⑧ 若在相邻建筑物、构筑物的防雷装置保护范围以外的物料提升机应安装防雷装置。

6.5.2 物料提升机的调试和验收

6.5.2.1 调试

物料提升机的调试是安装工作的重要组成部分和不可缺少的程序，也是安全使用的保证措施。调试包括调整和试验两方面内容。调整须在反复试验中进行，试验后一般也要进行多次调整，直至符合要求。物料提升机的调试主要有以下几项：

（1）卷扬机制动器的调试

卷扬机一般都采用电磁铁闸瓦（块式）制动器，影响制动效果的因素主要是主弹簧的张力及制动块与制动轮的间隙。提升机安装后，应进行制动试验，吊笼在额定载荷运行制动时如有下滑现象，就应调整制动器。因调整主弹簧的张力同时也影响推杆行程及制动块间隙，因此可对两个调整螺钉同时进行调整；调整间隙应根据产品不同型号及说明书要求进行，无资料时，间隙一般可控制在0.8~1.5mm之间。调整后必须进行额定载荷下的制动试验。

（2）架体垂直度的调整

架体垂直度的调整应在架体安装过程中按不同高度分别进行，每安装两个标准节时应设置临时支撑或缆风绳，此时即进行架体的垂直度校正；安装相应高度附墙架或缆风绳时再进行微量调整，安装达预定高度后进行垂直度复测。

垂直度测量时，先将吊笼下降至地面，使用线锤或经纬仪从吊笼垂直于长度方向（x向）与平行于长度方向（y向）分别测量架体的垂直度，重复3次取平均值，并做记录，垂直度偏差不应大于导轨架高度的 0.15％。

（3）导靴与导轨间隙的调整

在吊笼就位穿绕钢丝绳后，开动卷扬机，使吊笼离地 0.5m 以下，按设备使用说明书要求调整导靴与导轨间隙。说明书没有明确要求的，可控制在 5mm 以内。

（4）缆风绳垂度的调整

为保证缆风绳的足够张拉程度，以利架体的稳固，应在缆风绳安装时及时调紧。缆风绳的垂度（钢丝绳在自重下，与张紧后理想直线间的偏移距离）不应大于缆风绳长度的 1％。

（5）上、下限位的调试

上限位的位置应满足 3m 的越程距离，下限位开关应在吊笼碰到缓冲器前就动作。安装和调整后要进行运行试验，直至符合要求。

（6）防坠安全器调试

对渐进式（楔块抱闸式）的安全装置，可进行坠落试验。试验时将吊笼降至地面，先检查安全装置的间隙和摩擦面清洁情况，符合要求后按额定载重量在吊笼内均匀放置；将吊笼升至 3m 左右，利用停靠装置将吊笼挂在架体上，放松提升钢丝绳 1.5m 左右，松开停靠装置，模拟吊笼坠落，吊笼应在 1m 距离内可靠停住。超过 1m 时，应在吊笼降地后调整楔块间隙，重复上述过程，直至符合要求。

（7）起重量限制器调试

将吊笼降至离地面 200mm 处，逐步加载，当载荷达到额定载荷 90％时应能报警；继续加载，在达到额定载荷的 110％时，即切断上升主电路电源。如不符合上述要求，应通过调节螺栓螺母改变弹簧的预压缩量来进行调整。

（8）电气装置调试

升降按钮、急停开关应可靠有效，漏电保护器应灵敏，接地防雷装置可靠。

6.5.2.2 自检

物料提升机安装完毕，应当按照安全技术标准及安装使用说明书的有关要求对物料提升机钢结构件、提升机构、附墙架或缆风绳、安全装置和电气系统等进行自检，自检的主要内容与要求见表 6-4。

物料提升机安装自检的内容与要求　　　　　　　　　　　　表 6-4

检查项目	序号	检查内容	要　　　求	结　　果
架体	1	架体外观	无可见裂纹、严重变形和锈蚀	
	2	螺栓连接件	齐全、可靠	
	3	连接销轴	齐全、可靠	
	4	垂直度	偏差值不大于 0.15％	
	5	吊笼导轨	导轨无明显变形、接缝无明显错位、吊笼运行无卡阻，导轨接点截面错位不大于 1.5mm	
	6	架体开口处	须有效加固	
	7	底架与基础的连接	应可靠	

检查项目	序号	检查内容	要　　求	结　　果
吊笼	8	吊笼外观	无可见裂纹、严重变形和锈蚀	
	9	底板	应牢固、无破损	
	10	安全门	应灵活、可靠	
	11	周围挡板、网片	高度≥1m,且安全、可靠	
附着装置或缆风绳	12	附着装置连接	符合设计或说明书要求,且不能与脚手架等临时设施相连	
	13	附着装置间距	应符合说明书要求	
	14	附墙后自由端高度	应符合说明书要求	
	15	缆风绳安装	应符合说明书要求,且与地夹角应≤60°	
	16	缆风绳直径	应符合说明书要求,且应≥9.3mm	
	17	缆风绳数量	提升机高度20m及以下时,不少于1组4根;大于20m时,不少于2组8根	
提升机构	18	卷扬机生产制造许可证、产品合格证	齐全、有效	
	19	钢丝绳完好度	应完好,达到报废标准的应报废	
	20	钢丝绳尾部固定	有防松性能、符合设计要求	
	21	卷筒排绳	应整齐,容绳量能满足	
	22	钢丝绳在卷筒上最少余留圈数	≥3圈	
	23	卷筒两侧边缘的高度	超过最外层钢丝绳高度应≥2倍钢丝绳直径	
	24	滑轮直径	应与钢丝绳匹配	
	25	机架固定	应锚固可靠	
	26	联轴器	应工作可靠	
	27	制动器	有效、可靠	
	28	控制盒	按钮式应点动控制,手柄式应有零位保护,并均有急停开关,采用安全电压	
	29	操作棚	有防雨、防砸等防护功能,视线良好	
	30	摇臂拔杆	工作夹角和范围应符合说明书要求,不得与缆风绳干涉且设保险绳	
安全装置和设施	31	停层安全保护装置	应设,安全可靠	
	32	防坠安全器	应安全可靠,坠落距离≤1m	
	33	上限位	应灵活有效,越程≥3m	
	34	下限位	高架机应设置,且灵活有效	
	35	楼层安全门	应安全可靠	
	36	底层安全围护、安全门	围护高度≥1.8m,安全门和联锁装置有效	

检查项目	序号	检查内容	要　　求	结　　果
安全装置和设施	37	上料防护棚	符合规定,有防护功能	
	38	起重量限制器	高架机应设置,且灵敏可靠	
	39	缓冲装置	高架机应设置,且有效可靠	
	40	卷筒防脱绳保险	应设,有效可靠	
	41	滑轮防钢丝绳跳槽装置	应设,有效可靠	
电气和标志	42	接地装置	应外露牢固,接地电阻≤10Ω	
	43	通信或联络装置	应设置	
	44	漏电开关	应单独设置	
	45	绝缘电阻	应≥0.5MΩ	
	46	层楼标志	齐全、醒目	
	47	限载标志	应设置,醒目	
	48	警示标牌	挂醒目位置,内容符合现场要求	
试验	49	空载试验	各机构动作应平稳、准确,不允许有振颤、冲击等现象	
	50	额定载荷试验	各机构动作应平稳、无异常现象;模拟断绳试验合格,架体、吊笼、导轨等无变形	
	51	超载试验(额定载荷的125%)	动作准确可靠,无异常现象,金属结构不得出现永久变形、可见裂纹、油漆脱落、连接损坏及松动等现象	

物料提升机安装完毕后,应进行空载、额定荷载和超载试验,方法如下:

(1)空载试验

① 在空载情况下以提升机各工作速度进行上升、下降、变速、制动等动作,在全行程范围内反复试验,不得少于3次;

② 在进行上述试验的同时,应对各安全装置进行灵敏度试验;

③ 双吊笼提升机,应对各单吊笼升降和双吊笼同时升降,分别进行试验;

④ 空载试验过程中,应检查各机构动作是否平稳、准确,不允许有振颤、冲击等现象。

(2)额定荷载试验

吊笼内施加额定荷载,使其重心位于从吊笼的几何中心,沿长度和宽度两个方向,各偏移全长的1/6的交点处。除按空载试验动作运行外,并应做吊笼的坠落试验。试验时,将吊笼上升3~4m停住,进行模拟断绳试验。额定荷载试验,即按说明书中规定的最大载荷进行动作运行。

(3)超载试验

一般只在第一次使用前,或经大修后进行,取额定荷载的125%(按5%逐级加荷)荷载在吊笼内均匀布置,做上升、下降、变速、制动动作(不做坠落试验)。动作应准确可靠,无异常现象,金属结构不得出现永久变形、可见裂纹、油漆脱落、连接损坏及松动等现象。

6.5.2.3　验收

物料提升机经安装单位自检合格后,使用单位应当组织产权(出租)、安装、监理等有关单位进行综合验收，验收合格后方可投入使用，未经验收或者验收不合格的不得使用；实行总承包的，由总承包单位组织产权（出租）、安装、使用、监理等有关单位进行验收。

验收内容主要包括技术资料、标识与环境以及自检情况等，具体内容参见表 6-5。

6.5.3 物料提升机的拆卸

6.5.3.1 拆卸作业前的准备

（1）拆卸前，应制定拆卸方案，确定指挥和起重工，安排作业人员，划定危险作业区域并设置警示设施；

（2）察看现场环境，如架空线路位置、脚手架及地面设施情况、各种障碍物、附墙架或地锚缆风绳的设置、电气装置及线路情况等。

6.5.3.2 拆卸作业注意事项

物料提升机的架体拆卸工作比搭设的危险因素更多，特别是龙门架的拆卸，往往因缆风绳处理不当，引起架体倒塌。物料提升机的拆卸一般按照安装架设的反程序进行，拆卸作业应注意以下事项：

（1）吊笼降至地面，退出钢丝绳，切断卷扬机电源；凡能在地面和先行拆卸的，尽量在地面和先行拆卸掉。

（2）在拆卸缆风绳或附墙架前，应先设置临时缆风绳或支撑，确保架体的自由高度始终不大于 2 个标准节（一般不大于 8m）。

物料提升机综合验收表　　　　　　　　　　　表 6-5

使用单位		型号	
设备产权单位		设备编号	
工程名称		安装日期	
安装单位		安装高度	
检验项目	检 查 内 容		检验结果
技术资料	制造许可证、产品合格证、制造监督检验证明、产权备案证明齐全、有效		
	安装单位的相应资质、安全生产许可证及特种作业岗位证书齐全、有效		
	安装方案、安全交底记录齐全有效		
	隐蔽工程验收记录和混凝土强度报告齐全有效		
	安装前零部件的验收记录齐全有效		
标识与环境	产品铭牌和产权备案标识齐全		
	与外输电线的安全距离符合规定		
自检情况	自检内容齐全，标准使用正确，记录齐全有效		
安装单位验收意见：		使用单位验收意见：	
技术负责人签章：	日期：	项目技术负责人签章：	日期：
监理单位验收意见：		总承包单位验收意见：	
项目总监签章：	日期：	项目技术负责人签章：	日期：

（3）拆卸龙门架的天梁前，应先分别对两立柱采取稳固措施，保证单个立柱的稳定。

（4）拆卸龙门架时，应先挂好吊具，拉紧起吊绳，使架体呈起吊状态，再解除缆风绳和地脚螺栓。

（5）拆卸作业中，严禁从高处向下抛掷物件。

（6）拆卸作业宜在白天进行；如需夜间作业，应有良好可靠的照明。大雨、大风等恶劣天气应停止拆卸，因故中断作业时应采取临时稳固措施。

6.6 物料提升机的使用、保养和维修

6.6.1 物料提升机使用管理制度

（1）设备管理制度

① 物料提升机应由设备部门统一管理，不得对卷扬机和架体分开管理。

② 物料提升机应纳入机械设备的档案管理，建立档案资料。

③ 金属结构存放时，应放在垫木上；在室外存放时，要有防雨及排水措施。电气、仪表及易损件要专门安排存放，注意防震、防潮。

④ 运输物料提升机各部件时，装车应平整，尽量避免磕碰，同时应注意物料提升机的配套性。

（2）人员持证上岗制度

物料提升机司机属于特种作业人员，应年满18周岁，具有初中以上的文化程度，接受专门安全操作知识培训，经建设主管部门考核合格，取得《建筑施工特种作业操作资格证书》，方可从事物料提升机的操作工作。

（3）交接班制度

交接班制度明确了交接班司机的职责、交接程序和内容，是物料提升机使用管理的一项非常重要的制度。主要内容包括对物料提升机的检查、设备运行情况记录、存在的问题、应注意的事项等，交接班应进行口头交接，填写交接班记录，并经双方签字确认。

（4）"三定"制度

"三定"制度是做好物料提升机使用管理的基础。"三定"制度即定人、定机、定岗位责任，目的是把物料提升机和操作人员相对固定下来，使物料提升机的使用、维护和保养的每一个环节、每项要求都落实到具体人员，有利于增强操作人员爱护物料提升机的责任感。对保持物料提升机状况良好，促使操作人员熟悉物料提升机性能，熟练掌握操作技术，正确使用维护，防止事故发生等都具有积极的作用，并有利于开展经济核算、评比考核和落实奖罚制度。

6.6.2 物料提升机的检查

（1）使用前的检查

物料提升机司机班前必须对操作的物料提升机进行检查和试车，检查和试车主要包括以下内容：

① 金属结构有无开焊、裂纹和明显变形现象。

② 架体各节点连接螺栓是否紧固。

③ 附墙架的连接是否牢固，地锚与缆风绳的连接是否有松动。

④ 钢丝绳、滑轮组的固结情况；卷筒的绕绳情况，发现斜绕或叠绕时，应松绳后重绕。

⑤ 进行空载试运行，升降吊笼各一次，验证上下限位器和安全停靠装置是否灵敏可靠；观察吊笼运行通道内有无障碍物。

⑥ 负载运行，检查制动器的可靠性和架体的稳定性。

⑦ 各层接料口的栏杆和安全门是否完好，联锁装置是否有效，安全防护设施是否符合要求。

⑧ 电气设备及操作系统是否可靠，信号及通信装置的使用效果是否良好清晰。

⑨ 司机的视线是否清晰良好。

（2）定期检查

物料提升机的定期检查应每月进行一次，检查内容包括：

① 金属结构有无开焊、锈蚀、永久变形；

② 架体及附墙架各节点的螺栓紧固情况；

③ 提升机构（卷扬机）制动器、联轴器磨损情况，减速机和卷筒的运行情况；

④ 钢丝绳、滑轮的完好性及润滑情况；

⑤ 附墙架或缆风绳、地锚等有无松动；

⑥ 安全装置和防护设施有无缺损、失灵；

⑦ 电气设备的接零保护和接地情况是否完好；

⑧ 进行断绳保护装置的可靠性、灵敏度试验。

定期检查记录的项目和内容可参照表 6-6。

物料提升机检查记录表　　　　　　　　　　　表 6-6

序号	项目	检查内容	结果
1	架体稳定	架体垂直度	
2		架体基础	
3		缆风绳锚固	
4		地锚稳定	
5		附墙架	
6	吊篮	吊笼安全门	
7		导靴、导靴与导轨间隙	
8	传动系统	卷筒钢丝绳缠绕整齐	
9		卷筒、滑轮转动灵活	
10		卷筒、滑轮轮缘完好	
11		卷筒钢丝绳防脱保险装置齐全有效	
12	卷扬机	卷扬机地锚	
13		联轴器	
14		制动器	
15	钢丝绳	钢丝绳磨损、腐蚀、缺油	
16		绳夹固定	
17		钢丝绳拖地保护	

序号	项目	检查内容	结　果
18	安全装置	防坠安全器	
19		吊笼停靠装置	
20		上限位器	
21		缓冲器	
22		超载限制器	
23		下限位器	
24	楼层、地面架体防护	卸料平台和通道两侧防护栏杆设置	
25		卸料平台和通道脚手板搭设	
26		卸料通道防护门	
27		地面进料口防护棚	
28		地面围栏	
29		地面进料口安全门	
30		架体外侧立网防护	
31	摇臂拔杆	摇臂拔杆	
32		溜绳	
33	信号装置	音响信号装置	
34	通信装置	双向电气通信系统	
35	电气控制	操作开关灵敏可靠	
36		漏电保护器灵敏可靠	

6.6.3　物料提升机安全操作规程

操作规程是司机作业活动的准则，也是指导司机正确使用和操作的重要依据，因此不仅要认真制定，而且应制定得科学、合理、周密。安全操作规程的制定，应由企业的技术负责人组织、会同设备和安全人员共同进行。安全操作规程一般应包括以下内容：

（1）物料提升机司机必须经过有关部门专业培训，考核合格后取得特种作业人员操作资格证书，持证上岗。

（2）必须定机、定人、定岗作业。

（3）物料提升机司机必须进行班前检查和保养，作业前，检查卷扬机与地面固定情况：防护设施、电气线路是否完好，钢丝绳有无断丝磨损；制动器是否灵敏松紧适度，联轴器螺栓是否紧固，弹性皮圈是否完好、有无损坏缺少，接零接地保护装置是否良好；卷筒上绳筒保险是否完好、有无缺档松动；皮带、开式齿轮传动部位防护是否齐全有效，确认各类安全装置是否安全可靠。全部合格后方可使用。

（4）物料提升机司机应在班前进行空载试运行。

（5）开机前应先检查吊笼门是否关闭，货物是否放置平稳，有无伸出笼外部分。

（6）物料在吊笼内应均匀分布，不得超出吊笼。长料立放和小车置于吊笼内，应采取防滚动措施；散料应装箱或装笼。

（7）开机前须检查吊笼是否与其他施工件有连接，并随时注意建筑物上的外伸物体，防止与吊笼碰撞、挂拉。

（8）严禁超载运行。

（9）物料提升机司机操作时，信号不清不得开机。作业中无论任何人发出紧急停车信号，都应立即执行。

（10）发现安全装置、通信装置失灵时应立即停机修复。

（11）操作中或吊笼尚悬空吊挂时，物料提升机司机不得离开驾驶岗位。

（12）当安全停靠装置没有固定好吊笼时，严禁任何人员进入吊笼；吊笼安全门未关好或人未走出吊笼时，不得升降吊笼。

（13）严禁任何人员攀登、穿越提升机架体和乘坐吊笼上下。

（14）作业中不得将限位器当作停止开关使用。

（15）使用中物料提升机司机必须时刻注意钢丝绳的状态，卷筒上钢丝绳应排列整齐，吊笼落至地面时，卷筒上钢丝绳至少应保留3圈。当重叠或叠绕时，应停机重新排列，严禁在转动中用手拉脚踩钢丝绳。

（16）闭合电源前或作业中突然停电时，应将所有开关扳回零位。在重新恢复作业前，应在确认提升机动作正常后方可继续使用。

（17）物料提升机发生故障或维修保养时必须停机，切断电源后方可进行；维修保养时应切断电源，在醒目处挂"正在检修，禁止合闸"的标志，现场须有人监护。

（18）提升钢丝绳运行中不得拖地面和被水浸泡；必须穿越主要干道时，应挖沟槽并加保护措施；严禁在钢丝绳穿行的区域内堆放物料。

（19）物料提升机司机不得擅离岗位，暂停作业离开时，应将吊笼降至地面并切断总电源。

（20）作业结束后，应降下吊笼，将所有开关扳回零位，切断总电源，锁好物料提升机开关箱，防止其他人员擅自启动提升机。

6.6.4 物料提升机的维护保养

为了使物料提升机经常处于完好状态和高效率的安全运转状态，避免和消除物料提升机在运转工作中可能出现故障，提高物料提升机的使用寿命，必须及时正确地做好物料提升机的保养工作。维护保养的内容包括日常维护保养和定期维护保养。

6.6.4.1 日常维护保养

每班开始工作前，应当进行检查和维护保养，包括目测检查和功能测试，日常检查应注意以下几点：

（1）应按使用说明书的有关规定，对提升机的各润滑部位注润滑油或润滑脂。在无说明书时，可按序检查各有相对运动的部位，酌情加注润滑油（脂）。主要润滑点有：卷筒支承轴承、制动器推杆铰销、吊笼导靴（导轮）、各滑轮的轴承、停靠装置手柄和搁脚、弹闸式安全装置的弹闸、楔块抱闸式安全装置的弹簧滑槽。

（2）对吊笼导靴涂抹油脂及楔块抱闸式安全装置注油应适量控制，不得使闸块摩擦面沾油，如检查沾有油污应及时清理干净。

（3）钢丝绳应始终保持良好的润滑状态，如缺油可酌情涂抹润滑脂。涂抹应在专用槽道里进行，严禁在卷扬机运转时直接用手涂抹。

（4）新卷扬机在首次使用时应注意减速机的磨合，磨合周期应符合说明书要求。磨合后的减速机应立即更换润滑油，如磨屑过多则应清洗后注入新润滑油。

（5）检查制动器的闸块间隙，如过大或过小应及时调整；联轴器的弹性套失效时应及时更换。

（6）物料提升机处于工作状态时不得进行保养工作，进行保养时应将所有开关置于零位，切断主电源。

6.6.4.2 定期维护保养

定期维护保养的内容和间隔时间可参照表 6-7。

定期维护保养检查表 表 6-7

序号	间隔时间	部　位	内　容	结果
1	每周一次	钢丝绳	检查钢丝绳的磨损和断丝情况，若磨损严重或有断丝应及时予以更换；检查钢丝绳是否脱离绳槽	
		标志	检查警示标志和限制载荷标志是否完整、有效	
		销轴	检查各销轴连接处销子是否完好、可靠	
		导靴（导轮）	连接螺栓是否拧紧，导轮是否转动灵活，导靴是否过分磨损	
		制动器	制动器是否能可靠地制动，制动摩擦片磨损是否超标；吊笼在额定载荷下下降时，制动距离是否符合要求	
		卷筒轴	检查卷筒轴磨损情况，润滑卷筒轴	
		滑轮、滑轮轴	检查滑轮、滑轮轴润滑情况，润滑轴接触面	
		防坠安全器和安全停靠装置	润滑轴接触面，清洗一次	
		钢丝绳	润滑表面	
		电气系统	检查各接线柱及接触器等联接有无松脱	
		减速机	润滑油有无泄露，检查减速箱油位，必要时加注润滑油	
		对重	对重导向轮转动灵活，导靴无严重磨损	
		围栏安全门	检查有无损伤变形，润滑导靴表面或门轴	
		导轨	润滑接触表面	
2	每月一次	每周检查项目	内容同上	
		架体	所有杆件、标准节接头处螺栓拧紧	
		附墙架	所有附墙架的扣件有效、螺栓拧紧	
		钢丝绳固定	确保钢丝绳绳端固定、安全、可靠	
		吊笼上的导向滚轮	润滑轴承	
		吊笼安全门轴、滑道	润滑表面	
		限位，限位开关及碰块	检查开关动作是否灵活，各碰块是否移动位置	

序号	间隔时间	部 位	内 容	结果
3	每年一次	每月检查项目	内容同上	
		导靴（导轮）	检查吊笼导向滚轮的磨损情况以及滚珠轴承可能有的游隙，将导向滚轮和标准节架体立柱之间的间隙调整到适当大小	
		防坠和停层保护器	进行断绳和停层试验，检查是否有效及制动是否灵活	
		联轴器橡胶块	检查橡胶块挤压及磨损情况	
		腐蚀损伤和磨损	检查整个设备，对于可能腐蚀、磨损的部件和承重部件采取必要措施	

6.6.4.3 主要部件的维护保养

（1）导靴装置的维护保养

导靴装置除了引导吊笼保持轴向运动之外还对吊笼在 x 向和 y 向起控制作用。因此要经常检查其润滑情况，是否滚动（滑动）正常，导靴与导轨架立柱管的间隙是否符合规定值，紧固螺栓有无松动，及导靴的磨损程度等。

下面以某滚轮式导靴物料提升机为例，说明导靴装置的磨损程度测量和间隙调整方法。

① 磨损极限和磨损量的测量

测量方法如图 6-28 所示，滚轮最大磨损量要求见表 6-8。

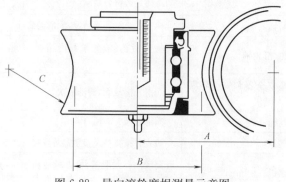

图 6-28 导向滚轮磨损测量示意图

滚轮磨耗测量表 表 6-8

标准节立柱管外径	测 量	新 滚 轮	滚轮最大磨损
$\phi76$	A	74	最小 69
	B	$\phi75.5$	最小 $\phi73$
	C	R38.5	最小 R38，最大 R42
$\phi89$	A	78	最小 73
	B	$\phi84$	最小 $\phi81.5$
	C	R45	最小 R44.5，最大 R48.5

② 导向滚轮装置的调整

如图 6-29 所示，为一导向滚轮装置。导向滚轮的调整，应在吊笼空载情况下，成对

242

调整导轨架立柱管两侧的对应导向滚轮。转动滚轮的偏心使侧滚轮与导轨架立柱管之间的间隙为 0.5mm 左右，调整合适后用 200N·m 力矩将其连接螺栓紧固。

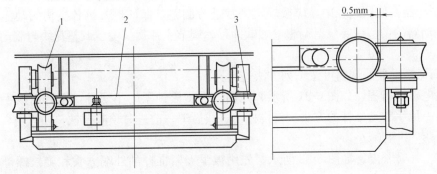

图 6-29　滚轮的调整
1—正压轮；2—导轨架；3—侧滚轮

（2）闸瓦（块式）制动器的维修与保养

闸瓦电磁制动器是卷扬机中最常用制动器，如图 6-30 所示。

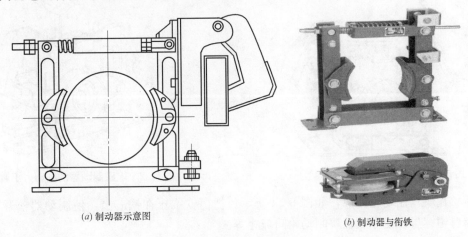

（a）制动器示意图　　　　　　　　　　（b）制动器与衔铁

图 6-30　闸瓦电磁制动器

闸瓦制动器的维护和调整应符合下列要求：

① 制动时，闸瓦应紧密地贴合在制动轮的工作表面；松闸时，两侧闸瓦与制动轮表面之间的间隙应在 0.5～1.0mm 之间，并且整个接触面上、下间隙应均匀，达不到要求时应及时进行调整。

② 对制动闸瓦工作表面应经常进行清理，使之保持干燥；制动轮与制动衬料的接触面积不能低于 80%。

③ 制动瓦固定铆钉必须沉入沉头座中，不允许露头和制动轮接触，铆钉镶入制动瓦的深度应达到制动衬料厚度的 1/2～3/5；制动闸瓦磨损过甚而使铆钉露头，或闸瓦磨损量超过原厚度 1/3 时，应及时更换，边缘部分磨损厚度不应超过原厚度的 2/3。

④ 对制动器各销轴处用机油进行充分的润滑，加油时如果油溅到闸瓦和制动轮上，应及时擦净。

⑤ 制动器芯轴磨损量超过标准直径的 5% 和椭圆度超过 0.5mm 时应更换芯轴；杆系

弯曲时应校直，有裂纹时应更换，弹簧弹力不足或有裂纹时应更换。

⑥ 各铰链处有卡滞及磨损现象应及时调整和更换，各处紧固螺钉松动时及时紧固。

⑦ 制动器在使用过程中，应按规定经常进行调整，保证提升机各机构的动作准确和安全。制动器的调整主要包括调整电磁铁冲程、调节主弹簧长度、调整瓦块与制动轮间隙三方面。

⑧ 闸瓦制动器的调整可按下列方法进行：

调整电磁铁行程，如图 6-31 所示。先用扳手旋松锁紧的小螺母，然后用扳手夹紧螺母，用另一扳手转动推杆的方头，使推杆前进或后退。前进时顶起衔铁，冲程增大；后退时衔铁下落，冲程减小。

调节主弹簧长度，如图 6-32 所示。先用扳手夹紧推杆的外端方头和旋松螺母的锁紧螺母，然后旋松或夹住调整螺母，转动推杆的方头，因螺母的轴向移动改变了主弹簧的工作长度，随着弹簧的伸长或缩短，制动力矩随之减小或增大，调整完毕后，把右面锁紧螺母旋回锁紧，以防松动。

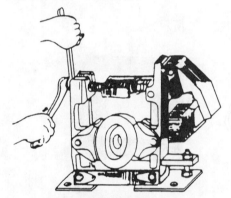

图 6-31　电磁制动器的行程调节

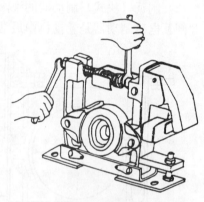

图 6-32　电磁制动器的制动力矩调节

调整瓦块与制动轮间隙，如图 6-33 所示。把衔铁推压在铁芯上，使制动器松开，然后调整背帽螺母，使左右瓦块制动轮间隙相等。

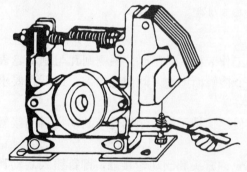

图 6-33　电磁制动器瓦块与制动轮间隙调节

（3）减速机的维护保养

① 箱体内的油量应保持在油针或油镜的标定范围，油的规格应符合要求。

② 润滑部位，应按规定用润滑油脂进行润滑或定期拧紧油盅盖。一般一个月应加油一次。

③ 应保证箱体内润滑油的清洁，当发现杂质明显时，应换新油。对新使用的减速机，在使用一周后，应清洗减速机并更换新油液。以后每年应清洗和更换新油。

④ 轴承的温升不应高于 60℃；箱体内的油液温升不超过 60℃，否则应停机检查原因。

⑤ 当轴承在工作中出现撞击、摩擦等不正常噪声，并且通过调整也无法排除时，应

考虑更换轴承。

（4）曳引机曳引轮的维护保养

① 应保证曳引轮绳槽的清洁，不允许在绳槽中加油润滑。

② 应使各绳槽的磨损一致。当发现槽间的磨损深度差距最大达到曳引绳直径的 1/10 以上时，要修理车削至深度一致，或更换轮缘，如图 6-34 所示。

③ 对于带切口半圆槽，当绳槽磨损至切口深度少于 2mm 时，应重新车削绳槽，但经修理车削后切口下面的轮缘厚度应大于曳引绳直径，如图 6-35 所示。

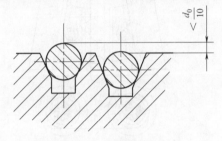

图 6-34　绳槽磨损差

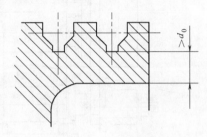

图 6-35　最小轮缘厚度

（5）电动机的保养

① 应保证电动机各部分的清洁，不应让水或油浸入电动机内部。应经常吹净电动机内部和换向器、电刷等部分的灰尘。

② 对使用滑动轴承的电动机，应注意油槽内的油量是否达到油线，同时应保持油的清洁。

③ 当电动机转子轴承磨损过大，出现电动机运转不平稳，噪声增大时，应更换轴承。

④ 每季度应检查一次直流测速发电机，如炭刷磨损严重，应予更换，并清除电机内炭屑，在轴承处加注润滑脂。

（6）防坠安全器和安全停靠装置的维护保养

对楔块式保护装置来讲，当长时间使用物料提升机后，断绳保护和安全停靠装置的制动块会磨损，当制动块磨损不甚严重时，可不更换制动块，直接在吊笼上用工具调节弹簧的预紧力，使制动状态时制动块制动灵敏，非制动状态时两制动块离开标准节导轨。

当制动块磨损严重时，应当将断绳保护和安全停靠装置从吊笼上拆下，更换制动块，如图 6-36 所示。

① 将钢丝绳楔形接头的销轴拔出，卸防坠器联接架 8 的连接螺栓，将防坠安全器和安全停靠装置从吊笼托架上取下；

② 将内六角螺丝 7 松开取下，卸下旧制动块更换上新的制动块，然后将更换好制动块的保护器再安装在吊笼托架；

③ 调整制动滑块压缩弹簧 6 的预紧力。通过旋动调节螺丝 5，使制动滑块既不与导轨碰擦卡阻，又要使停层制动和断绳制动灵敏正常；

④ 在制动块的滑槽内加入适量的油脂，起到润滑和防锈作用；

⑤ 清洁制动滑块的齿槽摩擦面。

（7）钢丝绳的维护和保养

钢丝绳是物料提升机的重要部件之一，工作时弯曲次数频繁，由于提升机经常起动、

245

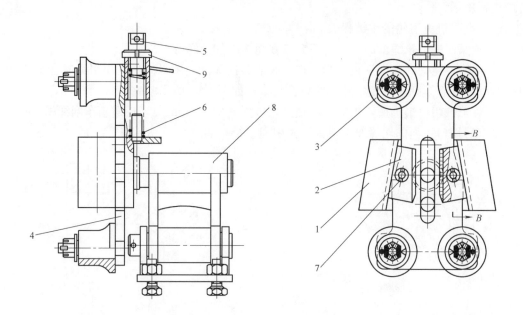

图 6-36　防断绳保护装置示意图

1—托架；2—制动滑块；3—导轮；4—导轮架；5—调节螺丝；
6—压缩弹簧；7—内六角螺丝；8—防坠器联接架；9—圆螺母

制动及偶然急停等情况，钢丝绳不但要承受静载荷，同时还要承受动载荷。在日常使用中，要加强维护和保养以确保钢丝绳的正常功能，保证使用安全。

钢丝绳的维护保养，应根据钢丝绳的用途、工作环境和种类而定。在可能的情况下，应对钢丝绳进行适时清洗并涂以润滑油或润滑脂，以降低钢丝之间的磨擦损耗，同时保持表面不锈蚀。钢丝绳的润滑应根据生产厂家的要求进行，润滑油或润滑脂应根据生产厂家的说明书选用。

钢丝绳内原有油浸麻芯或其他油浸绳芯，使用时油逐渐外渗，一般不需在表面涂油，如果使用日久和使用场合条件较差，有腐蚀气体，温湿度高，则容易引起钢丝绳锈蚀腐烂，必须定时上油。但油质宜薄，用量不可太多，使润滑油在钢丝绳表面能有渗透进绳芯的能力即可。如果润滑过度，将会造成摩擦系数显著下降而产生在滑轮中打滑现象。

润滑前，应将钢丝绳表面上积存的污垢和铁锈清除干净，最好是用镀锌钢丝刷清刷。钢丝绳表面越干净，润滑油脂就越容易渗透到钢丝绳内部去，润滑效果就越好。

钢丝绳润滑的方法有刷涂法和浸涂法。刷涂法就是人工使用专用的刷子，把加热的润滑脂涂刷在钢丝绳的表面上。浸涂法就是将润滑脂加热到 60℃，然后使钢丝绳通过一组导辊装置被张紧，同时使之缓慢地在容器里熔融润滑脂中通过。

6.6.5　物料提升机常见故障的判断与处置

物料提升机使用中会出现一些异常现象，司机必须首先判别故障原因，然后再进行排除或维修。

物料提升机常见故障的判断和处置方法可参照表 6-9。

6.6.6 物料提升机的维修

物料提升机的维修应注意以下事项：

（1）更换零部件时，必须与原零部件的材质、性能相同，并应符合设计与制造标准；严禁擅自改变尺寸和结构。

（2）维修钢结构件时，材料、焊条、焊缝等质量应符合原设计要求。

（3）维修提升机架体顶部时，应搭设上人平台，并符合《建筑施工高处作业安全技术规范》的有关规定。

（4）物料提升机维修时，应将所有开关置于零位，切断电源；在电源箱处挂好"禁止合闸"标志，挂牌维修区应有专人负责，必须时设专人监护。严禁带电作业或采用预约停、送电时间方式进行维修。

物料提升机常见故障的判断和处置方法　　　　表 6-9

序号	故障现象	故障分析	处置方法
1	总电源合闸即跳	电路内部损伤,短路或相线接地	查明原因,修复线路
2	电压正常,但主交流接触器不吸合	限位开关未复位	限位开关复位
		相序接错	正确接线
		电气元件损坏或线路开路断路	更换电气元件或修复线路
3	操作按钮置于上、下运行位置,但交流接触器不动作	限位开关未复位	限位开关复位
		操作按钮线路断路	修复操作按钮线路
4	电机启动困难,并有异常响声	卷扬机制动器没调好或线圈损坏制动器没有打开	调整制动器间隙,更换电磁线圈
		严重超载	减少吊笼载荷
		电动机缺相	正确接线
5	上下限位开关不起作用	上下限位损坏	更换限位
		限位架和限位碰块移位	恢复限位架和限位碰块位置
		交流接触器触点粘连	修复或更换接触器
6	交流接触器释放时有延时现象	交流接触器复位受阻或粘连	修复或更换接触器
7	电路正常,但操作时时动作正常,有时动作不正常	线路接触不好或虚接	修复线路
		制动器未彻底分离	调整制动器间隙
8	吊笼不能正常起升	供电电压低于 380V 或供电阻抗过大	暂停作业,恢复供电电压至 380V
		冬季减速箱润滑油太稠太多	更换润滑油
		制动器未彻底分离	调整制动器间隙
		超载或超高	减少吊笼载荷,下降吊笼
		停靠装置插销伸出挂在架体上	恢复插销位置
9	吊笼不能正常下降	断绳保护装置误动作	修复断绳保护装置
		摩擦副损坏	更换摩擦副

序号	故障现象	故障分析	处置方法
10	制动器失效	制动器各运动部件调整不到位	修复或更换制动器
		机构损坏,使运动受阻	修复或更换制动器
		电气线路损坏	修复电气线路
		制动衬料或制动轮磨损严重,制动衬料或制动块连接铆钉露头	更换制动衬料或制动轮
11	制动器制动力矩不足	制动衬料和制动轮之间有油垢	清理油垢
		制动弹簧过松	更换弹簧
		活动铰链处有卡滞地方或有磨损过甚的零件	更换失效零件
		锁紧螺母松动,引起调整用的横杆松脱	紧固锁紧螺母
		制动衬料与制动轮之间的间隙过大	调整制动衬料与制动轮之间的间隙
12	制动器制动轮温度过高,制动块冒烟	制动轮径向跳动严重超差	修复制动轮与轴的配合
		制动弹簧过紧,电磁松闸器存在故障而不能松闸或松闸不到位	调整松紧螺帽
		制动器机件磨损,造成制动衬料与制动轮之间位置错误	更换制动器机件
		铰链卡死	修复
13	制动器制动臂不能张开	制动弹簧过紧,造成制动力矩过大	调整松紧螺帽
		电源电压低或电气线路出现故障	恢复供电压至380V,修复电气线路
		制动块和制动轮之间有污垢而形成粘边现象	清理污垢
		衔铁之间连接定位件损坏或位置变化,造成衔铁运动受阻,推不开制动弹簧	更换连接定位件或调整位置
		电磁铁衔铁芯之间间隙过大,造成吸力不足	调整电磁铁衔铁芯之间的间隙
		电磁铁衔铁芯之间间隙过小,造成铁芯吸合行程过小,不能打开制动	调整电磁铁衔铁芯之间的间隙
		制动器活动构件有卡滞现象	修复活动构件
14	制动器电磁铁合闸时间迟缓	继电器常开触点有粘连现象	更换触点
		卷扬机制动器没有调好	调整制动器
15	吊笼停靠时有下滑现象	卷扬机制动器摩擦片磨损过大	更换摩擦片
		卷扬机制动器摩擦片、制动轮沾油	清理油垢
16	正常动作时断绳保护装置动作	制动块(钳)压的太紧	调整制动块滑动间隙
17	吊笼运行时有抖动现象	导轨上有杂物	清除杂物
		导向滚轮(导靴)和导轨间隙过大	调整间隙

（5）维修后的物料提升机，应进行试运转，确认一切正常后方可投入使用。

6.7 物料提升机常见事故隐患与案例

6.7.1 物料提升机常见事故隐患

（1）安装和拆卸常见事故隐患

① 缆风绳或附墙架的数量、形式不符合要求，端部固定不规范，绳夹的数量、间距、方向或角度的设置不符合规定。

② 提升钢丝绳拖地，无保护措施。

③ 底部导向滑轮采用了拉板式开口滑轮，容易产生连接失效。

④ 卷筒和滑轮的防钢丝绳脱槽装置未设置或不符合要求。

⑤ 进料防护棚不符合搭设要求，或未设置底层的三面安全围护及安全门。

⑥ 架体或附墙架直接与脚手架连接。

⑦ 基础处理不当，如混凝土强度、厚度、表面平整度不符合要求，预埋件布置不正确，影响了架体的垂直度和连接强度。

⑧ 提升机的金属结构及电气设备的金属外壳接地不规范甚至不接地。

⑨ 安全装置安装不符合要求，如上限位的越程小于3m，安全停靠装置和防坠安全装置不进行调试，安装后失灵。

⑩ 拆卸不按规定顺序进行，未设安全作业区和警示标志。

⑪ 内置式井架架体与层楼通道接口处，拆除斜、水平撑杆后不进行必要的加强，影响架体稳定。

⑫ 楼层通道不安装安全门或安全门残缺不全、设置不规范。

⑬ 在电气控制箱（盒）内，未按规定设置急停开关；当出现意外时，无法及时切断电源。

⑭ 限载标志、警示标牌未设置或被遮挡、失落。

（2）使用和管理常见事故隐患

① 提升卷扬机的制动块磨损，未及时更换，机构未调整良好，易发生吊笼下坠；

② 联轴器的弹性圈磨损严重，或钢销松动折断，不及时更换；

③ 吊笼安全门缺损或不可靠，底板破损，造成物料空中坠落伤人；

④ 断绳保护装置和导轨清洁不及时，油污积聚导致防坠安全装置失灵；

⑤ 通信装置失灵或不正确使用，导致司机和各楼层联系不畅；

⑥ 安装后，未经正式验收合格即投入使用；

⑦ 司机未经专门培训，无证上岗操作，不坚持班前检查和例行保养；

⑧ 违规超载，载荷偏置，物件超长；

⑨ 吊笼载人运行；

⑩ 提升机运行时，闲杂人员违规进入底层防护栏内，进入吊笼下方。

6.7.2 物料提升机事故案例

6.7.2.1 使用不合格物料提升机吊笼坠落事故

（1）事故经过

某建筑工程项目经理安排工人在物料提升机拆除之前，使用物料提升机进行落水管安装。当晚，5 名作业人员加班，4 人安装落水管，1 人无操作证操作物料提升机。4 名作业人员从第 17 层处进入物料提升机吊笼开始安装落水管，当安装到第 12 层（距地面 32m）时，他们边安装边让物料提升机操作人员将吊笼再提升一点，当司机提吊吊笼过程中，提升钢丝绳脱槽，被拉断。该提升机无防坠安全器，当钢丝绳被拉断后，吊笼随即坠落地面。吊笼内作业的 4 名人员随吊笼一同坠落地面，造成 3 人死亡，1 人重伤。

　　（2）事故原因

　　① 物料提升机禁止吊笼内载人作业，是《龙门架及井架物料提升机安全技术规范》中严令禁止的。而该项目经理违章指挥，安排作业人员进入提升机吊笼内进行作业。

　　② 按照《龙门架及井架物料提升机安全技术规范》的规定，物料提升机必须有设计方案、图纸、计算书，并有合格证。本案例的物料提升机由施工企业自己制作，既不按规范进行设计和绘制施工图，又无断绳保护等安全装置，当钢丝绳被拉断后，吊笼随即坠落地面。

　　③ 物料提升机安装不合格，导致钢丝绳与滑轮磨损，造成轮缘破损；运行中钢丝绳脱槽，被拉断。

　　④ 施工单位管理混乱，设备管理制度不健全，安装后未验收，使用中未检查维修。

　　⑤ 物料提升机司机属特种作业人员，应按规定持特种作业操作资格证书上岗，而此案例中操作人员未经培训，无证上岗，冒险蛮干。

　　（3）预防措施

　　① 施工单位主要负责人和项目负责人应加强有关安全生产法律法规和技术规范的学习，提高法制观念，防止出现违章指挥现象。

　　② 施工单位在选用物料提升机等起重机械设备时应查验制造许可证、产品合格证、制造监督检验证明、产权备案证明，技术资料不齐全的不得使用。

　　③ 施工单位应加强起重机械管理，起重机械安装前制定方案，安装过程严格按方案规定的工艺和顺序进行安装作业，安装完毕按规定进行调试、检验和验收。

　　④ 特种作业人员必须接受专门安全技术培训，考核合格后持证上岗。

6.7.2.2　违章操作致使物料提升机吊笼坠落事故

　　（1）事故经过

　　某建筑工地发生了一起卷扬提升机吊笼坠落致 2 人当场摔死的恶性事故。该工地正在施工的是一栋主楼 7 层、局部 10 层的建筑工程，主体已经完工，准备迎接验收。项目经理徐某安排工人当晚加班清扫 6 层楼面，用物料提升机运送废料，因物料提升机司机吴某家中有事不愿加夜班，施工队长临时指派无证人员李某顶班。当晚 19 时 40 分左右，李某在操作时发现，吊笼在下降过程中卡在 6 层与 5 层之间，于是又使吊笼提升，吊笼还是不能动，卡在半空。木工班班长黄某和机修工王某听到召唤后随即带着橇杠由 6 层运料平台爬到提升机吊笼内检修，发现吊笼导轮已滑出轨道，2 人用橇杠将吊笼拨回轨道，随后乘吊笼下来。吊笼下降近 2m 又被卡住，在吊笼内的黄某便让司机提升吊笼，此时提升钢丝绳突然断裂，黄、王二人随吊笼一同坠落地面，当场死亡。

　　（2）事故原因

　　根据当事人、目击者的口述和对事故现场的勘测发现，卷扬机钢丝绳已被理顺，断头距卷扬机约 3m。断头是分股断裂的，第一股断头距第二股断头 70cm 左右，后边几股依次断裂，断头两端有 2m 多长的挤压和摩擦伤痕。据测算，吊笼坠落时，钢丝绳断头在卷扬机卷筒处，卷筒外缘及底座有明显的钢丝绳环绕摩擦痕迹。根据分析，造成此次事故的原因如下：

① 物料提升机设备存在缺陷

（A）卷扬机卷筒未设防脱绳装置。吊笼在下降过程中被卡在轨道上，等到司机发现吊笼不动，关停卷扬机时，已多放出 2m 多长的钢丝绳，由于卷扬机卷筒未设防脱绳装置，致使钢丝绳脱出卷筒，绕在了卷扬机的底座上，吊笼因此放不下也提不起。由于司机反复进行提升和下降操作，钢丝绳被反复收紧，在卷筒边缘处受到挤压和剪切双重破坏，最终被扯断。

（B）断绳保护装置失效。在提升钢丝绳断裂、吊笼坠落时，断绳保护装置的插销因失修锈蚀未能在弹簧力作用下插到井架的横档上阻止吊笼下滑。

② 违章作业、违章指挥

（A）操作人员李某是临时顶班人员，没有经过专门培训，不懂物料提升机安全操作规程。发现吊笼不能下降，在未弄清故障原因的情况下，随意改为提升吊笼操作。

（B）黄某、王某对吊笼脱轨故障进行维修，属高处作业，未按规定系安全带，进入吊笼前又未操作安全停靠装置，未对吊笼采取防坠落保护措施。吊笼拨回轨道后，违反规定乘坐吊笼下降。

（C）黄某、王某违章指挥。吊笼下滑一段距离后停止运动，黄某、王某在没有查清原因的情况下，违章指挥司机进行提升操作。

（3）预防措施

① 加强对项目负责人、特种作业人员的安全教育，严格遵守特种作业人员持证上岗的规定，杜绝违章指挥、违章作业。

② 卷筒防脱绳装置、断绳保护装置等安全装置，是保护施工作业人员和施工设备安全的重要装置，必须齐全、有效。

③ 夜间作业，应设有足够的照明，使司机能看清起重机械的运行情况。

6.7.2.3　违规搭设致使物料提升机倾倒事故

（1）事故经过

某 7 层砖混多层建筑工程项目经理安排架子工搭设井架式物料提升机，在既没有施工方案，也未向作业人员进行详细交底、架子工又无特种作业操作资格证的情况下便开始作业。第一天，搭设到高度 22.5m，仅在 18m 处对角设置了一道缆风绳（直径为 6.5mm 的钢丝绳）。第二天因天气变化，风力达 7 级，操作人员提出风太大不好干，但项目经理坚持一定要搭完。当井架组装到第 18 节（高度为 27m）时，物料提升机架体整体倾倒在在建建筑物楼面上，缆风绳被拉断，除造成井架上作业的 3 名人员死亡外，还造成楼面作业的 1 名工人死亡。

（2）事故原因

① 物料提升机缆风绳不符合规定。《龙门架及井架物料提升机安全技术规范》规定，物料提升机缆风绳应采用直径不小于 9.3mm 的钢丝绳，每组缆风绳应均匀设置，且不少于 4 根。而该井架缆风绳仅采用了直径为 6.5mm 的钢丝绳，因此，其抗破断拉力尚达不

到规定的 1/2，不能承受较大的风力；同时，规定每组 4 根，而该井架只在一对角设置 2 根，当风向从另一对角刮来时，井架便失稳倒塌。

② 井架安装不符合规定。井架安装过程中组装架体没有采取临时固定措施，而仅仅依靠缆风绳，不能确保安装过程中的稳定性。该井架原只在 18m 高度处拴了缆风绳，当井架安装到第 18 节时高度已达 27m，过大的悬臂且 18m 处并非采用附墙架刚性固定，而是缆风绳弹性连接，因此造成悬臂处弯矩加大，并向下部延伸，破坏了井架的整体稳定性。而且井架安装未与基础预埋钢筋连接，当井架上部倾斜出现水平力时，底部不能抵抗倾覆力矩。

③ 在物料提升机搭设前，未按规定编制专项施工方案，作业前又未向作业人员进行安全技术交底，讲明安装程序和应采取的稳定措施，致使安装过程违反规定造成架体失稳。

④ 该工程项目经理在施工无安装方案、作业无交底，且风力已达 7 级的情况下，仍违章指挥强令进行高处作业，一味追求进度而忽视安全措施。

⑤ 作业人员未经专门的安全技术培训，无证岗证。

（3）预防措施

① 施工单位的管理人员和作业人员要认真学习安全生产法律法规、规范标准，提高自身安全素质，防范安全事故发生。

② 物料提升机的安装属危险性较大的分部分项工程，必须编制专业施工方案，并经审批方可实施。作业前，技术人员要对作业人员进行安全技术交底。

③ 严格遵守特种作业人员持证上岗的规定，杜绝违章指挥、违章作业。加强危险作业现场安全监控。

7 高处作业吊篮

7.1 高处作业吊篮的特点、发展和用途

7.1.1 高处作业吊篮的特点

高处作业吊篮是悬挂机构架设于建筑物或构筑物上，提升机驱动悬吊平台通过钢丝绳沿立面上下运行的一种非常设悬挂设备，其特点有：

（1）高处作业吊篮悬吊平台由柔性的钢丝绳吊挂，与墙体或地面没有固定的连接。它不同于桥式脚手架靠附墙的立柱支撑，也不同于升降平台靠固定于地面的下部臂杆支撑。高处作业吊篮对建筑物墙面无承载要求，且拆除后无需再对墙面进行修补。

（2）高处作业吊篮是由吊架演变发展而来的，适用于施工人员就位安装和暂时堆放必要的工具及少量材料，它不同于施工升降机或施工用卷扬机，施工组织时不能把高处作业吊篮作为运送建筑材料及人员的垂直运输设备。

（3）高处作业吊篮配有提升机构，驱动悬吊平台上下运动达到所需的工作高度，其架设比较方便，省时省力，施工成本较低。

（4）高处作业吊篮是由钢丝绳悬挂牵引的，因此采取措施后也能用于倾斜的立面或曲面，如大坝或冷却塔等构筑物。

（5）由于高处作业吊篮是由钢丝绳悬挂牵引的，施工过程中悬吊平台的稳定性较差。

7.1.2 高处作业吊篮的发展

高处作业吊篮是由吊架演变发展而来的。早在 20 世纪 60 年代，我国已在少数重点工程上使用吊架，70 年代初吊架应用面逐渐扩大，70 年代中期出现了双层式吊架，如图 7-1 所示，可容四人操作。吊架的操作平台采用钢管扣件搭成，以电动葫芦或手动

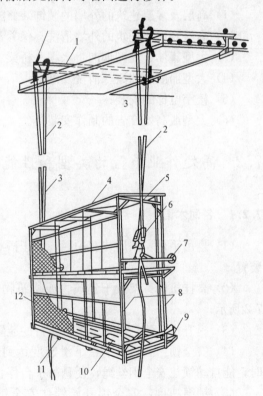

图 7-1 双层式吊架

1—工字钢挑梁；2—安全绳；3—吊篮绳；4—顶板；
5—穿绳孔；6—手扳葫芦；7—护墙轮；8—吊架；
9—活动翻板；10—木底板；11—底盘架；
12—护身栏杆及网

葫芦为提升机构，备有安全绳及护墙轮。80年代中期，通过吸收国外高处作业吊篮的有关技术，开发出了高处作业吊篮专用提升机，增加了安全装置，进一步完善和提高了产品质量和安全性能。随着高处作业吊篮使用量的日益增加，为了规范高处作业吊篮的设计、加工、生产、试验和使用，建设部于1992～1993年间颁布了《高处作业吊篮》、《高处作业吊篮用安全锁》、《高处作业吊篮用提升机》、《高处作业吊篮性能试验方法》、《高处作业吊篮安全规则》等五部行业标准，2003年上述标准修订升级为国家标准《高处作业吊篮》(GB 19155—2003)，对高处作业吊篮作了进一步的规范。

随着我国建筑业的发展，高层建筑的增多，高处作业吊篮使用越来越普遍。进入21世纪，高处作业吊篮制造业进入了一个高速发展的时期。新的产品层出不穷，新产品在操作简便、使用可靠等方面都有了提高，其发展趋势为：

（1）轻型化。采用铝合金悬吊平台及轻巧的提升机、安全锁、悬挂机构。

（2）安全装置标准化。按照规范要求配置齐全有效的安全装置。

（3）控制系统自动化。如悬吊平台自动调平装置，多点精确限载装置，工作状态自动显示与故障自动报警装置等。

7.1.3　高处作业吊篮的主要用途

（1）高层及多层建筑的外墙的装饰装修施工；

（2）高层及多层建筑的外墙清洗、保养及维修；

（3）大型罐体、大型烟囱、水坝、桥梁、油库等检查、保养和维修；

（4）大型船舶的油漆、清洗及维修；

（5）楼宇电梯的安装；

（6）大型或高处广告的制作安装等。

7.2　高处作业吊篮的类型和性能参数

7.2.1　名词术语

（1）悬吊平台：四周装有护栏，用于搭载作业人员、工具和材料进行高处作业的悬挂装置；

（2）悬挂机构：架设于建筑物或构筑物上，通过钢丝绳悬挂悬吊平台的机构，如图7-2所示；

（3）提升机：使悬吊平台上下运行的装置，如图7-3所示；

（4）安全锁：当悬吊平台下滑速度达到锁绳速度或悬吊平台倾斜角度达到锁绳角度时，能自动锁住安全钢丝绳，使悬吊平台停止下滑或倾斜的装置，如图7-4所示；

（5）锁绳速度：安全锁开始锁住安全钢丝绳时，钢丝绳与安全锁之间的相对瞬时速度；

（6）锁绳角度：安全锁自动锁住安全钢丝绳使悬吊平台停止倾斜时的角度；

（7）自由坠落锁绳距离：悬吊平台从自由坠落开始到安全锁锁住钢丝绳时相对于钢丝绳的下降距离；

图 7-2　悬挂机构

图 7-3　提升机

图 7-4　安全锁

（8）有效标定期：安全锁在规定相邻两次标定的时间间隔；

（9）安全绳（生命绳）：独立悬挂在建筑物顶部，通过自锁钩、安全带与作业人员连在一起，防止作业人员坠落的绳索；

（10）额定载重量：悬吊平台允许承受的最大有效载重量；

（11）额定速度：悬吊平台在额定载重量下升降的速度；

（12）限位装置：限制运动部件或装置超过预设极限位置的装置。

7.2.2　高处作业吊篮的分类和型号

7.2.2.1　高处作业吊篮的分类

（1）吊篮按驱动形式可分为手动式（如图 7-5 所示）、电动式（如图 7-6 所示）和气动式；

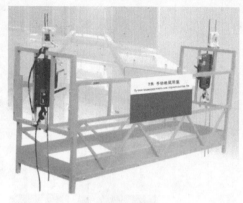

(a) 脚蹬式　　　　　　　　　　　　　　　　　　(b) 手扳式

图 7-5　手动式吊篮

图 7-6　电动式吊篮

（2）吊篮按特性可分为爬升式和卷扬式；

（3）吊篮按悬吊平台结构可分为单层、双层、三层。

7.2.2.2　高处作业吊篮的主参数及主参数系列

高处作业吊篮的主参数用额定载重量表示，主参数系列见表 7-1。

主参数系列　　　　　　　　　　　　　　　　　　　　表 7-1

名　称	单位	主参数系列
额定载重量	kg	100、150、200、250、300、350、400、500、630、800、1000、1250

7.2.2.3　高处作业吊篮的型号

（1）高处作业吊篮的型号由类、组、型代号、特性代号和主参数代号及更新型代号组成。

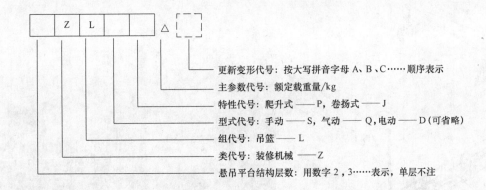

更新变形代号：按大写拼音字母 A、B、C……顺序表示

主参数代号：额定载重量/kg

特性代号：爬升式——P，卷扬式——J

型式代号：手动——S，气动——Q，电动——D（可省略）

组代号：吊篮——L

类代号：装修机械——Z

悬吊平台结构层数：用数字 2，3……表示，单层不注

（2）标记示例：

① 高处作业吊篮 ZLP500，是指额定载重量 500kg，电动、单层、爬升式高处作业吊篮；

② 高处作业吊篮 2ZLP800A，是指额定载重量 800kg，电动、双层、爬升式高处作业吊篮第一次变形产品；

③ 高处作业吊篮 ZLJ400，是指额定载重量 400kg，电动、单层卷扬式高处作业吊篮；

④ 高处作业吊篮 ZLSP300，是指额定载重量 300kg，手动、单层爬升式高处作业吊篮。

7.2.3 高处作业吊篮的性能参数

国内几种常见的高处作业吊篮的性能参数如表 7-2 所示。

常见高处作业吊篮的性能参数表 表 7-2

参　数		ZLP300	ZLP630	ZLP800	ZLP1000
额定载重量		300kg	630kg	800kg	1000kg
升降速度		6m/min	9～11m/min	8～9m/min	8～10m/min
悬吊平台尺寸		≤6m	≤6m	≤7.5m	≤7.5m
钢丝绳直径		8mm	8.3mm	8.6mm	9.1mm
电机功率		0.5kW×2	1.5kW×2	2.2kW×2	3.0kW×2
安全锁	锁绳速度（离心式）	25m/min	—	—	—
	锁绳角度（摆臂式）	—	3°～8°	3°～8°	3°～8°
整机自重		800kg	950kg	1000kg	1020kg

7.3　高处作业吊篮的组成及工作原理

高处作业吊篮，一般由悬吊平台、提升机、悬挂机构、安全锁、钢丝绳、绳坠铁、警示标志等部件及配件组成。电动高处作业吊篮还有限位止挡块、电缆、电气控制箱等部件，如图 7-7 所示。

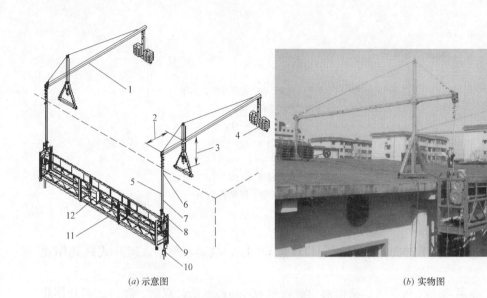

（a）示意图   （b）实物图

图 7-7　电动式高处作业吊篮

1—悬挂机构；2—前梁伸出长度；3—调节高度；4—配重；5—工作钢丝绳；6—上限位止挡块；

7—安全钢丝绳；8—安全锁；9—提升机；10—重锤；11—悬吊平台；12—电气控制箱

7.3.1　悬吊平台

7.3.1.1　常用悬吊平台

（1）吊点设在平台两端的悬吊平台

吊点位于平台两端，是目前使用最广泛的悬吊平台，如图 7-8 所示。

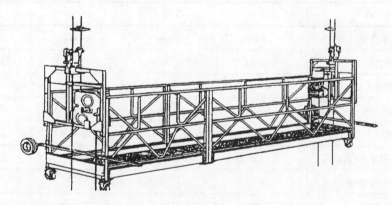

图 7-8　吊点在两端的平台

（2）吊点设在外侧面的悬吊平台

吊点位于悬吊平台外侧，主要适用于较长的悬吊平台或架设悬挂机构受限制的场合，如图 7-9 所示。

（3）带收绳卷筒的悬吊平台

在普通悬吊平台上增加收卷钢丝绳的卷筒，它可以避免钢丝绳对建筑物墙面的碰刮，如图 7-10 所示。

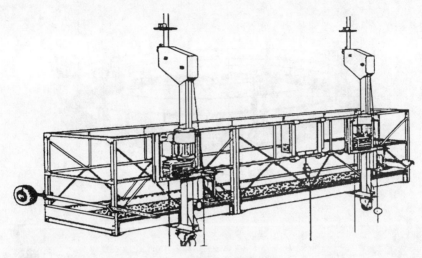

图 7-9　吊点在外侧的平台

7.3.1.2　特殊悬吊平台

（1）单吊点平台

单吊点平台由单台提升机驱动，主要适用于狭小的空间进行作业，如图 7-11 所示。

图 7-10　带收绳卷筒的平台

图 7-11　单吊点平台

（2）圆形平台

圆形平台主要适用于弧形建筑物施工，如粮仓、煤井、大型罐体、烟囱施工及锅炉维修保养等，如图 7-12 所示。

（3）多层平台

多层平台由多个单层平台组合而成，主要适用于多工序流水作业，并且可提高悬吊平台的稳定性。图 7-13 为双层平台。

（4）转角平台

转角平台主要适用于桥墩等柱形构筑物的作业，如图 7-14 所示。

图 7-12　圆形平台

图 7-13　双层平台

7.3.1.3　悬吊平台的安全技术要求

（1）悬吊平台四周应装有固定式的安全护栏，护栏应设有腹杆；工作面的护栏高度不应低于 0.8m，其余部位则不应低于 1.1m；护栏应能承受 1000N 的水平集中载荷。

（2）悬吊平台内工作宽度不应小于 0.4m，并应设置防滑底板，底板有效面积不小于 0.25m²/人，底板排水孔直径最大为 10mm。

（3）悬吊平台底部四周应设有高度不小于 150mm 挡板，挡板与底板的间隙不大于 5mm。

（4）悬吊平台在工作中的纵向倾斜角度不应大于 8°。

（5）悬吊平台上应醒目地注明额定载重量及注意事项。

（6）悬吊平台上应设有操纵用按钮开关，操纵系统应灵敏可靠。

（7）悬吊平台应设有靠墙轮或导向装置或缓冲装置。

7.3.2　高处作业吊篮的提升机

7.3.2.1　提升机的分类

提升机通常可分为卷扬式（上卷扬、下卷扬）和爬升式（α 式卷绳、S 式卷绳）。

爬升式提升机与卷扬式提升机最大的区别在于平台升降时，爬升式提升机不收卷或释放钢丝绳，它是靠绳轮与钢丝绳间产生的摩擦力，作为带动吊篮平台升降的动力。

260

(a) 转角平台

(b) 转角平台施工作业

图 7-14　转角平台

7.3.2.2　提升机的结构及工作原理

提升机一般由电动机、制动器、减速器、绳轮（或卷筒）和压绳机构等构成。由于高处作业吊篮高空作业的特点，又经常需要横向移位，因此提升机在设计上一般都追求自重尽可能轻，以提高悬吊平台的有效载重量，并减轻搬运、安装时的劳动强度。

（1）卷扬式提升机

① 卷扬式提升机结构和原理

卷扬式提升机通过卷筒收卷钢丝绳或释放钢丝绳，使悬吊平台得以升降。主要由电动机、卷筒、制动器、减速器、导向轮等构成。

提升机的减速器一般采用涡轮减速系统或行星减速系统。采用行星减速可将其设置在卷筒内以减小体积，形成一套小型而完整的设备，如图 7-15 所示。

提升机的制动器是控制吊篮上下运动的重要组成部分，它可以使悬吊平台可靠停止在工作位置，或在下降过程中，保持或控制下降的速度。卷扬式提升机制动系统一般采用闸瓦制动器，如图 7-16 所示。其工作原理是：当电机接入电源时，制动器的电磁线圈同时接通电源，由于电磁吸力作用，电磁铁吸引衔铁并压缩弹簧，刹车片与刹车轮脱开，电机运转。当切断电源，制动器电磁铁失去电磁吸力，弹簧力推动刹车片压紧刹车轮，在摩擦力矩的作用下，电机立即停止转动。

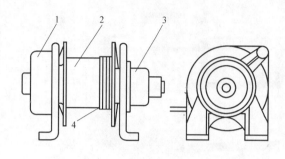

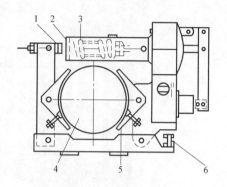

图 7-15 卷扬式提升机
1—电动机；2—卷筒；3—制动器；4—吊绳

图 7-16 闸瓦制动器
1—行程调节螺母；2—弹簧支架；3—制动弹簧；
4—刹车鼓；5—刹车片；6—左右开口调节螺母

② 卷扬式提升机的安全技术要求

（A）禁止使用摩擦传动、带传动和离合器。

（B）每个吊点必须设置两根独立的钢丝绳，当其中一根失效时，保证悬吊平台不发生倾斜和坠落。

（C）必须设置手动升降机构，当停电或电源故障时，作业人员能安全撤离。

（D）必须设置限位保护装置，当悬吊平台到达上下极限位置时，应能立即停止。

（E）卷扬式起升机构必须配备主制动器和后备制动器。主制动器应为常闭式，在停电和紧急状态下，应能手动打开制动器；后备制动器（或超速保护装置）必须独立于主制动器，在主制动器失效时能使悬吊平台在 1m 的距离内可靠停住。制动器应动作准确、可靠，便于检修和调整。

（F）多层缠绕的卷筒，在悬吊平台处于最高位置时，卷筒两侧缘的高度应超过最外层钢丝绳，其超出高度不应小于钢丝绳直径的 2.5 倍。

（G）钢丝绳的固定装置应安全可靠，并易于检查，在悬吊平台最低位置时，卷筒上的钢丝绳安全圈数不应小于 3 圈；在保留 3 圈的状态下，应能承受 1.25 倍钢丝绳额定拉力。

（H）必须设置钢丝绳的防松装置，当钢丝绳发生松弛、乱绳、断绳时，卷筒应立即停止转动。

（I）钢丝绳在卷筒上应排列整齐，钢丝绳绕进或绕出卷筒时，偏离卷筒轴线垂直平面的角度，对有螺旋槽卷筒不应大于 4°；对光面卷筒或多层缠绕卷筒不应大于 2°，如大于 2° 时应设置排绳机构。排绳机构应使钢丝绳安全无障碍地通过，并正确缠绕在卷筒上。

（J）滑轮最小卷绕直径不小于钢丝绳直径的 15 倍；滑轮槽深不应小于钢丝绳直径的 1.5 倍；滑轮上应设有防止钢丝绳脱槽装置，该装置与滑轮最外缘的间隙，不得超过钢丝绳直径的 1/5。

（2）爬升式提升机

① 分类

爬升式提升机按钢丝绳的缠绕方式不同分为 α 式绕法和 S 式绕法两种主要形式，如图

7-17、图 7-18 所示。两种缠绕方式的主要区别有：一是钢丝绳在提升机内运行的轨迹不同；二是钢丝绳在提升机内的受力不同。前者只向一侧弯曲，后者向两侧弯曲，承受交变载荷。

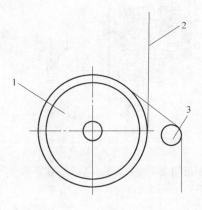

图 7-17 α式绕法示意图
1—绳轮；2—钢丝绳；3—导绳轮

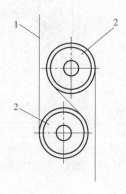

图 7-18 S式绕法示意图
1—钢丝绳；2—绳轮

② 工作原理

爬升式提升机的工作原理是利用绳轮与钢丝绳之间产生的摩擦力作为悬吊平台爬升的动力，升降时钢丝绳静止不动，绳轮在其上爬行，从而带动提升机及悬吊平台整体提升。其原理就如同铅笔上缠绕线绳，线绳具有一定张紧力，铅笔和线绳间有足够的摩擦力时，转动铅笔，铅笔就可沿绳子上升，如图 7-19 所示。

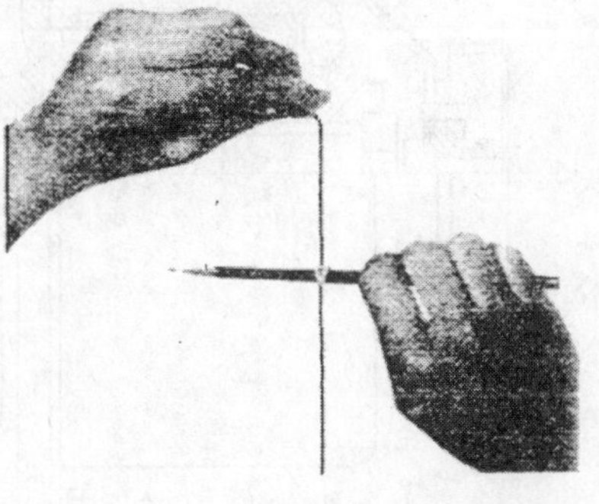

③ 常用爬升式提升机

（A）采用多级齿轮减速系统和出绳点压绳方式的 α 型提升机

如图 7-20 所示，钢丝绳从上方入绳口穿入后，经过摆杆 1 右方的导轮穿入绳轮，绕行近 1 周后，又经过压绳杆 2 下方的一组压绳轮及摆杆 1 左端的

图 7-19 爬升式提升机的工作原理示意图

另一组压绳轮，最后排出提升机。钢丝绳在机内呈 α 状，故命名为 α 型提升机。

当提升机有载荷时，作用在钢丝绳上的力便会迫使摆杆 1 绕其上方的铰轴逆时针转动，从而用左端的一组压绳轮将钢丝绳压紧在绳轮轮槽内，再结合另一组由弹簧提供作用力的压绳轮，取得提升机所需的初始拉力。

提升机的辅助制动采用"载荷自制式"制动系统，其作用是提升机电机停止后，自动制动住载荷，使悬吊平台停止在工作位置；而电机转动则可打开制动，当电机反转时悬吊平台自重使之以控制的方式下降。在停电情况下也可以手动松开制动，使悬吊平台下降至安全地点。

提升机的驱动电机采用盘式制动电机，如图 7-21 所示。其制动工作原理：当电机接通电源后，定子产生轴向旋转磁场，在转子导条中感应出电流，两者相作用产生了电磁转

263

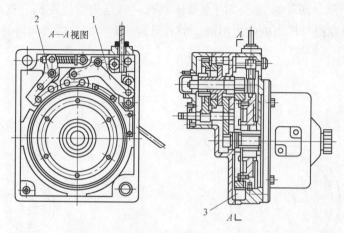

图 7-20　采用多级齿轮减速系统和出绳点压绳方式的 α 型提升机

1—摆杆；2—压绳杆；3—驱动绳轮

矩，与此同时，由定子产生的磁吸力将转子轴向吸引，使转子上的盘式制动器的摩擦片与静止摩擦片相互脱离，电机在电磁转矩作用下开始转动。当电机切断电流，旋转磁场及磁吸引力同时消失，转子在制动弹簧的压力下与盘式制动器的摩擦面接触产生了摩擦力矩，使电动机停止转动。

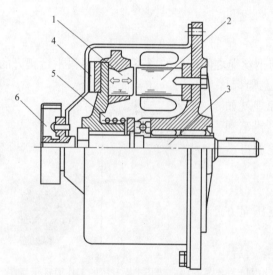

图 7-21　盘式制动电机

1—转子；2—定子；3—轴；4—摩擦片；

5—制动弹簧；6—手动松闸装置

盘式电机的后部设有手动松闸装置，以备停电情况下，手动松开制动，利用悬吊平台自重下降。

（B）采用多级齿轮减速系统和链条压绳方式的 α 型提升机

如图 7-22 所示，其减速机构及制动系统与采用多级齿轮减速系统和出绳点压绳方式的 α 型提升机基本相似，区别在于其压绳的方式与之不同，其采用的是链条压紧的方式，将钢丝绳压紧在绳轮与链轮之间，从而取得工作所需的提升力。其链条对钢丝绳的压紧力取自载荷的分力，当提升机下端连接环上施加向下的载荷时，与连接环连接的摆块便会绕其中部的铰轴如图方向转动，从而将链轮的端部拉紧，链条上的链轮便会产生对钢丝绳的压紧力，并且随载荷大小的变化自动变化。

（C）采用谐波减速系统和压盘压绳方式的 α 型提升机

提升机的压绳方式及制动系统，也采用压盘压绳方式和盘式电机制动，只是减速系统由原来的一级定轴齿轮传动加两级差动行星传动改进为谐波齿轮传动。谐波齿轮传动的特点是传动比大，零件数量少，结构紧凑，体积小，有利于提升机整机减轻重量，缩小体积。

264

（D）采用行星减速系统和出绳点压绳方式的 S 型提升机

如图 7-23 所示，提升机的减速系统由少齿差行星传动加一级直齿传动构成。电机出轴通过偏心轴 9 驱动行星轮 7 使之运动，再将动力传递给轴 8，轴 8 上小齿轮带动大齿轮（与绳轮合为一体的结构）运转。

压绳机构由连接板 5、小滑轮 1、大滑轮 6 及下部的铰轴组成。钢丝绳 4 分别经过小滑轮 1、大齿轮 3（绳轮）及大滑轮 6 呈"S"形在提升机内缠绕，当钢丝绳 4 上有载荷时，由于钢丝绳给予小滑轮一个较小包角的作用，整个压绳机构被迫绕其下方的铰轴逆时针转动，从而带动大滑轮 6 将钢丝绳压紧在绳轮（大齿轮 3）的绳槽内。从上述可知，其压绳机构对钢丝绳压绳力完全取决于载荷的分力，并且能随载荷大小的变化而自动变化，结构简单可靠。提升机的制动系统也采用盘式制动电机。

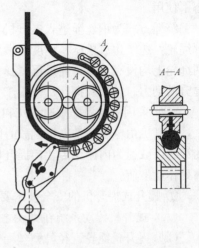

图 7-22　采用多级齿轮减速系统和链条压绳方式的 α 型提升机

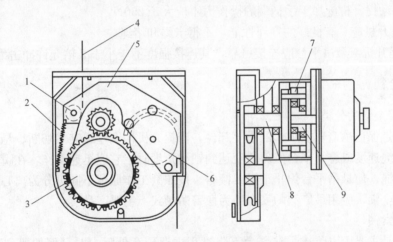

图 7-23　采用行星减速系统和出绳点压绳方式的 S 型提升机
1—小滑轮；2—弹簧；3—大齿轮；4—钢丝绳；5—连接板；6—大滑轮；7—行星轮；
8—轴；9—偏心轴

（E）采用涡轮涡杆减速系统和压盘压绳方式的 S 型提升机

提升机减速系统由涡杆、涡轮、一级减速再加齿轮轴、大齿轮轴一级减速构成，传动平稳且减速比大，可以自锁，但传动效率较低。在电机的输入端设有限速器，当电机严重损坏或手动释放制动导致悬吊平台下降过快时，在离心力的作用下限速器的飞锤向外张开，与制动毂的内壁产生摩擦消耗能量，从而限制悬吊平台下降的速度。

制动系统采用电磁制动器，其内设有电磁线圈、摩擦盘及复位弹簧。当电机通电后，制动器的电磁线圈产生磁吸引力，使电机脱离摩擦盘的制动；断电后磁吸引力消失，在复位弹簧的作用下电机又处于制动状态。在电磁制动器上设有手动下降手柄，以备在停电状

265

态下使用。

绕绳方式为钢丝绳进入提升机后，先由下部经过一绳轮，边绕边被压紧，随后绕过上部绳轮，边绕边放松压紧程度，最后经出绳口伸出，钢丝绳在机内呈"S"形状。在上下两绳轮上均设有压盘，通过压紧弹簧的作用将钢丝绳压紧在上下绳轮的绳槽内，以此获得提升的动力。该形式提升机多用于 ZLP800 高处作业吊篮。

（F）采用涡轮涡杆减速系统和压盘压绳方式的 α 型提升机

提升机由电磁制动电机、离心限速装置、两级减速系统以及卷绳机构等组成，提升机的第二级减速为内齿轮传动，提升机采用 α 绕绳方式。此种提升机多用于常见的 ZLP630 高处作业吊篮。

④ 爬升式提升机的安全技术要求

（A）提升机传动系统在绳轮之前禁止采用离合器和摩擦传动。

（B）提升机绳轮直径与钢丝绳直径之比值不应小于 20。

（C）提升机必须设有制动器，其制动力矩应大于额定提升力矩的 1.5 倍。制动器必须设有手动释放装置，动作应灵敏可靠。

（D）提升机应能承受 125％额定提升力，电动机堵转转矩不低于 180％额定转矩。

（E）手动提升机必须设有闭锁装置，当提升机变换方向时，应动作准确，安全可靠。

（F）手动提升机施加于手柄端的操作力不应大于 250N。

（G）提升机应具有良好的穿绳性能，不得卡绳和堵绳。

（H）提升机与悬吊平台应连接可靠，其连接强度不应小于 2 倍允许冲击力。

7.3.3 安全锁

7.3.3.1 安全锁的分类

安全锁是保证吊篮安全工作的重要部件，当提升机构钢丝绳突然切断、悬吊平台下滑速度达到锁绳速度或悬吊平台倾斜角度达到锁绳角度时，它应迅速动作，在瞬时能自动锁住安全钢丝绳，使悬吊平台停止下滑或倾斜。按照其工作原理不同可分为离心触发式和摆臂防倾式安全锁，应用最广泛的安全锁为摆臂防倾式。主要产品有：

（1）松索锁

松索锁是主要用以防止吊篮平台下降过程中遇到意外阻力时（例如遇到障碍物被搁住），使吊篮工作钢丝绳松弛而发生意外事故的安全保护装置，一般与提升机构组装在一起，每一提升机构吊索设置 1 把。

松索锁的基本原理：当吊索略有松弛，即失去张力时，与该索接触的装置靠重力或弹簧作用而自行动作，使提升机下降回路电源切断，并使制动器动作，从而使平台工作钢丝绳不会继续松弛。有的松索锁除上述作用外，本身还能触动一夹持器，可以同时夹在一安全钢丝绳上，更保障了吊篮平台的安全。

（2）超速锁

超速锁是电动高处作业吊篮中的重要安全保护装置。它在吊篮提升机构钢丝绳突然切断，或超速滑移时，能在瞬时将吊篮平台锁住在安全钢丝绳上，防止吊篮平台坠落，保护作业人员的人身安全。该装置一般装在吊篮平台或提升机构上，每端各设 1 台，并独立悬挂在安全钢丝绳上。

超速锁的基本原理：当提升机构钢丝绳突然切断或超速滑移时，吊篮平台高速坠落，超速锁中滑轮在安全钢丝绳上产生高速旋转（其额定下降速度达到125％～140％）并带动离心装置旋转，产生离心力，由离心块碰脱叉型凸轮撑杆（拨杆），锁绳钳块受扭力弹簧作用立即动作至锁紧位置，将吊篮平台锁住在安全钢丝绳上。

（3）防倾斜锁

防倾斜锁是当吊篮平台由一台上提升机构升降时，因各提升机构速度不一致造成吊篮平台倾斜时，防止因倾斜过大而发生事故的安全保护装置，该装置也可与松索锁合并成一综合安全保护装置。

防倾斜锁建立在杠杆原理的基础上，由动作控制部分和锁绳部分组成。控制部分主要零件有滚轮、摆臂、转动组件等；锁绳部分有绳夹、弹簧、套板等，防倾斜锁绳夹打开和锁紧的动作控制由工作钢丝绳的状态决定。吊篮正常工作时，工作钢丝绳通过防倾斜锁滚轮与限位之间穿入提升机。当工作钢丝绳处于绷紧状态，使得滚轮和摆臂向上抬起，转动组件压下套板，绳夹处于打开状态，安全钢丝绳得以自由通过防倾斜锁。当吊篮发生倾斜或低端工作钢丝绳断裂，吊篮平台倾斜角度达到锁绳角度时（锁绳角度≤8°），倾斜处或断裂处工作钢丝绳对安全锁滚轮的压力消失，绳夹在弹簧和套板的作用下夹紧安全钢丝绳，吊篮平台就停止下滑，达到确保安全的目的。

防倾斜锁安装在提升机安装架上端，滚轮与提升机进入绳孔处于上下垂直位置。防倾斜锁提升机固定好以后，按要求穿入工作钢丝绳，然后将安全钢丝绳穿入防倾斜锁。防倾斜锁应能保证钢丝绳在其内部畅通，不得有卡绳、阻绳现象。

7.3.3.2 安全锁的构造和工作原理

（1）离心触发式安全锁

离心触发式安全锁的基本特征为具有离心触发机构。离心触发机构主要由飞块、拉簧等组成，两飞块一端铰接于轮盘上，另一端则通过拉簧相互连接，如图7-24所示。钢丝绳从导向套进入后，从两只锁块之间穿入（锁块间留有一定的间隙），穿出前与飞块轮盘联动的滑轮通过弹簧将钢丝绳压紧，以保证飞块轮盘能与钢丝绳同步运动。当吊篮下降时，飞块轮盘被钢丝绳带动旋转，当旋转速度超过设定值时，飞块就会克服拉簧的拉力向

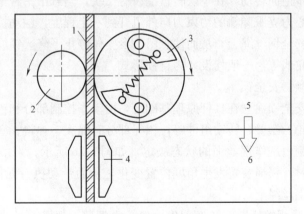

图7-24　离心触发式安全锁工作原理示意图

1—安全钢丝绳；2—压紧轮；3—飞块；4—锁块；5—绳送检测机构及离心
触发机构；6—锁绳机构

外张开，直至触发拨杆为止。由于拨杆与叉型凸轮是联动装置，而锁块是靠叉型凸轮的支承才处于张开的稳定状态。拨杆带动叉型凸轮动作后，锁块机构失去支承，靠其铰轴上的扭力弹簧的作用，锁块闭合，形成钢丝绳产生自锁的状态，此后产生的锁绳力随载荷的增加而增加，以此达到将钢丝绳可靠锁紧，阻止悬吊平台进一步下滑的目的。

图 7-25 为一种常用的离心触发式安全锁，由飞块、拉簧、拨杆、小拨杆、手柄、压杆、导向套、叉型凸轮、锁块、弹簧、滑轮、S 形弹簧、外壳组成。

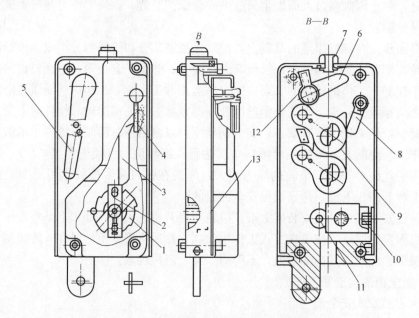

图 7-25 离心触发式安全锁构造原理图

1—飞块；2—拉簧；3—拨杆；4—小拨杆；5—手柄；6—压杆；7—导向套；8—叉型凸轮；
9—锁块；10—弹簧；11—滑轮；12—S 形弹簧；13—外壳

其工作原理是：安全钢丝绳由入绳口穿入压紧轮与飞块转盘间，吊篮下降时钢丝绳以摩擦力带动两轮同步逆向转动，在飞块转盘上设有飞块，当悬吊平台下降速度超过一定值时，飞块产生的离心力克服弹簧的约束力向外甩开到一定程度，触动拨杆带动锁绳机构动作，将锁块锁紧在安全钢丝绳上，从而使悬吊平台整体停止下降。锁绳机构可以有多种形式，如楔块式、凸轮式等，一般均设计为自锁形式。

（2）摆臂式防倾斜安全锁

摆臂式防倾斜安全锁建立在杠杆原理基础上，由动作控制部分和锁绳部分组成，控制部分主要零件有滚轮、摆臂、转动组件等，锁绳部分有绳夹、弹簧、套板等。防倾斜锁打开和锁紧的动作控制由工作钢丝绳的状态决定，如图 7-26 所示。当吊篮发生倾斜或工作钢丝绳断裂、松弛时，锁绳装置发生角度位置变化，从而带动执行元件使锁绳机构动作，将锁块锁紧在安全钢丝绳上。

图 7-27 为一种常用的摆臂式防倾斜安全锁，由摆臂、拨叉、锁身、绳夹、套板、弹簧、滚轮等组成。其工作原理是：吊篮正常工作时，工作钢丝绳通过防倾斜锁滚轮与限位之间穿入提升机，并处于绷紧状态，使得滚轮和摆臂向上抬起，拨叉压下套板，绳夹处于

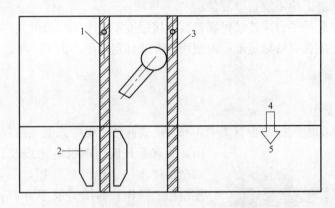

图 7-26　摆臂式防倾斜安全锁工作原理示意图

1—安全钢丝绳；2—锁块；3—工作钢丝绳；4—角度探测机构及执行机构；5—锁绳机构

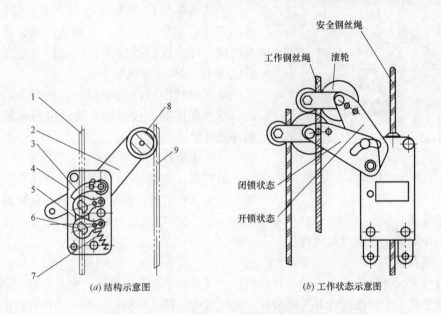

(a) 结构示意图　　　　　　(b) 工作状态示意图

图 7-27　摆臂式防倾斜安全锁

1—安全钢丝绳；2—摆臂；3—拨叉；4—锁身；5—绳夹；6—套板；

7—弹簧；8—滚轮；9—工作绳

张开状态，安全钢丝绳得以自由通过防倾斜锁。当悬吊平台发生倾斜或工作钢丝绳断裂（悬吊平台倾斜角度达到锁绳角度）时，低端或断裂处工作钢丝绳对安全锁滚轮的压力消失，绳夹在弹簧和套板的作用下夹紧安全钢丝绳，悬吊平台就停止下滑。

7.3.3.3　安全锁的安全技术要求

（1）对离心触发式安全锁，悬吊平台运行速度达到安全锁锁绳速度时，即能自动锁住安全钢丝绳，使悬吊平台在 200mm 范围内停住；

（2）对摆臂式防倾斜安全锁，悬吊平台工作时纵向倾斜角度大于 8°时，能自动锁住并停止运行；

（3）在锁绳状态下应不能自动复位；

（4）安全锁与悬吊平台应连接可靠，其连接强度不应小于2倍的允许冲击力；

（5）安全锁必须在有效标定期限内使用，有效标定期限不大于一年。

7.3.4 电气控制系统

7.3.4.1 电气控制柜

高处作业吊篮的电气控制柜有集中式和分离式两种。集中式电气控制柜在国内比较常

图7-28 电气控制柜外观

用，所有提升机的电机电源线及行程限位的控制线全都接入一个电气控制柜，所有动作在该电气控制柜上操作，如图7-28所示。而分离式的则是每个提升机一个电气箱，可单机操作，也可通过集线盒并机操作。

吊篮的电气控制柜由电源开关、按钮开关、转换开关、漏电保护器、电磁接触器、热继电器等组成，可完成必要的操作。操作电压通常降至低电压12～36 V以确保安全。

电气控制柜均由熔断器、组合开关、控制按钮、空气断路器、接触器、热继电器和漏电保护器等元件组成。

（1）熔断器

熔断器在电路中主要用作短路保护。它里面装有熔体（或熔丝、熔片），一般叫保险丝。保险丝是易熔金属。温度达200～300℃就能熔化。过大的电流流过时，它就熔断，使电路断开，从而使电源、负载等得到保护。

（2）组合开关

组合开关又称转换开关，是一种结构较为紧凑的手动开关电器。它是由装在同一根转轴上的单个或多个单级旋转开关组装在一起组成的。转动手柄时，每一动触片则插入相应的静触片中，使电路接通。在开关切断电流时，为使电弧迅速熄灭，在开笼的转轴上都装有快速动作的机构。

（3）控制按钮

控制按钮是一种手动控制电器，专门用来发出信号，接通或断开控制电路。按钮一般有一对常闭（动断）触点和一对常开（动合）触点。为了满足需要，也有在一只控制按钮内装有数对常开和常闭触点的。

选用按钮时，主要根据使用场合、触点数目、种类以及按钮的颜色。一般停止按钮用红色看起来比较显眼，以免误运作。

（4）空气断路器

空气断路器，又称自动空气开关（简称空气开关），它也是利用操作手柄使开关接通或断开的一种手动电器。在低压配电线路中，主要作为过载、失压及短路保护之用，也可以作为鼠笼式异步电动机不频繁的全压起动及照明开关等。

7.3.4.2　电气控制原理

　　吊篮电气系统只有升降动作而且电机功率较小，因而电气控制部分比较简单，一般由一些常规的电气元器件组成。图 7-29 为一种常见的吊篮电气控制原理图，其控制原理如下：

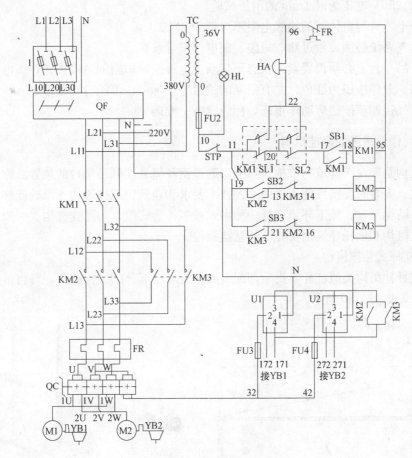

图 7-29　电气控制原理图

　　（1）双机动作：将转换开关 QC 的手柄放在中间位置，让电动机 M1 和 M2 在合闸的情况下同时带电，按下控制按钮 SB1 使交流接触器 KM1 合闸，再按下控制按钮 SB2 使交流接触器 KM2 合闸，让电动机 M1 和 M2 同时转动，吊篮上升；反之，按下控制按钮 SB3 使交流接触器 KM3 合闸，让电动机 M1 和 M2 同时转动，吊篮下降上升。

　　（2）单机动作：将转换开关 QC 的手柄放在一侧，让电动机 M1 和 M2 只能一个合闸，按下控制按钮 SB2 或 SB3，让电动机 M1 或 M2 带动悬吊平台一端上升或下降。

　　（3）限位开关动作：当限位开关 SL1 或 SL2 碰到顶端的模块时，使交流接触器 KM1 跳闸，吊篮断电停止上升，同时电铃 HA 通电，报警电铃响。

　　（4）紧急停机：启动紧急按钮 STP，使交流接触器 KM1 跳闸，吊篮断电停止运动。

7.3.4.3　安全技术要求

　　（1）电气控制系统供电应采用三相五线制。接零、接地线应始终分开，接地线应采用黄绿相间线。

（2）吊篮的电气系统应可靠接地，接地电阻不应大于 4Ω，在接地装置处应有接地标志。电气控制部分应有防水、防震、防尘措施。其元件应排列整齐，连接牢固，绝缘可靠。电控柜门应装锁。

（3）控制用按钮开关动作应准确可靠，其外露部分由绝缘材料制成，应能承受 50Hz 正弦波形、1250V 电压为时 1min 的耐压试验。

（4）带电零件与机体间的绝缘电阻不应低于 $2M\Omega$。

（5）电气系统必须设置过热、短路、漏电保护等装置。

（6）悬吊平台上必须设置紧急状态下切断主电源控制回路的急停按钮，该电路独立于各控制电路。急停按钮为红色，并有明显的"急停"标记，不能自动复位。

（7）电气控制箱按钮应动作可靠，标识清晰、准确。

7.3.5 高处作业吊篮的悬挂机构

悬挂机构是架设于建筑物或构筑物上，通过钢丝绳悬挂悬吊平台的装置总称。它有多种结构形式。安装时要按照使用说明书的技术要求和建筑物或构筑物支承处能够承受的荷载，以及其结构形式、施工环境选择一种形式或多种形式组合的悬挂机构。一般常用的有杠杆式悬挂机构和依托建筑物女儿墙的悬挂机构。

7.3.5.1 杠杆式悬挂机构

杠杆式悬挂机构类似杠杆，由后部配重来平衡悬吊部分的工作载荷，每台吊篮使用两套悬挂机构，如图 7-30 所示。

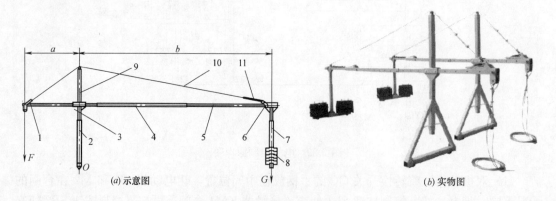

（a）示意图   （b）实物图

图 7-30　杠杆式悬挂机构
1—前梁；2—前支架；3—插杆；4—中梁；5—后梁；6—后连接套；7—后支架；
8—配重；9—上支柱；10—加强钢丝绳；11—索具螺旋扣

（1）结构

一般悬挂机构由前梁、中梁、后梁、前支架、后支架、上支柱、配重、加强钢丝绳、插杆、连接套等组成，前、后梁插在中梁内，可伸缩调节。为适应作业环境的要求，可通过调节插杆的高度来调节前后梁的高度。

（2）系统的抗倾覆系数

系统的抗倾覆系数等于配重抗倾覆力矩与倾覆力矩的比，现行标准《高处作业吊篮》（GB 19155）规定其比值不得小于 2，用公式（7-1）表示即为：

$$K = \frac{G \times b}{F \times a} \geq 2 \qquad\qquad (7\text{-}1)$$

式中　K——抗倾覆系数；

　　　F——悬吊平台、提升机构、电气系统、钢丝绳、额定载重量等质量的总和，kg；

　　　G——配置的配重质量，kg；

　　　a——承重钢丝绳中心到支点间的距离，m；

　　　b——配重中心到支点间的距离，m。

7.3.5.2　依托建筑物女儿墙的悬挂机构

挂点装置是在屋面上固定悬吊下降系统和坠落保护系统的装置。有屋面固定架、固定（屋面、地面）栓固点、锚固点、配重物、配重水袋形式。

由于屋面空间小无法安装杠杆式悬挂机构，在女儿墙承载能力允许的情况下，可以将悬挂机构夹持在女儿墙上。这种悬挂机构的特点是体积小、重量轻，但对女儿墙有强度要求，如图 7-31 所示。载荷由女儿墙或檐口、外墙面承担。使用时必须注意按设计要求安装、紧固所有的辅助安全部件，并要核实悬挂机构施加于女儿墙、檐口等上面的作用力应符合建筑结构的承载要求，能够承受吊篮系统全部载荷。

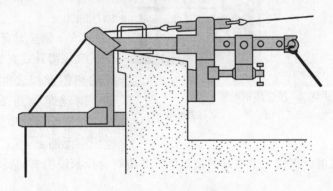

图 7-31　夹持女儿墙式悬挂机构

7.3.5.3　安全技术要求

（1）悬挂机构应有足够的强度和刚度。单边悬挂悬吊平台时，应能承受平台自重、额定载重量及钢丝绳的自重。

（2）配重标有质量标记。

（3）配重应准确、牢固地安装在配重点上。

（4）屋面钢筋混凝土结构的静负荷承载能力大于总载重量的 2 倍时，允许将屋面钢筋混凝土结构作为挂点装置的固定栓挂点。

（5）在固定前应按建筑资料核实静负荷承载能力。无建筑资料的，要由经过专业培训的，有 5 年以上经验的负责人确定能否作为挂点装置。其次，固定栓固点应为环状的封闭型结构，不能是柱状的开放式结构，以防止工作绳、柔性导轨从栓固点脱出。

（6）严禁利用屋面砖混砌筑结构、烟囱、通气孔、避雷线等作为挂点装置。

（7）无女儿墙的屋面不准采用配重物形式作为挂点装置。

（8）工作绳与柔性导轨不准使用同一挂点装置。

7.3.6 高处作业吊篮用钢丝绳

7.3.6.1 钢丝绳的分类

高处作业吊篮用钢丝绳分为工作钢丝绳、安全钢丝绳和加强钢丝绳，如图 7-32 所示。钢丝绳采用专用镀锌钢丝绳。

钢丝绳的绳芯，分为纤维芯和钢芯。

（1）纤维芯：应用剑麻、合成纤维、棉纱或其他能符合要求的纤维制成；

（2）钢芯：钢芯分为独立的钢丝绳（IWR）和钢丝股芯（IWS）。

不同型号的高空作业吊篮采用的钢丝绳也不同，通常选用结构为 6×19W＋IWS 和 4×31SW＋FC 的钢丝绳。

7.3.6.2 钢丝绳安全技术要求

（1）爬升式高处作业吊篮是靠绳轮和钢丝绳之间的摩擦力提升的，钢丝绳受到强烈的挤压、弯曲，对钢丝绳的质量要求很高且钢丝绳应无油。

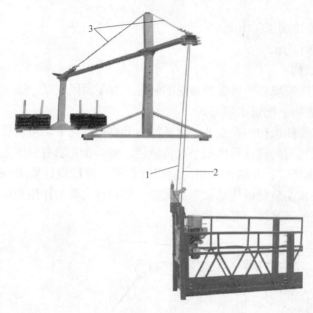

图 7-32　吊篮用钢丝绳
1—安全钢丝绳；2—工作钢丝绳；3—加强钢丝绳

（2）采用高强度、镀锌、柔度好的钢丝绳，并应符合厂家说明书的要求，其安全系数不应小于 9。

（3）工作钢丝绳最小直径不应小于 6mm；安全钢丝绳宜选用与工作钢丝绳相同的型号、规格，在正常运行时，安全钢丝绳应处于悬垂状态。

（4）安全钢丝绳必须独立于工作钢丝绳另行悬挂。

（5）钢丝绳绳端的固定及钢丝绳的检查和报废应符合有关规定。

（6）禁止使用以任何方式连接加长钢丝绳。

7.3.6.3 使用钢丝绳的注意事项

（1）解开成卷的钢丝绳时应使绳顺行，以免因扭结、变形而影响使用。存放钢丝绳时，应尽量成卷排列，避免重叠堆放，并保持干燥。

（2）用作吊篮工作钢丝绳时，如采用卷扬式提升机构，应定期加润滑油。如采用爬升机作提升机构或用作安全钢丝绳，则应根据产品说明书的规定，决定是否应加润滑油，一般不予润滑。

（3）钢丝绳端头应不致松散。其强度至少不应低于该钢丝绳额定最低破断拉力的 80%。当吊篮平台是采用动力提升或其 K 度大于 3.2m 者，应采用端部带鸡心环的钢丝绳作工作钢丝绳。

（4）钢丝绳使用时，在某些可能与硬性物体（如钢构件或建筑物）发生摩擦或遭受尖锐棱角损伤的部位，均应衬以木板、橡胶或麻袋等软垫，并应使钢丝绳在不受载时，其衬垫也不致脱落。

（5）钢丝绳应捻制均匀，紧密和不松散。在展开和无负荷情况下，钢丝绳不得呈波浪状。

（6）镀锌钢丝绳中所有钢丝绳都应是镀锌的。

（7）钢丝绳的绳芯尺寸应能保证具有足够的支撑作用，以使外层包捻的股绳均匀捻制。

（8）钢丝绳使用时，应按 GB/T 5972—2006《起重机用钢丝绳检验和报废实用规范》进行检验，以防因腐蚀、磨损、断丝而破断。

7.3.7 高处作业吊篮的安全限位装置

7.3.7.1 上限位与下限位

限位开关的作用是将吊篮的工作状态限定在安全范围之内。吊篮系统中必设的限位装置为上限位开关，其作用是防止悬吊平台向上提升时发生冲顶现象。一般安装在悬吊平台两端结构顶部、悬吊平台两端提升机安装架上部，通过碰触上限位止挡块而起作用。限位止挡块形状如一围盘，与钢丝绳间用夹块夹紧，如图 7-33 所示。根据需要吊篮可设置下限位，其作用是当吊篮下降至设置位置时，自动切断下降电气控制回路。

7.3.7.2 行程开关

行程开关又叫做限位开关或终点开关。它是根据机械的行程（位置）自动切换线路，实行行程控制、限位控制或程序控制的。有的触点行程开关是利用机械的某些运动部件的碰撞而动作的，当运动部件撞及行程开关时，它的触点改变状态，从而自动接通或断开控制电路。

图 7-33　上限位止挡块

直线式的行程开关的结构与按钮相似。触杆是测量机械位置的机构，当装在运动部件上的撞块移动撞至触杆时，触杆压入，常闭触点断开，常开触点将闭合，以达到切换电路的目的，当撞块离开触杆时，依靠弹簧的作用使触点复位。

7.3.7.3 超载保护装置

（1）超载限位装置的作用是防止吊篮超载运行。当载荷超过其限定值时，可切断上升的电气控制回路，卸去多余载荷后方可正常运行。

（2）限载器是根据设计时所设定的安全允许载荷，限制吊篮工作钢丝绳载荷的一种自动安全保护装置，一般和提升机构组装在一起，每一工作钢丝绳各设 1 只，当其中任何一边达到该载荷条件时，吊篮平台就无法提升，从而避免因载荷过大导致发生意外事故。

限载器分为电控式、热控式和机控式三种：电控式用专门设计的电子传感器来达到切断该回路电源的目的，热控式是由超载电流发热来控制的，而机控式是由机械装置来控制的。一般以机械及电控控制式较为可靠，GB 19155—2003《高处作业吊篮》中规定吊篮平台宜设置限载装置，以确保吊篮平台及操作人员的安全。

7.3.8　高处作业吊篮结构件的报废

吊篮在使用过程中，应定期对其结构件进行检查，达到报废条件必须报废。

（1）主要结构件由于腐蚀、磨损等原因使结构的计算应力提高，当超过原计算应力的10%时应予以报废；对无计算条件的，当腐蚀深度达到原构件厚度的10%时，则应予以报废。

（2）主要受力构件产生永久变形而又不能修复时，应予以报废。

（3）悬挂机构、悬吊平台和提升机架等整体失稳后不得修复，应予以报废。

（4）当结构件及其焊缝出现裂纹时，应分析原因，根据受力和裂纹情况采取加强措施。当达到原设计要求时，才能继续使用，否则应予以报废。

7.4　高处作业吊篮的安装与拆卸

7.4.1　高处作业吊篮的安装

7.4.1.1　安装前的准备

（1）安装前的检查

① 查验高处作业吊篮的产品合格证及随机资料；

② 检查高处作业吊篮的周围环境是否有影响安装和使用的不安全因素；

③ 检查悬挂机构的安装位置及建筑物或构筑物的承载能力是否符合产品说明书要求；

④ 检查现场的配电是否符合要求；

⑤ 有架空输电线的场所，吊篮的任何部位与输电线的安全距离不应小于 10 m；

⑥ 检查钢丝绳的完好性；

⑦ 检查悬吊平台、提升机、悬挂机构等结构件的成套性和完好性；

⑧ 检查电气系统是否齐全、完好；

⑨ 检查安全装置是否齐全、可靠，安全锁是否在有效标定期限内；

⑩ 检查现场供电是否符合要求。

（2）安装人员的条件

从事安装与拆卸的操作人员必须经过专门培训，并经建设主管部门考核合格，取得建筑施工特种作业人员操作资格证书。

（3）专项施工方案的编制及审批

① 在吊篮安装、拆卸作业前，安装单位（租赁单位）必须严格按照使用说明书和施工现场条件组织编制专项施工方案，专项施工方案应当由专业技术人员编制。

② 专项施工方案由安装拆卸单位技术负责人和工程监理单位总监理工程师进行审批。实行总承包的，还要经总承包单位技术负责人审批。

（4）安全技术交底的内容及程序

安装单位技术人员应向吊篮安装拆卸作业人员进行安全技术交底。交底人、安装负责人和作业人员应签字确认。技术交底主要包括以下内容：

① 吊篮的性能参数；

② 安装、拆卸的程序和方法；

③ 各部件的联结形式及要求；

④ 悬挂机构及配重的安装要求；

⑤ 作业中安全操作措施；

⑥ 安装人员应按照安装的工艺流程规定进行安装。

7.4.1.2 安装流程

高处作业吊篮的安装流程，如图 7-34 所示。

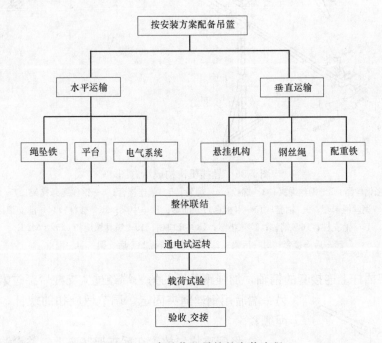

图 7-34 高处作业吊篮的安装流程

7.4.1.3 悬挂机构的安装

施工现场常用的吊篮悬挂机构多为杠杆式，现以杠杆式悬挂机构为例介绍其安装程序和方法，如图 7-35 所示。

（1）安装程序和方法

① 将插杆插入三角形的前支架套管内，根据女儿墙的高度调整插杆的高度，用螺栓固定，前支架安装完成。

② 将插杆插入后支架套管内，插杆的高度与前支架插杆等高，用螺栓固定，后支架安装完成。

③ 将前梁、后梁分别装入前、后支架的插杆内，用中梁将前梁、后梁连接为一体，并根据实际情况选定前梁的悬伸长度及前后支架间的距离。在悬挂机构安装位置允许条件下尽量将前、后支架间的距离放至最大。

④ 将前后连接套分别安装在前梁和后支架插杆上。

⑤ 将上支柱安放于前支架的插杆上，用螺栓固定。

⑥ 将加强钢丝绳一端穿过前梁上连接套的滚轮后用钢丝绳夹固定，索具螺旋扣的一

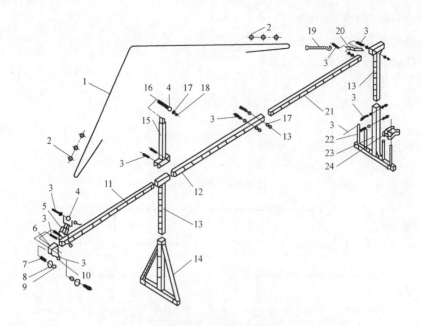

图 7-35　悬挂机构构成示意图

1—加强钢丝绳；2—钢丝绳夹；3—螺栓；4—绳轮；5—前连接套；6—钢丝绳悬挂架；7—销轴；

8—钢丝绳卡套；9—轴套；10—卡板；11—前梁；12—中梁；13—插杆；14—前支架；

15—上支柱；16—销轴；17—垫圈；18—开口销；19—锁具螺旋扣 CO 型 M20；

20—后连接套；21—后梁；22—配重支管；23—后支架；24—配重

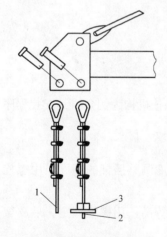

图 7-36　钢丝绳的固定
1—工作钢丝绳；2—安全钢丝绳；
3—限位止挡块

端钩住后支架插杆上连接套的销轴，加强钢丝绳的另一端经过上支柱后穿过索具螺旋扣的另一端后用钢丝绳夹固定，调节螺旋扣的螺杆，使加强钢丝绳绷紧。

⑦ 将配重均匀放置在后支架底座上，并设法固定牢固。

⑧ 将工作钢丝绳、安全钢丝绳按要求分别固定在前梁的钢丝绳悬挂架上，在安全钢丝绳适当处安装上限位止挡块，一般止挡块安装位置距悬挂机构前梁端不小于 1.5m，如图 7-36 所示。

⑨ 将钢丝绳头从钢丝绳盘中抽出，然后沿墙面缓慢向下滑放，严禁将钢丝绳成盘向下抛放。钢丝绳放完后应将缠结的绳分开，地面多余的钢丝绳应仔细盘好扎紧，不得任意散放地面。

（2）安装注意事项

① 前梁的外伸长度不得大于产品使用说明书规定的最大极限尺寸。

② 前后支架间距不得小于产品使用说明书规定的最小极限尺寸。

③ 必须使用生产厂提供的配重，其数量不得少于产品使用说明书规定的数量，码放整齐，安装牢固。配重是铸铁的，应采取防盗措施。

④ 当施工现场无法满足产品使用说明书规定的安装条件和要求时，应经生产厂同意后采取相应的安全技术措施，确保抗倾覆力矩达到标准要求。

⑤ 前、后支架与支承面的接触应稳定牢固。

⑥ 悬挂机构施加于建筑物顶面或构筑物上的作用力均应符合建筑结构的承载要求。当悬挂机构的载荷由屋面预埋件承受时，其预埋件的安全系数不应小于3。

⑦ 悬挂机构横梁可前高后低，严禁前低后高。

⑧ 必须按产品使用说明书要求调整加强钢丝绳的张紧度，不得过松或过紧。

⑨ 双吊点吊篮的两组悬挂机构之间的安装距离应与悬吊平台两吊点间距相等，其误差不大于50mm。

⑩ 前后支架的组装高度与女儿墙高度相适应。

⑪ 主要结构件达到报废条件，必须及时报废更新。

⑫ 有架空输电线的场所，吊篮的任何部位与输电线的安全距离不应小于10m。如果条件限制，应与有关部门协商，并采取安全防护措施后方可架设。

7.4.1.4 悬吊平台的组装

（1）悬吊平台组装顺序和方法

常用悬吊平台的组装可参照图7-37。

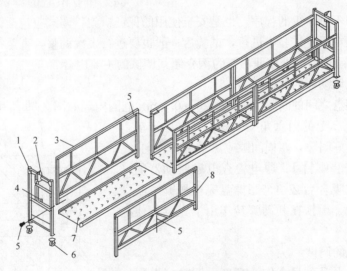

图7-37 吊篮平台的安装示意图
1—提升机安装架；2—安全锁安装板；3—后栏杆；4—支座；
5—螺栓；6—脚轮；7—底架；8—前栏杆

① 将底板垫高平放，装上前后栏杆，用螺栓连接固定；

② 将提升机安装架装于栏杆两端，用螺栓连接固定；

③ 将脚轮安装在平台两端的栏杆下端，用螺栓连接固定；

④ 安装靠墙轮、导向装置或缓冲装置；

⑤ 检查以上各部件是否安装正确，螺栓的规格是否匹配，不得以小代大，确认无误后，紧固全部螺栓；

⑥ 安装完毕必须由专人重新检查所有螺栓是否已紧固到位。

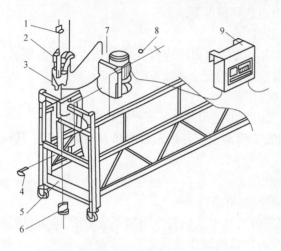

图7-38 高处作业吊篮的整机组装
1—上限位止挡块；2—上限位开关；3—安全锁；4—锁轴；
5—提升机安装架；6—重锤；7—工作钢丝绳插入提升机；
8—锁销；9—电气控制箱

（2）悬吊平台组装注意事项

① 零部件应齐全、完整，不得少装、漏装；

② 螺栓必须按要求加装垫圈，所有螺母均应紧固；

③ 开口销均应开口，其开口角度应大于30°。

7.4.1.5 高处作业吊篮的整机组装

高处作业吊篮的整机组装包括提升机、安全锁、电气控制箱、重锤、止挡块、上限位开关等部件的安装，如图7-38所示。

7.4.2 高处作业吊篮的调试和验收

7.4.2.1 高处作业吊篮的调试

高处作业吊篮的调试是安装工作的重要组成部分和不可缺少的程序，也是安全使用的保证措施。调试应包括调整和试验两方面内容。调整须在反复试验中进行，试验后一般也要进行多次调整，直至符合要求。现以常用的ZLP800系列型高处作业吊篮为例介绍其调试的主要内容。

（1）提升机制动器的调试

衔铁与摩擦盘之间的间隙 D 应在 0.5～0.6mm 范围内，如图7-39所示。调整方法是先松开电磁吸盘2上的内六角安装螺钉1，再转动中空螺钉3调整好间隙，四周间隙应尽量调得均匀，最后重新拧紧安装螺钉1。通电检查电磁制动器的衔铁动作，衔铁吸合后必须与摩擦盘完全脱开，断电时无卡滞现象，衔铁在制动弹簧作用下完全压住摩擦盘。

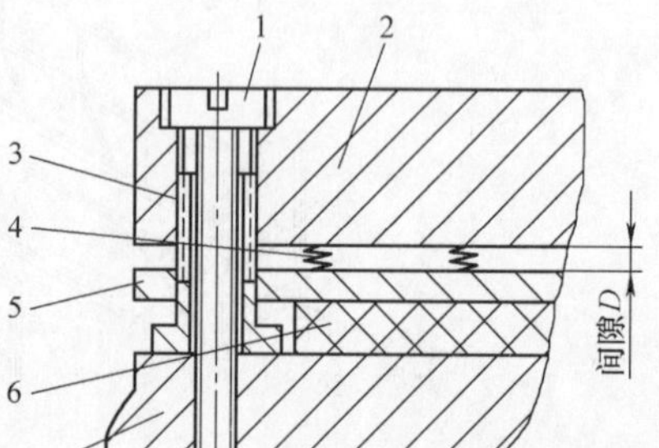

（2）上限位的调试

将悬吊平台上升到最高作业高度，调整好上限位挡块的位置和上限位开关摆臂的角度，上限位开关摆臂上的滚轮应在上限位挡块平面内。

7.4.2.2 高处作业吊篮的自检

（1）高处作业吊篮安装完毕后，应当按照安全技术标准及安装使用说明书的有关要求对高处作业吊篮钢结构件、提升机构、安全装置和电气系统等进行自检，自检的主要内容与要求见表7-3。

（2）高处作业吊篮安装完毕后，应进行空载、额定荷载和超载试验。

① 安全锁试验

图7-39 电机电磁制动器
1—安装螺钉；2—电磁吸盘；3—中空螺钉；
4—弹簧；5—衔铁；6—摩擦盘；
7—电机端盖

检查项目	序号	检 查 内 容	要　　求	检查情况	备注
悬挂机构	1	建筑物承载能力	应能承受吊篮的全部载荷		
	2	抗倾覆系数	应大于 2		
	3	配重数量	符合使用说明书的要求		
	4	配重安装固定	安装位置正确,固定牢固可靠		
	5	悬挂机构结构连接螺栓	齐全,紧固可靠		
	6	上限位挡块	安装位置正确,牢固可靠		
	7	非标架设	应有技术方案,并得到原制造厂认可		
悬吊平台	8	底架、底板、栏杆、侧主要结构件	无开裂、变形缺陷		
	9	部件的联接件	齐全,紧固可靠		
	10	靠墙轮(导向装置或缓冲装置)	安装牢固,可靠		
钢丝绳	11	钢丝绳型号、规格	符合产品要求且完好		
	12	钢丝绳端部固定	符合规范要求		
提升机	13	提升机固定	提升机与悬吊平台应连接可靠,其连接强度不应小于 2 倍允许冲击力		
	14	穿绳	具有良好的穿绳性能,不得卡绳和堵绳		
	15	手动滑降	正常可靠		
安全装置	16	安全锁标定日期	在有效期内		
	17	安全锁	灵敏可靠		
	18	行程限位	灵敏有效		
	19	超载保护装置	灵敏有效		如设置
	20	制动器	有效可靠		
	21	手动下降装置	有效可靠		
电气系统	22	电缆线	无破损,固定整齐,有防磨损和过度拉紧措施		
	23	绝缘电阻	不小于 $0.5M\Omega$		
	24	漏电保护	动作灵敏可靠		
	25	接零(接地)	采用三相五线制供电,接零或接地保护可靠		
	26	配电箱	元件齐全、固定牢固,有防水、防尘功能		
	27	急停按钮	灵敏有效		
验收意见			自检人:　　　　　　　　　　检查日期:		

首先将悬吊平台两端调平，然后上升至悬吊平台底部离地 1m 处左右。对防倾式安全锁，关闭一端提升机，操纵另一端提升机下降，直至安全锁锁绳，然后测量悬吊平台底部距地面高度差计算锁绳角度，检查是否符合标准要求。左右两端安全锁的检查方法对称。如采用离心式安全锁，可用手快速抽动安全钢丝绳，安全锁能否正常锁住，锁绳速度不应大于 30m/min；吊篮正常升降时，有无误动作锁住。左右安全锁都必须按上述方法检查。

② 空载试运行

接通电源，悬吊平台上下运行三次，每次行程 3～5m。运行时应符合下列要求：

（A）电路正常且灵敏可靠；

（B）提升机起动、制动正常，升降平稳，无异常声音；

（C）按下"急停"按钮，悬吊平台应能停止运行。

③ 手动滑降试验

在悬吊平台内均匀布置额定载荷，将吊篮升高到小于 2m 处，两名操作人员同时操纵手动下降装置进行下降试验。下降应平稳可靠，平台下降速度不应大于 1.5 倍额度速度。

7.4.2.3 高处作业吊篮的验收

（1）吊篮安装完毕后，由接受单位授权专门部门进行试运行检验，出具验收合格证明。

（2）高处作业吊篮经安装单位自检合格后，使用单位应当组织产权（出租）、安装、监理等有关单位进行综合验收，验收合格后方可投入使用，未经验收或者验收不合格的不得使用；实行总承包的，由总承包单位组织产权（出租）、安装、使用、监理等有关单位进行验收。验收内容主要包括技术资料、标识与环境以及自检情况等，具体内容参见表 7-4。

高处作业吊篮综合验收表

表 7-4

使用单位		型号	
设备产权单位		设备编号	
工程名称		安装日期	
安装单位		安装高度	
检验项目	检 查 内 容		检 验 结 果
技术资料	产品合格证、随机技术资料齐全有效		
	安装人员的特种作业资格证书齐全有效		
	安装方案、安全交底记录齐全有效		
	隐蔽工程验收记录和混凝土强度报告齐全有效		
	安装前零部件的验收记录齐全有效		
标识与环境	产品铭牌标识齐全		
	与外输电线的安全距离符合规定		
自检情况	自检内容齐全，标准使用正确，记录齐全有效		
安装单位验收意见： 技术负责人签章： 日期：		使用单位验收意见： 项目技术负责人签章： 日期：	
监理单位验收意见： 项目总监签章： 日期：		总承包单位验收意见： 项目技术负责人签章： 日期：	

7.4.3 高处作业吊篮的拆卸

7.4.3.1 拆卸前的检查

高处作业吊篮拆卸前应对吊篮按班前日常检查内容进行检查，确认没有隐患后方能实施拆卸工作。

7.4.3.2 拆卸方法与步骤

（1）将悬吊平台上升至便于拆卸绳坠的位置，拆下绳坠。

（2）将悬吊平台下降停放在平整而坚实的地面上。

（3）钢丝绳拆卸：

① 先将安全钢丝绳从安全锁中取出，再将工作钢丝绳从提升机中退出；

② 将钢丝绳拉到上方悬挂机构处；

③ 将钢丝绳自悬挂装置上拆下，卷成直径 0.6m 的圆盘，在三个位置上均匀绑扎。

（4）电源电缆的拆卸：

① 切断电源；

② 将电源电缆从临时配电箱上拆下；

③ 将电源电缆从吊篮电气箱上拆下，并妥善整理卷成直径 0.6m 的圆盘，在三个位置均匀扎紧。

（5）悬挂机构的拆卸：

① 拆下销轴并拆除加强钢丝绳；

② 拆下螺栓，卸下上支柱、前中后梁；

③ 拆下螺栓，卸下插杆、前后支架；

④ 取下配重；

⑤ 将拆卸的所有零部件放置在规定位置，妥善保管并按要求进行分类入库。

7.5 高处作业吊篮的使用与维修保养

7.5.1 高处作业吊篮的使用

为了确保高处作业吊篮的使用安全，预防在使用中发生重大安全事故，高处作业吊篮产权单位、使用单位应当建立高处作业吊篮的检查和维护保养制度，制定安全操作规程。高处作业吊篮操作人员应严格按照操作规程进行操作，维护人员要经常性地对高处作业吊篮进行检查，掌握机械状况变化和磨损发展情况，及时进行维护保养，消除隐患，预防突发故障和事故。

7.5.1.1 高处作业吊篮管理制度

（1）设备管理制度

① 高处作业吊篮应由设备部门统一管理，不得对提升机、安全锁和架体分开管理。

② 高处作业吊篮应纳入机械设备的档案管理，建立档案资料。

③ 金属结构存放时，应放在垫木上；在室外存放，要有防雨及排水措施。电气、仪表及易损件要专门安排存放，注意防震、防潮。

④ 运输高处作业吊篮各部件时，装车应平整，尽量避免磕碰，同时应注意高处作业吊篮的配套性。

（2）交接班制度

交接班制度明确了交接班操作人员的职责、交接程序和内容，是高处作业吊篮使用管理的一项非常重要的制度。内容主要包括对高处作业吊篮的检查、运行情况记录、存在的问题、应注意的事项等，交接班可进行口头交接，也可通过传递交接班记录进行，但必须经双方签字确认。高处作业吊篮操作人员交接班记录见表7-5。

高处作业吊篮操作人员交接班记录   表 7-5

工程名称		设备编号			
设备型号		运转台时		天气	
1	本班设备运行情况：				
2	本班设备作业项目及内容：				
3	本班应注意的事项：				
交班人（签名）：			接班人（签名）：		
交接时间：		年　月　日　时　分			

7.5.1.2　高处作业吊篮的检查

（1）使用前的检查

操作人员使用高处作业吊篮前必须对其进行检查和试运行，检查和试运行主要包括以下内容：

① 检查金属结构有无开焊、裂纹和明显变形现象；

② 检查连接螺栓是否紧固；

③ 检查工作钢丝绳、安全钢丝绳、加强钢丝绳的完好和固定情况；

④ 进行空载试运行，升降悬吊平台各一次，验证操作系统、上限位装置、提升机、手动滑降装置、安全锁、制动器动作等是否灵敏可靠；

⑤ 观察悬吊平台运行范围内有无障碍物；

⑥ 检查悬挂机构是否稳定，加强钢丝绳是否拉紧无松动，配重是否齐全、固定牢固。

（2）定期检查

吊篮投入运行后，应按照使用说明书要求定期进行全面检查，并做好记录。检查的项目和内容参照表7-6。每项检查应由检查责任人签字确认。

7.5.1.3　高处作业吊篮安全操作要求

（1）操作人员应经过培训考核合格，方可上岗。

（2）操作人员无不适应高处作业的疾病和生理缺陷。

（3）酒后、过度疲劳、情绪异常者不得上岗。

高处作业吊篮检查项目表

表 7-6

序号	项 目	检查内容与要求	检查结果
1	悬吊作业平台	结构件是否变形，连接是否牢固可靠	
		底板、挡板、栏杆是否破损	
		焊缝有无裂纹、脱焊	
2	提升机	安装是否牢固可靠	
		有无漏油、渗油	
		电磁制动器间隙是否符合要求	
3	安全锁	摆臂动作是否灵活，有无卡滞现象；速度超过一定值能否锁住	
4	悬挂机构	各构件连接是否牢固可靠	
		配重有无缺少、破损，固定是否牢靠	
		两套悬挂机构的距离是否符合要求	
5	钢丝绳	有无损伤(断丝、断股、压痕、烧蚀、堆积)、有无变形(松股、折弯、起股)、磨损情况，是否达到报废标准	
		有无油污及其他污物	
		与悬挂机构的连接是否牢固	
6	电气控制系统	电线、电缆是否破损，插头、插座是否完好	
		上限位开关动作是否灵敏可靠	
		交流接触器动作是否灵敏	
		接零、接地是否可靠，漏电保护装置是否灵敏有效	
		转换开关、急停开关是否灵敏可靠	
7	悬吊平台运行情况	提升机运行有无异常声音	
		悬吊平台是否水平	
		制动器动作有无卡滞、制动是否可靠	
		手动滑降是否良好	
		安全绳是否完好，固定是否牢固可靠	

检查人：　　　　　　　日期：　　年　　月　　日

（4）操作人员不得穿拖鞋或塑料底等易滑鞋进行作业，作业人员应穿清洗作业服、鞋、安全帽等劳保用品。在有腐蚀的作业环境应戴手套和眼镜或面罩。

（5）严禁在大雾、大雨、大雪等恶劣气候条件下进行作业。

（6）工作处阵风风速大于 8.3m/s（相当于 5 级风力）时，操作人员不准上吊篮操作。

（7）夜间无充足的照明，不得操作吊篮。

（8）吊篮的任何部位与输电线的安全距离小于 10m 时，不得作业。

（9）操作前，应了解掌握产品使用说明书和有关规定。

（10）操作人员应配置独立于悬吊平台的安全绳及安全带或其他安全装置，应严格遵守操作规程；作业人员应按先系好安全带，再将自锁器按标记箭头固定安装在柔性导轨上，扣好保险，最后上座板装置，检查无误后方可悬吊作业。

（11）操作人员必须有二人，不允许单独一人进行作业，以便突然停电时，可二人分别操作手动下降装置安全落地。

（12）操作人员必须在地面进出悬吊平台，严禁在空中攀沿窗口出入，严禁从一个悬吊平台跨入另一个悬吊平台。

（13）物料在悬吊平台内应均匀分布，不得超出悬吊平台围栏。工具应带连接绳，避免作业时失手脱落。悬吊作业时严禁作业人员间传递工具或物品。作业者应将工具用细绳牢固地绑在身上。

（14）上下吊篮时禁止跳上跳下，一定要在吊篮着地放稳后，方可上下。要求从有阶梯和扶手的地方上下吊篮。从吊篮上跳下来，或从女儿墙进入吊篮都是很危险的。不得手提用具上下吊篮，用具的拿进拿出应用手传递。

（15）吊篮严禁超载或带故障使用；不应架设和使用梯子、高凳、高架，也不应另设吊具运材料。

（16）悬吊平台严禁斜拉使用。

（17）作业中无论任何人发出紧急停车信号，应立即执行；使用吊篮设备进行工作时，操作吊篮设备要遵守一定的手势。操作负责人应指派一名手势人员，并让其用手势联系或配备对讲设备。

（18）利用吊篮进行电焊作业时，严禁用悬吊平台做电焊接线回路，悬吊平台内严禁放置氧气瓶、乙炔瓶等易燃易爆品。

（19）严禁将高处作业吊篮作为垂直运输机械使用。

（20）悬吊平台倾斜应及时调平。单程运行倾斜超过两次，必须落到地面进行检修。

（21）悬吊平台在运行时，操作人员应密切注意上下有无障碍物，以免引起碰撞或其他事故。

（22）在正常工作中，严禁触动滑降装置或用安全锁刹车。

（23）不得在安全钢丝绳绷紧情况下，硬性扳动安全锁开启手柄；不得在安全锁锁闭后开动机器下降；在垂放绳索时，作业人员应系好安全带。绳索应先在挂点装置上固定，然后顺序缓慢下放，严禁整体抛下。

（24）严禁砂浆、胶水、废纸、油漆等异物进入提升机、安全锁。每班使用结束后，应将悬吊平台降至地面，放松工作钢丝绳，使安全锁摆臂处于松弛状态。关闭电源开关，锁好电气箱。

（25）在作业中，工作绳、安全绳不得嵌于建筑物玻璃幕墙硅胶缝隙里或其他粘接缝隙里，防止损伤工作绳或造成墙面漏水。

（26）禁止在地面行走时拖拉座板、安全带，以防止磨损编织带。作业人员在未到达地面时，屋顶监护人员不得收绳，不得解开绳扣。

（27）作业人员到达地面，楼顶监护人员得到楼下监护人员通知，并作好自身安全防护后方可提绳。未将绳索提升至楼顶屋面不得解开拴固点绳扣。

（28）停工期间应将工作绳、安全绳下端固定好，防止行人或大风等因素造成人员伤害及财产损失。

（29）每天作业结束后应将悬吊下降系统、坠落防护系统收起，整理好。

（30）悬吊作业前应制订发生事故时的应急和救援预案。

（31）悬吊作业区域下方应设警戒区，其宽度应符合可能坠落范围半径的要求，在醒目处设警示标志并有专人监控。悬吊作业时警戒区内不得有人、车辆和堆积物。

（32）悬吊作业时应有经过专业培训的安全员监护。禁止无关人员进入屋面的吊点区域内，避免发生触碰事故。

（33）吊篮操作人员在使用吊篮期间不得离开操作岗位，如果离开操作岗位，必须切断电源，以防误动作或由无关人员触动引起事故。

7.5.2 高处作业吊篮的维修保养

高处作业吊篮的维修保养应依照生产厂提供的产品使用说明书的要求执行，正常的维修保养不但能够维护整机性能，保障人身安全，还能延长设备的使用寿命。维修保养包括日常保养、定期检修、定期大修等工作，日常保养与上机前的日常检查工作由操作人员负责，定期检修与定期大修工作应由专业人员负责。上述工作都应做好记录，并有工作人员签字后存档。

7.5.2.1 日常保养（一级保养）

（1）提升机日常保养

① 作业前必须进行空载运行，注意检查有无异响和异味，绝缘情况是否良好；

② 按产品使用说明书要求及时加注或更换规定的润滑剂；

③ 及时清除提升机外表面污物，避免进、出绳口进入杂物，损伤机内零件；

④ 发现运转异常（有异响、异味、高温等）情况，应及时停止使用，由专业维修人员进行检修；

⑤ 制动器（电动机内部制动片、释放手柄、棘轮摩擦片等）的动作、性能是否正常。

（2）安全锁日常保养

① 及时清除安全锁外表面污物。

② 避免碰撞造成损伤。

③ 做好防护工作，防止雨、雪和杂物进入锁内。

④ 达到标定期限应及时进行检修和重新标定。

⑤ 行程限位器是否正常动作，能否切断相应回路电源。按行程限位器开关，蜂鸣器应能鸣叫，升降台应能停止上行。

⑥ 安全锁（超速锁、防倾斜锁）装置能否正常动作，锁距是否符合规定要求。

⑦ 防超载装置能否正常动作。

⑧ 报警、电话、信号装置能否正常动作。

（3）钢丝绳日常保养

① 在安装完毕后，将余在下端的钢丝绳捆扎成圆盘并且使之离开地面约 200mm；

② 及时清理附着在钢丝绳表面的污物；

③ 对于出现断丝但未达到报废标准的钢丝绳，应及时将其断丝头部插入绳芯；

④ 对达到报废标准的钢丝绳，应及时更换；

⑤ 钢丝绳正卷、逆卷时有无相互摩擦，是否触及设备机体、结构等部件；

⑥ 钢丝绳有无缺油现象；

⑦ 末端处理是否异常。

（4）悬挂机构、悬吊平台日常保养

① 经常检查连接件的紧固情况，发现松动及时紧固。

② 及时清理表面污物。清理时不要采用锐器猛刮猛铲，注意保护表面漆层。

③ 构件出现磨损、腐蚀、变形及焊缝裂纹，应及时修复，达到报废标准的应及时更换。

④ 悬挂机构的位置是否正确，配重块是否放妥和放足质量。

⑤ 悬挂在悬臂机构上的钢丝绳绳卡是否紧固，不得有松动现象，每根钢丝绳绳卡不得少于三只。

（5）电气系统日常保养

① 电气箱内要保持清洁无杂物。不得把工具或材料放入箱内。

② 经常检查电气接头有无松动，并及时紧固。

（6）吊篮平台

① 吊篮底部填板有无使操作人员绊倒、滑倒的可能；

② 四周护板是否完好；

③ 吊篮平台有无腐蚀损坏；

④ 平台围栏有无缺损，是否可能脱落；

⑤ 平台上螺栓、螺母、螺钉有无松动、脱落。

（7）锤重

① 钢丝绳末端部位是否有锤重；

② 锤重离地面的距离是否正确。

（8）人身安全绳（生命绳）

① 人身安全绳的安装是否正确、安全，绳索有无异常情况；

② 长度及根数是否适当；

③ 触及建筑物的转角处部分有无采取衬垫保护措施；

④ 自锁器的安装是否正确，动作是否正常；

⑤ 人身安全绳的强力及材质选用是否符合要求。

（9）操纵控制装置

① 漏电开关动作是否正常；

② 各操纵开关件是否灵活；

③ 电源、电缆的固定是否可靠，有无损伤或腐蚀，长度是否合适，无强行固定现象；

④ 各插头、插座有无破损、漏电，指示灯、蜂鸣器能否正常工作。

（10）每次使用后的检查内容

① 总电源是否切断，各种电源操纵触点是否处于空档位置。

② 每天使用结束后，应将操作平台停放在适当位置。若在空中停留，应将操作平台临时固定在墙面上，以防止风吹摆动击伤墙面装饰和操作平台。

③ 将吊篮平台上的建筑垃圾和其他电器控制箱、操纵件、安全锁以及所有外露活动件上的灰尘清理干净。

④ 对提升机构和安全锁进行妥当遮盖。

7.5.2.2 定期检修（二级保养）

（1）定期检修期限

高处作业吊篮的定期检修应按照产品使用说明书的要求进行，若产品说明书没有要求的，按以下要求进行：

① 连续施工作业的高处作业吊篮，视作业频繁程度 1～2 月应进行一次定期检修；

② 断续施工作业的高处作业吊篮，累计运行 300 小时应进行一次定期检修；

③ 停用 1 个月以上的高处作业吊篮，在使用前应进行一次定期检修；

④ 完成一个工程项目拆卸后，应对各总成进行一次定期检修。

（2）定期检修内容

① 电气系统

（A）检查电源电缆的损伤情况。若表面局部出现轻微损伤，可用绝缘胶布进行局部修补；若损伤超标，应进行更换。

（B）检查固定松动的电源电缆。

（C）修复或更换电控箱内破损或失灵的电气元件。

（D）检查接触器触点烧蚀情况。对轻微烧蚀的触点用 0 号砂纸进行打磨，对严重烧蚀的触点进行更换。

（E）修复或更换破损或动作不灵敏的限位开关和按钮。

（F）调整不符合标准规定测量值的绝缘电阻、接地电阻或接零电阻的接地体及导线连接。

② 悬挂机构

（A）悬挂位置的间距要等同于吊篮平台两提升机间距；

（B）与机体间的固定不许有异常情况；

（C）配重块应加以固定，抗倾覆系数不得小于 2；

（D）悬挂部件材质不许有变形、开裂和腐蚀现象；

（E）焊接部位不准有裂缝及腐蚀现象；

（F）螺栓、螺母、插销不许松动、损伤、腐蚀。

③ 钢丝绳

（A）检查断丝或磨损情况，直径减小不得超出额定值的 7%；

（B）钢丝绳端头、绳卡不得少于三只，螺栓拧紧；

（C）钢丝绳末端处理有无异常；

（D）无明显变形、扭曲、腐蚀现象。

④ 安全绳

检查安全绳固定端及女儿墙等转角接触局部磨损情况。

⑤ 安全锁

（A）检查转动部件润滑情况，定期加注润滑油；

（B）弹簧复位力量是否正常；

（C）开启和闭锁手柄启闭动作是否正常；

（D）检查滚轮转动及磨损情况；

（E）标定超期必须重新检修标定。

⑥ 提升机

（A）检查制动电机摩擦片是否磨损，如磨损严重应予以更换；

（B）检查进、出绳口磨损情况；

（C）检查电动机手松装置完好情况；

（D）检查压轮架和偏心压轮架上的压轮是否磨损，如磨损严重应予以更换；

（E）提升机若发生异常温升、声响和异常气味，应立即停止使用；

（F）检查绞盘绳槽有无磨损或打滑，如磨损严重或有打滑现象，应更换绞盘；

（G）检查各部位传动齿轮是否有严重磨损或齿面裂痕等现象及滚珠轴承等磨损情况；

（H）润滑是否正常；

（I）螺栓是否松动、脱落，有无腐蚀现象。

⑦ 悬吊平台

（A）检查构件变形和腐蚀情况；

（B）检查焊缝开裂或裂纹情况；

（C）检查紧固件连接松动情况。

⑧ 安全保护装置

（A）行程限位器的触点应灵活、动作正常。吊篮平台到达设定位置，行程限位装置应正常动作。

（B）各安全保护装置的固定部分及固定螺栓不可移位和松动。

（C）超速锁锁内润滑是否良好，检查复位是否灵活。

（D）离心块转动是否灵活，达到规定速度时，超速锁应动作。

（E）锁距应在 200mm 内安全锁住吊篮平台。

（F）防倾斜锁锁内润滑应良好。

（G）各转动部位应保持转动灵活。

（H）平台倾斜角度大于 8°时吊篮应能安全锁住。

（I）报警装置应能正确动作。

（J）超载装置反应要灵活正确。

⑨ 操纵控制装置

（A）电源电缆应无损伤，保存方法正确；

（B）插座端子不可松动和损伤；

（C）接地端子不可松动脱落；

（D）电线、电缆绝缘保护皮不污损和老化；

（E）控制箱外壳无损坏、脱落，防渗漏性能好；

（F）漏电开关动作正常；

（G）各按钮开关灵活正常。

⑩ 整机试车

（A）上升、下降动作正常；

（B）电磁制动器动作正常；

（C）行程限位器动作正常；

（D）限速装置动作正常；

（E）超速锁动作正常（防倾斜锁动作正常）；

（F）限载装置动作正常。

7.5.2.3 定期大修（三级保养）

（1）大修期限

高处作业吊篮的大修应按照产品使用说明书的要求进行，若产品说明书没有要求的，按以下要求进行：

① 使用期满 1 年，应大修；

② 累计工作 300 个台班，应大修；

③ 累计工作 2000 小时，应大修。

满足大修条件，应送往具有大修条件（包括人员、设备、检测手段及配件加工能力）的吊篮专业厂进行大修。如果产品使用说明书明确规定需原厂大修的，应送回原厂进行大修。

（2）大修项目及内容

① 提升机和安全锁

（A）解体清洗。

（B）更换易损件。

（C）检测齿轮、涡轮副、主要轴、孔以及有关零件的重要几何参数；修复可修复的零件，更换不可修复的超标零件。

（D）检查壳体变形或裂纹情况。对塑性材料制成的壳体可进行修复；对脆性材料制成的壳体，出现裂纹的应予以更换。

（E）按产品使用说明书要求加足润滑剂。

（F）重新组装后按产品出厂要求进行全面的性能检验及标定，安全锁的大修必须由生产厂及专门机构进行。

② 悬挂机构、悬吊平台和电控箱壳

（A）清理构件表面的附着物、残漆及浮锈；

（B）检查磨损或锈蚀是否超标，对磨损或锈蚀大于构件原厚度 10% 的予以更换；

（C）检查构件变形及焊缝裂纹，对无法修复的予以更换；

（D）检验后进行重新涂漆。

③ 电气系统

（A）修复或更换失灵或触点烧蚀的电气元件。

（B）检查电缆线绝缘层是否破损或老化，对无法修复的予以更换。

（C）全面检查各接头及连接点的连接情况，必要时按规范重新整理或接线；电源不得从吊篮电气箱内分出，只能从吊篮设备无关的电源上接出。

（D）保险丝所起的作用是确保正常电流通过，故不可使用超过额定的规格型号，更不得使用铜线、铜丝等充当保险丝。

（E）对绝缘情况进行检查，确保其安全性。

④ 钢丝绳和安全绳

（A）按照 GB/T 5972 标准要求逐段检查，对达到报废标准的予以更换；

（B）重点检查绳头固定端，对磨损或疲劳严重的去除受损段后重新固定绳套。

7.6 高处作业吊篮的常见故障与事故案例

7.6.1 高处作业吊篮常见故障判断及应急处置

7.6.1.1 常见故障判断及处置方法

高处作业吊篮在使用过程中发生的故障很多，主要是工作环境恶劣，维护保养不及时，操作人员违章作业，零部件的自然磨损等多方面原因造成的。高处作业吊篮发生异常时，操作人员应立即停止操作，及时向有关部门报告，以便及时处理，消除隐患，恢复正常工作。

高处作业吊篮常见的故障一般分为机械故障和电气故障两大类。由于机械零部件磨损、变形、断裂、卡塞、润滑不良以及相对位置不正确等而造成机械系统不能正常运行，统称为机械故障。由于电气线路、元器件、电气设备以及电源系统等发生故障，造成用电系统不能正常运行，统称为电气故障。机械故障一般比较明显、直观，容易判断；电气故障相对来说比较多，有的故障比较直观，容易判断，有的故障比较隐蔽，难以判断。高处作业吊篮常见故障的判断及处置方法参照表 7-7。

高处作业吊篮常见故障的判断及处置方法　　　　　　　表 7-7

故障现象	故障原因	处置方法
电源指示灯不亮	电源没接通	检查各级电源开关是否有效闭合
	变压器损坏	更换变压器
	灯泡损坏	更换灯泡
限位开关不起作用	电源相序接反	交换相序
	限位开关损坏	更换限位开关
	限位开关与限位止挡块接触不好	调整限位开关或止挡块
松开按钮后提升机不停车	电气箱内接触器触点粘连	修理或更换接触器
	按钮损坏或被卡住	检查修理或更换按钮
悬吊平台静止时下滑	提升机制动器失灵	检查修理或更换制动器
	摩擦盘与衔铁之间的距离过大	调整间隙或更换制动片
悬吊平台升降时无法停止	交流接触器主触点未脱开	按下急停按钮使悬吊平台停止，更换接触器
	控制按钮损坏，不能复位	按下急停按钮使悬吊平台停止，再更换控制按钮

故障现象	故障原因	处置方法
悬吊平台不能启动	漏电断路器断开	查明原因,复位
	电源缺相或无零线	查明原因正确接线
	控制变压器损坏	更换变压器
	热继电器断开或损坏	查找原因,待热继电器复位后,重新启动或更换
	熔断丝或接触器损坏	更换熔断丝或接触器
	急停按钮未复位	检查复位
	插件接触不良	检查后插紧插件或更换
悬吊平台倾斜	两个电机制动灵敏度差异	调整两电机制动器的间隙,使其匹配
	离心限速器弹簧松弛	更换离心限速器弹簧
	电动机转速差异过大	修理或更换电动机
	提升机拽绳差异	更换提升机的压绳装置
	悬吊平台内载荷不匀	调整悬吊平台载荷
提升机有异常噪声	提升机零部件受损	更换受损零部件
	电机电磁制动器间隙过小	调整间隙
	电机电磁制动器摩擦片不均匀磨损	更换摩擦片
一侧提升机不动作或电机发热冒烟	制动器衔铁不动作或衔铁与摩擦片的间距过小	调整制动器衔铁与摩擦片的间距或更换衔铁
	制动器线圈烧坏	更换制动器线圈
	整流块短路损坏	更换整流块
	热继电器或接触器损坏	更换相应电器
	转换开关损坏	更换转换开关
工作钢丝绳不能穿入提升机	钢丝绳绳头不圆滑	打光焊接部位或重新制作绳头
提升机带不动悬吊平台	电源电压过低	暂停作业
	传动装置损坏	检修或更换提升机
	制动器未打开或未完全打开	调整间距,并检查制动器能否正常吸合
	压绳机构杠杆变形	校直杠杆或更换
电机噪声大或发热异常	缺相运行	查明原因,正确接线
	电源电压过低或过高	暂停作业
	轴承损坏	更换轴承
悬吊平台升至屋顶时无法下行	两套悬挂机构间距太小,使安全锁起作用	调整悬挂机构间距
工作钢丝绳异常磨损	压绳机构磨损	更换压绳机构
	导绳轮磨损、损坏	更换导绳轮

故障现象	故障原因	处置方法
离心式安全锁离心机构不动作	离心弹簧过紧，绳轮弹簧压紧不够，异物堆积	更换离心式弹簧、绳轮弹簧，清除异物，并重新标定
安全锁锁绳时打滑或锁绳角度偏大	安全钢丝绳上有油污	清除油污或更换钢丝绳
	夹绳轮磨损	更换夹绳轮
	安全锁动作迟缓	更换安全锁弹簧
	两套悬挂机构间距过大	调整悬挂机构间距
悬吊平台手动滑降失速	电机端离心限速器失效	更换离心限速器

7.6.1.2 紧急情况处置

在施工过程中有时会遇到一些紧急情况，此时操作人员首先要镇静，然后采取合理有效的应急措施，果断化解或排除险情，切莫惊慌失措，束手无策，延误排险时机，造成不必要的损失。

（1）作业中突然断电

作业中突然断电时，应立即断开电气箱的电源总开关切断电源，防止突然来电时发生意外。然后与有关人员联络，判明断电原因，决定是否返回地面。若短时间停电，待接到来电通知后，闭合电源总开关，经检查正常后再开始工作。若长时间停电或因本设备故障断电，应及时采用手动方式使悬吊平台平稳滑降至地面。严禁通过附近窗口离开高处作业吊篮，以防不慎坠落造成人身伤害。

（2）悬吊平台升降过程中无法停止

正常情况下，按住上升或下降按钮，悬吊平台向上或向下运行，松开按钮便停止运行。当出现松开按钮，悬吊平台无法停止运行时，应立即按下电气控制箱或按钮盒上的红色急停按钮，使悬吊平台紧急停止，并断开电源总开关，切断电源。然后手动滑降使悬吊平台平稳降落地面，通知专业维修人员排除电气故障后，再进行作业。

（3）悬吊平台倾斜角度过大

在作业过程中，当悬吊平台倾斜角度过大时，应及时停止运行，将电气控制箱上的转换开关转向悬吊平台单机运行档，然后按上升或下降按钮直至悬吊平台接近水平状态为止。再将转换开关转向双机运行档，继续进行作业。

如果在上升或下降的单向全程运行中，悬吊平台出现两次以上倾斜角度过大时，应及时将悬吊平台降至地面，检查并调整两端提升机的电磁制动器间隙，然后再检测两端提升机的同步性能。若差异过大，应更换提升机。

（4）工作钢丝绳突然卡在提升机内

钢丝绳松股，局部凸起变形或粘结涂料、水泥、胶状物时，均会造成钢丝绳卡在提升机内的严重故障。

当发生钢丝绳突然卡在提升机内时，应立即停机。平台内操作人员应保持冷静，在确保安全的前提下撤离悬吊平台，由专业维修人员进入悬吊平台内排除故障。应先将故障端的安全钢丝绳缠绕在提升机安装架上，用绳夹固定，使之承受此端悬吊载荷，然后在悬挂机构相应位置重新安装一根钢丝绳,在提升机安装架上安装一台提升机置换故障提升机。再将该端悬吊平台提升 0.5m 左右停止不动,取下安全钢丝绳的绳夹,使其恢复到悬垂位置,将平台升至顶部,取下故障钢丝绳,再降至地面,将故障提升机解体取出卡在内部的钢丝绳。

当发生钢丝绳突然卡在提升机内时,严禁用反复升、降方法来强行排除故障。这种方法会造成提升机损坏,甚至切断钢丝绳,造成悬吊平台坠落。

(5) 一端工作钢丝绳破断,安全锁锁住安全绳

当一端工作钢丝绳由于意外破断,悬吊平台倾斜,安全锁锁住安全钢丝绳时,可采取"工作钢丝绳突然卡在提升机内"的处置方法排除故障。在排除故障过程中,必须避免安全锁受到过大冲击和干扰,以防安全锁失效造成平台坠落。

7.6.2 高处作业吊篮事故案例分析

7.6.2.1 漏装连接销轴致使吊篮坠落事故

(1) 事故经过

2000 年 6 月 18 日,在某外墙维修工程施工现场,某设备租赁单位田某指导吊篮使用单位 9 名作业人员安装吊篮,在安装过程中,漏装悬挂机构左侧挑梁的后插杆与后导向支架的连接销。在未经检查验收的情况下,租赁单位的杜某就先做试运行,然后使用单位的 2 名作业人员就上机开始学习操作,当吊篮运行至 6 层时,安装在 9 层屋面上悬挂机构左侧挑梁的后插杆从后导向支架中拔出,在冲击载荷作用下,悬吊平台右侧提升机安装架被撕裂,导致悬挂机构左侧挑梁连同悬吊平台一同坠落至一层裙房楼顶的冷却塔上,造成 2 人死亡。

(2) 事故原因

① 悬挂机构左侧挑梁的后插杆连接销轴未安装,导致挑梁从导向支柱中拔出后坠落;

② 安装完毕后未经检查验收就投入使用;

③ 吊篮操作人员未按规定使用安全带和独立安全绳。

7.6.2.2 工作钢丝绳绳端脱落事故

(1) 事故经过

2004 年 9 月 11 日,某施工现场 3 名作业人员在高处作业吊篮内进行外墙大理石干挂作业。8 时 20 分左右,吊篮一侧的提升钢丝绳突然从绳夹中抽出,造成 3 名作业人员同悬吊平台从高 7m 处倾斜坠地;吊篮坠地的同时,在楼内进行室内装修作业的瓦工娄某未戴安全帽从楼内出来,恰好路经吊篮下方,不慎被吊篮砸伤头部。4 人被立即送到医院抢救,娄某经抢救无效死亡。

(2) 事故原因

① 吊篮工作钢丝绳绳端固定不牢,致使钢丝绳从绳夹中脱出,导致吊篮一端倾斜;

② 吊篮安全锁失效,未能及时锁住安全绳;

③ 瓦工娄某安全意识不强,从楼内出来时,未按规定走安全通道,又违章不戴安全帽,不慎被下坠的吊篮砸到头部受伤致死。

7.6.2.3 提升机维修保养缺失,造成悬吊平台坠落事故

(1) 事故经过

2005 年 10 月 12 日，某玻璃幕墙框装修施工现场，4 名作业人员使用吊篮安装 27 层玻璃幕墙框作业。3 名作业人员由底层进入悬吊平台，当吊篮上升至四楼时，1 人由窗口跨入悬吊平台（1 人位于悬吊平台左侧，3 人位于悬吊平台右侧），悬吊平台突然发生严重倾斜，水平面倾角接近 80°，致使 3 人从悬吊平台内坠落地面，当场死亡；1 人因安全带挂在悬吊平台上，悬挂在空中，后经抢救脱险。

（2）事故原因

① 由于提升机缺乏维修保养，造成提升机减速箱中机械润滑油缺乏，在悬吊平台上升过程中，右侧提升机中减速箱涡轮突然断裂，传动系统失效，使提升机与工作钢丝绳脱节。

② 安全锁超过标定期，长时间缺乏维护，安全锁功能失效，未能有效阻止悬吊平台的下滑。

③ 4 名作业人员均未按要求正确佩戴安全带，使用安全绳。其中 1 人虽佩带安全带，但将安全带系在了平台栏杆上，并没有按规定系挂在安全绳上；两人佩带安全带，但未将安全带系在任何位置上；另外 1 人根本没有佩带安全带。

④ 作业人员违章从窗口跨入悬吊平台内，造成偏载。

7.6.2.4　吊篮斜拉使用事故

（1）事故经过

2002 年 10 月 17 日，某施工现场 3 名作业人员在悬吊平台内安装 19 层至 20 层幕墙玻璃，由于悬吊平台的中心位置距玻璃的中心位置相差 3m，于是采取了斜拉悬吊平台进行安装作业，此时吊篮的悬挂机构突然失稳，导致 3 名作业人员同悬吊平台坠落地面，造成 3 人死亡。

（2）事故原因

① 作业人员违章斜拉悬吊平台致使悬挂机构晃动，固定不牢的配重块脱落，导致悬挂机构平衡力矩减小，失稳坠落；

② 配重块没有可靠的固定措施；

③ 悬挂机构安装不符合产品使用说明书要求，使用前又未进行检查验收；

④ 作业人员未按规定悬挂安全绳、佩戴安全带。

7.6.2.5　违章跨越事故

（1）事故经过

2005 年 11 月 4 日，某外墙工程施工现场，作业人员张某在位于 12 层的悬吊平台上用砂纸打磨墙面。约 8 时许，张某违章从悬吊平台向 12 层阳台跨越，不慎坠落至 5 层天台死亡。

（2）事故原因

作业人员违章从悬吊平台跨入窗口内。按规定悬吊平台落地后，作业人员才能上下悬吊平台。

7.6.2.6　违反规定安装吊篮事故

（1）事故经过

2005 年 12 月 12 日，某施工现场，4 名作业人员使用高处作业吊篮对工程北外墙进行喷塑作业时，当悬吊平台由 11 层向上提升过程中，因吊篮悬挂机构前支架位移而脱离狭小的工作搁置平台，导致悬吊平台向一侧倾覆并坠落，造成 4 名未佩戴任何安全防护用品的作业人员从悬吊平台中被甩出坠落至地面，3 人当场死亡，1 人重伤。

（2）事故原因

① 未按产品说明书的要求安装高处作业吊篮，两悬挂机构水平距离和配重数量均不符合产品说明书的规定；

② 由于吊篮悬挂机构的水平间距过大，当悬吊平台升降时悬挂机构受到了水平的拉力，导致其失稳倾斜；

③ 由于配重块不足且无固定，加之悬挂机构搁置平台狭小且不平整，降低了悬挂机构的抗倾覆力矩导致其倾覆坠落；

④ 作业人员缺乏安全常识，未按要求佩戴安全带、系挂安全绳。

8 建筑起重机械安全技术管理

随着我国建筑业规模不断扩大,建筑施工机械化程度不断提高,建筑起重机械事故呈多发态势。建筑起重机械设备本身存在质量安全隐患、租赁市场不规范、安装拆卸行为不规范、使用管理不规范等都可能造成建筑起重机械事故的发生。如何加强建筑起重机械管理、提升安全技术管理水平是一个重要课题。加强建筑起重机械安全技术管理的主要措施有:

(1) 认真贯彻落实各项法律法规

按照《建设工程安全生产管理条例》、《特种设备安全监察条例》和《建筑起重机械安全监督管理规定》的要求,各有关单位要加强建筑起重机械设计、制造、租赁、安装、拆卸、使用、维修等环节全过程系统管理,强化工地起重机械的租赁、安装、使用的安全监管,全面落实建设单位、施工总承包单位、租赁单位、安装单位、使用单位、监理单位在起重机械拆装、使用过程的安全责任。

(2) 完善建筑起重机械安全管理制度

要建立健全建筑起重机械注册登记和使用登记制度、安装单位资质许可制度、特种作业人员持证上岗制度、起重机械安全技术档案管理制度、安装拆卸工程专项施工方案编审制度、安装工程验收制度、安装拆卸工程旁站监理制度、起重机械日常维护保养制度、报废制度等一系列管理制度,促进建筑起重机械安全管理规范化、制度化。

(3) 规范建筑起重机械租赁市场

加强建筑起重机械租赁行业自律,促进建筑起重机械租赁行业的健康发展;强化租赁合同管理,明确租赁单位对出租建筑起重机械的安全管理职责,严禁出租国家明令淘汰不准再使用、超过安全技术规范规定使用年限、达不到国家和行业安全技术标准规定的建筑起重机械。

(4) 强化特种作业人员安全技术培训

随着省级建设主管部门对建筑施工企业特种作业人员考核发证规定的明确,不断探索建立建筑安全培训基地,强化对特种作业人员实务培训;完善岗前培训和安全技术交底制度,特种作业人员上岗前必须了解起重机械结构特点、工作原理及操作规程;开展经常性的安全教育培训,不断提高特种作业人员的安全意识和操作能力。

(5) 加大建筑起重机械安全检查力度

有关单位必须重点检查建筑起重机械拆装单位资质情况、特种作业人员持证上岗情况、建筑起重机械安全专项施工方案编审情况、日常维护保养情况等。对于存在安全隐患的,要责令立即停止使用,及时消除隐患;对于造成安全事故的,要严格按照"四不放过"原则,严肃查处事故责任单位和责任人。

本章从建筑起重机械安全监督管理要求、建筑起重机械安全技术要求、建筑起重机械安全管理要求分别进行介绍。

8.1 建筑起重机械安全监督管理要求

8.1.1 建筑起重机械安全监管的具体要求

根据住房和城乡建设部《建筑起重机械安全监督管理规定》（建设部令第 166 号）及相关法规、标准的规定，对建筑起重机械各相关单位的安全监管提出了具体要求。

8.1.1.1 建筑起重机械出租单位的安全管理要求

（1）出租单位出租的建筑起重机械和使用单位购置、租赁、使用的建筑起重机械应当具有特种设备制造许可证、产品合格证、制造监督检验证明。

（2）出租单位在建筑起重机械首次出租前，自购建筑起重机械的使用单位在建筑起重机械首次安装前，应当持建筑起重机械特种设备制造许可证、产品合格证和制造监督检验证明，到本单位工商注册所在地县级以上地方人民政府建设主管部门办理备案。

（3）出租单位应当在签订的建筑起重机械租赁合同中，明确租赁双方的安全责任，并出具建筑起重机械特种设备制造许可证、产品合格证、制造监督检验证明、备案证和自检合格证明，提交安装使用说明书。

（4）有下列情形之一的建筑起重机械，不得出租、使用：

① 属国家明令淘汰或者禁止使用的；

② 超过安全技术标准或者制造厂家规定的使用年限的；

③ 经检验达不到安全技术标准规定的；

④ 没有完整安全技术档案的；

⑤ 没有齐全有效的安全保护装置的。

（5）建筑起重机械有上述第（4）条第①、②、③项情形之一的，出租单位或者自购建筑起重机械的使用单位应当予以报废，并向原备案机关办理注销手续。

（6）出租单位、自购建筑起重机械的使用单位，应当建立建筑起重机械安全技术档案。

建筑起重机械安全技术档案应当包括以下资料：

① 购销合同、制造许可证、产品合格证、制造监督检验证明、安装使用说明书、备案证明等原始资料；

② 定期检验报告、定期自行检查记录、定期维护保养记录、维修和技术改造记录、运行故障和生产安全事故记录、累计运转记录等运行资料；

③ 历次安装验收资料。

8.1.1.2 建筑起重机械安装单位的安全管理要求

（1）从事建筑起重机械安装、拆卸活动的单位（以下简称安装单位）应当依法取得建设行政主管部门颁发的相应资质和建筑施工企业安全生产许可证，并在其资质许可范围内承揽建筑起重机械安装、拆卸工程。

（2）建筑起重机械使用单位和安装单位应当在签订的建筑起重机械安装、拆卸合同中明确双方的安全生产责任。实行施工总承包的，施工总承包单位应当与安装单位签订建筑起重机械安装、拆卸工程安全协议书。

（3）安装单位应当履行下列安全职责：

① 按照安全技术标准及建筑起重机械性能要求，编制建筑起重机械安装、拆卸工程专项施工方案，并由本单位技术负责人签字；

② 按照安全技术标准及安装使用说明书等检查建筑起重机械及现场施工条件；

③ 组织安全施工技术交底并签字确认；

④ 制定建筑起重机械安装、拆卸工程生产安全事故应急救援预案；

⑤ 将建筑起重机械安装、拆卸工程专项施工方案，安装、拆卸人员名单，安装、拆卸时间等材料报施工总承包单位和监理单位审核后，告知工程所在地县级以上地方人民政府建设行政主管部门。

（4）安装单位应当按照建筑起重机械安装、拆卸工程专项施工方案及安全操作规程组织安装、拆卸作业。安装单位的专业技术人员、专职安全生产管理人员应当进行现场监督，技术负责人应当定期巡查。

（5）建筑起重机械安装完毕后，安装单位应当按照安全技术标准及安装使用说明书的有关要求，对建筑起重机械进行自检、调试和试运转。自检合格的，应当出具自检合格证明，并向使用单位进行安全使用说明。

（6）安装单位应当建立建筑起重机械安装、拆卸工程档案。建筑起重机械安装、拆卸工程档案应当包括以下资料：

① 安装、拆卸合同及安全协议书；

② 安装、拆卸工程专项施工方案；

③ 安全施工技术交底的有关资料；

④ 安装工程验收资料；

⑤ 安装、拆卸工程生产安全事故应急救援预案。

（7）建筑起重机械安装完毕后，使用单位应当组织出租、安装、监理等有关单位进行验收，或者委托具有相应资质的检验检测机构进行验收。建筑起重机械经验收合格后方可投入使用，未经验收或者验收不合格的不得使用。实行施工总承包的，由施工总承包单位组织验收。建筑起重机械在验收前应当经有相应资质的检验检测机构监督检验合格。检验检测机构和检验检测人员对检验检查结果、鉴定结论依法承担法律责任。

8.1.1.3 建筑起重机械使用单位的安全管理要求

（1）使用单位应当自建筑起重机械安装验收合格之日起 30 日内，将建筑起重机械安装验收资料、建筑起重机械安全管理制度、特种作业人员名单等，向工程所在地县级以上地方人民政府建设行政主管部门办理建筑起重机械使用登记。登记标志应置于或者附着于该设备的显著位置。

（2）使用单位应当履行下列安全职责：

① 根据不同施工阶段、周围环境以及季节、气候的变化，对建筑起重机械采取相应的安全防护措施；

② 制定建筑起重机械生产安全事故应急救援预案；

③ 在建筑起重机械活动范围内设置明显的安全警示标志，对集中作业区做好安全防护；

④ 设置相应的设备管理机构或者配备专职的设备管理人员；

⑤ 指定专职设备管理人员、专职安全生产管理人员进行现场监督检查；

⑥ 建筑起重机械出现故障或者发生异常情况的，立即停止使用，消除故障和事故隐患后，方可重新投入使用。

（3）使用单位应当对在用的建筑起重机械及其安全保护装置、吊具、索具等进行经常性和定期的检查、维护和保养，并做好记录。使用单位在建筑起重机械租期结束后，应当将定期检查、维护和保养记录移交出租单位。建筑起重机械租赁合同对建筑起重机械的检查、维护、保养另有约定的，从其约定。

（4）建筑起重机械在使用过程中需要附着的，使用单位应当委托原安装单位或者具有相应资质的安装单位按照专项施工方案实施，并按照规定组织验收。验收合格后方可投入使用。建筑起重机械在使用过程中需要顶升的，使用单位委托原安装单位或者具有相应资质的安装单位按照专项施工方案实施后，即可投入使用。禁止擅自在建筑起重机械上安装非原制造厂制造的标准节和附着装置。

8.1.1.4　施工总承包单位、监理单位、建设单位对建筑起重机械的安全管理职责

（1）施工总承包单位应当履行下列安全职责：

① 向安装单位提供拟安装设备位置的基础施工资料，确保建筑起重机械进场安装、拆卸所需的施工条件；

② 审核建筑起重机械的特种设备制造许可证、产品合格证、制造监督检验证明、备案证明等文件；

③ 审核安装单位、使用单位的资质证书、安全生产许可证和特种作业人员的特种作业操作资格证书；

④ 审核安装单位制定的建筑起重机械安装、拆卸工程专项施工方案和生产安全事故应急救援预案；

⑤ 审核使用单位制定的建筑起重机械生产安全事故应急救援预案；

⑥ 指定专职安全生产管理人员监督检查建筑起重机械安装、拆卸、使用情况；

⑦ 施工现场有多台塔式起重机作业时，应当组织制定并实施防止塔式起重机相互碰撞的安全措施。

（2）监理单位应当履行下列安全职责：

① 审核建筑起重机械的特种设备制造许可证、产品合格证、制造监督检验证明、备案证明等文件；

② 审核建筑起重机械安装单位、使用单位的资质证书、安全生产许可证和特种作业人员的特种作业操作资格证书；

③ 审核建筑起重机械安装、拆卸工程专项施工方案；

④ 监督安装单位执行建筑起重机械安装、拆卸工程专项施工方案情况；

⑤ 监督检查建筑起重机械的使用情况；

⑥ 发现存在生产安全事故隐患的，应当要求安装单位、使用单位限期整改，对安装单位、使用单位拒不整改的，及时向建设单位报告。

（3）依法发包给两个及两个以上施工单位的工程，不同施工单位在同一施工现场使用多台塔式起重机作业时，建设单位应当协调组织制定防止塔式起重机相互碰撞的安全措施。安装单位、使用单位拒不整改生产安全事故隐患的，建设单位接到监理单位报告后，

应当责令安装单位、使用单位立即停工整改。

8.1.1.5　建设行政主管部门对建筑起重机械的安全监督管理职责

（1）建设行政主管部门履行安全监督检查职责时，有权采取下列措施：

① 要求被检查的单位提供有关建筑起重机械的文件和资料；

② 进入被检查单位和被检查单位的施工现场进行检查；

③ 对检查中发现的建筑起重机械生产安全事故隐患，责令立即排除；重大生产安全事故隐患排除前或者排除过程中无法保证安全的，责令从危险区域撤出作业人员或者暂时停止施工。

（2）负责办理备案或者登记的建设行政主管部门应当建立本行政区域内的建筑起重机械档案，按照有关规定对建筑起重机械进行统一编号，并定期向社会公布建筑起重机械的安全状况。

（3）县级以上地方人民政府建设行政主管部门发现建筑起重机械出租单位、安装单位、使用单位及施工总承包单位、监理单位、建设单位未履行建筑起重机械的安全职责，有违反建筑起重机械相关规定行为的，应责令限期改正，予以警告，并处以罚款。

8.1.2　建筑起重机械备案登记

根据住房和城乡建设部《关于印发〈建筑起重机械备案登记办法〉的通知》（建质〔2008〕76号）及相关法规、标准的规定要求，建筑起重机械实施备案登记管理制度，建筑起重机械备案登记包括建筑起重机械备案、安装（拆卸）告知和使用登记。

8.1.2.1　建筑起重机械出租单位、产权单位的备案登记管理职责

（1）出租、安装、使用单位应当按规定提交建筑起重机械备案登记资料，并对所提供资料的真实性负责。

（2）建筑起重机械出租单位或者自购建筑起重机械使用单位（以下简称"产权单位"）在建筑起重机械首次出租或安装前，应当向本单位工商注册所在地县级以上地方人民政府建设行政主管部门（以下简称"设备备案机关"）办理备案。

（3）产权单位在办理备案手续时，应当向设备备案机关提交以下资料：

① 产权单位法人营业执照副本；

② 特种设备制造许可证；

③ 产品合格证；

④ 制造监督检验证明；

⑤ 建筑起重机械设备购销合同、发票或相应有效凭证；

⑥ 设备备案机关规定的其他资料。

所有资料复印件应当加盖产权单位公章。

（4）起重机械产权单位变更时，原产权单位应当持建筑起重机械备案证明到设备备案机关办理备案注销手续。原产权单位应当将建筑起重机械的安全技术档案移交给现产权单位。现产权单位应当按照规定办理建筑起重机械备案手续。

（5）建筑起重机械属于不予备案情形之一的，产权单位应当及时采取解体等销毁措施予以报废，并向设备备案机关办理备案注销手续。

8.1.2.2 建筑起重机械安装单位的备案登记管理职责

（1）从事建筑起重机械安装、拆卸活动的单位（以下简称"安装单位"）办理建筑起重机械安装（拆卸）告知手续前，应当将以下资料报送施工总承包单位、监理单位审核：

① 建筑起重机械备案证明；

② 安装单位资质证书、安全生产许可证副本；

③ 安装单位特种作业人员证书；

④ 建筑起重机械安装（拆卸）工程专项施工方案；

⑤ 安装单位与使用单位签订的安装（拆卸）合同及安装单位与施工总承包单位签订的安全协议书；

⑥ 安装单位负责建筑起重机械安装（拆卸）工程专职安全生产管理人员、专业技术人员名单；

⑦ 建筑起重机械安装（拆卸）工程生产安全事故应急救援预案；

⑧ 辅助起重机械资料及其特种作业人员证书；

⑨ 施工总承包单位、监理单位要求的其他资料。

（2）安装单位应当在建筑起重机械安装（拆卸）前在规定的工作日内通过书面形式、传真或者计算机信息系统告知工程所在地县级以上地方人民政府建设行政主管部门，同时按规定提交经施工总承包单位、监理单位审核合格的有关资料。

8.1.2.3 建筑起重机械使用单位的备案登记管理职责

（1）建筑起重机械使用单位在建筑起重机械安装验收合格之日起 30 日内，向工程所在地县级以上地方人民政府建设行政主管部门（以下简称"使用登记机关"）办理使用登记。

（2）使用单位在办理建筑起重机械使用登记时，应当向使用登记机关提交下列资料：

① 建筑起重机械备案证明；

② 建筑起重机械租赁合同；

③ 建筑起重机械检验检测报告和安装验收资料；

④ 使用单位特种作业人员资格证书；

⑤ 建筑起重机械生产安全事故应急救援预案；

⑥ 使用登记机关规定的其他资料。

8.1.2.4 施工总承包单位、监理单位的备案登记管理职责

施工总承包单位、监理单位应当在收到安装单位提交的、齐全有效的资料之日起 2 个工作日内审核完毕并签署意见。

8.1.2.5 建筑起重机械备案机关、登记机关、监督机关的管理职责

（1）设备备案机关应当自收到产权单位提交的备案资料之日起 7 个工作日内，对符合备案条件且资料齐全的建筑起重机械进行编号，向产权单位核发建筑起重机械备案证明。

（2）有下列情形之一的建筑起重机械，设备备案机关不予备案，并通知产权单位：

① 属国家和地方明令淘汰或者禁止使用的；

② 超过制造厂家或者安全技术标准规定的使用年限的；

③ 经检验达不到安全技术标准规定的。

(3) 建筑起重机械产权单位变更时，设备备案机关应当收回其建筑起重机械备案证明。

(4) 使用登记机关应当自收到使用单位提交的资料之日起 7 个工作日内，对于符合登记条件且资料齐全的建筑起重机械核发建筑起重机械使用登记证明。

(5) 有下列情形之一的建筑起重机械，使用登记机关不予使用登记并有权责令使用单位立即停止使用或者拆除：

① 属于不予备案情形之一的；

② 未经检验检测或者经检验检测不合格的；

③ 未经安装验收或者经安装验收不合格的。

(6) 使用登记机关应当在安装单位办理建筑起重机械拆卸告知手续时，注销建筑起重机械使用登记证明。

(7) 县级以上地方人民政府建设行政主管部门可以使用计算机信息管理系统办理建筑起重机械备案登记，并建立数据库。

(8) 县级以上地方人民政府建设行政主管部门应当提供本行政区域内建筑起重机械备案登记查询服务。应当建立建筑起重机械备案登记诚信考核制度。

(9) 建筑起重机械实行年度统计上报制度。省、自治区、直辖市人民政府建设主管部门应当在每年年底将本地区建筑起重机械备案登记情况汇总后上报国务院建设主管部门。

(10) 县级以上地方人民政府建设主管部门应当对施工现场的建筑起重机械备案登记情况进行监督检查。

(11) 省级以上人民政府建设主管部门应当按照有关规定及时公布限制或禁止使用的建筑起重机械。

(12) 出租、安装、使用单位未按规定办理建筑起重机械备案、安装（拆卸）告知、使用登记及注销手续的，由建设主管部门依照有关法规和规章进行处罚。

8.1.3　建筑起重机械作业人员的安全管理要求

从事建筑起重机械的作业人员是建筑施工特种作业人员，应当经建设主管部门考核合格，并取得特种作业操作资格证书后，方可上岗作业。

对建筑起重机械作业人员的安全管理的具体要求是：

(1) 建筑施工特种作业包括：

① 建筑起重司索信号工：在建筑工程施工现场从事对起吊物体进行绑扎、挂钩等司索作业和起重指挥作业；

② 建筑起重机械司机（塔式起重机）：在建筑工程施工现场从事固定式、轨道式和内爬升式塔式起重机的驾驶操作；

③ 建筑起重机械司机（施工升降机）：在建筑工程施工现场从事施工升降机的驾驶操作；

④ 建筑起重机械司机（物料提升机）：在建筑工程施工现场从事物料提升机的驾驶操作；

⑤ 建筑起重机械安装拆卸工（塔式起重机）：在建筑工程施工现场从事固定式、轨道式和内爬升式塔式起重机的安装、附着、顶升和拆卸作业；

⑥ 建筑起重机械安装拆卸工（施工升降机）：在建筑工程施工现场从事施工升降机的安装和拆卸作业；

⑦ 建筑起重机械安装拆卸工（物料提升机）：在建筑工程施工现场从事物料提升机的安装和拆卸作业。

（2）从事建筑施工特种作业人员的基本条件：

① 年满 18 周岁且符合相关工种规定的年龄要求；

② 经医院体检合格且无妨碍从事相应特种作业的疾病和生理缺陷；

③ 初中及以上学历；

④ 符合相应特种作业需要的其他条件。

8.1.4 建筑施工特种作业人员的考核

建筑施工特种作业人员考核内容应当包括安全技术理论和安全操作技能。考核内容分掌握、熟悉、了解三类。其中掌握即要求能运用特种作业知识解决实际问题，熟悉即要求能较深理解相关特种作业安全技术知识，了解即要求具有相关特种作业的基本知识。

8.1.4.1 安全技术理论

（1）安全生产基本知识

① 了解建筑安全生产法律法规和规章制度；

② 熟悉有关特种作业人员的管理制度；

③ 掌握从业人员的权利义务和法律责任；

④ 掌握高处作业安全知识；

⑤ 掌握安全防护用品的使用；

⑥ 熟悉安全标志、安全色的基本知识；

⑦ 了解施工现场消防知识；

⑧ 了解施工现场急救知识；

⑨ 熟悉施工现场安全用电基本知识。

（2）专业基础知识

① 熟悉力学基本知识；

② 了解电工基本知识；

③ 掌握机械基本知识；

④ 了解液压传动知识；

⑤ 了解钢结构基础知识；

⑥ 熟悉起重吊装基本知识。

（3）专业技术理论

① 了解建筑起重机械的分类；

② 熟悉建筑起重机械的基本技术参数；

③ 熟悉建筑起重机械的基本构造与组成；

④ 熟悉建筑起重机械的基本工作原理；

⑤ 熟悉建筑起重机械的安全技术要求；

⑥ 熟悉建筑起重机械安全防护装置的结构、工作原理；

⑦了解建筑起重机械安全防护装置的维护保养、调试；

⑧ 熟悉建筑起重机械试验方法和程序；

⑨ 熟悉建筑起重机械常见故障的判断与处置方法；

⑩ 熟悉建筑起重机械的维护与保养的基本常识；

⑪ 掌握建筑起重机械主要零部件及易损件的报废标准；

⑫ 掌握建筑起重机械的安全技术操作规程；

⑬ 了解建筑起重机械常见事故原因及处置方法；

⑭ 掌握《起重吊运指挥信号》（GB 5082）内容。

8.1.4.2　安全操作技能

（1）掌握建筑起重机安装、拆卸前的检查和准备；

（2）掌握建筑起重机安装、拆卸的程序、方法和注意事项；

（3）掌握建筑起重机调试和常见故障的判断；

（4）掌握建筑起重机吊钩、滑轮、钢丝绳和制动器的报废标准；

（5）掌握紧急情况处置方法。

8.1.5　建筑起重机械特种作业人员从业要求

（1）持有资格证书的人员，应当受聘于建筑施工企业或者建筑起重机械出租单位（以下简称用人单位），方可从事相应的特种作业。

（2）用人单位对于首次取得资格证书的人员，应当在其正式上岗前安排不少于3个月的实习操作。

（3）建筑施工特种作业人员应当严格按照安全技术标准、规范和规程进行作业，正确佩戴和使用防护用品，并按规定对作业工具和设备进行维护保养。建筑施工特种作业人员应当参加年度安全教育培训或者继续教育，每年不得少于24小时。

（4）在施工中发生危及人身安全的紧急情况时，建筑施工特种作业人员有权立即停止作业或者撤离危险区域，并向施工现场专职安全生产管理人员和项目负责人报告。

（5）资格证书有效期为两年。有效期满需要延期的，建筑施工特种作业人员应当于期满前3个月内向原考核发证机关申请办理延期复核手续。延期复核合格的，资格证书有效期延期2年。

（6）建筑施工特种作业人员在资格证书有效期内，有下列情形之一的，延期复核结果为不合格：

① 超过相关工种规定年龄要求的；

② 身体健康状况不再适应相应特种作业岗位的；

③ 对安全生产事故负有责任的；

④ 2年内违章操作记录达3次以上（含3次）的；

⑤ 未按规定参加年度教育培训或者继续教育的；

⑥ 考核发证机关规定的其他情形。

8.2　建筑起重机械安全技术要求

建筑起重机械的安全技术涉及技术标准、设计、制造、使用、维护保养等各个方面。

8.2.1　建筑起重机械的技术标准

建筑起重机械属于特种设备，国务院 549 号令《特种设备安全监察条例》规定了特种设备生产（含设计、制造、安装、改造、维修）、使用、检验检测及其监督检查应遵守的基本制度，建设部令第 166 号《建筑起重机械安全监督管理规定》明确了建筑起重机械租赁、装拆、使用、监督管理中各主体责任单位（租赁、装拆、使用、总包、建设监理、检验检测、监督管理）的职责，这两部法规和规章是建筑起重机械制定技术标准的指导文件。建筑起重机械的技术标准有设计规范、安全规程、型式试验、操作使用技术规范等，涉及建筑起重机械的设计、制造、检验和使用安全技术等方面。建筑起重机械的设计、制造、检验和使用均应遵守上述法规规章和技术标准的规定和要求，同时在实践中需要补充修订和不断完善。如：GB/T 5031—2008《塔式起重机》增加了显示记录装置和工作空间限制器两个安全装置的要求，该标准于 2009 年 2 月 1 日实施。用户可根据需要向制造厂提出要求，制造厂应符合该标准的相应要求。

8.2.2　建筑起重机械的设计

首先，设计单位的资质，设计人员的资格，现行法律法规应给予限定，这样才能从源头上把握好建筑起重机械的质量水平。现在，有些制造商通过不法渠道搞到图样后擅自生产制造，这样一方面造成设计单位的劳动果实得不到应有的尊重和报酬，另一方面制造商也未必能充分理解到设计真实意图和关键核心技术，制造出来的产品往往达不到技术要求。另外，有些制造商甚至通过模仿别人的样机，抄袭他人作品，推出粗制滥造的产品，这样的结果则更加容易造成祸害。所以，一方面需要法律法规限定设计资质资格，另一方面也需要法律法规制定出对违法者特别是窃取他人技术者的处罚规定，从源头上保护和促进技术进步和技术创新。

设计计算书中对一些关键受力构件尤其是受力大且存在变化的结构应进行疲劳计算。设计审核批准人员在设计计算书和图样上应签字确认方可提供给制造商，设计人员对设计的准确性负相应的法律责任。从近几年发生的建筑起重机械事故中，存在部分因结构设计不合理或疲劳强度低而发生断裂酿成恶性事故的案例，在这些事故的技术原因分析中，设计计算和设计图样的欠缺是显而易见的，设计单位理应承担起相应的责任。一个合格的设计师设计出的产品应该满足正常使用下的合理寿命，在违章操作特别是超载使用情况下所发生的后果应从设计上使其不至于机毁人亡，这实际上是一个以人为本的设计理念。

新产品型式试验除了要对产品样机进行结构试验和性能试验外，还必须对产品样机进行可靠性试验，同时应通过工业性考核，最后经专家评审论证合格才允许投入批量生产。通过可靠性试验可以发现和避免构件损坏、安全装置失效、重要零部件失灵、机构重要故障等产品设计和制造存在的缺陷，改善设备的安全可靠度指标。如果能够选择样机进行模拟疲劳破坏试验，则可以为产品寿命设计提供更为有力的技术依据。

安全保护装置的设计应考虑到使用可靠、维护保养修理方便的同时，还要考虑到不能随意调整甚至关闭其保护功能。如目前使用较多的塔式起重机的机械式力矩限制器，其构造主要是由两块焊接在塔顶构造上的弹簧钢板组成，通过其在载荷作用下的相应变形传递力矩信息，一般设计师未将其设计成封闭构造，这样，可以很方便地人为地使其失灵而达到违章超载。再如履带式起重机常用的电子传感器式力矩限制器，设计师在该装置上一般都设计有一个普通的开关锁，只要用一般钥匙关闭它，力矩限制器就失去保护功能，现场由此实现违章超载。所以，在这些安全保护装置的设计方面，如果能使其封闭并加锁，则更为妥当。

8.2.3 建筑起重机械的制造

制造商应按照设计图样进行加工制作，不得随意更改设计图样规定的技术要求。制造商应通过正规渠道获取设计图样，应该与设计单位签订技术服务合同，明确双方的责任和义务。设计单位提供的总体设计图样上应有设计、校对、标准化、审核或审批等签字，主要技术性能参数齐全，总体技术要求明确。设计单位提供的部件设计图样上应有设计、校对、标准化、审核等签字，装配技术要求明确。设计单位提供的零部件设计图样上应有设计、校对、标准化、审核等签字，加工制造技术要求明确。在制作过程中应及时与设计单位有关人员沟通，特别是当遇到需要设计更改时须征得设计人员书面同意和验证。

原材料和外购件的质量管理须严格把关。原材料必须不低于设计图纸要求，材料替换必须取得设计书面同意。外购件选用必须按设计规定型号和参数要求，外购件替换必须得到设计书面同意。对原材料和外购件的质量管理必须有技术手段和验收装备，如钢材理化试验无损检测技术和装备等。

为保证重要部件、零件及其关键制作工艺的质量，在相应部位留下标记或工艺流程中留有记录，以督促制作者提高业务能力和责任性。如某公司生产的起重机，由于焊接质量缺陷导致结构损坏，酿成事故，事后无法追溯到具体责任人。国家标准在这方面均有明确规定要求，如 GB 6067.1—2010 第 3.3.9 条规定"1 级焊缝施焊后应具有可追溯性。"GB 5144—2006 第 4.8 条规定"塔机的塔身标准节、起重臂节、拉杆、塔帽等结构件应具有可追溯出厂日期的永久性标志。同一塔机不同规格的塔身标准节应具有永久性的区分标志。"在这方面，我们的很多制造企业未能引起足够的重视。制造商的生产装备和人员素质应符合相应资质标准要求。目前质量技术监督管理部门的产品监督制造管理与资质认定发证结合起来，对制造商的每一台产品进行监督检验，以确保产品质量。

起重机械出厂时，应当附有设计文件（包括总图、主要受力结构件图、机械传动图和电气、液压系统原理图）、产品质量合格证明、安装及使用维修说明、监督检验证明、有关型式试验合格证明等文件。各类文件均应有承担相应责任的签发人。

起重机械使用说明书应详细叙述起重机的技术参数（包括气象、场地、环境、供电等外部条件参数和设备技术参数）、设计工作级别（包括整机工作级别、结构件工作级别、机构工作级别）、常规装拆方法、检查调试、操作使用、维护保养要求、有关图样、注意事项等。

8.2.4 建筑起重机械的使用

使用单位选购或租赁建筑起重机械应进行合格供应商评定。应对制造厂进行全面考察比较，了解制造厂从原材料和外购件的质量控制、生产组装工艺质量把关直至出厂合格评定的整个过程的质量控制程序，从而优选性价比高的产品。对租赁商主要考察其设备维护保养管理体制、服务信誉和质量保证体系，从而优选到安全质量有保障的租赁企业的设备。有下列情形之一的建筑起重机械，不得出租、使用：

(1) 属国家明令淘汰或者禁止使用的；

(2) 超过安全技术标准或者制造厂家规定的使用年限的；

(3) 经检验达不到安全技术标准规定的；

(4) 没有完整安全技术档案的；

(5) 没有齐全有效的安全保护装置的。

建筑起重机械的产权单位应进行备案登记，设备登记的主要目的是规范建筑机械产品市场，使用单位应选用经备案登记的设备。建筑起重机械出厂时，应当附有安全技术规范要求的设计文件、产品质量合格证明、安装及使用维修说明、监督检验证明等文件，登记备案时须查验上述文件资料。

建筑起重机械的装拆应由有资质且在资质规定的技术能力范围内的合格队伍实施，建筑起重机械的装拆应编制专项施工方案。建质〔2009〕87号《危险性较大的分部分项工程安全管理办法》规定，以下危险性较大的起重吊装及安装拆卸工程应编制专项施工方案：

(1) 采用非常规起重设备、方法，且单件起吊重量在10kN及以上的起重吊装工程；

(2) 采用起重机械进行安装的工程；

(3) 起重机械设备自身的安装、拆卸。

以下超过一定规模的危险性较大的起重吊装及安装拆卸工程编制的专项施工方案还应经过专家论证：

(1) 采用非常规起重设备、方法，且单件起吊重量在100kN及以上的起重吊装工程；

(2) 起重量300kN及以上的起重设备安装工程；高度200m及以上内爬起重设备的拆除工程。

对建筑起重机械作业人员应进行安全技术培训和考核合格持证上岗，保证其掌握操作技能和预防事故的知识。作业人员在作业前应接受安全技术交底，明确作业对象和作业风险。作业人员在作业过程中应严格执行操作规程和有关的安全规章制度，做到规范作业不违章。建筑起重机械作业人员的业务素质直接关系到施工安全，有关建筑起重机械的事故统计资料表明，有较高比例的安全事故出自违章作业，如果将建筑起重机械作业人员的培训考核发证备案及继续教育工作落到实处，则可以从根本上降低事故的发生率。

建筑起重机械的安全保护装置应齐全、完整、可靠，鼓励先进实用的安全技术的推广应用，如：塔式起重机显示记录装置和工作空间限制器，显示记录装置可以向司机显示设备当前工作状态下的一些主要工作参数和额定技术能力，避免盲目蛮干酿祸。工作空间限制器可以自动使设备限制在安全操作空间内，避免碰撞、进入不该到达的区域等危险行为。

对建筑起重机械的主要受力结构件、安全附件、安全保护装置、运行机构、控制系统等应按使用说明书规定要求进行日常维护保养，并做好记录。

建筑起重机械应配备符合安全要求的索具、吊具，并加强日常安全检查和维护保养，保证索具、吊具安全使用。

使用单位应当建立建筑起重机械安全技术档案。建筑起重机械安全技术档案应当包括以下内容：

（1）购销合同、制造许可证、产品合格证、制造监督检验证明、安装使用说明书、备案证明等原始资料；

（2）定期检验报告、定期自行检查记录、定期维护保养记录、维修和技术改造记录、运行故障和生产安全事故记录、累计运转记录等运行资料；

（3）历次安装验收资料，使用登记证明。

对落后、老旧、需淘汰的建筑起重机械应加快改造更新报废步伐，对于存在严重事故隐患，无改造、维修价值，或者超过安全技术规范规定使用年限的，应及时予以报废，并向原登记管理部门办理注销手续。老旧建筑起重机械的安全评估可参照 JGJ/T 189《建筑起重机械安全评估技术规程》执行。

建筑起重机械的安全主体责任者是使用企业，使用企业应有专业专职的技术和管理人员承担起建筑起重机械的安全使用责任。"只租不管"、"以包代管"、违反科学发展规律的盲目蛮干长官意志等现象应予以彻底杜绝，造成严重事故的应追究法律责任。

8.2.5 建筑起重机械的维护保养

建筑起重机械应按制造商使用说明书的规定定期进行预防性维护保养，主要是针对各机构的润滑、制动性能、易损件更换、连接件紧固、安全装置的调试、电气系统的绝缘性能等。俗话说"磨刀不误砍柴工"、"凡事预则立，不预则废"，做好维护保养工作是提高机械使用效率的最好保障。

8.2.6 建筑起重机械的检查和验收

建筑起重机械进场安装前后、正式投入使用前、使用过程中、拆卸前等均应进行必要的检查验收。设备基础的稳定和地耐力、设备结构件及其连接、机构运行、控制系统操作性能、安全装置的有效性、试吊试验、防护措施和设施、标志标牌警示警戒和注意告知、周围环境等方方面面均应纳入检查和验收的范围，重点是设备的安全状态。

建筑起重机械委托专业检验检测机构进行检测的应按照设备的特点进行安装质量检测或定期检测，如塔式起重机、施工升降机、履带式起重机、门式起重机等一般应工程需要进场后要进行组装的，应通过安装质量检测；而汽车轮胎起重机一般整机进入工程现场的设备（汽车轮胎起重机一般进出工地时间短暂，流动性更强），应进行定期（一般一年一次比较合适）检测。总而言之，我们应按照机械设备的不同特点进行相应的检测工作。

8.2.7 建筑起重机械的监督和监理

建筑起重机械应推进专业化监督和专业化监理，专业化监理的重点是设备的装拆、试吊和进出场等重要环节，专业化监督的重点是设备的合法性、持证上岗和资质范围的符合性等法律法规规章的执行情况。执法监督人员应提高技术业务水平，做到科学公正公平执法，以理服人；监理人员应提高专业技术水平和积累专业监理经验，树立行业威信。

8.2.8 建筑起重机械有关检测报告

(1) 塔式起重机安装质量检测报告，见表 8-1；

(2) 施工升降机安装质量检测报告，见表 8-2；

(3) 龙门架及井架物料提升机安装质量检测报告，见表 8-3；

(4) 高处作业吊篮安装质量检测报告，见表 8-4；

(5) 履带起重机年度检验报告，见表 8-5；

(6) 汽车和轮胎起重机年度检验报告，见表 8-6。

塔式起重机安装质量检测报告 表 8-1

安装单位＿＿＿＿＿＿＿＿＿＿＿＿＿＿＿＿＿＿＿＿＿　合格证编号＿＿＿＿＿＿＿＿＿

初检日期＿＿＿＿＿年＿＿＿＿月＿＿＿＿日　　　　　　天气＿＿＿＿＿

设备型号		统一编号	
设备生产厂		出厂编号	
出厂年月		检测高度	
工程名称		工程地址	
安装负责人		安装日期	
检测依据	GB 5144—2006 《塔式起重机安全规程》 GB/T 5031—2008《塔式起重机》		
检测 结果	保证项目不合格项数	一般项目不合格项数	资料汇总表
		签发日期：　　年　　月　　日	
备注	附表　检查项目		

批准：　　　　　　审核：　　　　　　检验：

说明：1. 根据设备构造或实际安装状态，如对应检测项目中无检测内容，在"结果"栏目中注明"无此项"。

2. 检测项目中带 * 号的项目系保证项目，其他为一般项目。本报告分合格、整改合格和不合格三级，判断标准如下：

级别	保证项目	一般项目不合格项数		资料汇总表
合格	无不合格项	固定式塔机	行走式塔机	内容完整
		不大于 4	不大于 5	
整改合格		整改后达到合格要求		
不合格		整改后未达到合格要求		

使用仪器

序号	仪器名称	仪器编号
1	经纬仪	
2	接地电阻测试仪	
3	绝缘电阻仪	
4	卷尺	
5	游标卡尺	
6	吊称	

名称	序号	检测项目	要　　求	结果	备注
环境与标识	1*	统一编号牌	应设在规定位置		
	2*	塔机与周围环境关系	尾部与建筑物及外围设施距离不小于0.6m,两台塔机水平与垂直方向距离不小于2m,与输电线的距离应不小于GB5144中10.4条的规定		
金属结构件	3*	主要结构件	外观无明显裂纹、变形、严重磨损与锈蚀,无使用替代件		
	4	主要连接螺栓	齐全、紧固		
	5	主要连接销轴	连接可靠		
	6	过道、平台、栏杆、踏板	无严重锈蚀,缺损,栏杆高度符合要求		
	7	梯子、护圈、休息平台	梯子尺寸符合要求,离地高度≥2m应设护圈,超过12.5m每隔10m内设置休息平台		
	8	平衡状态塔身轴线对水平基准面垂直度误差	≤4/1000		
爬升与回转	9*	平衡阀或液压锁与油缸间连接	应设平衡阀或液压锁且与油缸用硬管连接		
	10	回转限位	无中央集电环时应设置		
吊钩	11	防脱钩保险装置	应完整、可靠		
	12	钩体(裂纹、磨损、变形、补焊)	磨损≤10%,开口变形≤15%,无裂纹、补焊		
	13	滑轮及防钢丝绳跳槽装置	应完整可靠		
起升系统	14*	力矩限制器	应装,有效		
	15*	起升高度限位	应装,有效		
	16*	钢丝绳完好度	符合GB/T 5972—2006第3.5条		
	17	起重量限制器	应设,有效		
	18	在绳筒上最少余留圈数	≥3圈		
	19	滑轮防钢丝绳跳槽装置	应设置并有效		
	20	绳筒两侧边缘的高度	超过外层钢丝绳两倍直径		
	21	钢丝绳端部固定	有防松和闩紧性能		
变幅系统	22*	变幅限位	有效,符合要求		
	23*	钢丝绳完好度	符合GB/T 5972—2006第3.5条		
	24	防变幅绳断绳装置	应设		
	25	钢丝绳端部固定	有防松和闩紧性能		
	26	滑轮防跳绳装置	应有,工作可靠		
	27	小车防坠落装置	应设		
	28	小车行走端部挡架与缓冲	应设		
	29	检修挂篮	连接可靠		
	30	动臂式塔机防吊臂后翻装置	应有		

名称	序号	检测项目	要求	结果	备注
电气及保护	31 *	紧急断电开关	非自动复位,且便于司机操作		
	32 *	绝缘电阻	≥0.5MΩ		
	33	接地电阻	≤4Ω		
	34	塔机专用开关箱	单独设置并有警示标志		
	35	安全装置的指示信号或声响报警信号	应设置在司机和有关人员视力、听力可及的地方		
	36	保护零线	不得作为载流回路		
	37	电源电缆与电缆保护	无破损,老化。与金属接触处有绝缘材料隔离,移动电缆有电缆卷筒或其他防止磨损措施		
	38	风速仪	臂架根部铰点高于50m应设		
轨道及基础	39 *	行走限位	制停后距挡架≥1.0m		
	40	抗风防滑装置	应设,有效		
	41	大车轨道端部挡架与缓冲	应设		
	42	钢轨接头位置及误差	有支承,不得悬空;两侧错开≥1.5m;间隙≤4mm,高差≤2mm		
	43	轨距误差及轨距拉杆设置	轨距误差≤1/1000公称值且最大应≤6mm,相邻拉杆间距≤6m		
升降司机室或乘人电梯	44 *	安全锁止装置	应设,有效		
	45 *	上限位装置	应设,有效		
	46	下限位装置	应设,有效		
其他	47	钢丝绳穿绕方式,润滑与干涉	穿绕正确,润滑良好,无干涉		
	48	制动器	各机构应配备,工作正常		
	49	滑轮	外观无破损、裂纹,无严重磨损		
	50	卷筒	外观无破损、裂纹,无严重磨损		
	51	有可能伤人的活动零部件外露部分	设防护罩		
	52	平衡重、压重	安装准确,牢固可靠		

提示：1. 设备在使用过程中应注意安全状态检查，做好维保及记录工作。

2. 除不加节且使用周期小于3个月的塔机外，均应进行中间复查，需要加节的塔机使用后第一次加节附着前5天，不需加节的塔机使用3个月后，向原检测机构申请中间检测。中间检测前将《中间复查检测资料汇总表》交检测单位备案。

3. 设备拆卸前安装单位应携《建设工程监管设备拆卸备案登记表》到原检测单位备案。

安装单位＿＿＿＿＿＿＿＿＿＿＿＿＿＿＿＿＿＿＿＿＿＿＿＿＿ 合格证编号＿＿＿＿＿＿＿＿＿＿＿＿

初检日期＿＿＿＿＿＿年＿＿＿＿＿＿月＿＿＿＿＿＿日 天气＿＿＿＿＿＿＿＿＿＿＿

设备型号		统一编号	
设备生产厂		出厂编号	
出厂年月		检测高度	
工程名称		工程地址	
安装负责人		安装日期	
检测依据	GB 10055—2007 《施工升降机安全规程》 GB/T 10054—2005《施工升降机》		
检测 结果	保证项目不合格项数	一般项目不合格项数	资料汇总表
	签发日期： 年 月 日		
备注	附表 检查项目		

批准： 审核： 检验：

说明：1. 根据设备构造或实际安装状态，如对应检测项目中无检测内容，在"结果"栏目中注明"无此项"。

2. 检测项目中带＊号的项目系保证项目，其他为一般项目。本报告依据检测情况分合格、整改合格和不合格三级，判断标准如下：

级别	保证项目	一般项目不合格数	资料汇总表
合格	无不合格项	不大于 3 项	内容完整
整改合格	整改后达到合格要求		
不合格	整改后未达到合格要求		

使用仪器

序号	仪器名称	仪器编号
1	经纬仪	
2	绝缘电阻仪	
3	接地电阻仪	
4	卷尺	
5	游标卡尺	

附表　检查项目

名称	序号	检测项目	要　求	结果	备注
标志	1*	统一编号牌	应设置在规定位置		
	2	警示标志	笼内应有安全操作规程,操纵按钮及其他危险处应有醒目的警示标志,升降机应设限载和楼层标志		
基础和围护设施	3*	围栏门联锁保护	应装机电联锁装置,吊笼位于底部规定位置围栏门才能打开,围栏门开启后吊笼不能启动		
	4	防护围栏	基础上吊笼和对重升降通道周围应设置防护围栏,地面防护围栏高≥1.8m		
	5	安全防护区	当升降机基础下有施工空间或通道时,应设防对重坠落伤人的安全防护区域		
金属结构件	6*	金属结构件外观	无明显变形、脱焊、开裂和严重锈蚀		
	7*	螺栓连接	紧固件安装准确、紧固		
	8*	销轴连接	销轴连接定位可靠		
	9	导轨架垂直度	架设高度 H/m　垂直度偏差/mm ≤70　　　　　≤1/1000H >70~100　　≤70 >100~150　≤90 >150~200　≤110 >200　　　　≤130		
吊笼	10	紧急出口活动门	吊笼顶应有紧急出口,装有向外开启活动板门,并配有专用扶梯。活动板门应设有安全开关,当门打开时,吊笼不能启动		
	11	吊笼顶部护栏	笼顶周围应设置,高度≥1.1m		
层门	12	停层层门	各停层处应设置,其开关由吊笼内乘员操作。层门开启后的净高度不应小于1.8m,层门的净宽与吊笼进出口宽度之差不得大于120mm;下面间隙不得大于50mm		
传动及导向	13	防护装置	转动零部件的外露部分应有防护罩等防护装置		
	14	制动器	制动性能良好,有手动松闸功能		
	15	导向轮及背轮	连接及润滑应良好,导向灵活,无明显倾侧现象		
附着装置	16	附着装置	应采用配套标准产品		
	17	附着间距	应符合使用说明书要求		
	18	悬臂高度	应符合使用说明书要求		
	19	与构筑物连接	应可靠		

名称	序号	检测项目	要　　求	结果	备注
安全装置	20 *	防坠安全器	只能在有效标定期限内使用(应提供检测合格证)		
	21 *	防松绳开关	对重应设置非自动复位的防松绳开关		
	22 *	安全钩	安装位置及结构应能防止吊笼脱离导轨架或安全器输出齿轮脱离齿条		
	23 *	上限位	安装位置:提升速度小于 0.8m/s 时留有上部安全距离应≥1.8m,大于或等于 0.8m/s 时应满足≥1.8+0.1V²		
	24 *	上极限开关	极限开关应为非自动复位型,动作时能切断总电源,动作后须手动复位才能使吊笼启动		
	25	下限位	安装位置:应在吊笼制停时,距下极限开关一定距离		
	26	越程距离	上限位和上极限开关之间的越程距离应≥0.15 m		
	27	下极限开关	在正常工作状态下,吊笼碰到缓冲器之前,下极限开关应首先动作		
电气系统	28 *	急停开关	便于操纵处应装置非自行复位的急停开关		
	29 *	绝缘电阻	电动机及电气元件(电子元器件部分除外)的对地绝缘电阻应≥0.5MΩ,电气线路的对地绝缘电阻应≥1MΩ		
	30	接地保护	升降机结构、电动机和电气设备金属外壳均应接地,接地电阻应≤4Ω		
	31	失压、零位保护	灵敏、正确		
	32	电气线路	排列整齐,接地,零线分开		
	33	相序保护装置	应设置		
	34	通讯联络装置	应设置		
	35	电缆与电缆导向	电缆完好无破损,电缆导向架按规定设置		
对重和钢丝绳	36 *	钢丝绳完好度	应符合 GB/T 5972—2006 中 3.5 条要求		
	37	对重安装	应按说明书要求设置		
	38	对重导轨	接缝应平整,导向良好		
	39	钢丝绳端部固结	应固结可靠。绳卡固结时规格应与绳径匹配,其数量不得少于 3 个,间距不小于绳径的 6 倍,滑鞍应放在受力一侧		

提示:1. 设备在使用过程中应注意安全状态检查,做好维保及记录工作。

2. 除不加节且使用周期小于 3 个月的升降机外,均应进行中间复查,需要加节的升降机使用后第一次加节附着前 5 天,不需加节的升降机使用 3 个月后,向原检测机构申请中间检测。中间检测前将《中间复查检测资料汇总表》交检测单位备案。

3. 设备拆卸前安装单位应携《建设工程监管设备拆卸备案登记表》到原检测单位备案。

316

龙门架及井架物料提升机安装质量检测报告

表 8-3

安装单位_____   合格证编号_____

检测日期_____年_____月_____日   天气_____

工程名称		设备名称	
工程地址		设备型号	
设备生产厂		设备编号	
出厂年月		出厂编号	
设备参数	限载值：　　　　　t；　　　　检测时架体高度：　　　　m		
检测依据	JGJ 88—2010 《龙门架及井架物料提升机安全技术规范》		
检测结果	保证项目不合格项数	一般项目不合格项数	资料汇总表		
	签发日期：　　　　年　　月　　日		
备注	附表　检查内容		

审核：_____   检验：_____

说明：1. 根据设备构造或实际安装状态，如对应检测项目中无检测内容，在"结果"栏目注明"无此项"；
    2. 检测项目中带 * 记号的项目系保证项目，其他为一般项目；检测结果分合格、整改合格、不合格三种，判别标准如下表：

检测结果	保证项目	一般项目不合格数	资料汇总表
合格	无不合格项	≤7 项	内容完整
整改合格	整改后达到合格要求		
不合格	整改后未达到合格要求		

使用仪器

序号	仪器名称	仪器编号
1	经纬仪	
2	绝缘电阻表	
3	接地电阻表	
4	卷尺	
5	游标卡尺	

名称	序号	检 测 项 目	要　　求	结果	备注
标志 标牌	1	产品标牌及统一编号牌	应有,产品标牌标明主要参数,内容清晰		
	2	层楼标志	齐全、醒目		
	3	限载及警示标志	应设,醒目,且内容符合要求		
井架 架体	4 *	钢结构外观	无可见裂纹、严重变形和严重锈蚀		
	5	垂直度	导轨架的轴心线对水平基准面的垂直度偏差不应大于导轨架高度的0.15%		
	6	架体开口处	符合使用说明书要求,确保架体整体稳定		
	7	底架与基础连接	连接应可靠,基础无积水		
吊笼	8	吊笼外观	无可见裂纹、严重变形和严重锈蚀。吊笼门及两侧应全高度封闭,吊笼顶部应封闭牢固,吊笼安全门开启灵活,开启高度不低于1.8m,吊笼应采用滚动导靴,吊笼油漆涂色与架体应有明显区别		
	9	吊笼底板	应牢固,无积水,有防滑功能		
连接件	10	螺栓连接	齐全、紧固、可靠。采用标准节的连接螺栓直径不应小于12mm		
	11	销轴连接	齐全、可靠		
附着 装置	12 *	连接	牢固,不得与脚手架相连		
	13	间距	不大于6m,或符合使用说明书要求		
	14	架体自由端高度	不大于6m,或符合使用说明书要求		
缆风绳	15 *	布置	应符合使用说明书要求。架体高度20m及以下时,不少于1组,大于20m时不少于2组		
	16	规格	应符合使用说明书要求,不应小于8mm		
	17	端部固定	牢固,绳卡固定时其规格应与绳径匹配,数量不少于3个,间距不小于绳径的6倍,鞍座应位于受力绳一侧,不得正反交错设置		
提升 机构	18 *	钢丝绳	应完好,符合GB/T 5972规定,钢丝绳直径不应小于12mm		
	19 *	卷扬机	严禁使用摩擦式卷扬机		
	20 *	卷筒排绳、端部固定、余留圈数	钢丝绳在卷筒上应整齐排列,端部与卷筒及其他部位的连接应牢固。当吊笼处于最低位置时,卷筒上的钢丝绳不应少于3圈		
	21	卷筒两端凸缘	至最外层钢丝绳距离不应小于钢丝绳直径的两倍		
	22	卷扬机机架	应固定可靠		
	23	联轴器	工作正常		
	24	制动器	制动有效		
	25	曳引机	当曳引钢丝绳为2根及以上时,应设置曳引力自动平衡装置		

名称	序号	检测项目	要　　求	结果	备注
电气	26 *	绝缘电阻	电气设备不应小于 0.5MΩ。电气线路不应小于 1MΩ		
	27	接地电阻	应≤10Ω		
	28	电气保护	应设置漏电、短路、失压及过流保护装置		
	29	控制装置	按钮式应点动控制,手柄操作应有零位保护严禁采用倒顺开关		
	30		应设非自动复位型紧急断电开关		
	31		携带式操作盒引线长度不得超过5m,并应采用安全电压(不大于 36V)		
安全装置和防护设施	32 *	层楼停靠装置	应设,安全可靠		
	33 *	防坠安全器	工作有效,且不应造成结构损坏		
	34	上限位	吊笼上升至限定高度位置时,吊笼被制停,越程距离应≥3m		
	35	下限位	碰缓冲器前动作,吊笼被制停		
	36	起重量限制器	应设,工作有效		
	37	卷筒防脱绳装置	应设,完整有效		
	38	滑轮防脱绳装置	应设,完整有效		
	39	进料口防护棚	宽度应大于吊笼宽度,长度应不小于3m。保证足够强度		
	40	层楼安全门	各层楼通道应设置齐全,且不能向外开启		
	41	信号装置或通讯装置	当司机对吊笼升降运行、停层平台观察视线不清时,必须设置通讯装置,通讯装置应同时具备语音及影像显示功能		
	42	底层围护高度及进料口门	物料提升机地面进料口应设置防护围栏,围栏高度不应小于 1.8m。进料口门的开启高度不应小于 1.8m;应装有电气安全开关,吊笼应在进料口门关闭后才能启动		
	43	操作室	应采用定型化,有防雨、防护功能		
高架	44	架体安装高度超过 30m	不允许使用缆风绳		
	45		吊笼应有自动停层功能		
	46		防坠安全器应为渐进式		
	47		应具有自升降拆装功能		
	48		应具有语音及影像信号		

提示：1. 装拆单位应具有资质和安全生产许可证,装拆和操作人员应持证上岗。

2. 设备在使用过程中应注意安全状态检查,做好维护保养及记录工作,特别是钢丝绳及其端部固定、安全装置（层楼停靠、防坠等）、关键部位连接（附着点、缆风固定点等）应重点检查。

3. 吊笼停靠层楼后,在安全停层装置可靠的情况下作业人员方可进入吊笼。

4. 吊笼严禁载人、严禁超载使用。

高处作业吊篮安装质量检测报告

表 8-4

安装单位＿＿＿＿＿＿＿＿＿＿＿＿＿＿＿＿＿＿＿＿＿＿＿＿＿＿＿＿＿　　合格证编号＿＿＿＿＿＿＿＿＿＿＿＿

检测日期＿＿＿＿＿＿＿年＿＿＿＿＿＿月＿＿＿＿＿＿日　　　　　　　　　天气＿＿＿＿＿＿＿＿＿

工程名称		设备型号	
工程地址		设备编号	
设备生产厂		检测高度	
出厂年月		出厂编号	
检测依据	GB 19155—2003 《高处作业吊篮》		
检测 结果	保证项目不合格数	一般项目不合格数	
	签发日期：　　　　年　　月　　日		
备注	附表　检测项目		

批准：　　　　　　　　审核：　　　　　　　检验：

说明:检测项目中带 * 记号的项目系保证项目,其他为一般项目,依据检测情况分合格、整改合格、不合格三级,判别
标准如下表:

检测结果	保证项目	一般项目不合格数
合格	无不合格项	≤3 项
整改合格	整改后达到合格要求	
不合格	整改后未达到合格要求	

使用仪器

序号	仪器名称	仪器编号
1	绝缘电阻表	
2	游标卡尺	
3	卷尺	

附表　检测项目

名称	序号	检 测 项 目	规 定 要 求	结果	备注
标牌	1	产品标牌	应有、且字迹清楚、主要参数齐全		
钢结构	2 *	主要结构件外观	不得有裂纹、严重变形和锈蚀等缺陷		
	3 *	主要连接件	应齐全、连接可靠		
吊篮篮体	4	底板	应有防滑措施		
	5	安全扶栏	靠建筑物一侧≥0.8m		
	6		其他三侧≥1.1m		
	7	四周挡板	高度≥100mm		
	8		与底板间隙≤5mm		
	9	与建筑墙面间	应有导轮或缓冲装置		
	10	吊点位置	钢丝绳吊点距悬吊平台端部距离应≤1/4平台全长		
钢丝绳	11 *	钢丝绳完好度	应符合GB/T 5972中相关要求		
	12	端部固定	应符合GB 5144中5.2.3的规定		
	13	重锤设置	应符合设计要求		
悬挂机构	14 *	抗倾覆系数	应符合说明书及GB 19155相关要求（不得小于2）		
	15	移动轮	应有防滑措施		
	16	配重固定	应可靠		
安全装置	17 *	安全锁	应在有效的标定期限内		
	18 *	上限位开关	应设,有效		
	19	安全绳	应独立设置、无破损		
	20	手动下降	应有、且有效		
	21	制动器	工作正常		
电气系统	22 *	绝缘电阻	≥2MΩ		
	23	急停按钮	应采用非自行复位形式,红色,有"急停"标记		
	24	电缆线	无破损		
	25	篮体接地	应可靠接地,有接地标志并采用黄绿间相线		
	26	电箱	应设有漏电保护,且有效;有防水、防尘性能;元件排列整齐、连接牢固		
	27	试运行	升降平稳,起制动正常,无异常噪声		
	28	操作标记	操作手柄和按钮应有明显方向指示		

提示：1. 设备在使用过程中应注意安全状态检查，做好维保及记录工作。
　　　2. 吊篮安装单位应在确保建筑物承载能力的前提下安装悬挂机构。

履带起重机年度检验报告

表 8-5

安装单位＿＿＿＿＿＿＿＿＿＿＿＿＿＿＿＿＿＿＿＿＿＿＿＿＿＿＿＿＿＿＿＿＿ 合格证编号＿＿＿＿＿＿＿＿＿＿＿

检验日期＿＿＿＿＿＿年＿＿＿＿＿＿月＿＿＿＿＿＿日 天气＿＿＿＿＿＿＿＿＿＿

检验地点		设备型号	
设备生产厂		设备编号	
出厂年月		出厂编号	
额定起重量	t	检验时臂长	m
检验依据	JG 5055—1994《履带起重机安全规程》		
检验结果	保证项目不合格数		一般项目不合格数		资料	
	签发日期：					
备注	附表一　资料检查 附表二　设备检查					

批准：＿＿＿＿＿＿＿＿＿＿＿＿＿＿＿ 审核：＿＿＿＿＿＿＿＿＿＿＿＿＿＿＿ 检验：＿＿＿＿＿＿＿＿＿＿＿＿＿＿＿

说明:检验项目中带＊记号的项目系保证项目,其他为一般项目,依据检验情况分合格、整改合格、不合格三级,判断标准如下:

级别	保证项目	一般项目不合格数	资料
合格	无不合格项	≤4 项	齐全
整改合格	整改后达到合格要求		
不合格	整改后未达到合格要求		

使用仪器

序号	仪器名称	仪器编号
1	吊称	
2	游标卡尺	
3	卷尺	

附表一 资料检查

序号	项 目	要 求	结果	备注
1	使用说明书	应有,与所验设备相符		
2	制造许可证、出厂合格证	应有,与所验设备相符		
3	自验(试吊)记录	应由有关人员签字		

附表二 设备检查

名称	序号	检测项目	要 求	结果	备注
标牌	1	产品铭牌	生产厂、名称、型号齐全并固定于明显处		
	2	起重性能标牌	应有额定起重量、性能参数及起升高度曲线,且固定于操作者便于看到的位置		
钢结构	3 *	主要结构件外观	不得有可见裂纹、严重变形和腐蚀		
	4	主要连接件	应齐全,连接可靠		
吊钩	5	焊补痕迹	应无,有则报废		
	6	挂绳断面处磨损	磨损量应不大于原高度10%		
	7	整体外观	无可见裂纹、破口,有则报废		
	8	危险断面及钩筋处	无明显变形,有则报废		
	9	防脱棘爪	单钩必须有		
	10	心轴	应完整		
钢丝绳	11 *	钢丝绳完好度	符合 GB/T 5972 要求		
	12	在绳筒上的排列	应整齐		
	13	在绳筒上最少余留圈数	应≥3 圈		
	14	钢丝绳端部固定	有防松和闩紧装置		
绳筒和滑轮	15	绳筒两侧边缘的高度	应超过最外层钢丝绳 2 倍钢丝绳直径		
	16	滑轮外观	无可见裂纹,轮缘无破损		
	17	滑轮防钢丝绳跳槽装置	应完整		
机构	18	有伤人可能的活动零部件外露部分	应设防护罩		
	19	起升	载荷在空中停止后,再次作提升起动,此时载荷在任何提升操作条件下,均不得出现明显反向动作		
	20	变幅	用钢丝绳升降起重臂的起重机,起重臂的起落必须依靠动力系统完成		
	21	回转	回转过程中,回转机构应具有滑转性能,行走时转台应能锁定		

名称	序号	检测项目	要　求	结果	备注
操纵及电气系统	22	急停开关	电力驱动的必须设置能切断总电源的紧急开关,其安装位置应便于司机操作;内燃机驱动的应在启动电路中设置能切断启动电源的开关		
	23	电气连接	应接触良好,防止松脱,导线、线束应固定可靠		
	24	操纵手柄及标志	应有表明用途和操纵方向的清楚标志		
	25	溢流阀	应设置		
	26	液压锁	在额定载荷下,发动机熄火油泵停止工作后15min,检查各工作油缸回缩量不超过 2mm,吊重物下降量不超过 15mm		
安全装置及设施	27*	起重量显示器	最大额定总起重量不大于 32t 的起重机,必须装设起重量显示器		
		力矩限制器	起重量大于 32t 的起重机,必须装设力矩限制器		
	28*	起升高度限位	达到极限位置应自动停止动作		
	29*	幅度限位	达到极限位置应自动停止动作		
	30	防臂架后倾装置	达到极限位置应自动停止动作		
	31	水平仪	最大额定总起重量大于 50t 的起重机,必须装设水平仪		
	32	风速仪及报警装置	主臂长超过 55m 的起重机,应设置风速仪,并设有报警装置		
	33	臂架角度指示器	应装,便于操作者观看,读数清晰		
	34	音响联络信号	应设置,且应区别超载报警信号		
	35	警告图案	吊钩颊板,起重臂头部,转台尾部等突出部位应按规定涂刷警告图案		

提示：1. 设备在使用过程中应注意安全状态检查，做好维保及记录工作。
　　　2. 工作地面应坚实平整，设备移位时应保证路面地耐力及整机稳定性。

表 8-6

汽车和轮胎起重机年度检验报告

委托单位＿＿＿＿＿＿＿＿＿＿＿＿＿＿＿＿＿＿＿＿＿＿＿＿＿　　　合格证编号＿＿＿＿＿＿＿＿＿

检测日期＿＿＿＿＿＿年＿＿＿＿＿＿月＿＿＿＿＿＿日　　　　　　　　　　　天气＿＿＿＿＿＿＿＿

检验地点		设备型号	
设备生产厂		设备编号	
出厂年月		出厂编号	
行驶证号		车牌号	
主要技术参数	额定起重量：　　　　　t；臂长（主/副）：　　　　　　　　　m		
检验依据	JB 8716—1998 《汽车起重机和轮胎起重机安全规程》		
检验结果	保证项目不合格数	一般项目不合格数	资料
	签发日期：		
备注	附表一　资料检查 附表二　设备检查		

批准：　　　　　　　　　　审核：　　　　　　　　　　　　　检验：

说明：检验项目中带＊记号的项目系保证项目，其他为一般项目，依据检验情况分合格、整改合格、不合格三级，判断标准如下：

级别	保证项目	一般项目不合格数	资料
合格	无不合格项	≤4项	齐全
整改合格	整改后达到合格要求		
不合格	整改后未达到合格要求		

使用仪器

序号	仪器名称	仪器编号
1	吊称	
2	游标卡尺	
3	卷尺	

附表一 资料检查

序号	项 目	要 求	结果	备注
1	使用说明书	应有,与所验设备相符		
2	出厂合格证	应有,与所验设备相符		
3	自验(试吊)记录	应由有关人员签字		

附表二 设备检查

名称	序号	检验项目	要 求	结果	备注
标牌	1	产品铭牌	生产厂、名称、型号齐全并固定于明显处		
	2	起重性能标牌	应有额定起重量表、起升高度曲线标牌,固定在操作者便于看到的位置		
	3	安全标志	应在主臂适当位置用醒目的字体写上"起重臂下严禁站人"字样		
钢结构	4＊	主要结构件外观	外观无可见裂纹、严重变形和腐蚀		
	5	主要结构件连接螺栓及销轴轴端固定	应齐全、紧固		
	6	支腿	伸缩自如,收回后固定可靠;支承盘和支腿连接可靠		
吊钩	7	焊补痕迹	应无,有则报废		
	8	挂绳处断面磨损量	磨损量≤原高度5%,超过则报废		
	9	整体外观	无可见裂纹、破口,有则报废		
	10	危险断面及钩筋处	无明显变形,有则报废		
	11	防脱钩保险装置	应有		
钢丝绳	12＊	钢丝绳完好度	符合 GB/T 5972 要求		
	13	起重钢丝绳选用	应采用不旋转、无松散倾向的钢丝绳		
	14	在绳筒上的排列	应整齐		
	15	在绳筒上最少余留圈数	应≥3 圈		
	16	钢丝绳端部固定	有防松和闩紧装置		
绳筒滑轮	17	绳筒两侧边缘的高度	应超过最外层钢丝绳 1.5 倍钢丝绳直径		
	18	滑轮防钢丝绳跳槽装置	应完整,可靠		
机构和制动器	19	运动零件的保护	所有外露的、在正常情况下可能发生危险的运动零件均应装设防护装置		
	20	制动器	起升、用钢丝绳起落起重臂的变幅机构必须采用常闭式的制动器		
	21	变幅	起重臂的起落必须依靠动力系统		
	22	回转	回转过程中,回转机构应具有两个方向的可控滑转性能,行走时转台应能锁定		

名称	序号	检验项目	要　　求	结果	备注
液压系统	23	防止过载的安全装置	应设置		
	24	平衡阀、液压锁	与执行机构必须是刚性连接		
操纵及电气系统	25	急停开关	电力驱动的必须设置能切断总电源的紧急开关。内燃机驱动的应在上车操纵室中设置熄火装置		
	26	电气连接	应接触良好,防止松脱,导线、线束应固定可靠		
	27	零位保护	控制起重机机构运动的所有控制器,均应有零位保护		
	28	操纵手柄、踏板	应有表明用途和操纵方向的清楚标志		
安全装置及设施	29 *	起重量指示器	起重量小于16 t起重机,必须装设起重量指示器,且有效		
	30 *	力矩限制器	起重量16 t及16t以上的起重机,必须装设力矩限制器,且有效		
	31 *	起升高度限位	应装,并能可靠报警和停止起升		
	32 *	幅度限位	钢丝绳变幅的起重机应装设		
	33	水平仪	起重量大于或等于16t的起重机应设置水平仪		
	34	防臂架后倾装置	钢丝绳变幅的起重机应装		
	35	臂架角度指示器	应装,便于操作者观看,读数清晰		
	36	风速仪及报警	起升高度大于50m的桁架臂式起重机,应在臂头设风速仪并能报警		
	37	联锁保护装置	可两处操作的起重机应设,以防止同时操作		
	38	作业用音响联络信号	应装有喇叭,音响清晰		
	39	安全警告图案	吊钩颊板,起重臂头部,转台尾部等突出部位应按规定涂刷警告图案		

提示：1. 设备在使用过程中应注意安全状态检查, 做好维保及记录工作。
　　　2. 工作地面应坚实平整, 设备移位时应保证路面地耐力及整机稳定性。
注：文中涉及的标准应考虑版本的现行有效。

8.3　建筑起重机械安全管理要求

我国改革开放以来, 建筑业发展日新月异, 建筑施工规模不断扩大, 高、大、深、险工程增多, 建筑起重机械在工程建设中的作用也日趋重要, 已成为建筑先进科学技术的标志之一。先进的建筑起重机械大量使用, 既降低了施工劳动强度, 又提高了劳动生产率。但是由于建筑起重机械本身特点, 人为、管理的因素, 使用工程环境的差异, 建筑起重机械使用管理稍有不慎, 极易造成重特大事故。因此, 施工现场建筑起重机械的安全使用已成为建筑施工安全生产的重要组成部分。如何确保建筑起重机械的正常安全使用, 减少事故的发生，保障生命和财产的安全是建筑施工安全管理的重点和难点。

8.3.1 建筑起重机械安全管理的涵义

8.3.1.1 目的

建筑起重机械是在房屋建筑和市政工程施工中安装、拆卸、使用的起重机械。建筑起重机械安全管理的目的是为了防止和减少生产安全事故，保障人民群众生命和财产安全，促使设备管理规范化，保持机械设备良好的技术状态，保证装、拆和使用过程中的安全质量符合标准规定的要求，确保在施工生产过程中，设备始终处于安全受控状态，发挥设备最佳效能。

8.3.1.2 范围

建筑起重机械的安全管理范围涉及设备租赁、安装、拆卸、使用及其监督管理各个环节。

（1）施工企业建筑起重机械的安全管理，涉及所属各单位、各部门对自有机械设备的安全管理和租入机械设备的安全管理。

（2）施工现场建筑起重机械的安全管理，涉及安装拆卸、使用及其监督管理。按照建设部令第166号《建筑起重机械安全监督管理规定》，涉及施工现场的总承包、租赁、安装、使用、监管等单位。

8.3.1.3 内容

建筑起重机械的安全管理是一个复杂的系统工程，包括建筑起重机械设备本身的质量安全状态、与其有关的人的安全行为、围绕建筑起重机械安全管理的各项制度的制定和执行等等。本节主要从企业健全各项建筑起重机械管理制度（从设备购置到报废的管理、建筑起重机械的准入管理、强化安全教育和技能培训、设备的维修保养、建立巡视督查制度、吸取事故教训），如何安全、高效使用建筑起重机械，对建筑起重机械安装和拆卸重点环节监管，企业建筑起重机械事故应急预案要求等五个方面进行介绍。

8.3.2 企业建立建筑起重机械管理制度的要求

8.3.2.1 建立从设备购置到报废的管理制度

建筑起重机械管理是设备终身管理。应从设备的选型、购置、使用、保养维修、保管、更新、报废等环节建立一整套行之有效的管理制度。现在除了进口设备以外，国产建筑起重机械品种繁多，生产制造的厂家比较多，但是生产企业的技术能力良莠不齐。到底要购置何种设备企业应根据工程对象的需求，企业经济承受能力，新设备的性能与现有设备比较等多方面通过市场调查和分析，进行可行性论证，从而确定最佳方案。施工现场工作环境变化比较大，有的施工工况相当复杂，但是如果企业拥有了一批好设备，建立了一整套有针对性的"管、用、养、修"制度，配备了综合素质好，技术能力强的操作和管理人员，编制有针对性的安全技术专项施工方案，并加以实施，那么建筑起重机械安全使用就有了保障，就有可能发挥特有的机械性能，为施工现场奉献最佳服务，为企业取得可观的经济效益。

（1）建筑起重机械管理的主要工作内容

① 对机械设备从选型、购置、安装调试、验收入账、投产使用、保养修理、更新改

造、设备租赁、报废处置等，建立一套完整齐全的制度和工作标准。

② 根据企业总体需求，在进行技术经济论证基础上，选购合适建筑起重机械设备，保持企业合理的装备结构。

③ 对现有机械设备进行技术改造和更新，贯彻执行使用机械设备的安全技术规定。

④ 对机械设备有计划地进行定期检查、维护保养和修理，保证机械设备能处于良好的技术状态，提高机械设备的完好率。

⑤ 确保机械设备在生产过程中始终处于受控状态，安全、高效地完成生产任务。以技术和经济手段管理机械，提高机械设备的经济效益。

⑥ 做好机械设备管理的统计和技术资料归档工作。

(2) 建筑起重机械主要管理制度

① 机械设备装备计划、购置、验收制度；

② 机械设备技术档案管理制度；

③ 机械设备完好标准；

④ 机械设备使用验收制度；

⑤ 机械设备保养、润滑管理制度；

⑥ 机械设备各级修理制度；

⑦ 机械设备租赁管理制度；

⑧ 现场机械实施巡回检查制度；

⑨ 机械设备报废和处理制度；

⑩ 机械设备安全操作和事故处理制度。

8.3.2.2 以人为本强化安全教育和技能培训

(1) 教育和培训制度化

设备管理的效果最终是由人来体现的。因此，企业应始终要以教育为根本，在设备管理中要牢固树立以人为本的理念，首先是以人的生命为本，从关爱和珍惜每一个工人的生命和健康出发，从维护和保障每一个工人的合法权益着眼，高度重视从业人员的安全教育、强化操作技能培训。通过开展不同形式的教育，多技能的培训等手段，不断提高建筑起重机械驾驶员、指挥、司索工、维修和管理人员等的安全意识、技术能力，使设备管理有实实在在的着落点。一线操作和管理人员的各类素质提高了，建筑起重机械的使用安全就有了可靠的保证。如果企业再围绕施工现场，从合同签约开始延伸到安装拆卸方案制定、过程监控和设备的维修保养等方面，进行针对性的学习教育、技能训练和必要的工作质量考核，建立激励机制，建筑起重机械现场安全使用的各项基础管理工作就步入了良性循环状态。

(2) 突出设备专职管理员的技术管理能力

目前，建筑起重机械施工现场存在的一个普遍问题是缺乏机械专业管理人员，项目管理部门安全监管代替设备专业管理，导致施工现场建筑起重机械管理仅停留在表面上，实质性的、针对性的、有效性的设备监管措施不能及时、有效到位。对企业专职设备管理员、特种设备操作人员来说，掌握规则和操作技能是从事生产经营活动的基本条件。目前，围绕着建筑起重机械的法规和技术标准有上百个，条文数万条，赋予其很强的专业特征和特种设备操作技能要求。掌握了技术标准，才能构筑起安全保护的屏障。对于施工现场专职设备管理员而言，既是建筑起重机械租赁、安装、使用的技术人员，又是施工现场设备管理的专职人员。其要熟悉施工现场建筑起重机械使用的工况，又要掌握设备原理、结构、性能和用途，熟悉相关法规技术标准、操作规程、管理制度，具备现场设备安全检查评估能力、事故应急处理能力。所以一个合格的专职设备管理员能够根据设备的性能、结构、特点和现场情况，有针对性地提出设备使用的方法和应急措施，提高设备的完好率、利用率，避免安全事故的发生。

（3）建筑起重机械安全操作基本要求

① 企业各级干部及所有机械操作、维护保养作业人员，都必须遵守现行 JGJ 33《建筑机械使用安全技术规程》，对建筑起重机械要执行"定机、定人、定岗位"的制度。

② 企业主管部门要实施专门教育和培训，要定期对每一个作业人员进行专题安全生产教育，不断提高机械管理能力和作业人员的素质，加强工作的责任心。

③ 机械操作人员必须经过安全操作技术考核，取得正式操作证者后方可单独上岗操作。各级管理部门不准安排无证人员上岗操作，不准安排学习证人员单独上岗操作。

④ 每日上班前，班组要进行上岗交底教育并有记录，操作工上机应在开机前做好设备例行保养工作，以确保安全装置的齐全、完好、有效。

⑤ 设备、安全管理部门要经常对上岗记录和例保记录进行检查，发现问题及时督促整改。

8.3.2.3　要重视设备的维修保养

（1）维修保养的重要性

俗话说"磨刀不误砍柴工"，做好设备维护保养工作是提高机械使用率的前提条件。目前，建筑起重机械市场出现恶性竞争，相互压价，企业以眼前经济利益为中心，简化建筑起重机械必要的维修保养程序的现象。有的施工企业没有建立基本的设备保养制度，特别是利用率高的建筑起重机械更是缺少进场前的保养。如从甲工地拆卸的起重机，不经基本保养即转入乙工地安装使用。从表面上看节约了一次设备运输费、堆放场地费、维修费等，实质是上一次使用中的隐患未消除，带到下一个使用循环中，这既缩短了设备的使用寿命，更要命的是留下了很大的事故隐患。以每台建筑起重机械为对象，落实维修保养工作，使设备的机械性能得到充分发挥，不仅可使得设备在施工生产中发挥最大的效率，有效减少了设备机械故障，同时也延长了设备的使用寿命。企业要根据每台机械设备的运行情况，制定不同等级的维修保养制度，同时根据每台设备在施工现场使用的工况，制定维修保养计划，确保设备在进场前得到有效的检修，使用前具有安全可靠的运行状态，发挥最佳的机械性能。

（2）维护保养内容

建筑起重机械应按制造商使用说明书的规定定期进行预防性维护保养，主要针对各机构的润滑、制动性能、易损件更换、连接件紧固、安全装置的调试、电气系统的绝缘性能等。

① 定期保养的目的和要求：机械设备定期保养应实行分级保养制度，其目的在于保证正常运行，延长使用寿命，防止不应有的损坏，从而达到设备经常处于良好的技术状态，充分发挥其效能；在合理使用的条件下，不致因意外损坏引起事故而影响施工；在使用过程中，可以保证燃、润滑油料的正常消耗，提高经济效益；延长修理周期和使用寿命。

② 定期保养贯彻预防为主的方针，按照"清洁、紧固、调整、润滑、防腐"十字作业法进行，保养项目按周期长短分级定期执行。

（A）清洁：清洁就是要求机械各部位保持无油泥、污垢、尘土，要按规定时间检查清洗，减少运动零件的磨损。

（B）紧固：紧固就是要对机体各部的连接件及时检查紧固。机械运转中产生的震动，容易使连接件松动，如不及时紧固，不仅可能产生漏油、漏电等，有些关键部位的螺栓松动，轻者导致零件变形，重者会出现零件断裂、分离，导致操纵失灵而造成机械事故。

（C）调整：调整就是对机械众多零件的相对关系和工作参数如间隙、行程、角度、压力、松紧、速度等及时进行检查调整，以保证机械的正常运行。尤其是对关键机构如制动器、减速机、各类滚轮等的灵活可靠性，要调整适当，防止事故发生。

（D）润滑：润滑就是按照规定要求，选用并定期加注或更换润滑油，以保持机械运动零件间的良好运动，减少零件磨损，保证机械正常运转。润滑是机械保养中极为重要的作业内容。

（E）防腐：防腐就是防潮、防锈、防酸、防止腐蚀机械零部件和电气设备。尤其是机械外表必须进行补漆或涂上油脂等防腐涂料。

③ 定期保养的分级、内容和周期：

（A）每日班前保养（例行保养）：操作人员在上班前进行的保养工作，主要内容是按企业固定的例行保养卡内容逐项进行。

（B）月度保养：设备每运行一个月进行一次保养。月度保养由执行保养人员（操作人员）进行。以润滑、紧固为主，通过检查、紧固外部紧固件，并按润滑周期表加润滑脂、润滑油，清洗更换滤清器等。

（C）转场保养：设备转入另一个施工现场前要进行一次保养。转场保养由操作工和修理工进行。除执行月度保养项目外，必要时调整发动机、电气设备、操作系统，对工作机构（起升、回转、变幅、行走）的工作状况进行保养修理，对起重索具、钢结构部分进行检查保养等。

④ 保养计划的编制和执行：保养计划应由设备专业单位根据设备运转和工程情况编制；对月、转场保养作业，设备产权单位要建立保养资料；执行保养人员将保养项目、更换、调整的零部件，填写在《机械设备定期保养表》内，上报设备产权单位存收、备查。

（3）建筑起重机械修理分类

目前，施工现场建筑起重机械种类较多。根据实际情况，通常将机械设备的修理按照作业范围分为：日常故障修理、项目修理、大修理和事故修理。

① 日常故障修理：目的是及时排除从保养、检查中发现的设备缺陷或劣化症状，是发生在使用或运行中的突发性修理，属于机械设备的局部修理。

② 项目修理：是以设备工作状态检查为基础，在设备工作间隙、转场期间，对设备磨损接近修理极限的总成件有计划地进行预防性、恢复性的修理，以保持机械各总成件的平衡，从而达到延长整机大修周期的目的。

③ 大修理：指机械的多数总成即将达到极限磨损的程度，经过技术鉴定需要进行一次全面、彻底的恢复性修理，使机械设备的技术状况和使用性能达到规定的技术要求，从而延长其使用年限。

建筑起重机械年度大修计划编制的依据：上年度大修理计划和实际执行情况，上次修理类别和修理后已运转台时，机械设备的实际技术状况，修理制度规定的各级修理相对的间隔周期，企业年度施工生产计划和设备使用计划等等。

④ 事故修理：由于机械设备在使用中意外原因造成损坏而进行的修理，其修理内容和范围视设备损坏程度而定。

(4) 常用建筑起重机械完好要求

① 塔式起重机完好标准

(A) 基础节与锚脚螺栓连接可靠，基础无积水；钢结构件无裂缝、变形，油漆保护良好。

(B) 标准节连接螺栓配置符合标准，标准节网片牢固，无堆物；爬梯牢固，无变形；外套架各栏杆固定可靠；顶升油缸、油管接头无漏油。

(C) 起重臂、平衡臂连接销保险（开口销、压板）齐全可靠，起重臂前后缓冲块齐全，平衡块固定符合标准。

(D) 变幅小车运行良好，结构无变形，小车断绳保险装置完好；回转齿圈不缺油。

(E) 电机与变速箱联轴节无松动，间隙符合要求，同心度准确，电机固定牢固、可靠；变速箱无异声，油液面正常；主钩刹车安装牢固且无偏心，刹车片打开间隙左右对称；刹车油缸、油管等无漏油；刹车罩壳固定良好。

(F) 吊钩符合标准；滑轮完好；绳筒钢丝排列整齐，绳筒边缘保险距离足够，钢丝绳断丝磨损在允许范围内。

(G) 驾驶室清洁，窗玻璃完整、整洁。

(H) 电箱外观完好，能防雨水，电箱内清洁，无杂物；航空灯完好；接地线齐全、有效，接地电阻符合要求。

(I) 主钩、变幅、重量、回转、力矩等保险限制器安全、可靠。

(J) 各附墙装置及连接节点可靠，整机润滑良好，验收合格牌齐全。

② 施工升降机完好标准

(A) 基础无积水，无垃圾堆积；钢结构件无裂缝、变形，油漆保护良好。

(B) 标准节连接螺栓、附墙装置连接螺栓符合要求；梯笼安全装置齐全，符合要求。

(C) 电动机及涡轮箱固定牢固，运转无异声；涡轮箱外表清洁，无漏油现象；传动系统制动正常。

(D) 背轮、偏心轮调整间隙恰当，符合要求；平衡块滑轮灵活，磨损不超标准，滑槽导轨固定牢固，每节接头处平整。

(E) 各用途钢丝绳选用规格正确，断丝磨损不超标准，固定绳夹使用正确。

(F) 围栏、外门符合要求，门钩保险装置良好、有效。

(G) 过道门及过道设施齐全有效，通信装置完好。

(H) 电缆无严重扭曲、破损，电缆导轨架设置符合标准；电箱外观清洁，电箱内无堆积杂物，各部件固定牢固，连线排列整齐；接地线齐全、有效，接地电阻符合要求。

(I) 操纵手柄盒、灯开关、急停开关齐全、完好，各限位保险开关齐全、灵敏、工作正常。

(J) 限速制动器在有效使用期内，并每季做好坠落试验；整机润滑良好；验收合格牌齐全。

8.3.2.4　建立巡视督查制度

鉴于目前建筑起重机械租赁市场的实际，建筑施工现场操作工新手比较多，技术水平相对较低，处理问题的经验或排除机械故障的能力比较弱。有必要挑选素质好、技术全面、有经验的人员组成巡查组，在施工现场进行设备安全运转巡视和检查，小隐患立即予以消除，大故障通知专业维修人员及时排除，最大程度地保证建筑起重机械的安全正常运转，同时也保障了施工生产活动有序进行。

（1）机械检查分类

① 日常检查：一般在每班工作前由司机进行，包括目测检查和功能试验，主要检查机构运转是否正常（特别是制动器的动作情况），各指示是否正常，安全装置是否动作，设备外观状态（包括钢丝绳和钢结构）。

② 周期检查：按设备使用说明书的规定，主要检查润滑情况、油位、连接件紧固情况、磨损、接地、绝缘、安全装置性能等。一般由有经验的技师或高级技工执行。

③ 定期检查：是比较全面的检查（包括额定载荷试验），一般一年应进行一次或设备重新组装后应进行一次检查，应该由有经验的技师或专业检验工程师进行。可参照 TSG Q7015《起重机械定期检验规则》执行。

④ 全面检查：一般在设备使用若干年后应进行一次，主要是针对设备的疲劳、锈蚀磨损、结构变形、裂纹、机构电气系统老化程度等，必要时设备解体和无损检测。一般由有经验的懂维修技术的专业技师和有经验的懂制造的专业检验工程师进行。可参照 JGJ/T 189《建筑起重机械安全评估技术规程》执行。

⑤ 特殊检查：设备遇到意外情况后的相应检查，如地震、台风、事故等检查。专项检查，如起重吊索具的检查验收，起重吊索具的安全性能是起重机安全施工的重要一环。常用吊索具应按规范制作和验收；专用吊索具必须由技术人员计算设计、制作人员按图制作、项目施工员按图验收，并按规范和设计规定的适用范围使用。

（2）安全巡回检查制度

为加强对现场机械设备的使用、管理，确保设备处于完好状态，企业要实施对投入现场的施工机械设备巡回检查制度，特别是建筑起重机械有一定数量的工地或施工相对集中的区域，安全巡查可以取得比较好的效果。

① 机械操作人员应每日进行例行保养检查，认真做好记录。发现安全隐患不能排除的，必须立即报告。

② 分公司（项目部）设置机械管理员。应定期组织具备机械安全常识、有实际经验的人员对现场施工的机械设备实行巡回检查，并应逐台做好检查记录。发现安全隐患应开具整改单，督促整改。对发现的重大事故隐患，有权责令其停止作业，并报专业分公司、分公司负责人，直至隐患排除。按月填写机械设备巡回检查表，上报企业设备管理部门。

③ 企业设备管理部门应不定期到施工现场抽查各基层单位现场的建筑起重机械运行状况，提供或要求配置必要的检查设备（望远镜、数码相机等）。根据检查情况和其他相关工作情况对下属项目部机械管理情况进行必要的考核。

8.3.2.5　吸取事故教训，做到举一反三

建筑起重机械事故虽有特殊性，但也有共同性。事实表明，绝大多数事故直接责任人由于专业技能所限，事前无法判断其行为的严重后果，成为无知者无畏的牺牲品。如果施工现场出了重大的建筑起重机械事故，其直接和间接的损失是巨大的，而且对个人、企业和社会造成重大的负面影响。

（1）机械设备事故的分类

凡因操作不当，检修不良，管理不善，或其他原因导致机械设备损坏或损失的，均为机械设备事故。建筑起重机械设备事故根据损坏程度和损失价值（按机械设备损坏后至恢复正常工作状态，所需要的工料费用）大小，分为一般事故、大事故、重大事故三级，划分标准是：

① 一般事故：机械设备一般零部件损坏，其直接损失价值在 5000 元以下或停产 2 天以内者；

② 大事故：机械设备主要零部件或总成损坏，其直接损失价值在 20000 元以内或停产 5 天内者；

③ 重大事故：机械设备严重损坏，其直接损失价值超过 20000 元或停产 10 天以上者。

（2）机械设备事故的处理

① 事故发生后，当事人应立即停止机械设备的运转，保持事故现场。同时将事故情况报告分公司（项目部），分公司（项目部）应在两小时内上报企业设备管理部门，有人身伤亡事故的要同时报企业安全管理部门。

② 事故发生后，当事单位要组织有关人员进行调查分析，详细记录事故发生的时间、过程、现状、损失等情况，及时计算损失价值和修复天数，以便确定事故的性质等级，并以书面形式报企业设备管理部门。

③ 事故发生后，企业各级领导和主管部门必须按照"四不放过"的原则（事故原因没有分析清楚不放过，事故责任者得不到处理不放过，干部、群众没有受到教育不放过，今后没有切实可行的防范措施不放过），认真进行分析处理。

④ 事故的处理：凡直接损失超过 5000 元以上的建筑起重机械事故，由设备管理部门上报企业主要领导，作出处理意见后批复给分公司（项目部）。对违章的责任者（包括作业人员、管理人员）按情节轻重，进行扣奖、罚款、纪律处分等处理；对于情节特别严重的，要追究法律责任。

⑤ 由建筑起重机械事故导致人身伤亡的，还要按照安全管理部门的有关规定进行处理。

⑥ 分公司（项目部）在上报事故报告的同时，要填写《机械设备事故报告报表》，要将报告表和事故处理资料装订成册，定期进行分析，提出改进措施。事故教训自己吸取是极其痛苦的，但是"他人亡羊，我们补牢"也必须牢记。企业通过收集各类设备事故的信息，对各类设备事故进行分析，及时进行有的放矢的安全教育和设备检查，进行必要的检测，及时发现自身机械设备管理的不足，并制定相应的补救措施是十分必要的。

8.3.3 安全、高效使用建筑起重机械

施工现场不同类型的建筑起重机械的选择，受到工地客观条件、设备设计寿命、使用的工作等级和级别、使用中的规范操作、维修保养及安装拆卸的方式等因素的影响很大。根据不同的施工现场实际工况，怎样合理选择经济、高效的建筑起重机械，为施工现场服

务，极为重要。只租不管、以包代管、盲目蛮干等现象应予以彻底杜绝。如果一个建筑施工企业追求眼前利益，建筑起重机械设备陈旧、老化，忽略设备设计条件，超负荷使用，导致钢结构、主要的传动机构经常处于超载和长时间疲劳运行状态，维修保养工作又不正常，那将很有可能跌入出现重大事故的危险点。

8.3.3.1 针对工程实际工况，合理选型

（1）在机械性能范围内使用

使用单位在工程开工制定施工组织设计时，要汇同租赁单位、安装单位充分考虑工程实际工况，选用合适的建筑起重机械，以发挥其最佳机械性能。建筑起重机械的钢结构无论在工作状态，还是非工作状态均承受不同频率的荷载，其使用寿命既与使用时所受载荷的大小和作用次数有关，又同设计时确定的工作级别及工作循环次数有关。如某起重机在设计时考虑的工作级别是中等的，繁忙程度一般，与按重级设计的起重机，因取值系数不同，后者在选用的材料、结构均比前者强。因此，施工企业不能片面追求眼前利益，忽略起重机设计使用条件，超负荷使用建筑起重机械，导致钢结构、主要的传动机构经常处于超载和疲劳状态。

（2）选择已通过备案登记的设备

根据建设部规定，建筑起重机械的产权单位应进行备案登记。设备登记的主要目的是防止假冒伪劣违法产品流入建筑工地，所以使用单位应选用经备案登记的设备是建筑起重机械安全使用的基本条件。

8.3.3.2 使用过程安全控制

（1）设备控制

① 对建筑起重机械的主要受力结构件、安全附件、安全保护装置、运行机构、控制系统等应按使用说明书规定要求进行日常维护保养，并做好记录。应配备符合安全要求的索具、吊具，并加强日常安全检查和维护保养，保证索具、吊具安全使用。如果建筑起重机械在使用中一旦出现故障或者发生异常情况的，必须立即停止使用，排除故障和消除事故隐患后，方可重新投入使用。

② 建筑起重机械的安全保护装置应齐全、完整、可靠，鼓励先进实用的安全技术的推广应用，如：塔式起重机显示记录装置和起重力矩限制器，显示记录装置可以向司机显示设备当前工作状态下的一些主要工作参数和额定技术能力，避免盲目蛮干酿成大祸。起重力矩限制器可以自动使设备限制在安全的工作能力以内运转，避免超荷载运行，起到保护整机和操作人员安全的作用。

③ 使用一段时间以后，对落后、老旧、需淘汰的建筑起重机械应加快改造更新报废步伐，对于存在严重事故隐患，无改造、维修价值，或者超过安全技术规范规定使用年限的，应及时予以报废，并向原登记管理部门办理注销手续。老旧建筑起重机械的安全评估可参照 JGJ/T 189《建筑起重机械安全评估技术规程》执行。

（2）人员控制

建筑起重机械的安全主体责任者是使用企业，使用企业应有专业专职的技术和管理人员承担起建筑起重机械的安全使用责任。

① 使用单位应当指定专职设备管理人员、专职安全生产管理人员进行现场监督检查。

② 对建筑起重机械作业人员应进行安全技术培训和考核合格后，持证上岗，保证其

掌握操作技能和预防事故的知识。

③ 作业人员在作业前应接受安全技术交底，明确作业对象和作业风险。严格执行操作规程和有关的安全规章制度，做到规范作业不违章。

（3）环境控制

根据不同施工阶段、周围环境以及季节、气候的变化，对建筑起重机械采取相应的安全防护措施；在建筑起重机械活动范围内设置明显的安全警示标志，对集中作业区做好安全防护；同时制定建筑起重机械生产安全事故应急救援预案。

8.3.4　建筑起重机械安装、拆卸安全管理

建筑起重机械安装、拆卸是施工现场危险性较大的分部分项工程。如果稍有不慎，就会出现机毁人亡的重大事故，有关单位必须高度重视。明确各单位大型机械装拆工程安全技术管理职责。总承包单位对大型机械装拆工程安全管理负总责，应提供良好的作业环境，根据有关机械安全使用标准和规定，组织协调、督促检查分包单位（使用单位）、出租单位、安装单位施工活动。安装前，总承包单位应审查有关资料，组织安全交底，并做好相关协调和管理工作。分包单位（使用单位）、出租单位、安装单位向总承包单位负责，接受总承包单位、监理单位协调指挥和监督管理。

8.3.4.1　安装、拆卸专业单位安全管理

建筑起重机械的安装、拆卸，应由有资质且在资质规定的技术能力范围内的合格队伍实施。加强建筑起重机械安装、拆卸专业资质管理，重视专业队伍监管和过程控制，对安装、拆卸企业在专业人员配备、设备拥有要求、管理制度建设、装拆的质量及安全生产业绩等方面进行考核已是势在必行。要确保建筑起重机械安装、拆卸的安全，人员资格是关键。起重设备安装工程专业承包企业的技术负责人必须具有机械专业工程师以上专业技术职称、安装拆卸项目负责人必须具有起重设备安装专业项目经理证书、从事安装拆卸的作业人员必须具有相应的岗位证书。不仅要对企业技术、项目负责人和安装拆卸作业和管理人员加强责任性教育，实行培训和岗位考核，同时进行必要的继续教育，提高专业施工技能。下面以最常见的塔式起重机安装、拆卸、使用为例加以分析，并明确有关的人员管理的要求。

（1）操作人员对塔式起重机安全的影响及应对策略

① 塔式起重机驾驶员

塔式起重机是由驾驶员直接操纵掌握的，设备使用的好坏、生产效率的高低都决定于驾驶员的责任心和操作技术。而每一次安全事故的发生都和塔式起重机驾驶员有着紧密的关系，他们是事故的肇事者、参与者，或者是直接受害者。因此，施工单位必须合理配备塔式起重机的驾驶员，根据设备的类型和作业班次配备技术等级符合使用要求的人员。所有的塔式起重机驾驶员都必须经过专门的专业技术培训，按照应知、应会要求进行考核，合格者获得操作证，凭证操作。坚持定人、定机，建立岗位责任制及交接班制度。在操作新设备时，驾驶员必须经过对所操作的新设备的结构、性能、用途、维护要求等方面的技术知识教育和实际操作带教培训。塔式起重机的常用工作工况是将地面（或作业面）上的物料运送到作业面（地面）上。受其工作特点的限制，塔式起重机的驾驶员在操作中会存在无法看清或者根本看不到需吊物料的情况，因此影响塔式起重机安全使用的人员不仅仅指塔式起重机驾驶员，还包括塔式起重机指挥和司索工及其他直接参与塔式起重机工作的有关人员。

② 指挥、司索工和其他有关人员

塔式起重机的安装、拆卸过程是一个危险作业的过程，因此在此过程中参与工作的各类人员将面临着严重的安全威胁，而技术经验也对塔式起重机的安装、拆卸和安全使用有重要影响。要保证塔式起重机的安全安装、拆卸，必须对参与施工作业的全部操作工人进行严格的培训与考核，进行必要的安全技术签字交底。塔式起重机指挥（信号工）在施工中发挥的作用是其他人员无法替代的，塔机指挥因距离搬运物料最近，往往是安全事故的直接目击者，甚至是肇事者或者是受害者。因此企业必须根据有关规定，对信号工（司索工）、安装拆卸工人和保养维修人员要设立一套严密的管理制度和安全技术操作规程，对安装拆卸行为加以规范和指导。

（2）管理人员对塔式起重机安全的影响及应对策略

建筑起重机械安装、拆卸单位的管理人员是塔式起重机安装、拆卸安全活动的策划者、组织者，对安装的质量和安全负领导责任和管理责任。从很多起重机械安装、拆卸发生的事故中，发现管理人员工作职责不清，责任心不强，自身的建筑起重机械安装、拆卸技术管理能力不够，无视作业环境、指使操作人员违章或疲劳作业占了一定比例。为此加强对其责任心的教育，加强专业技术培训，提高管理人员技术管理水平显得尤为重要。管理人员主要工作职责如下：

① 项目经理

负责该项目全过程的技术、安全、质量、工期、成本管理等全面工作，对建筑起重机械安装的安全、质量负领导责任；要明确各位管理人员的工作目标，落实其工作责任；组织编制专项施工方案（人员调配、设备配置、用工计划、材料配套及入场计划和安全技术措施等）；定期组织安全、质量检查，发现问题应及时落实整改；组织专题会议，及时处理施工中的疑难问题；协调处理好各方面的关系，保证设备装拆的安全顺利实施。

② 施工员

既是建筑起重机械安装、拆卸活动的现场组织者，也是安装、拆卸活动的执行者。协助项目经理组织好安装、拆卸施工，根据合同中的工期要求，负责落实工作任务、安排具体操作人员和各工种穿插施工；做好安装前的技术质量交底工作；根据操作规程对安装过程中的各个环节进行管理，发现问题，定期落实整改；做好安装、拆卸工作记录。

③ 技术员

协助项目经理搞好施工现场安全技术工作，严格执行安全技术标准；编制塔式起重机安装、拆卸安全技术专项施工方案和针对性的安全技术措施；配合施工员做好安装前的安全技术交底工作；解决设备安装、拆卸中的技术问题；发现不符合技术规范要求的，有权提出更改意见，使之纠正完善。

④ 机管员

既是建筑起重机械基层最直接的一级管理者，也是上级主管部门获得设备运行状况和有关信息的直接提供者，对不能解决的重要设备问题应立即上报主管部门。其日常工作职责：编制建筑起重机械日常维修保养计划，组织实施设备进场前保养，为施工现场机械设备装拆任务顺利完成提供条件，完成设备使用前的验收和日常保养维修的管理工作；负责日常起重作业的业务指导、安全教育和监督管理工作；负责对使用的机械设备进行可追溯性的记录管理。

⑤ 安全员

协助项目经理做好施工现场安全管理工作，严格执行安全技术规范标准；负责施工现场起重机械作业人员的安全教育；组织安全技术交底，针对施工情况提出安全管理工作要求；坚决制止违章指挥和违章作业，确保进入施工现场的人员、机械及物料的安全；进行现场巡查，发现不安全因素应采取积极措施予以消除；负责施工现场日常安全检查，做好检查记录。

8.3.4.2　安装和拆卸环节监管

建筑施工企业既是建筑起重机械安全责任主体，又是机械设备技术规范、标准的执行者。众所周知，施工现场工况复杂、周围环境多变，对建筑起重机械安装、拆卸、使用的要求比较高。由于安装、租赁单位专业管理实力的差异，必须由总承包单位、监理单位对其实施专业监督管理，建立设备管理机构和配备设备专业管理人员，对起重机械的安装使用，依据法规标准审查其安全技术施工方案，实施检查、验收制度，监督设备维修保养责任的落实。保证建筑起重机械安全使用，应将机械安全隐患消除在进场前。

（1）施工企业对建筑起重机械安装、升节、拆卸、验收安全管理要求。

① 进场准备

（A）进入现场作业的机械设备不得使用国家和企业明令淘汰的设备，禁止使用和危及生产安全的设备。必须使用符合产品安全技术标准，持国家规定生产许可证的产品，进口设备必须通过商检，并持有相关证明。

（B）新机及大修出厂的机械设备，在投入使用前应按规定进行技术试验，试验合格后方可进场使用。

（C）进入现场的设备，应做好作业前的检查、保养和修理，以确保设备的安全运行。设备转场检查、保养和修理，由机械管理员带队，机操工、机修工、起重工、电工等参加，同时做好设备转场保养、修理记录。对机械设备安全技术状况进行认定。

② 技术准备

（A）所编制的建筑起重机械安装、拆卸专项施工方案要符合机械技术标准（使用说明书）规定的要求，并送有关部门审核，企业总工程师批准，方可实施；

（B）对规模较大（起重量300kN及以上的建筑起重机械安装工程和高度200m及以上内爬起重设备的拆除工程）、施工条件复杂或使用非常规起重装拆设备和装拆方法的大型建筑机械装拆工程，专项施工方案还应组织专家审查通过；

（C）建筑起重机械安装、拆卸的其他资料如基础强度报告、隐蔽工程验收资料应符合要求。

③ 安装、升节、拆卸（塔式起重机、施工升降机）安全技术管理要求

（A）安装、升节、降节、拆卸程序严格按方案规定要求执行。

（B）必须对安装、升节、降节、拆卸顺序和要求，组织安全技术交底。

（C）安装、升节、拆卸区域内严禁闲人出入，并配专人担任警戒。

（D）安装、升节、拆卸作业人员必须持有效操作证上岗操作。严格执行安装、升降节、拆卸的岗位责任制。

（E）作业人员应熟悉作业环境、施工条件，并认真执行技术安全措施交底中规定的内容，听从指挥。

（F）安装、升节、拆卸过程中要有技术和安全人员在场监护。

（G）如风力达到四级以上不得进行安装、升节、拆卸作业，作业时突遇风力加大，必须立即停止工作并将塔身固定。

（H）高空作业按有关安全规定执行。

（I）在安装起重机械和高处作业吊篮作业中有违反生产厂使用说明书规定的，主要钢结构有明显变形等现象的禁止安装使用，基础和预埋件不符合要求的禁止安装使用，一旦发现上述违章现象必须立即整改或拆除。

④ 检查验收要求

（A）建筑起重机械进场安装前后、正式投入使用前、使用过程中、拆卸前等均应进行必要的检查验收。从设备基础的稳定和地耐力、设备结构件及其连接、机构运行、控制系统操作性能、安全装置的有效性、试吊试验、安全防护设施、安全标志标牌和周围环境等均应纳入检查和验收的范围。

（B）验收组织工作由施工总承包单位负责，安装单位、产权单位、使用单位（分包单位）共同参加，分别对验收工作予以书面确认。

（C）验收人员不得降低标准，应针对各类验收项目逐一检查，做到一机一单，定性定量，准确反映验收数据。对不合格及不符合标准的项目，需整改合格后方可使用。

（D）塔式起重机、施工升降机、移动式起重机、门式起重机、高处作业吊篮等建筑起重机械使用前，必须通过专业检测机构的检测，取得合格证。验收合格应在设备明显处挂验收合格牌。

（2）施工现场监理单位和监管部门安全管理要求

从事故发生的原因来看，建筑起重机械安装和拆卸工程，违章作业是事故发生的主要危险源，所以如何有效监管、控制好安装和拆卸过程是控制机械设备事故的重要环节。

① 安装、拆除的基本条件监管

（A）签订施工合同和安全协议，企业持有资质和人员资格

总、分包单位应签订大型机械装拆书面合同和安全协议。施工现场从事大型机械安装、拆卸的单位必须取得专业承包资质和安全生产许可证，并在规定的范围内承接安装、拆卸业务。安装、拆卸单位的主要负责人、项目负责人、专职安全生产管理人员、特殊工种应持证上岗。

（B）建筑起重机械要持有效身份证明

进入施工现场的建筑起重机械要有设备制造许可证、产品合格证、制造监督检验证明、备案证明等文件，并在规定的年限内使用。如果超过使用年限的，要有法定单位实施检测评估，出具可以使用的报告。

（C）机械性能完好，安全装置齐全、有效，设备基础符合要求

建筑起重机械的设备基础及预埋件要进行隐蔽工程验收，符合有关要求；设备要按照规定进行维修、保养，各零部件应保持完好，安全装置齐全、有效。

② 专项施工方案监管

安装、拆卸前专业施工单位必须根据施工现场的环境和条件、机械性能以及辅助起重设备特性，编制装拆方案，并由专业施工（产权）单位和总承包单位技术负责人审批，总监理工程师审核通过。

（A）方案编制及审批程序检查

方案由技术管理人员编制；方案应符合现行安全技术规范的规定，针对性的安全技术措施和应急救援预案；方案应附有安全验算结果，计算书采用符合规定要求的计算软件复核；方案由专业施工（产权）单位和施工总承包单位技术负责人审批，总监理工程师审核通过。

（B）方案论证程序检查

对规模较大、施工条件复杂或使用非常规起重安装、拆卸设备和安装、拆卸方法的大型建筑机械安装、拆卸工程，施工方案应由总承包单位组织专家论证，或委托相关部门组织专家论证审查。

（C）方案论证报告、方案交底程序检查

专家组提出施工方案修改意见的，方案编制单位根据论证报告进行完善，并经专家组确认。在实施过程中，施工单位按照专家论证审查过的专项施工方案进行施工。安装拆卸前，方案编制单位技术人员按规定将专项施工方案的要求，向施工员、作业人员逐级作出详细交底，并由双方签字确认。

③ 安装调试、检测和验收复核监管

（A）安装调试

安装完毕，安装单位对设备安装质量、安全装置的有效性进行自检，对传动机构运行情况、整机机械性能进行调试。

（B）检测

建筑起重机械安装调试完毕，应按照设备的特点，根据有关规定由总承包单位委托有专业检测资质的单位进行安装质量检测或定期检测。而汽车轮胎起重机，应进行定期（一般一年一次比较合适）检测。总承包单位、安装单位对设备检测中发现的问题要落实整改，并领取检测合格证。

（C）验收手续程序检查

相关施工单位和监理单位应按施工方案要求，对设备基础及建筑物的机械附着部位预埋件进行隐蔽工程验收，并有书面验收记录，设备基础混凝土应有强度检测报告。总承包单位、分包单位（使用单位）、出租单位、安装单位对建筑起重机械进行联合验收。期间施工方案的编制人员必须参与各阶段的验收，确认是否符合要求并签署意见。设备验收后，经监理单位复核认可。每次附墙加节（降节）后，按照要求对设备委托专业检测资质单位实施二次检测，再由相关单位共同验收，合格后经监理单位复核认可，方可投入使用。

流动式起重机在施工中所经过的路线、作业点，其承载能力要得到总承包单位的确认。

8.3.5　企业建筑起重机械事故应急预案要求

8.3.5.1　总则

（1）目的

以最快的速度、最合理的分工，有效有序地对突发建筑起重机械事故实施处置，最大限度地减少人员伤亡和财产损失，把事故危害降到最低点，维护企业生产安全和社会稳定。

（2）工作原则

① 企业资源实施统一指挥，分级负责，协调行动；

② 要求各单位职责明确，力量集中，措施得力；

③ 实行群众和专职处置相结合，体现快速有效；

④ 事故一旦发生，实施单位自救与社会救援相结合。

（3）编制依据

依据国务院《建设工程安全生产管理条例》、《特种设备安全监察条例》和建设部《建筑起重机械安全监督管理规定》及相关法规、规定等编制。

（4）适用范围

① 适用于企业建筑起重机械设备引发的各类重大事故；

② 不包括因自然灾害（如地震、台风等）引发的设备事故。

8.3.5.2 组织机构与职责

企业重大设备事故应急救援领导小组是重大设备事故应急救援领导机构和指挥机构，日常工作机构设在企业机械设备管理部门。

（1）领导小组

① 组成：

组长：企业主要行政领导。

成员：由企业内工程、技术、安全、质量、设备、劳动、保卫、财务、工会、后期保障等部门负责人组成。

② 职责：

（A）评估事故灾害程度，制定应急救援工作方案，组织和指挥各工作组投入事故控制、人员疏散、救援、抢救以及事故调查等工作；

（B）随时掌握事故现场情况，果断采取相应对策和措施，最大限度地减少人员伤亡和财产损失；

（C）及时向上级领导报告工作进展情况，根据工作需要，指挥调度各方面力量参与抢险救援工作。

（2）救援工作职责

领导小组下设专业工作小组，主要负责如下工作：

① 抢险救助工作组

组织安排救援人员和调运所需装备物资；迅速处理事故现场，组织、抢救事故现场受伤人员，防止势态扩大。

② 治安维护工作组

维护现场治安和附近交通秩序，防止事故现场人为破坏和其他突发事故，组织调运运输工具。

③ 事故救援协调工作组

组织做好伤亡人员家属临时安抚工作，协调有关治疗和善后处理工作。

④ 事故调查工作组

开展事故勘察、取证、分析等工作，调查事故原因及有关责任人员，完成上级部门和领导交办的调查工作。

8.3.5.3 报警程序

（1）报警人为事故发生单位或知情人等。企业设置 24 小时报警电话。

（2）领导小组接到突发事故的报警后，必须迅速做好电话记录。内容应包括报警人姓名、与事故之间的关系、联系电话，同时记录事故发生地点、时间、伤亡及损失程度等。

（3）领导小组应迅速对事故等级进行初步判定，并同时派员赶赴现场。

（4）用最快捷的方式将接警信息和初步判定情况汇报上级领导和有关管理部门。

8.3.5.4 应急响应

（1）基本响应程序

① 赶赴现场的人员到达事故现场后应立即与事故单位或建设单位等取得联系，听取事故发生情况，认真查看现场，并将上述信息反馈给领导小组；

② 领导小组根据信息反馈和现场实际情况，应迅速决定是否启动预案，并向上级领导和有关管理部门汇报；

③ 领导小组决定启动预案后，应迅速通知抢险救助组、治安维护组、救援协调组和事故调查组责任人立即赶赴现场，按照各组职责开展抢险救助、治安管理、现场监控、人员疏散、安全防护、队伍调遣、物资调用等工作；

④ 为避免因不熟悉机械设备性能、制造工艺、工作介质等因素而延误或扩大事故事态，应立即通知相关专家到场为指挥中心咨询和辅助决策。

（2）应急指挥程序

① 建筑起重机械和高处作业吊篮多用于建筑工地，可能发生倾覆、折臂、断索吊物坠落、梯笼坠落等事故，一旦事故发生，极易造成多人伤害。发生上述事故要迅速切断电源，疏散人群，快速巡视现场及周边情况（高压线），如有人被埋压现场，应迅速用千斤顶、手拉葫芦等进行抢救；如果建筑起重机械有压建筑物，有悬挂、游荡等隐患要及时消除，以防二次伤害，保护好现场。

② 桥门式起重机易发生触电、两车相撞、吊钩载荷坠落事故。龙门式起重机易被大风吹滑行、吹倒、歪拉斜吊、重物伤人等。流动式起重机易发生支承点基础不符合要求，导致支撑脚塌陷造成设备侧翻折臂等事故。发生事故时要立即切断电源，判断事故现场状况，采取措施，迅速抢救受伤人员。

③ 对社会影响较大，易造成交通阻塞，影响行人、车辆通行的建筑起重机械事故，发生时应保护现场，尽快报警，救治伤员并协助有关管理部门进行事故处理。

（3）应急条件

启动本预案的条件是，因建筑起重机械引发事故并造成 1～2 人死亡或者 10 人（含10 人）以下受伤或者直接经济损失 3 万元（含 3 万元）以上，100 万元以下。

（4）应急结束

应急救援工作结束的决策机构是建筑起重机械重大事故领导小组。事故领导小组作出应急救援工作结束决定，所有其他救援工作组需经领导小组同意，方可撤离事故现场。

8.3.5.5 后期处置

（1）善后处置

事故救援协调组负责与事故发生单位、劳动保障部门、民政部门及伤亡人员（家属）协商，通报确定人员的安置办法、补偿依据。所征用的物资和劳务由事故救援协调组核定补偿标准、数量，确定补偿日期和补偿办法，报事故领导小组同意后实施。

（2）调查和总结

建筑起重机械重大事故调查由事故调查组负责，履行下列职责：

① 调查事故发生前设备的状况；

② 查明人员伤亡、设备损坏、现场破坏以及经济损失（包括直接和间接经济损失）；

③ 分析事故原因（必要时应当进行技术鉴定）；

④ 查明事故的性质和相关人员的责任；

⑤ 提出对事故有关责任人员的处理建议；

⑥ 提出防止类似事故重复发生的措施；

⑦ 写出事故调查报告书，并报重大事故领导小组。

8.3.6　企业建筑起重机械管理的有关表式

8.3.6.1　机械设备管理

（1）建筑起重机械登记卡，见表 8-7；

（2）新机械设备验收及试验记录表，见表 8-8；

（3）机械设备巡回检查整改情况表，见表 8-9；

（4）机械设备报废申请表，见表 8-10。

8.3.6.2　机械设备保养

（1）施工电梯月度润滑保养记录表，见表 8-11；

（2）施工电梯例保作业单，见表 8-12；

（3）施工电梯保养作业单（月），见表 8-13；

（4）施工电梯保养作业单（定期），见表 8-14。

8.3.6.3　机械设备修理

（1）机械设备大修理技术鉴定表（申请表），见表 8-15；

（2）机械设备修理任务单，见表 8-16；

（3）机械设备维修、保养安全技术交底书，见表 8-17；

（4）机械设备大修记录，见表 8-18；

（5）机械设备大中修后试运转记录，见表 8-19；

（6）机械设备大修理鉴定表（承修方填），见表 8-20；

（7）机械设备大修理经济分析表，见表 8-21。

8.3.6.4　机械设备安装、拆除

（1）塔式起重机安装、拆卸前任务书，见表 8-22；

（2）塔式起重机装、拆施工安全技术交底书，见表 8-23；

（3）塔式起重机拆装预埋件、隐蔽点检查表，见表 8-24；

（4）塔式起重机安装、拆卸过程记录书，见表 8-25；

（5）上回转塔式起重机安装（加节）验收单，见表 8-26；

（6）塔吊、施工电梯、井架垂直度实测记录表，见表 8-27；

（7）施工电梯装、拆施工安全技术交底书，见表 8-28；

（8）施工电梯安装（加节）验收单，见表 8-29。

8.3.6.5　机械设备安全管理

（1）新工人三级安全教育记录卡，见表 8-30；

（2）机械设备装拆现场安全监控记录，见表 8-31；

（3）机械设备事故报告表，见表 8-32。

机械名称：　　　　IC卡号：

建筑起重机械登记卡

表 8-7

统一编号：　　　　　　　　　　　　　建卡日期：　　年　月　日

机械型号		机械规格	
总功率	kW	原值	元
制造厂名		出厂日期	年　月　日
供应单位		启用日期	年　月　日
最大起重量	t	设备总重	t(其中：　　t)
最大使用高度	m	最大工作幅度	m

大修理记录

送修日期	承修单位	修竣日期	修竣验收	大修金额

主要部件更换或改装记录

更换或改装记录	日期	更换或改装记录	日期

机械事故记录

日期	事故情况	处理结果		

机长变更记录

变更日期	机长	变更日期	机长	变更日期	机长

工地流转记录

使用日期	工地名称	拆卸日期	备注	使用日期	工地名称	拆卸日期	备注

验收单位：

统一编号		机械名称		规格型号	
生产厂家		机械原值		购入日期	
随机技术 文件情况	1. 随机说明书、随机图纸； 2. 特种设备制造许可证； 3. 产品合格证； 4. 设备装箱发货清单； 5. 设备产品及配件交接单	验收人：		年 月 日	
随机附件 备件情况	1. 设备整机组成件核对； 2. 随机附件、配件核对； 3. 随机工具核对	验收人：		年 月 日	
外部检验 情况	1. 设备钢结构有无损坏情况； 2. 设备钢结构焊缝情况； 3. 设备钢结构油漆情况； 4. 设备传动机构情况； 5. 设备电器箱及电器情况	验收人：		年 月 日	
空运转 检验情况	空载试验：按机械设备的性能要求，做全方位的空载运行	验收人：		年 月 日	
带负荷 检验情况	1. 额定荷载试验：在额定载荷、额定速度工况下做各机构运行。 2. 超载试验： A. 超载10%试验：在最大幅度超载10%的工况下，各机构在全程中以额定速度进行两个组合动作试验； B. 超载25%静载试验：在最大幅度超载25%的工况下，做静载试验，试验时间不少于10分钟	验收人：		年 月 日	
验收试验 结果	管理部门负责人：		年 月 日		
主管经理 签章		总工程师 签章		机械管理 部门签章	

表 8-9

机械设备巡回检查整改情况表

序号	项目名称	机械名称、编号	检查发现存在问题	整改情况	整改时间和经办人

单位：　　　　　　　　　　主管：　　　　　　　　　　制表

347

表 8-10

机械设备报废申请表

填报单位：

报废单编号：

统一编号	设备名称	规 格	型 号	启用日期	原值（元）	净值（元）
报废原因及初鉴意见：				鉴定意见：		
申报单位意见	单位公章：			公司审批意见	鉴定人	
	主管				审批日期	部门：
	初鉴人				主管：	
	填报人				财务：	
	填报日期					

施工升降机月度润滑保养记录表

表 8-11

单位：   项目名称：

	机械编号：		机械名称：		规格型号：

序号	润滑部位名称	润滑油种类	润滑周期	保养日期及人员签名
1	涡轮箱油	N320 涡轮制合成油	每月检查一次油位，缺失添加	
2	齿条与小齿轮、对重导轨	2 号锂基润滑脂	每月添加一次（需在下降状态进行）	
3	电缆固定、导向架及滑车	钙基润滑脂	每月一次添加（润滑活动表面）	
4	吊笼与围栏门的轴承和导轨		每月添加一次（润滑活动表面）	
5	吊笼及对重的导向滚轮	2 号锂基润滑脂		
6	门联锁装置及撞板斜面	2 号锂基润滑脂		
7	顶门及电气箱门铰链	HU-30 机械油		
8	总极限开关手柄	HU-30 机械油		
9	对重绳索的均衡滑轮轴承	HU-30 机械油		
10	年终加做项目 涡轮箱油	N320 涡轮制合成油	每月添加一次，每年末换油	

机长：   填报日期：   年   月   日

例保作业单

单位：

机械编号＿＿＿＿＿＿＿＿＿＿＿＿＿＿

机械型号＿＿＿＿＿＿＿＿＿＿＿＿＿＿   机长＿＿＿＿＿＿＿＿＿＿＿＿＿＿

说 明

1. 本作业单每一作业台班填一格，驾驶员应根据要求，认真进行填写。

2. 按公司机械操作规程要求（上班前做到"四个检查"）做好例保检查。

3. 填写时要求字迹清楚，内容简洁。如各部正常就写"正常"，有故障时填写故障内容，待修复后再写上"修复"二字。

4. 严禁带病操作，特别是安全装置，接地等，司机必须把好关，严禁违章操作。

5. 本作业单应妥善随机保存，用完后交机械施工队保存，便于查考。

例保检查内容

项目	例保检查内容
附墙、A字架标准节部分	无明显变形、脱焊、开裂和严重锈蚀，紧固件可靠、不得松动
电气部分	急停装置可靠有效，电机运行无异声，接地线应明显外露完好，电缆线不得破损，电气元器件应完好无损，安装牢固、无松动，各保护装置灵敏可靠，电器箱箱体无明显变形，开启自如，照明齐全
限位装置部分	上下运行限位、内外门、机电联锁限位可靠有效，极限限位有效且距限位≥0.15m。对重防松绳限位灵敏可靠
传动部分	制动结构灵敏可靠有效，传动齿轮箱运行时不得有异声和漏油现象，防坠器不得过期使用，各导向轮、背轮无异响、损坏
其他	各润滑点应有润滑油，各类钢丝绳应符合国家使用标准，层门开启灵活，通信装置齐全，各类标志齐全、字迹清楚

日期 项目 情况记录	月 日 时	月 日 时	月 日 时	月 日 时	月 日 时	月 日 时	月 日 时
附墙、A字架标准节部分							
电气部分							
限位装置部分							
传动部分							
其他							
当班人签名							

单位：　　　　　　　　　　　　　　　　机械编号：

序号	保养内容和要求	保养情况
一	进行例保作业全部工作	
二	电气系统	
	检查各电气元件齐全、紧固情况	
	目测各元件损伤	
	检查各线路绝缘情况	
三	动力装置	
	检查电机运转情况	
	零部件齐全、紧固	
四	操纵系统	
	检查各零部件齐全、紧固情况	
	检查操纵灵活、可靠情况	
五	传动系统	
	检查各传动机构运行情况	
	各零部件齐全、紧固	
	各导向间隙是否符合要求	
六	安全装置	
	检查各限位、保护装置是否齐全	
	各装置是否灵敏可靠	
七	钢结构	
	检查标准节、附壁架、底架和轿笼	
	有否扭曲、变形、开裂	
	检查各紧固件有否松动、缺少	
	做好清洁防腐工作	
八	其他	
	按规定进行清洁、润滑工作	

保养结果：

　　　　　　　　　　　　　　　　　　　　　　　　　　　　填表人：

保养人：　　　　　　　　保养日期：　年　月　日——　年　月　日

单位： 机械编号：

序号	保养内容和要求	保养情况
一	进行月保作业全部工作	
二	电气系统	
	全面检查各电器元件、线路布置情况	
	更换或修复老化、损伤、反应不灵敏元件	
三	动力装置	
	拆检电机传动件,检查电刷、轴承等	
	易损件,不合格需更换	
	检查绕线组的导电情况	
四	操纵系统	
	拆检各零部件易损情况	
	检查操纵是否灵活、准确可靠	
五	传动装置	
	拆检各齿轮箱、导向轮、制动器进行清洗	
	润滑	
	修复或更换不合格易损件和磨损件	
六	安全装置	
	拆检调整各限位安全保护装置	
	检查零部件是否齐、动作是否灵活可靠	
	限速器按规定送有关部门鉴定,并有证书	
七	钢结构	
	检查钢结构是否变形、开裂、齿条磨损情况	
	不符要求,不能修复则需报废	
	检查各紧固件齐全、松动情况	
	全面做好防锈、防腐工作	

保养结果：

填表人：

保养人： 保养日期： 年 月 日—— 年 月 日

表 8-15

机械设备大修理技术鉴定表（申请表）

送修单位（盖章）　　　　　　　　　　　年　月　日

机械编号		已大修次数	
机械名称		上次大修时间	
规格型号		计划送大修时间	

一、需修项目及技术鉴定

部系总成	修别	目 前 技 术 状 况

二、在周期中更换的主要配件：

三、在修理中的注意事项及要求解决的关键问题：

　申请人：　　　　　　　　　　　　　　　　　　　　　　　年　月　日

四、动力、技术部门鉴定意见：

　签名：　　　　　　　　　　　　　　　　　　　　　　　　年　月　日

五、承修单位意见：

　签名：　　　　　　　　　　　　　　　　　　　　　　　　年　月　日

六、设备委托单位主任工程师意见：

　签名：　　　　　　　　　　　　　　　　　　　　　　　　年　月　日

注：本表一式三份：送修单位、承修单位、公司设备部门各执一份。

机械设备修理任务单 表 8-16

送修单位		机械名称		统一编号	
计划用工日		承修班组和主修技工			

修理项目及类别	
需解决的关键问题	

主修人与承修班组对修理质量的评语	承修单位质检部门的鉴定
签字: 日期	签字: 日期

签发人: 年 月 日

单位：

工程名称		施工地点	
设备型号		设备编号	

交底内容：

1. 进入施工现场必须严格遵守安全生产六大纪律。

2. 严格执行安全操作规程及保养规程。

3. 严格执行安全规章制度和措施，不违章作业，不冒险蛮干。

4. 保养和修理现场机械要切断电源后方能操作，检修保养中机械应有"正在维修保养，禁止开动"的警示标志，或有专人监护。停送电时联系要确认，启动设备时联系要确认。

5. 不准带电作业，特殊情况报上级批准后，穿戴有关绝缘鞋．绝缘手套和绝缘工具，在有经验电工的监护下才能作业。

6. 需动火施工时，必须持有动火审批批准，并采取安全防火措施和有人监护的情况下方能施工，并做好作业层下面的施工保护工作。

7. 氧气瓶与易燃易爆物品或其他明火点的距离应保证不小于 5m。氧气、乙炔瓶安全距离不小于 5m。

8. 高空作业必须带好安全带(2m 以上要挂安全带)。

9. 与带电体按规定保持安全距离。

10. 清洗用油、润滑油及废油脂，必须按指定地点存放。废油、废棉纱不准随地乱扔。

补充交底内容：

上述内容维修、保养人员已接受并签证	

交底人：　　　　　　　　　　　　　　　　交底日期：　年　月　日

机械设备大修记录 表 8-18

委托单位		修理类别	
机械编号		生产批号	
机械名称		承 修 人	
机修日期	进厂　年　月　日 出厂　年　月　日	填表人	

修理内容：

修理记录：

修理单位		制表日期	年　月　日

注：本表一式三份：制表单位留存一份，委托单位、设备部门归档各一份。

机械名称： 机械编号：

机械型号： 修理类别：

试运转部分	试 运 转 情 况
主诉随机技工与参与试运转人	

单位： 填表人： 填表日期：

机械设备大修理鉴定表（承修方填） 表 8-20

<table>
<tr><td>机械编号</td><td></td><td>机械名称</td><td></td></tr>
<tr><td>委托单位</td><td></td><td>修理单位</td><td></td></tr>
<tr><td>修理项目
（承修方填写）</td><td colspan="3">修理后技术状况</td></tr>
<tr><td colspan="4">送修方意见：

签字：　　　　年　月　日</td></tr>
<tr><td colspan="4">承修方意见：

签字：　　　　年　月　日</td></tr>
<tr><td>出厂
检验
结论</td><td></td><td colspan="2">修理单位签章：

委托单位签章：</td></tr>
</table>

填表日期：

机械名称			机械编号			
进厂日期			出厂日期			
修理周期			修理费用			

(1)修理耗工　　　计　　　工时

机修工	工日	元/工日	元	油漆工	工日	元/工日	元
机修工	工日	元/工日	元	油漆工	工日	元/工日	元
机修工	工日	元/工日	元	电工	工日	元/工日	元
机修工	工日	元/工日	元	其他	工日	元/工日	元

(2)主要材料费用(每件价格 1000 元以上)计　　　元

名称	数量	单价	总价	名称	数量	单价	总价

(3)管理费　　　元	(4)其他
经济分析	

修理单位：　　　　　制表人：　　　　　制表日期：

单位：

工程名称			施工地点			
施工单位			施工负责人			
设备型号		设备编号		塔高	m	臂长	m
计划安装日期	年 月 日至 年 月 日		安装负责人		

人员安排(由劳动力调配员填写)

总指挥_____、安监_____、司机_____、电工_____

起重工_____、_____、_____、_____、_____

机修工_____、_____　　　　　　签证_____

维修保养结论(由设备管理人员填写)

基础隐蔽工程验收合格_____；

起重臂:1 无变形_____、2 无弯曲_____、3 无裂纹_____；

平衡臂:1 无变形_____、2 无弯曲_____、3 无裂纹_____；

标准节:1 无变形_____、2 无弯曲_____、3 无裂纹_____；

电气控制工作正常_____;各机构运行验收合格_____；

其他一切符合安装标准_____。

注:合格为√；不合格为 × 。

现场情况(可具体附图)；
设备安装起重设备选用_____吨汽车式起重机。

接受人_____　　　　　　　　设备主管_____

填表_____　　　　　　　　　年 月 日

361

表 8-23

塔式起重机装拆施工安全技术交底书

单位：

工程名称				施工地点			
施工单位				施工负责人			
塔机型号		设备编号		塔高	m	臂长	m
安装拆卸日期		年 月 日至 年 月 日		安装拆卸负责人			

交底内容：

1. 进入现场必须遵守安全生产六大纪律。

2. 装拆人员不准穿硬底鞋、高跟皮鞋，衣着应紧身、灵便，佩带安全带。

3. 设置安全警戒区域，并派专人监护。

4. 塔机安装工序中，严禁缺螺栓、轴销、开口销等紧固件，瞎眼销、滑牙螺栓，报废的卸扣、夹头、钢丝绳、千斤顶等起重工具不得使用。

5. 塔机爬升和降节过程中，严禁回转，必须按操作规程的规定步骤操作。

6. 顶升或降节时，必须注意顶升撑杆和保险销到位与接触面贴切。

7. 高空作业人员在拆装起重臂、平衡臂等悬空作业时，必须在各自位置上寻找适当的地方，系好安全带、挂好保险钩。

8 塔机升节时，必须随时紧固所有的紧固件，并校正垂直度，使之偏差不大于千分之三。

9. 凡四级以上强风时，必须停止安装与拆卸作业。

10. 塔机安装(升节)完毕后，应认真检查各部位紧固良好与各防位保险装置齐全完好。

11. 补充交底内容：

上述内容拆装全部人员已接受：

负责人签证_____   指挥签证_____

接受人_____设备主管_____   填表_____   年 月 日

表 8-24

塔式起重机拆装预埋件、隐蔽点检查表

单位：

工程名称		施工地点			
施工单位		施工负责人			
塔机型号		设备编号		塔高	m	臂长	m
计划安装日期	年 月 日至　　年 月 日		安装负责人			

基础隐蔽验收：

基础混凝土强度、尺寸是否符合安装要求：_____

基础钢筋埋设是否符合塔机安装施工方案要求：_____

基础预埋螺栓是否符合制作要求：_____

签证_____

附墙支撑验收：

附墙尺寸是否符合安装要求：_____

附墙水平度是否小于塔吊水平度要求：_____

附墙的墙面节点是否用螺栓连接：_____

附墙调整后的塔身垂直度是否符合要求：_____

签证_____

其他说明：

接受人_____　　设备主管_____　　填表_____　　　　　　年 月 日

塔式起重机安装、拆卸过程记录书

表 8-25

单位：

工程名称				施工地点		
施工单位				施工负责人		
设备型号		设备编号		总高　　　m		安装高度　　　m
安装拆卸日期		年　月　日至　年　月　日			安装拆卸负责人	
人员/工种		装拆日期				
姓名	工种	日期/	日期/	日期/		日期/

设备主管＿＿＿＿＿＿　　　填表＿＿＿＿＿＿　　　年　月　日

上回转塔式起重机安装（加节）验收单

表 8-26

使用单位 _____

工程名称 _____

设备所属单位 _____

安装负责人 _____

塔式起重机	型号	设备编号	起升高度	与建筑物水平附着距离	m
	幅度　m	起重力矩　kN·m	最大起重量　t	塔高	m
各道附着间距		附着道数	锚固负责人	锚固后塔高	m

验收部位	验收要求	结果	验收部位	验收要求	结果
塔吊结构	部件、附件、连接件安装齐全，位置正确		电气系统	供电系统供电充分，正常工作，电压380(1±5%)V	
	螺栓拧紧力距达到技术要求，开口销完全撬开结构无变形、开焊、疲劳裂纹			炭刷、接触器、继电器触点良好	
	压重、配重重量，位置达到说明书要求			仪表、照明、报警系统完好、可靠	
	钢丝绳在卷筒上面缠绕整齐、润滑良好			控制、操作装置动作灵活、可靠，电气按要求设置短路和过电流、失压	
	钢丝绳规格正确和编结符合国家标准			及零位保护，切断总电源的紧急开关符合要求	
	钢丝绳固定和编结符合国家标准			电气系统对接地的绝缘电阻不小于0.5MΩ	
绳轮钩系统传动系统	各部位滑轮转动灵活、可靠，无卡差现象		安全限位和保险装置	力距限制器灵敏、可靠，其综合误差不大于额定值的8%	
	吊钩磨损未达到报废标准，保险装置可靠			重量限制器灵敏、可靠，其综合误差不大于额定值的5%	
	各机构转动平稳灵活，无异常响声			回转限位器灵敏	
	各润滑点润滑良好，润滑油牌号正确			行走限位器灵敏	
	制动器动作灵活可靠，联轴节连接良好无异常			变幅限位器灵敏	
路基或基础	路基或基础隐蔽工程资料齐全，准确			超高限位器灵敏	
	钢轨顶面纵、横方向上的倾斜度不大于1/1000			吊钩保险灵敏可靠	
	塔身对支承面垂直度≤4/1000			卷筒保险灵敏可靠	
	止挡装置距钢轨两端距离≥1m		附着锚固	锚固框架安装位置符合规定要求	
	行走限位装置距止挡装置距离≥3m			塔身与锚固框架固定牢靠	
附着锚固之前检查之后复验项目	框架锚杆长度和结构形式无开焊变形和裂纹			框架、锚杆、墙板等与附着处螺栓、销轴齐全、正确可靠	
	建筑物上附着点布置和强度符合要求			垫块、楔块等零部件齐全可靠	
	基础经过加固后强度满足强度承压要求			最高附着点以下塔身垂直对支承面垂直大于相应高度2/1000	
				最高附着点以上塔身垂直对支承面垂直大于相应高度4/1000	
				锚固点以上塔身自由高度不得大于规定要求	

续表

安装班组自检情况：

安装班组人员签名	班组长	
	班组人员	

日期：　　　　　　盖章：

项目验收意见：

工地验收人员签名	机管部门	
	安全部门	
	安装部门	
	使用单位	
	塔机司机	
	塔机指挥	

日期：　　　　　　盖章：

结论：同意使用	同意使用	限制性使用	不准使用，整改后二次验收

公司级验收人员签名：

公司级验收人员签名	机管部门	
	安全部门	

监理意见：

日期：　　　　　　盖章：

结论：同意使用	限制性使用	不准使用，整改后二次验收

注：验收栏目内有数据的，必须在验收栏内填写实测的数据，无数据用文字说明。

366

塔吊、施工电梯、井架垂直度实测记录表　　　　表 8-27

单位:

工地:		机械名称:		机械编号:	
序号	垂直度标准	实测数据　　　mm		实测时高度	实测垂直度
1	1. 塔身对支撑面垂直度 ≤0.4%	东　南　西　北			
	2. 最高附着点以下塔身轴线对支撑面垂直度不得大于相应高度的 0.2%	东　南　西　北			
	3. 最高附着点以上塔身轴线对支撑面垂直度不得大于相应高度的 0.4%	东　南　西　北			
2	电梯高度　　　　垂直度	东　南　西　北			
	<70m　　　　<0.1%	东　南　西　北			
	70～100m　　　≤70mm	东　南　西　北			
	100～150m　　≤90mm	东　南　西　北			
	150～200m　　≤110mm	东　南　西　北			
	>200m　　　　≤130mm	东　南　西　北			
3	井架架体与支撑面垂直度 ≤0.1%	东　南　西　北			
检测人:			检测时间:		

注:在实测时是何种设备在序号上打钩,在取标准时机械设备处于何种高度情况时,在此标准上打钩。

施工电梯装拆施工安全技术交底书

表 8-28

单位：

工程名称			施工地点				
施工单位			施工负责人				
塔机型号		设备型号		总高	m	安装高度	m
安装拆卸日期	年 月 日至 年 月 日			安装拆卸负责人			

交底内容：

1. 进入现场必须遵守安全生产六大纪律。

2. 装拆人员不准穿硬底鞋、高跟鞋，衣着应紧身、灵便，佩带安全带。

3. 设置安全警戒区域，并派专人监护。

4. 安装工序中，严禁缺螺栓、轴销、开口销等紧固件，瞎眼销、滑牙螺栓、报废的卸扣、夹头、钢丝绳、千斤顶等起重工具不得使用。

5. 降节过程中，驱动吊笼运行必须将加节按钮盒或操作盒移至吊笼顶部操纵，不允许在吊笼内操作。

6. 升降节时，吊笼顶部的安装吊杆的最大起重量为 200kg，吊笼也不允许超过额定安装载重量。

7. 除非电源已完全切断，否则不能让任何人在不安全区域活动，除非加节按钮盒的防止误动作开关扳至停机位置或操作盒上的紧急停机按钮已经按下，否则不得在吊笼顶上进行安装工作。

8. 升节时，必须随时紧固所有的紧固件，并校正垂直度，使之偏差不大于千分之一。

9. 凡四级以上强风时，必须停止安装与拆卸作业。

10. 安装完毕后，应认真检查各部位紧固良好与各限位保险装置齐全完好。

11. 补充交底内容：

上述内容拆装全部人员已接受：

负责人签证_____ 指挥签证_____

接受人_____设备主管_____填表_____ 年 月 日

工程名称＿＿＿＿＿＿＿＿＿＿　　规格型号＿＿＿＿＿＿＿＿＿　　机械编号＿＿＿＿＿＿＿＿＿

设备所属单位＿＿＿＿＿＿＿＿＿＿＿＿　　使 用 单 位＿＿＿＿＿＿＿＿＿＿＿＿

验收部位	序号	验 收 要 求		结　果
基础	1	基础隐蔽工程验收资料齐全,并签字		
	2	应有排水设施,基础无裂纹,平整度符合要求		
钢结构	3	不应有明显变形、脱焊和开裂,外形整洁、油漆不漏		
	4	立管接缝处错位节差＜0.8mm		
	5	螺栓连接安装准确,坚固可靠,不得有松动		
	6	垂直度要求		
		架设高度/m	垂直度公差值/mm	
		＜70	＜1/1000	
		70～100	＜70	
		100～150	＜90	
		150～200	＜110	
		200	＜130	
围栏 防护	7	吊笼底部和对重升降通道周围应设置防护围栏,防护栏高度不低于1.8m		
	8	升降机周围三面应搭设双层防坠棚,上下层间距不小于0.6m		
	9	吊笼顶部四周应有护栏,高度不低于1.1m		
	10	停层点处层门净高度应不低于1.8m,宽与吊笼净出口宽度之差不得大于0.12m		
对重钢丝 绳头固接	11	绳卡固接时其数量不得少于3个,间距不小于绳径的6倍,滑鞍安放在受力绳的一侧,绳卡应与绳径匹配		
钢丝绳	12	钢丝绳应有出厂合格证,并未达到报废标准		
传动防护	13	传动系统的转动零件应有防护罩等防护装置		
导向轮、背轮	14	轮子连接及润滑应良好,导向轮灵活,无明显倾斜现象		
制动器	15	应设常闭式制动器,并装有手动紧急操作机构及手动松闸功能		
导向和 缓冲装置	16	吊笼与对重的导向应正确可靠,吊笼采用滚轮导向,对重采用滑轮或导轨导向,导轨接头平滑		
	17	底座应设置吊笼和对重缓冲器,无缺损和变形		
安全装置	18	吊笼应设有安全器、安全钩、安全开关等安全装置		
	19	安全器有标定有效期的年限牌,安全器的有效期为二年		
	20	安全开关设有笼门限位、极限开关和防松绳开关,性能良好		

安全装置	21	上限位和上极限位开关之间的越程距离不小于0.15m	
导轨架的附着	22	升降机的运动部件与建筑物和固定设备、脚手架等之间的距离不得小于0.25m	
	23	附着装置之间距离应符合使用说明书要求,水平度保持基本水平,与埋件连接应采用螺栓连接形式	
电气	24	电气装置应防护良好,金属结构及电机等外壳均应接地,接地电阻不大于4Ω	
	25	电路应设有相序和断相保护器、过载保护	
	26	电路应设总接触器、短路、失压、零位保护电箱,无明显变形、锈蚀,开启自如,箱内线路排列整齐,接地、零线分开,电气零件安装牢固、无松动、无过热现象	
	27	操纵控制应安装非自行复位的急停开关	
其他	28	安装调试后的坠落试验及记录完整	

安装班自检情况:		安装单位		负责人	
		产权单位		负责人	
	验收结论:				
日期:					

项目部验收意见:		项目部验收人员签名	
		机管部门	
		安全部门	
		技术负责人	
日期:		使用单位	
结论:同意使用	限制使用	不准使用,整改后二次验收	升降机司机	

上级公司验收意见:		公司级验收人员签名	
盖章:	日期: 年 月 日	机管部门	
		安全部门	
结论:同意使用	限制使用	不准使用,整改后二次验收	监理:	

注:验收栏目内有数据的,必须在验收内填写实测的数据,无数据用文字说明。

370

新工人三级安全教育记录卡

表 8-30

编号：

姓名＿＿＿＿＿＿＿＿＿＿＿＿＿＿　　　　身份证号码＿＿＿＿＿＿＿＿＿＿＿＿＿＿

单位名称＿＿＿＿＿＿＿＿＿＿＿＿＿　　　班组及工种＿＿＿＿＿＿＿＿＿＿＿＿＿

从业人员手册证号＿＿＿＿＿＿＿＿＿＿　本工地建卡日期＿＿＿＿＿＿＿＿＿＿＿＿

三级安全教育内容			受教育人
一级教育	进行安全基础基本知识、法规、法制教育，主要内容： 1. 安全生产方针、政策； 2. 安全生产法规、标准和法制观念； 3. 本单位施工过程及安全生产规章制度，安全纪律； 4. 本单位安全生产形式及历史上发生的重大事故及应吸取的教训； 5. 发生事故后如何抢救伤员，排险，保护现场和及时报告	教育人部门	签名
		教育人签名	
		年　　月　　日	
二级教育	进行现场规章制度和遵章守纪教育，主要内容： 1. 工程项目施工特点及现场的主要危险源分布； 2. 本项目（包括施工、生产现场）安全生产制度、规定及安全常规知识，注意事项； 3. 本工种的安全操作技术规程； 4. 高空作业，机械设备，电气安全基础知识； 5. 防火、防毒、防尘、防爆知识及紧急情况安全处置和安全疏散知识； 6. 防护用品发放标准及防护用品、用具使用的基本知识	教育人岗位	签名
		教育人签名	
		年　　月　　日	
三级教育	进行本工种岗位安全操作及班组安全制度、纪律主要内容是： 1. 本班组作业特点及安全操作规程； 2. 班组安全活动制度及纪律； 3. 爱护和正确使用安全防护装置（设施）及个人劳动防护用品； 4. 岗位易发生事故的不安全因素及其防范对策； 5. 本岗位的作业环境及使用的机械设备、工具的安全要求	教育人班组	签名
		教育人签名	
		年　　月　　日	

上岗安全培训记录

日期	培训内容	培训时间	工种	培训单位	受教育人

安全教育考核成绩记录

日期	成绩		负责人	日期	成绩		负责人
	应知	应会			应知	应会	

安全生产奖惩记录

日期	主要事由	奖惩内容	签发人

事故和事故苗子

日期	事故类别	事故主要原因	伤害部位	证人

机械设备装拆现场安全监控记录 表 8-31

施工项目				安装拆卸	
机械型号		编号		装拆日期	

监控内容	监控实施情况
1. 机械装拆前,组织人员对设备的机构设施全面检查,如制动、钢丝绳及防护栏杆等	
2. 严格执行按照审批合格的方案进行操作	
3. 对装拆设备人员正确使用工具和防护用品的检查和监督	
4. 对装拆设备环境的安全状况进行检查和按制度执行装拆任务	

装拆单位		监控人员
监控日期		

表 8-32

机械设备事故报告表

单位名称		地址		电 话	
发生时间		详细地点		工程项目	
机械名称		规格型号		机械编号	
事故概况分析	一	事故原因经过			
	二	主要原因责任分析			
	三	处理意见改进措施			
伤害者姓名	性别	年龄	工种	伤势和部位	施工队意见

单位负责人：　　　　　　　　　制表人：　　　　　　　　　填表日期：　　年　　月　　日